# BIOTECNOLOGIA APLICADA

**Blucher**

Michele Vitolo

# BIOTECNOLOGIA APLICADA

## Enzimas na tecnologia de alimentos

*Biotecnologia aplicada: enzimas na tecnologia de alimentos*

Editora Edgard Blücher Ltda.

*Publisher* Edgard Blücher
*Editor* Eduardo Blücher
*Coordenador editorial* Rafael Fulanetti
*Coordenação de produção* Andressa Lira
*Produção editorial* Ariana Corrêa
*Preparação de texto* Ana Lúcia dos Santos
*Diagramação* Guilherme Salvador
*Revisão de texto* Elaine Cristina Nicolodelli
*Capa* Laércio Flenic
*Imagem da capa* iStockphoto

**Blucher**

Rua Pedroso Alvarenga, 1245, 4º andar
04531-934 - São Paulo - SP - Brasil
Tel.: 55 11 3078-5366
**contato@blucher.com.br**
**www.blucher.com.br**

Segundo o Novo Acordo Ortográfico, conforme 6. ed. do *Vocabulário Ortográfico da Língua Portuguesa*, Academia Brasileira de Letras, julho de 2021.



Dados Internacionais de Catalogação na Publicação (CIP)
Angélica Ilacqua CRB-8/7057

Vitolo, Michele
Biotecnologia aplicada : enzimas na tecnologia de alimentos / Michele Vitolo. - São Paulo : Blucher, 2024.
304 p. : il.

Bibliografia
ISBN 978-85-212-2108-1

1. Alimentos - Biotecnologia 2. Tecnologia dos alimentos 3. Enzimas I. Título

23-6378 CDD 660.6

Índice para catálogo sistemático:
1. Alimentos - biotecnologia

# Apresentação

O conteúdo desta obra baseou-se nos tópicos da disciplina "Uso de Enzimas na Indústria Alimentícia", ministrada por três décadas no curso de graduação da Faculdade de Ciências Farmacêuticas da Universidade de São Paulo (USP).

O livro é constituído por dez capítulos, sendo os quatro primeiros de cunho geral e relacionados com a natureza particular das enzimas (Biotecnologia: alimentos e enzimas; Fundamentos de cinética enzimática; Fundamentos da imobilização; e Fontes e produção de enzimas), e os demais referentes às aplicações atualizadas das enzimas na tecnologia de alimentos, focando nas modificações do amido e de proteínas e na produção de alimentos (sucos de frutas, cárneos, bebidas, laticínios, entre outros). No último capítulo são discutidos alguns usos específicos das enzimas no processamento e análise de alimentos.

Os assuntos são iniciados com uma discussão sobre os principais aspectos tecnológicos de um dado tipo de alimento (cárneos, bebidas, laticínios, sucos de fruta etc.), sendo permeados por conceitos fundamentais relacionados ao emprego das enzimas no setor correspondente.

Os capítulos são ilustrados com tabelas e figuras, as quais permitem compactar as informações apresentadas nos textos. O conteúdo das figuras foi idealizado para conter as informações fundamentais e relevantes de cada assunto abordado. O caráter autoexplicativo das figuras, além de facilitar ao leitor comum a compreensão do tema, permite ao docente economizar tempo na montagem das aulas, uma vez que ele não precisará garimpar as informações espalhadas ao longo do texto e agrupá-las em figuras.

Compêndios versando sobre temas técnicos – nesta obra sobre o uso de enzimas no processamento de alimentos – devem primar pela clareza na apresentação dos conceitos fundamentais pertinentes à área. Diante dos progressos da inteligência artificial na atualidade (com realce para o ChatGPT) é possível gerar textos a partir de um comando (geralmente, uma pergunta). Esse dispositivo vem atraindo acadêmicos de todos os níveis e profissionais em geral na confecção de textos específicos nas suas áreas de atuação. Desde que o robô seja municiado com informações dadas por um programador, que pode não ser da área do texto a ser elaborado, poderá gerar textos com falhas conceituais somente perceptíveis para pessoas conhecedoras dos conceitos fundamentais da área. Por isso, a disponibilidade de livros que dão ênfase aos conceitos básicos de uma dada matéria é extremamente importante.

Dado que as enzimas são empregadas em diversos setores, o conteúdo deste livro pode ser de interesse para acadêmicos, farmacêuticos, engenheiros químicos, engenheiros de alimentos, nutricionistas, tecnólogos de alimentos, entre outros profissionais.

# Prefácio

Este livro é o resultado de décadas de experiência e da determinação do autor em proporcionar uma jornada de aprendizado envolvente e enriquecedora, guiando os leitores por meio de conteúdos apresentados de forma clara e acessível. Nas páginas que se seguem, tem-se a oportunidade de adentrar a atmosfera envolvente do conhecimento sobre enzimologia aplicada aos alimentos, e cada parágrafo oferece uma ferramenta que possibilita a compreensão de temas complexos e o domínio de competências fundamentais. Adiciona-se o fato de que esta obra representa um avanço necessário na transferência de conhecimento do imenso campo da enzimologia.

Honra-me sobremaneira prefaciar o livro *Biotecnologia aplicada: enzimas na tecnologia de alimentos* pelo magnífico professor Michele Vitolo, da Faculdade de Ciências Farmacêuticas da Universidade de São Paulo. Ao receber o convite para escrever o Prefácio desta publicação, vários sentimentos emergiram de uma só vez; a surpresa da proposta, a felicidade pela honra do convite feito por ninguém menos que meu orientador de doutorado, que é referência na área de enzimologia e alimentos no Brasil e no mundo, e a responsabilidade pela redação de um texto que precede conteúdo de tamanha importância. Descobri que minha experiência na escrita de artigos científicos, de livros e teses não tornaria fácil este desafio, a começar pelo autor, que, mesmo sendo de uma geração anterior à minha, demonstra estar acometido de energia que mereceria ser também vivenciada pelos novos profissionais da área.

O grande prazer pela leitura deste livro não me surpreendeu. O tema me envolve há décadas, e mais uma vez aprendi que o nascimento de um livro sempre deve ser celebrado. O conteúdo deste escrito está direcionado a todos aqueles que estejam em busca de iniciar ou ampliar o conhecimento em biotecnologia – com destaque para a enzimologia e os alimentos – e está ao alcance dos que pretendem evoluir na área, desde o estudante de graduação até o profissional que já atua no mercado de trabalho, tanto da área acadêmica quanto da empresarial.

Os capítulos abordam conceitos de enzimologia industrial, alimentos e biotecnologia, dos pontos de vista teórico e prático, de forma equilibrada. Eles foram revisitados com o objetivo de contextualizar os fundamentos de cinética enzimática, imobilização de enzimas, produção de enzimas e aplicação de enzimas em diferentes áreas da tecnologia de alimentos. O livro pode ser lido do início ao fim de forma harmônica e sequencial, e é possível que seja lido em qualquer ordem, visto que os Capítulos são autocontidos, e os leitores são incentivados a entrar em contato com a bibliografia específica referenciada. Percebe-se que este lançamento está profundamente vinculado a uma prática acadêmica de construção coletiva do conhecimento. O conjunto da obra me deixa alegre por constatar que algo de importante e de novo está se passando na biotecnologia e tecnologia de alimentos brasileiras.

Este livro não esgota – e nem tem essa pretensão – o assunto relacionado a *Biotecnologia Aplicada: Enzimas na Tecnologia de Alimentos*. É mais um passo dado na caminhada rumo à expansão do conhecimento, em língua portuguesa, em área estratégica, atual e promissora. Ele é direcionado a todos aqueles que acreditam e trabalham para que a tecnologia de alimentos e a enzimologia praticadas no Brasil continuem sendo referências mundiais.

Com prazer, recomendo este livro!

*Prof. titular Adalberto Pessoa Jr.*

FCF/USP

# Conteúdo

# CAPÍTULO 1
# Biotecnologia: alimentos e enzimas


## RESUMO

A biotecnologia consiste no uso de seres vivos em processos industriais. É uma área milenar (o início remonta há seis mil anos) que foi desenvolvida empiricamente até o século XIX, quando os mecanismos envolvidos foram identificados com a atividade microbiana (1870). Em consequência, processos fermentativos não assépticos (até 1950) e assépticos (a partir de 1950) foram desenvolvidos, resultando em inúmeros produtos. A partir de 1972 a biotecnologia sofreu grande avanço com a introdução das técnicas de DNA recombinante, fusão celular e edição do DNA (CRISPR-Cas9). Novos produtos então, surgiram, como insulina recombinante, interferon, esteroides, vacinas, enzimas, anticorpos monoclonais, entre outros. A biotecnologia tem despertado intenso interesse empresarial (com um mercado mundial na casa do trilhão de dólares), impactando vários setores produtivos, como o petrolífero, o alimentício, o de geração de energia alternativa, o farmacêutico, o de reciclagem de lixo e o de silvicultura. A área de alimentos, em particular, tem sido impactada pela disponibilidade de cepas microbianas mais produtivas, bem caracterizadas e geneticamente modificadas, além do uso de enzimas mesófilas e extremófilas no processamento de alimentos. A indústria de alimentos, ao longo do tempo, tem se dedicado ao constante melhoramento e/ou à introdução de novos bioprocessos. Contudo, ultimamente o setor produtivo vem sendo pressionado pela crescente conscientização ambiental das pessoas sobre a obrigatoriedade de se dar destino correto aos resíduos gerados, além da consciência de se usarem processos que requerem menor consumo de energia. Nesse sentido, a criação de conglomerados funcionalmente articulados (biorrefinarias) tem permitido lidar com a destinação dos resíduos de modo economicamente rentável. De maneira geral, a biotecnologia vem contribuindo com o desenvolvimento da tecnologia de alimentos por meio de quatro vertentes, a saber: melhoramento das fontes de matérias-primas, produção de ingredientes específicos para a indústria alimentícia, satisfação de demandas específicas de mercado e melhoramento de processos. É no melhoramento de processos que as enzimas são relevantes no contexto da tecnologia de alimentos. Dentre as enzimas utilizadas, citam-se amilases, proteases, lipases, glicose oxidase, entre outras. A posição destacada das enzimas na área de alimentos deve-se à não toxicidade, a serem substâncias naturais, à especificidade em relação ao substrato, à estereoespecificidade de ação, à atuação em condições brandas de reação (temperatura e pH), à eficiência catalítica em baixa concentração e à fácil inativação. O regulamento técnico sobre enzimas e preparações enzimáticas para uso na produção de alimentos está descrito na resolução RDC-54 de 07/10/2014, da Anvisa. A produção de alimentos para humanos e *pets* é regida por legislações rigorosas, aplicadas pelos diversos países. A legislação para alimentos procura enquadrar os aspectos relacionados à composição, ao processamento, à embalagem, à rotulagem e ao marketing dos alimentos. A evolução constante da biotecnologia obriga a legislação sobre alimentos a acompanhá-la *pari passu*. As normas introduzidas devem ser práticas e de fácil verificação. No entanto, o legislador deve propor normas que não inibam a indústria de alimentos de promover o melhoramento e/ou o desenvolvimento de novos produtos.

## 1.1 INTRODUÇÃO

### 1.1.1 DEFINIÇÃO

A biotecnologia consiste no uso de seres vivos (animais, vegetais ou microrganismos) ou de seus componentes (organelas e biomoléculas) em processos industriais, visando a obter produtos de interesse econômico e/ou social.

### 1.1.2 BREVE HISTÓRICO

A biotecnologia vem sendo usada pelo homem há milênios na fabricação de cerveja (produzida pelos sumérios e babilônios desde 6000 a.C.), pão (produzido pelos egípcios desde 4000 a.C.), vinho e queijo – há registros sobre a fabricação desses produtos desde 3000 a.C. –, dentre outros.

Sucede que esses produtos biotecnológicos eram produzidos por meio de técnicas artesanais desenvolvidas de modo completamente empírico, desconhecendo-se os mecanismos envolvidos nos processos de fabricação. Com a invenção do microscópio óptico por Antonie van Leeuwenhoek, no século XVII, foi possível se reconhecerem formas de vida invisíveis ao olho humano, as quais foram genericamente alcunhadas de *microrganismos*. O acúmulo de conhecimentos sobre os seres microscópicos levou Pasteur (1822-1895) à conclusão de que eles eram os agentes responsáveis pela ocorrência dos processos fermentativos.

Com a elucidação do mecanismo do processo fermentativo, surgiram - no período entre a segunda metade do século XIX e a primeira metade do século XX - protocolos para a fabricação de uma diversidade de novos produtos, sobretudo solventes orgânicos (butanol, acetona, etanol, entre outros) e para o melhoramento de produtos tradicionais (queijos, cervejas, pães, vinagre, entre outros). Ressalta-se que, nesse período, os processos fermentativos não eram executados em condições assépticas - no sentido em que no meio de fermentação houvesse somente uma espécie microbiana.

A assepsia na fermentação realizada em grande escala proviria do desenvolvimento dos processos de esterilização ocorrido a partir de 1950. Em decorrência, foi possível produzir antibióticos, esteroides, aminoácidos, vacinas, enzimas, entre inúmeros outros produtos.

O grande avanço na tecnologia de fermentação, no primeiro momento, deveu-se à obtenção de cepas microbianas puras altamente produtivas nos produtos de interesse. Isso foi conseguido por meio do melhoramento genético das cepas selvagens, da introdução de mutações aleatórias no DNA com agentes químicos e/ou físicos e da posterior seleção dos mutantes com as características desejadas. O cruzamento seletivo entre cepas aparentadas, sobretudo da mesma espécie, também foi muito usado para o melhoramento celular. No entanto, a grande reviravolta - ocorrida a partir de 1972 - no melhoramento da capacidade produtiva das células (microbianas ou não) foi o desenvolvimento das tecnologias do DNA recombinante, da fusão celular (hibridoma) e da edição do DNA (CRISPR-Cas9, *zinc fingers* e TALENs) –, as quais constituem a chamada engenharia genética, que possibilitou a introdução de mudanças específicas e planejadas diretamente no DNA celular (Vitolo, 2021a; Waltz, 2015).

### 1.1.3 O CONTEXTO BIOTECNOLÓGICO

O contexto biotecnológico pode ser visto como um conjunto de técnicas que permitem a modificação pontual do DNA de células procarióticas e eucarióticas, centrada na ação de enzimas – proteínas catalisadoras que participam do metabolismo celular, das técnicas biotecnológicas e dos processos biotecnológicos (fermentação e cultura de células não microbianas) (Figura 1.1).

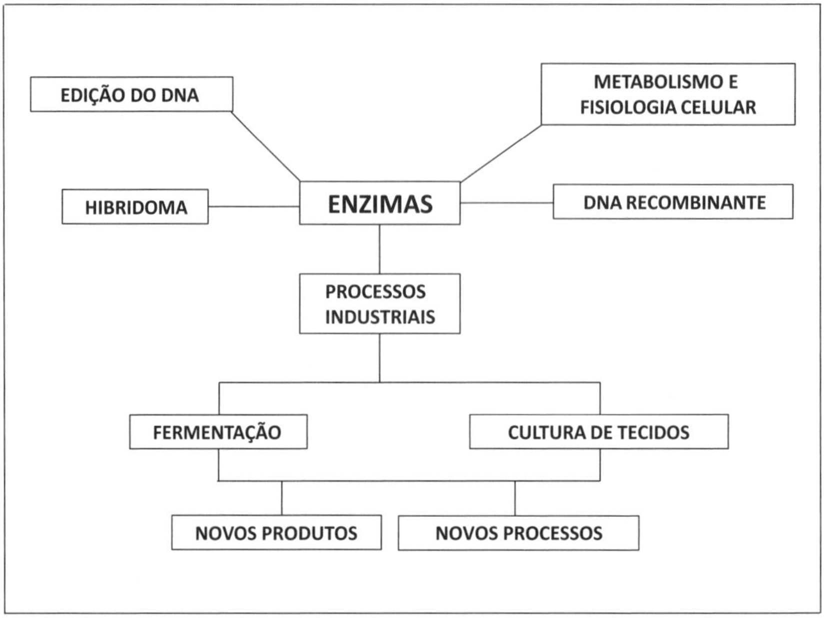


**Figura 1.1** – As enzimas no contexto biotecnológico.

### 1.1.4 PRODUTOS OBTIDOS POR FERMENTAÇÃO

Há uma ampla gama de produtos resultantes de processos fermentativos, citando-se, como exemplos antibióticos (penicilina, eritromicina, tetraciclina etc.), proteínas de ação reguladora (insulina, interferon, linfoquinas etc.), esteroides, vacinas, enzimas, ácidos orgânicos (ácido acético, ácido cítrico, ácido glicônico etc.), aminoácidos (lisina, fenilalanina), vitaminas (complexo B), anticorpos monoclonais, entre outros.

Na área alimentícia, os microrganismos são extensivamente usados na produção dos diferentes alimentos fermentados (produtos lácteos, como iogurtes, pré e probióticos; produtos vegetais, como picles, chucrute; e bebidas, como vinho e cerveja). Para esses alimentos, é fundamental dispor-se de culturas microbianas iniciadoras (*starters*) selecionadas, a fim de os produtos se apresentarem isentos de contaminantes microbianos e, sobretudo, possuírem parâmetros organolépticos (sabor, textura, aroma, cor, entre outros) que cativem o gosto do consumidor.

Frente ao exposto, faz-se necessário considerar alguns aspectos relacionados à modificação de microrganismos (bactérias e leveduras), tornando-os mais produtivos nos diferentes processos usados na produção de alimentos.

### 1.1.5 MODIFICAÇÃO DE BACTÉRIAS E DE LEVEDURAS

#### 1.1.5.1 Bactérias

As técnicas de modificação genética visam a obterem-se bactérias melhoradas metabolicamente, objetivando o aumento de rendimento dos processos fermentativos já existentes ou introduzir neles características inéditas ou, ainda, permitir o desenvolvimento de novos processos.

A escolha da modificação genética a ser empregada está ligada à compreensão das bases bioquímica, metabólica e genética do microrganismo a ser manipulado e ao tipo de produto desejado. Caso o produto seja uma substância química (aminoácido, vitamina, por exemplo) ou enzima, então, faz-se necessária a disponibilidade de uma bactéria que, nas condições ótimas de fermentação (pH, temperatura, agitação, oxigênio dissolvido, composição do meio de cultura etc.), permita obtê-lo em grande quantidade e com alto rendimento. No entanto, se o que interessa é o aprimoramento da atividade metabólica da bactéria como um todo – caso das culturas *starters* –, então, a modificação a ser promovida deve permitir que a célula tenha aprimorada a capacidade de formar um ou mais derivados, os quais possam conferir ao produto qualidades inéditas, capazes de cativar o gosto dos consumidores. Além disso, lembra-se da situação em que uma bactéria deve se desenvolver em um meio inadequado para o seu máximo desempenho metabólico. Por exemplo, um modo de tentar melhorar um alimento probiótico seria o de agregar mais de um microrganismo (caso das chamadas culturas mistas), o qual poderia ter exigências nutricionais ou de cultivo pouco compatíveis com as do outro. Por isso, pelo menos um deles deverá ter seu perfil genético modificado de tal modo a torná-lo adaptado às exigências do meio em que se encontra.

O sucesso do emprego da engenharia genética – quer do tipo aleatório quer não aleatório – para melhorar a fermentação é medido pela aceitação comercial do produto obtido.

A modificação vem sendo tentada por meio da mutação e da seleção de mutantes – caso em que a cepa microbiana é submetida à ação de agente mutagênico físico (radiação UV, por exemplo) e/ou químico (mostarda nitrogenada, por exemplo); ambos agindo aleatoriamente sobre o genoma da célula, favorecendo o aumento da frequência de mutação – ou de técnicas que permitem a troca de material genético (conjugação, transdução, transformação, fusão celular, DNA recombinante e edição de DNA).

### *1.1.5.1.1 Mutação e seleção de mutantes*

Esse procedimento, além de tradicional em microbiologia – usado desde o último quartel do século XIX –, foi o primeiro a fornecer microrganismos com capacidade melhorada na obtenção de metabólitos primários e secundários de interesse comercial.

Comumente, os microrganismos produzem intermediários metabólicos em quantidades suficientes para satisfazer suas necessidades fisiológicas por meio de mecanismos de controle intracelulares rigorosos. Essa situação é inaceitável do ponto de vista de produção em escala industrial, sendo, por isso, necessário eliminar e/ou bloquear vias metabólicas adjacentes àquela que leva ao produto desejado. Como exemplo, pode-se lembrar a produção de lisina por *Brevibacterium lactofermentum*, cujo mutante – desprovido da homoserina desidrogenase (da via de formação da treonina), com o bloqueio simultâneo das enzimas alanina aminotransferase (desvia parte do piruvato para a formação da alanina) e piruvato descarboxilase (desvia parte do piruvato para formar acetil-CoA, e este composto é consumido no ciclo de Krebs) e com a aspartato kinase não retroinibida por feedback pela treonina (não sintetizada pelo mutante) – passou a produzir cerca de 70 g/L de lisina a partir da glicose usada como fonte de carbono. A cepa selvagem, por sua vez, produzia lisina em quantidade da ordem de miligramas (Tosaka *et al.*, 1983).

Um aspecto pouco lembrado, mas de grande relevância em certos processos alimentícios, seria a maior ou menor resistência de uma cepa bacteriana – por exemplo, cultura *starter* na fabricação de queijos curados – a determinado bacteriófago. Dado que a fabricação de queijos curados é realizada em ambiente limpo, porém, não asséptico, existem no meio, diferentes microrganismos que se desenvolvem junto com a cultura *starter*, podendo gerar e transmitir um bacteriófago inibidor, prejudicando a obtenção do produto. A prática tem demonstrado ser possível isolar mutantes da cepa *starter* resistentes a bacteriófagos a partir do próprio meio. Após o isolamento, os mutantes devem ser avaliados em termos das propriedades inerentes da cultura *starter* (crescimento e multiplicação rápidos, além de alto rendimento fermentativo) e de se a célula mutante descende diretamente da cepa *starter*. Um método conveniente para determinar se um mutante é descendente direto de uma cepa *starter* consiste em se comparar os perfis dos plasmídeos existentes no citoplasma de ambas as células. Culturas starters de queijos curados normalmente possuem de dois a doze plasmídeos, sendo o número e o tamanho médio deles característicos de uma cultura *starter* particular. Assim, um verdadeiro mutante resistente a bacteriófago deve possuir plasmídeos com perfil igual ou muito próximo àquele da cepa original (Coventry *et al.*, 1984).

A obtenção de enzimas de uso industrial, como amilases, proteases e pectinases, naturalmente envolvidas nas vias catabólicas intracelulares, é restrita no caso de a fonte ser uma cepa microbiana selvagem, a qual regula a produção delas, quer por repressão catabólica, quer pela necessidade de uma substância indutora específica, que deve estar presente no meio de cultivo. A mutação, nesses casos, parece ser a única saída plausível para remover a necessidade de um indutor ou desarticular a repressão catabólica. Caso notório é o da invertase de *Saccharomyces cerevisiae*, cuja formação é reprimida pela presença de glicose no meio de cultivo acima de 0,5 g/L (Vitolo, 2019).

A indução e a repressão catabólica podem ser consideradas as duas faces de uma mesma moeda – o controle metabólico intracelular. A indução se caracteriza pelo fato de o gene estrutural, que se expressa em determinada enzima, encontrar-se na forma inativa, quando no meio não houver o substrato da enzima. Exemplos de indutores típicos seriam o amido, a sacarose e a ureia, para, respectivamente, as enzimas amilase, invertase e urease. A repressão, por sua vez, é promovida pela presença de uma dada molécula no meio de cultivo ou que se tenha acumulado no interior da célula por ser um intermediário ou um produto terminal de uma dada via metabólica. Essa substância, geralmente de baixa massa molar – chamada de correpressor –, liga-se a uma proteína intracelular (aporrepressor), gerando um complexo molecular que ao ligar-se ao gene estrutural o desativa.

Ainda com relação às enzimas, lembra-se que muitas delas, para atuarem adequadamente nos processos industriais de alimentos, devem resistir às condições adversas do meio reacional. Por exemplo, dependendo da modificação desejada da molécula de amido, o processo pode requerer temperatura acima de 70 °C, exigindo a disponibilidade de uma amilase termoestável ou, no caso da modificação de proteína realizada em condições extremas de pH (muito ácido ou alcalino), a qual requer protease estável em uma faixa ampla de pH. Enzimas com características especiais só podem ser obtidas de mutantes microbianos. Atualmente microrganismos extremófilos – naturalmente resistentes a altas temperaturas, altas concentrações salinas e valores extremos de pH – constituem-se em fontes de enzimas resistentes a condições ambientais adversas.

#### *1.1.5.1.2 Intercâmbio genético*

A compreensão do intercâmbio genético implica considerarem-se três aspectos complementares, a saber: a organização genética da bactéria, os requisitos necessários para a transferência de genes e as várias opções para executar a transferência.

A maior parte da informação genética da bactéria está codificada no seu cromossomo. No entanto, muitas bactérias possuem em seu citoplasma uma ou mais moléculas de DNA circular independente (plasmídeos) sem homologia com o cromossomo. Os plasmídeos têm as seguintes propriedades: a) replicação independente do cromossomo bacteriano; b) distribuição equitativa entre as células-filhas resultantes da divisão celular; c) mecanismo de funcionamento intracelular ímpar; d) tamanho da ordem de 200 quilobases; e) normalmente conferem à bactéria resistência a antibióticos, íons metálicos e/ou bacteriófagos; fixação do nitrogênio; e controles catabólicos específicos, como a metabolização de açúcares simples (lactose, galactose, entre outros).

Os principais procedimentos de transferência genética em bactérias são:

a) conjugação – contato intercelular com a troca direta de plasmídeos ou com transferência de DNA cromossômico mediada por plasmídeo. É evidente que só pode ocorrer entre células capazes de reconhecimento mútuo, além de possuírem cromossomos homólogos, ou seja, ambas as células devem ser da mesma espécie, podendo, no máximo, ser cepas distintas. Esse tipo de transferência é útil quando os plasmídeos são transmissíveis *per se* ou os cromossomos das bactérias em interação são sabidamente homólogos;

b) transdução – a transferência do DNA entre células é mediada por bacteriófago. A quantidade de material genético transferida é limitada pelo tamanho do bacteriófago, resultando, em geral, a transferência de pequenas porções de DNA entre as células;

c) transformação – a célula hospedeira toma o DNA da célula doadora, o qual será mantido para o processo de recombinação somente se houver homologia entre o DNA de ambas. Se as bactérias interagindo possuírem plasmídeos, eles não participam do processo, ou seja, cada um permanece na célula original. A transformação se constitui em uma etapa importante da técnica do DNA recombinante, justamente aquela na qual a molécula de DNA recombinante é introduzida na célula receptora;

d) fusão celular – mistura de células de mesma espécie com as paredes celulares previamente removidas e deixadas em condições de se fundirem. Caso as células parentais possuam cromossomos homólogos, então, é esperada uma intensa recombinação entre os dois DNA. No entanto, se os cromossomos forem heterólogos a recombinação não ocorre, e a célula resultante será instável. Esse procedimento permite a redistribuição do material genético entre mutantes da mesma cepa ou entre cepas parentais muito próximas;

e) técnica do DNA recombinante – consiste na inserção de pedaço de DNA (homólogo ou não) em um plasmídeo ou vírus modificado (vetor de clonagem) in vitro, seguida da introdução do vetor em uma célula hospedeira. O pedaço de DNA transferido é mantido sob controle do vetor de clonagem, o qual é herdado pelas células-filha a cada divisão celular. A questão da homologia que afeta as outras técnicas inexistem nesse caso. Em princípio, não há restrição teórica para a transferência de DNA por essa técnica, embora a estabilidade e a expressão do DNA na célula hospedeira se constituem, muitas vezes, problemas a serem enfrentados. Ressalta-se que essa técnica trouxe como grande vantagem a possibilidade de transferir-se um ou um grupo de genes entre células de organismos pertencentes a qualquer nível da escala zoológica.

As técnicas de transferência citadas foram testadas tanto em bactérias gram-positivas quanto gram-negativas. Contudo, deve-se ressaltar que os sucessos alcançados para algumas espécies microbianas não permitem generalizar que elas funcionam adequadamente em outras cepas, até mesmo naquelas do mesmo grupo. Digamos que uma nova cepa tenha sido isolada do meio ambiente, apresentando potencialidade comercial por ser capaz de sintetizar um produto de alto valor agregado. Nesse caso, o melhoramento genético da cepa seria quase que uma consequência obrigatória. Por isso, costumam-se aplicar as mesmas técnicas de transferência genética usadas em cepas aparentadas. Contudo, deve-se atentar para o fato que o plasmídeo natural de uma espécie poderá não ser retido no interior da nova célula hospedeira ou, até mesmo, não se expressar. Essa situação é observada quando se tenta transferir um plasmídeo de bactéria gram-positiva para uma gram-negativa, e vice-versa. Um aspecto a ser salientado refere-se à abrangência aplicativa da técnica do DNA recombinante, a qual, em tese, permite transferir material genético de qualquer organismo para uma bactéria e/ou levedura tida como segura para fins industriais e/ou uso em seres vivos superiores (animais e plantas). Quando a célula modificada geneticamente é usada para obterem-se enzimas, proteínas ou substâncias químicas para uso na tecnologia de alimentos, em geral, não sofre restrição por parte das agências reguladoras, como a Anvisa. Isso decorre do fato de que as substâncias citadas podem ser altamente purificadas. No entanto, se o organismo modificado fizer parte da composição do alimento – por exemplo, culturas *starter* para iogurtes, pró e prebióticos –, então, as restrições de uso são severas, e o produto fortemente controlado pelos agentes de saúde. Praticamente, uma situação dessas só tem respaldo legal se a modificação introduzida no DNA tiver envolvido microrganismos do mesmo grupo e que a transferência genética considerada pode ocorrer em condições naturais entre culturas *starter* aparentadas. Em que pesem os sucessos e os insucessos dos procedimentos de transferência genética, pode-se citar como sucessos pioneiros o emprego da fusão de protoplastos para aumentar a produtividade em lisina do *Brevibacterium lactofermentum* (Tosaka *et al.*, 1983), o uso de genes clonados produtores de treonina em *Escherichia coli* (Tosaka, *et al.*, 1983) e a clonagem e expressão do gene, que, em ruminantes, produz a quimosina – enzima coagulante do leite na fabricação de queijos –, em *E.coli* (Nishimori *et al.*, 1982). Lembra-se que o melhoramento das culturas *starter* de alimentos fermentados lácteos está sendo direcionado para o aumento da estabilidade e resistência das cepas diante de bacteriófagos, do meio do sistema digestivo humano e compostos presentes na formulação do alimento, assim como aprimorar a atividade metabólica.

### 1.1.5.2 Leveduras

Sem dúvida, pode-se afirmar que as leveduras, mesmo sem serem individualizadas pelo homem até meados do século XIX, convivem com a humanidade desde tempos imemoriais, fornecendo o etanol – componente das bebidas alcoólicas – e o dióxido de carbono para a fabricação do pão fermentado. Atualmente, o parque industrial, que utiliza leveduras como agentes de transformação, é bastante diversificado, lembrando-se a pujança das indústrias de bebidas alcoólicas destiladas (pinga, rum, dentre outras) e não destiladas (vinho e cerveja), panificação, biocombustível (etanol carburante) e de alimentos à base de leveduras.

Sob o ponto de vista comercial é desejável e, de certa forma, necessário adaptar o desempenho do microrganismo às condições dos processos industriais. No caso das leveduras, isso pode ser conseguido por meio do condicionamento de sua fisiologia ao meio de cultivo e/ou de alterações genéticas. A modificação introduzida pode ser de pequena extensão, o suficiente para a célula melhorar seu desempenho em um processo tradicional ou do tipo radical, em que ela passa a ter propriedades não naturais, visando a utilizá-la em processos industriais totalmente novos. Em qualquer caso, o controle das modificações inseridas na levedura implica o profundo conhecimento de sua biologia e sua bioquímica, assim como da sua propensão às modificações genéticas. Inegavelmente, as leveduras mais bem estudadas – e, portanto, muito bem conhecidas em termos de genética e bioquímica, levando à completa compreensão de suas características de crescimento e de fermentação – são as de panificação e de cervejaria, variantes da espécie *Saccharomyces cerevisiae* (Rocha Filho; Vitolo, 2017).

O melhoramento de cepas de leveduras industriais pode ser feito de várias maneiras, a saber:

#### a) Cruzamento

Sob condições adequadas, a célula de levedura pode ser induzida à meiose, para formar células haploides, as quais são cruzadas com células haploides de outras variantes de levedura, de modo a obter uma célula diploide contendo genes misturados, que poderá apresentar características melhoradas em relação às células parentais. Esse procedimento foi originalmente descrito por Fowell (1969) (Figura 1.2). O cruzamento *per se* é de fácil realização em condições de laboratório, porém, os híbridos resultantes são de comportamento metabólico imprevisível, além de ser necessária a obtenção de milhares deles para, depois, tentar-se isolar alguns poucos com as características metabólicas desejadas. Isso se deve à combinação randômica dos genes. Salienta-se que as células industriais têm menor propensão a formar células haploides do que as de laboratório. Essas dificuldades têm sido, às vezes, contornadas usando-se o chamado *cruzamento raro*, que consiste na separação de híbridos presentes em uma mistura altamente concentrada de células vegetativas diploides. No entanto, a combinação do cruzamento raro com a mutação tem possibilitado introduzirem-se características de cepas de laboratório em cepas industriais, sem provocar grandes modificações no perfil genético destas últimas.

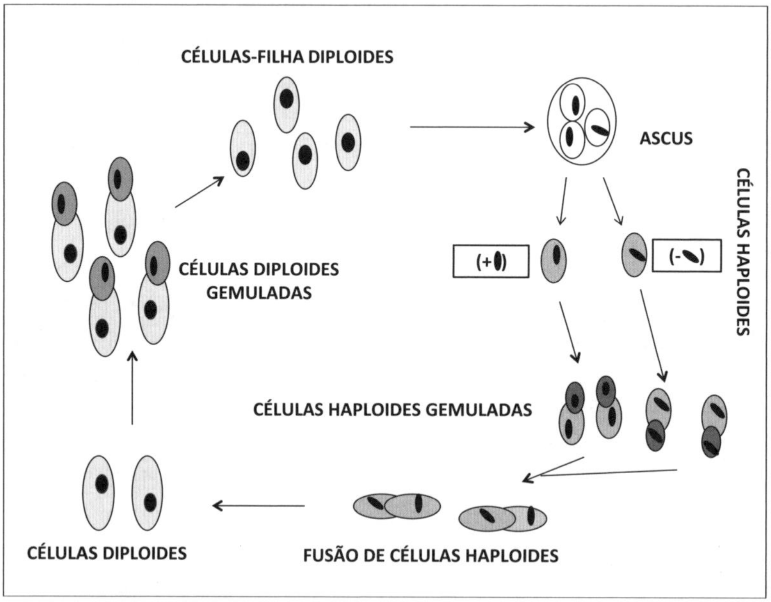


**Figura 1.2** – Reproduções sexuada e assexuada de *Saccharomyces cerevisiae*.

## b) Fusão de esferoplastos

Essa técnica também permite obterem-se híbridos de levedura com características desejadas, porém, como no caso precedente, a dificuldade da separação de híbridos com as propriedades de interesse também é grande. Associa-se o fato de que os híbridos resultantes da aplicação dessa técnica são muito instáveis – sendo a instabilidade tanto maior quanto menor for o parentesco entre as leveduras fundidas – implicando longas séries de obtenção de subculturas, fazendo com que o tempo de obtenção de uma cepa com reais qualidades para uso em processo industrial seja longo.

## c) Mutação seguida de seleção

Essa técnica tem sido pouco usada para o melhoramento de cepas de leveduras industriais, quando comparada ao melhoramento de leveduras de laboratório. Uma razão está na dificuldade de induzirem-se alterações fenotípicas em leveduras industriais, que são, em sua grande maioria, células diploides e/ou poliploides, diferentemente das leveduras de laboratório, em geral, haploides. Para cepas industriais, as condições de mutação a serem usadas são de forte intensidade, o que leva à ocorrência de efeitos colaterais indesejáveis, como a mutação, ou até mesmo a inativação irreversível, de genes importantes para o metabolismo basal da levedura. A aleatoriedade do processo mutagênico também se constitui em problema grave para a sua plena aplicação. Uma forma de contornarem-se esses problemas seria usar a seleção por meio da pressão ambiental, ou seja, fazer cultivos da levedura em meios adversos, de tal sorte a induzirem-se mutações espontâneas, as quais, por repiques sucessivos em meios de mesma composição, permitem que a população mutante passe a dominar a cultura. Esse procedimento, além de longo, muitas vezes leva a modificações marginais da levedura;

## d) Técnica do DNA recombinante

Os princípios da técnica que regem a modificação genética de leveduras são análogos aos aplicados para os organismos em geral. Eles envolvem o isolamento do material genético, sua manipulação in vitro e a introdução na célula de levedura de modo que os genes se expressem, dupliquem e se distribuam entre as células-filha durante a divisão celular. O primeiro passo desse procedimento consiste na introdução do fragmento de DNA desejado no interior da levedura hospedeira. Isso pode ser feito, basicamente, por meio de plasmídeos (vetores) ou pela incubação de esferoplastos da levedura a ser modificada (obtidos por remoção da parede celular, por exemplo, usando a lisozima) com solução purificada do DNA em presença de polietilenoglicol (facilita a passagem das moléculas de DNA através da membrana citoplasmática) ou cloreto (ou acetato) de lítio. O uso do sal de lítio permite que o DNA entre na levedura hospedeira sem a necessidade de controlar a pressão osmótica do meio, ao contrário do que sucede com o uso dos esferoplastos.

O vetor – geralmente um plasmídeo bacteriano ou vírus (bacteriófago) – é o veículo que permite introduzir na levedura hospedeira um fragmento de DNA, proveniente de uma célula doadora, o qual, uma vez expresso, gera um produto normalmente de interesse comercial. Há situações, no entanto, em que o objetivo não é o de obter um produto específico, mas o melhoramento de alguma característica da levedura (por exemplo, aumento da tolerância ao etanol durante a fermentação alcoólica) (Fontes; Monteiro, 2021).

A característica comum dos vetores para leveduras é a capacidade de mantê-los ativos, quer na levedura, quer na bactéria *E. coli*. Esse tipo de vetor possui pelo menos duas regiões, uma relacionada à replicação, e outra, à resistência a um determinado antibiótico. Um exemplo desse tipo de vetor é o plasmídeo de *E. coli* pBR322 (Bolivar *et al.*, 1977), que, além das regiões citadas, possui uma sequência de DNA da levedura. Esse tipo de vetor híbrido possibilita realizar a técnica do DNA recombinante em bactérias, organismos mais simples e mais fáceis de manipular. Por exemplo, enquanto o isolamento e a purificação de plasmídeos a partir de levedura são de difícil execução, os de origem bacteriana são bem mais fáceis de se obter, e em grande quantidade. Associa-se a isso o fato de que o procedimento de transformação é bem mais eficiente em *E. coli*, além de a recombinação homóloga ser muito rara, o que torna a meia-vida do plasmídeo in vitro bem longa.

Vários são os tipos de vetores disponíveis para a modificação planejada do DNA de leveduras, citando-se como exemplos: $YI_p$, $YR_p$, $YE_p$, $YC_p$ e $YX_p$ (Evans; Attfield, 1989).

O mais simples dos vetores é o chamado *plasmídeo integrado de levedura* ($YI_p$, na versão em inglês), que permite a inserção de um dado gene diretamente em um cromossomo específico da levedura. Não tem segmento para a origem autônoma da replicação (replicon), pequeno número de cópias, alta estabilidade, e duplica-se junto com o DNA normal da célula. É útil quando se deseja fazer uma mudança genética específica e duradoura no genoma da levedura.

Vetores mais complexos possuem em sua estrutura pelo menos um replicon e genes selecionados da levedura. Quando um vetor possui um replicon, significa que ele é capaz de multiplicar-se independentemente da replicação do genoma normal da célula. Exemplos desses tipos de vetores são o *plasmídeo replicante de levedura* ($YR_p$, na versão em inglês) e o *Plasmídeo Epissômico de Levedura* ($YE_p$, na versão em inglês). O $YR_p$ é um vetor que possui como replicon um fragmento de DNA de levedura denominado sequência autônoma de replicação (ARS, na sigla em inglês) e tem como características estabilidade entre baixa e moderada, encontrado dentro da célula hospedeira em número entre 5 e 10 e com alta frequência de transformação. São normalmente usados para se construírem bancos de genes e em trabalhos de clonagem de células. O $YE_p$, por sua vez, possui como replicon um plasmídeo extracromossômico denominado 2-micron (Botstein; Davis, 1982). Tem como características estabilidade entre moderada e alta e número intracelular de cópias entre 30 e 100. Usado nos casos em que se deseja obter produtos de alto valor agregado. O maior número de cópias por célula apresentado pelo $YE_p$ torna-o mais estável que o $YR_p$, uma vez que a probabilidade de sua presença nas gêmulas é aumentada.

Uma alternativa para se manterem genes clonados é o emprego do *plasmídeo possuidor de centrômero* ($YC_p$, em inglês). Pelo fato de o vetor possuir o centrômero, a segregação dos cromossomos entre as células-filha (gêmulas) é altamente eficiente, em que pese seu pequeno número por célula de levedura. Lembra-se que o $YC_p$ possui como replicon o ARS ou o 2-micron, além de ser um vetor bastante estável.

Embora os vetores citados sejam de grande valia para a técnica do DNA recombinante, os vetores de expressão – mais precisamente os *plasmídeos de expressão de levedura* ($YX_p$, em inglês) – vêm sendo estudados e empregados com intensidade nos últimos anos. Apresentam capacidades de transformação e autonomia similares às do $YR_p$ e $YE_p$, porém, permitem a expressão incrementada de genes da própria levedura ou de genes provenientes de outras espécies de seres vivos. Os procedimentos concernentes aos vetores de expressão são, em linhas gerais, a remoção do fragmento de DNA (gene), que se expressa em um metabólito comum da levedura, porém, mantendo as unidades promotora e finalizadora intactas no plasmídeo de partida e a inserção do gene desejado (proveniente da própria levedura ou de qualquer outra célula) no mesmo espaço do gene original removido. A ideia é a de submeter o gene, cuja expressão em um dado produto é desejada, à regulação de transcrição promovida por um promotor específico e de fácil controle. Dentre os inúmeros promotores disponíveis podem ser citados aqueles que controlam a expressão dos genes da fosfoglicerato cinase (PGK, em inglês) e da galactosidase (GALI). O gene PGK é expresso intensamente quando a levedura é cultivada em meio contendo substratos altamente fermentescíveis (glicose, frutose, sacarose etc.). Assim, quando, por alguma razão, deseja-se aumentar a expressão de um gene da própria levedura, mas que está naturalmente submetido a um promotor de forte ação controladora, basta extraí-lo de seu cromossomo original e introduzi-lo no vetor $YX_p$ entre o promotor e o finalizador do gene PGK. Esse vetor, ao ser introduzido novamente na célula de levedura, fará com que o gene, antes de baixa expressão, passe a expressar-se com maior intensidade. O gene GALI, por sua vez, expressa-se intensamente em galactosidase, quando a célula é cultivada em meio rico em galactose. Por isso, quando um gene qualquer é submetido ao controle do gene promotor da galactosidase, ele terá sua expressão inteiramente controlada pela quantidade de galactose presente no meio de cultivo. Ressalta-se que há vetores tipo $YX_p$ portadores de genes promotores que controlam genes, cujos produtos de expressão são expelidos pela célula para o meio de cultivo. Dois dos mais usados sistemas de excreção são aqueles baseados nos genes promotores, que controlam a expressão do gene para a enzima invertase e para o gene formador do fator-α-bacteriano (estimulador do acasalamento entre microrganismos). É claro que esses tipos de $YX_p$ são de grande utilidade quando se deseja produzir grandes quantidades de produtos extracelulares (enzimas, proteínas ou biofármacos).

Evidentemente, a escolha do vetor será função de sua estabilidade, facilidade de manipulação, do tipo de produto desejado e dos entraves regulatórios referentes aos produtos fabricados. Por exemplo, quando se almeja obter produto de alto valor agregado em escala industrial – situação na qual a quantidade de genes inseridos e seu alto grau de expressão são aspectos bem mais importantes do que, por exemplo, a estabilidade absoluta do plasmídeo na célula hospedeira –, o uso de levedura modificada pela introdução de vetores do tipo $YR_p$ e $YE_p$ – ou por vetor derivado $YX_p$ – é praticamente obrigatório.

Dentro do contexto exposto, adquirem grande importância a clonagem e a identificação dos genes de interesse da levedura.

Para a clonagem, o primeiro passo é o estabelecimento de um banco de genes da levedura a serem usados nos procedimentos da tecnologia do DNA recombinante. Em muitas situações, o $YR_p$, $YE_p$ ou bacteriófago lambda é usado como vetor para clonagem. Sabendo que o tamanho do genoma da levedura é da ordem de $1.4x10^4$ kb, relativamente pequeno quando comparado a outras espécies celulares, um banco constituído por cerca de 4.600 clones independentes com inserção média de 15 kb seria suficiente para representar, no mínimo, 99% do genoma da levedura (Evans; Attfield, 1989; Petes, 1980).

A questão-chave para se estabelecer um banco de genes confiável seria dispor de maneiras eficientes para se detectar a molécula de DNA recombinada, contendo a sequência de um gene específico e de interesse. A detecção pode ser feita de três modos básicos: a hibridização em colônias (no caso do banco ser constituído por plasmídeos) ou em placas (caso do banco ser formado por fago) – nesse método, utiliza-se sonda de DNA contendo átomos radiativos, a qual tem sequência de bases homóloga à do gene de interesse –; a seleção imunológica (baseia-se na detecção de uma proteína específica codificada por um gene, usando o correspondente anticorpo monoclonal); e o do emprego de célula hospedeira mutante incapaz de produzir um metabólito primário fundamental para o seu crescimento, o qual deve estar presente no meio de cultivo.

Do ponto de vista industrial, a engenharia genética vem chamando a atenção para o fato de novos produtos serem obtidos, ou, pelo menos, de aumentar o rendimento de processos já estabelecidos.

A percepção do impacto da engenharia genética na indústria dependerá do tipo de produto fabricado.

À primeira vista, parece lógico que as indústrias que operam plantas de fermentação tradicionais, dentre elas, as destilarias que produzem o etanol (potável, combustível ou de grau farmacêutico/cosmético) e as que produzem fermento (levedura) para panificação, tenham interesse em dispor de cepas de leveduras melhoradas para aumentar o rendimento do processo e o desempenho geral da planta de produção.

Particularizando para o caso das indústrias de fermento e de bebidas alcoólicas (etanol potável), que operam processos fermentativos muito bem estabelecidos há décadas, a adoção de novas tecnologias, sobretudo as que modificam o agente da transformação – a levedura, no caso – passa a ser arriscada. No entanto, a possibilidade de introduzirem-se modificações pontuais na bioquímica da levedura, de tal sorte a eliminar eventuais traços produtivos indesejados (por exemplo, a levedura tornar-se mais resistente a altas concentrações de etanol ou ter a capacidade de flocular, quando a concentração de um nutriente do meio de cultivo atingir um dado valor mínimo, facilitando a separação das células do meio fermentado), não é uma perspectiva a ser descartada. No caso do fermento de panificação, seria desejável obterem-se cepas de levedura, por meio da engenharia genética, que tivessem vida de prateleira aumentada, quando comercializadas na forma prensada, poder fermentativo melhorado – acelerando o crescimento e o amaciamento da massa para a fabricação de pães – e, finalmente, ser produzidas em maior concentração associada à exaustão completa dos nutrientes constituintes do meio de cultivo (mosto). Para a consecução desses efeitos, a modificação genética introduzida deve envolver alterações no metabolismo central da célula.

Um exemplo importante para o emprego de levedura alterada geneticamente seria em cervejaria, visando-se a produzir cerveja de baixa caloria – entenda-se, bebida com baixo teor de carboidratos. O mestre cervejeiro, para conseguir esse efeito, procura modificar a constituição do mosto, antes de proceder ao *mashing*, substituindo parte do malte por xarope de açúcar simples (glicose, frutose, dentre outros) ou aumentar a quantidade de enzimas amilolíticas, visando-se a intensificar a hidrólise do amido, sendo os açúcares resultantes fermentados pela levedura não modificada. A modificação genética na levedura consistiria em torná-la capaz de formar a glicoamilase, enzima secretada durante a fermentação para a hidrólise de carboidratos, cujos açúcares redutores resultantes – principalmente glicose – são prontamente metabolizados pela levedura. No entanto, a glicoamilase gerada pela levedura deve ser termolábil, para que possa ser inativada durante a pasteurização do produto, haja vista que sua presença no produto tornará a cerveja mais adocicada do que o desejável. Além disso, o fato de a levedura ter sido modificada geneticamente poderia impedir que recebesse o status GRAS (sigla para o termo anglófilo *generally recognised as safe*), o que tornaria a cerveja não comercializável. De qualquer forma, quaisquer que sejam as modificações introduzidas na levedura cervejeira, elas não podem, em hipótese alguma, perturbar o metabolismo central de carbono e nitrogênio do microrganismo.

Ressalta-se que, no caso da produção de etanol combustível, as modificações genéticas introduzidas na levedura não afrontam a legislação. Por conseguinte, atualmente são disponibilizadas leveduras capazes de sintetizar celulases e/ou xilose isomerase, permitindo o uso de materiais lignocelulósicos, como mostos para a produção desse tipo de biocombustível – que, inclusive, vem sendo chamado de álcool de 2ª geração, desde que se considere o etanol obtido do melaço e do caldo de cana como sendo de 1ª geração, simplesmente pela sua produção ter sido desenvolvida antes.

Além dos produtos principais citados, há outros que podem ser obtidos da levedura residual de destilarias e que podem ter sua produção melhorada por meio da modificação do seu genoma. Alguns exemplos importantes seriam o aproveitamento dos ácidos nucleicos, a obtenção de enzimas (invertase, lactase, dentre outras) e a obtenção de células ricas em β-glicana – polissacarídeo localizado na parede celular da levedura, perfazendo de 12 a 14% de sua massa seca; homopolímero da glicose, no qual as moléculas da hexose são unidas em cadeias lineares por ligações osídicas β(1-3) e que, a espaços regulares, emitem ramificações por meio de ligações osídicas do tipo β(1-6), as quais se intercalam entre as cadeias principais, formando ligações cruzadas. A importância de se dispor de β-glicana com diferentes graus de ligações cruzadas reside no fato de que suas propriedades viscoelásticas são diferentes, possibilitando seu uso como suportes para colunas cromatográficas, na confecção de cápsulas para a veiculação de drogas e aromas – inclusive nos casos em que a liberação controlada delas é desejada – e como espessante em formulações farmacêuticas, cosméticas e alimentícias.

Enfim, o desempenho do microrganismo geneticamente modificado em um biorreator industrial é função direta do percentual de células modificadas capazes de reter o gene recombinante ao longo da duração do processo. Em outras palavras, o sucesso do emprego do microrganismo modificado depende, em maior ou menor grau, da estabilidade – entendida em termos de frequência de perda durante a produção da capacidade funcional do DNA incorporado à célula – do material genético introduzido. Assim, uma frequência alta de perda contribuiria para aumentar o custo global do processo, haja vista ser necessária uma renovação mais frequente das células modificadas - implicando muitas vezes a interrupção do processo fermentativo - ou a condução do processo com rendimento inferior ao desejado. Deve-se, no entanto, considerar o propósito de produção da empresa que utiliza a levedura como agente de transformação principal. Caso ela utilize a levedura, por exemplo, para produzir etanol ou cerveja, o interesse mais provável de usar levedura geneticamente modificada é o de tornar a cepa mais produtiva (mais resistente a concentrações de etanol acima de 20% (v/v), por exemplo). Nessa situação, a proteína codificada pelo gene introduzido só é necessária em quantidades metabólicas; por isso pequena quantidade de vetores, contendo o gene de interesse, distribuídos entre as células em fermentação já seriam suficientes. Todavia, se a modificação genética visa a fazer com que a levedura produza um composto que, normalmente, não produz (por exemplo, interferon e interleucina-2 humanas), então, muitos vetores com o gene específico são requeridos. Ou seja, as células devem ter boa capacidade de retenção do DNA estranho durante a fermentação.

## 1.2 INTERESSE EMPRESARIAL

### 1.2.1 CARACTERÍSTICAS GERAIS DAS EMPRESAS BIOTECNOLÓGICAS

As empresas biotecnológicas, em linhas gerais, apresentam várias características notórias, a saber: mão de obra não intensiva, diversificada e intelectualizada, manipulação de materiais renováveis e recicláveis, empresas de porte pequeno ou médio, uso de processos que requerem pouca energia, gerenciamento específico (deve considerar obrigatoriamente: as leis particulares que regem o setor, a reação do consumidor, segurança [riscos à saúde e ao meio ambiente]), risco financeiro alto, produtos de vida média de mercado curta, P&D continuado e capital inicial elevado com perspectivas de retorno a médio ou longo prazo (Vitolo, 2021b).

### 1.2.2 EXEMPLOS DE SETORES ALTAMENTE IMPACTADOS PELA BIOTECNOLOGIA

Entre os setores industriais que têm sofrido maior impacto com o desenvolvimento da biotecnologia, estão: a produção de alimentos, a substituição de derivados de petróleo, geração de fontes de energia alternativa, reciclagem do lixo, controle da poluição, silvicultura, síntese de fármacos e áreas médica e veterinária.

A título de exemplo, comparam-se o comportamento dos setores químico-farmacêutico e o de alimentos frente às inovações da biotecnologia. O setor de alimentos considera a biotecnologia como oportunidade para reduzir custos, melhorar processos, não se ater às questões de patenteamento e investir, no máximo, 1% do lucro no desenvolvimento de bioprodutos. Nesse último caso, prefere investir em empresas biotecnológicas emergentes e, somente quando um bioproduto apresentar viabilidade econômica segura, as empresas desse setor envolvem efetivamente na sua produção, venda e/ou utilização. A indústria químico-farmacêutica, por sua vez, compromete-se mais intensamente com os avanços da biotecnologia, despendendo em pesquisa e desenvolvimento, no mínimo, 10% das vendas. O desenvolvimento de tecnologia, a ênfase extremada nas propriedades e qualidades do bioproduto a ser produzido e o grande interesse na valorização e respeito ao patenteamento dos bioprodutos constituem-se, também, objetivos prioritários para esse setor.

A indústria de alimentos ao longo do tempo tem se dedicado ao constante melhoramento e/ou à introdução de novos bioprocessos. Todavia, nos últimos anos, o setor produtivo vem sendo pressionado pela crescente conscientização ambiental das pessoas sobre a obrigatoriedade de dar destino correto aos resíduos gerados, além de usar processos que requerem menor consumo de energia. Como é do conhecimento geral, a geração de energia também implica estresse ambiental.

Por sinal, o destino a ser dado aos resíduos em geral – incluídos, também, aqueles originados no local de produção das matérias-primas (resíduos celulósicos e análogos, colheitas parcialmente perdidas tanto no campo quanto no armazenamento, transporte e comercialização) e as sobras de alimentos não consumidos pelas pessoas, quer no ambiente doméstico, quer em restaurantes – enseja o desenvolvimento de novos processos baseados tanto na tecnologia tradicional, sobretudo química ou físico-química, como na de natureza biotecnológica. Acrescenta-se que o consumo energético para produzir, processar, transportar e comercializar alimentos é significativo e traz custos extras a todas as etapas da cadeia produtiva. Ressalta-se que, até alguns anos atrás, a indústria alimentícia encarava os desperdícios como consequência inevitável do processamento e que os inconvenientes deveriam ser resolvidos ao menor custo possível, o qual passava pelo descarte direto no meio ambiente, sobretudo em cursos de água vizinhos à fábrica.

A indústria alimentícia, assim como os demais ramos produtivos, não pode se furtar à responsabilidade de minimizar a poluição ambiental, o consumo e o desperdício de água – um bem valioso e de disponibilidade finita no planeta (Figura 1.3) – e as falhas na manipulação dos alimentos e de seus ingredientes, sendo relevante, nesse caso, focar na deterioração, no processamento ineficiente da planta industrial e na perda de nutrientes no efluente. Seguramente, a pressão para que os citados desperdícios sejam evitados provirá da necessidade de maior quantidade de alimentos para a nutrição humana, menor consumo de água tratada, menor volume de efluentes descartados para o meio ambiente, redução de custos de produção e comercialização e da adoção de medidas legais rígidas.

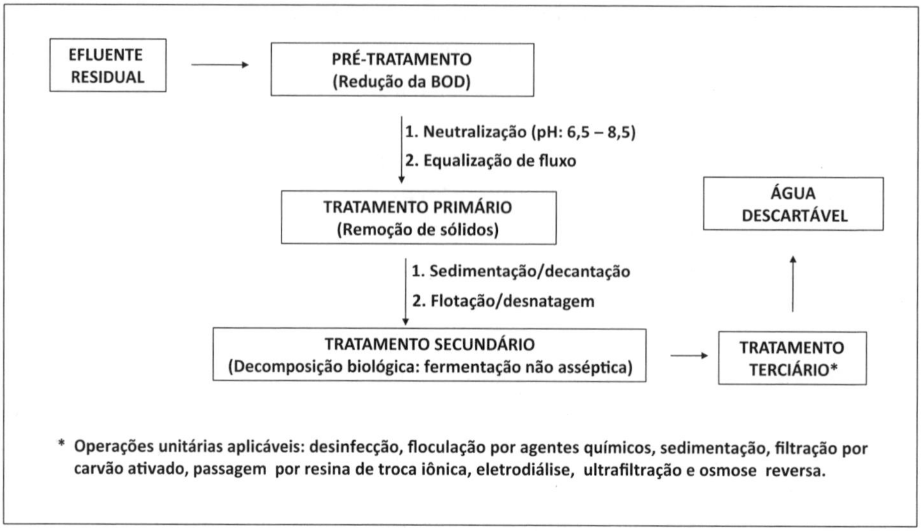


**Figura 1.3** – Etapas para o tratamento de efluentes da indústria de alimentos.

Os resíduos (sólidos, pastosos ou líquidos) do processamento de alimentos têm forte influência nos custos de coleta, armazenamento, tratamento e descarte para a empresa, sem contar que o material residual poderá carrear insumos importantes da formulação do alimento processado.

Os resíduos gerados na indústria de alimentos variam tanto na sua natureza quanto nas quantidades geradas, além de variarem em uma mesma planta ou entre plantas similares. A questão fundamental é que os resíduos, muitas vezes, são de geração sazonal, além de altamente perecíveis e, geralmente, inadequados para uso direto na forma em que são gerados. Isso obriga que eles sejam rapidamente tratados e convertidos em materiais ambientalmente inofensivos para descarte ou em subprodutos comercializáveis – por exemplo, a conversão do resíduo em ingrediente para fins de consumo animal. Do ponto de vista do fabricante, o aproveitamento do resíduo só traz interesse quando um subproduto pode ser claramente vislumbrado em termos comerciais ou quando restrições legais severas o obrigam a tomar providências. Nesse último caso, o fabricante dará um jeito de transformar o resíduo em derivado de eventual interesse comercial, mesmo que a custo amortizável, somente dentro do processo produtivo global da planta. Lembra-se que o reaproveitamento eficiente dos resíduos industriais está sendo possível por meio da organização de plantas industriais afins em conglomerados funcionalmente articulados (biorrefinarias).

A importância da recuperação, do tratamento e do emprego de resíduos, particularmente na minimização da sua geração e do seu peso nos custos de produção, envolve o desenvolvimento de tecnologias inovadoras embasadas na biotecnologia – no sentido do melhoramento genético das fontes animal e vegetal e dos microrganismos e enzimas capazes de atuarem na modificação dos resíduos –, na robótica e no emprego de sensores. Os recursos tecnológicos devem propiciar o reaproveitamento do resíduo como ingrediente do produto ou torná-lo um produto comercializável *per se*. Além disso, melhorias no pré-processamento e/ou no processo em si minimizando, por exemplo, o consumo de água potável, tanto na quantidade total necessária quanto no seu aproveitamento como água de reúso e/ou de reciclo, deve ser perseguido a todo o custo.

Quaisquer processos desenvolvidos para a recuperação ou transformação de resíduos em produtos de interesse comercial devem levar em conta a inconsistência do material em termos de quantidade disponível e natureza de sua composição. Outro aspecto a se considerar refere-se à manipulação do resíduo, a qual poderá ser uma recuperação direta do subproduto desejado (caso da pectina extraída do refugo da maceração da maçã ou da casca de frutos cítricos) ou dever-se-á proceder à conversão de um ou mais ingredientes em subprodutos totalmente diferentes (caso da deslactosação do soro de leite, na qual a lactose é convertida em glicose e galactose). De qualquer forma, os componentes dos resíduos alimentícios podem ser transformados em proteína unicelular, combustíveis (etanol, metano), produtos químicos entre dezenas de outros.

### 1.2.3 FATORES QUE AFETAM AS APLICAÇÕES DA BIOTECNOLOGIA

Caso fosse possível fazer um levantamento global completo dos produtos e processos possíveis de serem comercializados, provavelmente concluir-se-ia que nas gavetas dos grandes laboratórios e empresas de biotecnologia existem muito mais produtos do que aqueles realmente lançados no mercado. A razão para esse freio na biotecnologia comercial proviria de uma série de fatores, a saber: o elevado montante de investimento para desenvolver o bioproduto por parte do setor produtivo, a existência de uma lei de patentes adequada e a seriedade em seu cumprimento (sobretudo em países emergentes), elaboração de estratégias específicas de marketing e comercialização (estritamente dependentes do tipo de bioproduto a ser comercializado), aceitação dos bioprodutos pelos consumidores; e, finalmente, o custo de produção do bioproduto deve ser competitivo diante ao custo de um produto análogo obtido por via não biotecnológica.

### 1.2.4 SENSIBILIZAÇÃO DO CONSUMIDOR FRENTE AOS AVANÇOS DA BIOTECNOLOGIA

Nos últimos 40 anos, a biotecnologia tem se desenvolvido a passos largos, gerando situações tanto benfazejas quanto alarmantes. Muitas pesquisas de opinião têm sido feitas sobre as grandes questões resultantes do desenvolvimento biotecnológico, a saber: mapeamento do DNA humano, testes genéticos, policiamento por meio da identificação genética, biomedicamentos e eugenia. Concluiu-se que serão necessários muitos e muitos anos para que as opiniões sobre cada uma dessas questões atinjam um grau significativo de consenso.

Apenas pinçando um exemplo atual de exploração dos conhecimentos oriundos do mapeamento do genoma humano, tomemos a chamada nutrigenética, que pretende, por meio da análise do DNA individual, prognosticar eventuais problemas de saúde e sugerir procedimentos dietéticos para evitar esses problemas ou, na pior das hipóteses, mitigá-los. Por exemplo, há evidências de que a homocisteína estaria relacionada a problemas coronarianos e a derrames; logo, a redução de seu nível corpóreo minimizaria a ocorrência dos citados eventos. A concentração dessa substância no organismo é controlada pela ação da enzima metilenotetrahidrofolato redutase, que, por sua vez, é codificada por um gene localizado no cromossomo 1. Por conseguinte, pela análise da sequência de bases do gene codificador, segundo algumas empresas de nutrigenética, seria possível prognosticar a probabilidade de a pessoa sofrer derrame ou ser acometida de mau funcionamento das coronárias. Em função do resultado, essas empresas sugerem ao paciente adquirir produtos por elas fabricados, visando-se a evitar as enfermidades citadas.

Na atualidade, tanto o *Food and Drug Administration* (FDA) como os centros para controle e prevenção de doenças enfatizam a ausência de provas científicas cabais para que testes genéticos sejam usados com *segurança* ou *efetivamente* na hora de nortear as escolhas nutricionais. Nos Estados Unidos, o FDA mal regulamenta – quanto à segurança e eficácia – os cerca de mil testes genéticos disponíveis no mercado. Pela lei, o FDA deve aprovar apenas os testes vendidos como kits médicos aos laboratórios clínicos para o diagnóstico, tratamento e prevenção de enfermidades. Os demais testes genéticos, incluindo os nutrigenéticos, são desenvolvidos por laboratórios para uso caseiro e, portanto, dispensam regulamentação oficial. Eles escapam, também, porque desses testes não resultam diagnósticos, mas somente prognósticos.

## 1.3 MERCADO BIOTECNOLÓGICO

A grande variedade de produtos biotecnológicos (ou simplesmente bioprodutos) pode ser dividida em três categorias, caso seja levado em conta a quantidade comercializada e o valor de mercado, a saber: aqueles vendidos em grande quantidade e a preço baixo (metano, biocombustíveis etc.), em grande quantidade e a preço intermediário (aminoácidos, levedura, enzimas para alimentos, polímeros etc.) e os vendidos em pequenas quantidades, mas a preços elevados (produtos farmacêuticos em geral).

Os bioprodutos podem ser associados aos diferentes segmentos industriais: químico orgânico (metanol, enzimas, ácido cítrico etc.), farmacêutico (vacinas, anticorpos monoclonais, antibióticos, eritropoietina, insulina, hormônios etc.), alimentício (leveduras, enzimas, aminoácidos etc.), agrícola (micorrizas) e de serviços (tratamento de efluentes; equipamentos analíticos, entre outros).

O lançamento comercial de um bioproduto leva, no mínimo, cinco anos, entre a sua concepção e a introdução no mercado. Por exemplo, a produção da insulina de 1978 a 1983, do hormônio humano de crescimento de 1980 a 1990 e da vacina antimalárica em estudo desde 1990.

Apesar das dificuldades do desenvolvimento de bioprodutos, a biotecnologia é uma das áreas que mais cresce na atualidade, puxada pelas perspectivas do mercado mundial, que hoje não é inferior a US$ 3 trilhões.

## 1.4 ALIMENTOS E ENZIMAS

Focando na tecnologia de alimentos, pode-se dizer que o sucesso dessa área, medido pela enorme variedade de produtos oferecidos nos supermercados, deve-se à convergência perfeita dos aspectos formulação, processamento e embalagem.

O tecnólogo seleciona as matérias-primas adequadas para confeccionar um dado alimento, mistura-as nas quantidades preconizadas na formulação, submete-as a um pré-processamento (lavagem, maceração, cozimento etc.), obtendo, em seguida, uma massa, à qual adiciona os coadjuvantes necessários (acidulante, corante, aromatizante etc.). Após processamento final (cozimento, extrusão, secagem, controle analítico etc.) resulta o produto almejado, o qual é embalado e enviado ao mercado.

A princípio, o setor agropecuário – fonte das matérias-primas alimentícias – recebeu muita atenção no sentido do aumento da produtividade agronômica em detrimento da melhoria das características da matéria-prima, visando a simplificar o processamento industrial da matéria-prima. Por exemplo, seja o caso do tomateiro, que requer estacas para poder se desenvolver e produzir o tomate, o qual só pode ser colhido manualmente. Para aumentar a produtividade e diminuir o custo da plantação, desenvolveu-se uma variedade de tomateiros baixos, de tal sorte a prescindir do estaqueamento, propiciando colheita mecanizada. Somente nos últimos anos, esforços têm sido direcionados no sentido de obter-se um tomate com maior teor de sólidos solúveis (menos água), visando à economia de energia no processo de produção da massa de tomate para molho.

De um modo geral, pode-se dizer que a biotecnologia vem contribuindo com o desenvolvimento da tecnologia de alimentos mediante quatro vertentes, a saber: melhoramento das fontes de matérias-primas, produção de ingredientes específicos para a indústria alimentícia, satisfação de demandas específicas de mercado e melhoramento de processos.

### 1.4.1 MELHORAMENTO DAS FONTES DE MATÉRIAS-PRIMAS

Há milhares de anos o homem cultiva plantas e cria animais para a sua alimentação.

Os animais de interesse econômico têm sido aprimorados por meio do acasalamento natural e do uso da biotecnologia. Esta tem permitido o cruzamento planejado pelo transplante de embriões. Os embriões são produzidos in vitro pela combinação de espermatozoides e óvulos extraídos dos animais com as qualidades genéticas desejadas, seguida de sua implantação no útero de uma "fêmea de aluguel". A biotecnologia, por meio da disponibilização de testes de diagnóstico para doenças específicas (kits de anticorpos monoclonais para detectar brucelose, raiva, disenteria bovina, febre aftosa, entre outras) e do aumento da variedade e disponibilidade de vacinas e medicamentos, tem também contribuído na salvaguarda da saúde dos rebanhos (bovino, ovino, suíno, entre outros). A transgenia – introdução, por exemplo, de um gene humano (codificador da proteína do leite humano) em caprinos ou suínos permite que o leite desses animais seja enriquecido com a proteína desejada – está sendo desenvolvida atualmente, ao contrário da clonagem, cuja factibilidade já foi comprovada, mas que por razões éticas é muito pouco explorada (Vitolo, 2021b).

Os vegetais são matérias-primas para consumo in natura ou após processamento em escala pequena (doméstica e comercial) ou industrial. De qualquer modo, as plantas de interesse econômico têm sido objetos de manipulação ao longo dos milênios.

As modificações introduzidas nas plantas têm como objetivos o melhoramento: a) do cultivar (em termos de rendimento por unidade de área plantada, conseguido pelo aumento da resistência a pragas [soja e milho resistentes a herbicidas] às condições climáticas e ao aprimoramento do processo de colheita [por exemplo, tomateiro de tamanho pequeno que prescinde de estacas de sustentação, permitindo o uso de colheitadeira mecânica]); b) do valor nutritivo e das propriedades organolépticas; c) dos atributos funcionais da matéria-prima (por exemplo, híbridos de milho e trigo com baixo teor de lipoxigenase e distribuição homogênea da amilose no grânulo de amido. Este reduz o "amanhecimento" [amolecimento precoce] do produto de panificação, enquanto aquela dispensa o branqueamento das farinhas).

O melhoramento dos cultivares – que, na prática, pode interferir no valor nutritivo, nas propriedades organolépticas e nos atributos funcionais do vegetal – vem sendo feito por meio de protocolos baseados no cruzamento convencional (realizado desde os primórdios da agricultura) e na modificação gênica – desde 1972 –, usando-se as técnicas do DNA recombinante, hibridoma, dedos de zinco, TALENs (sigla inglesa para transcrição do gene alvo ativador com nucleases efetoras) e CRISPR-Cas9 (sigla inglesa para repetições palindrômicas curtas agrupadas e regularmente interespaçadas) (Figuras 1.4 – 1.6) (Voytas; Gao, 2014).

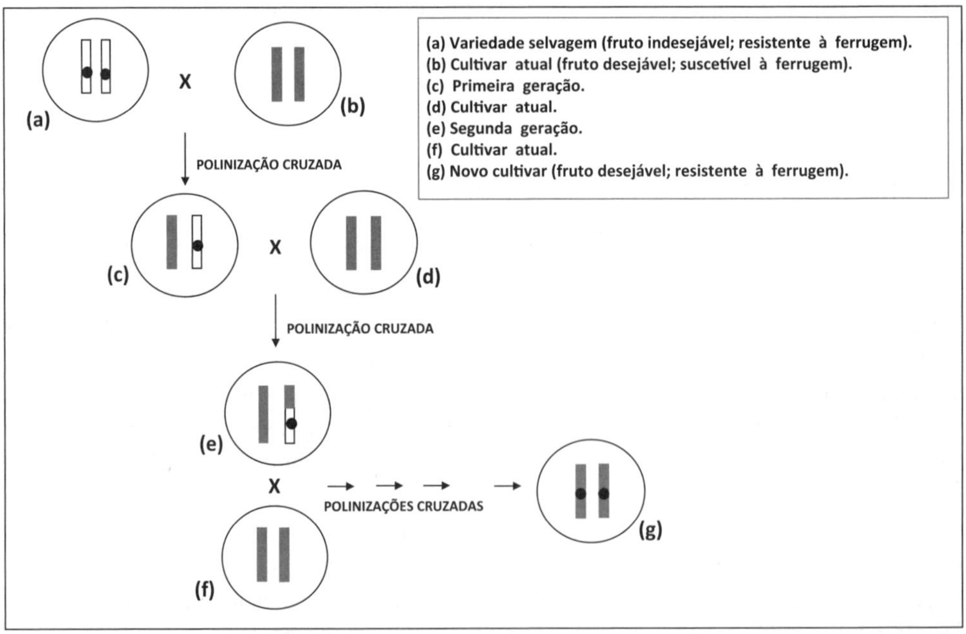


**Figura 1.4 –** Cruzamento convencional.

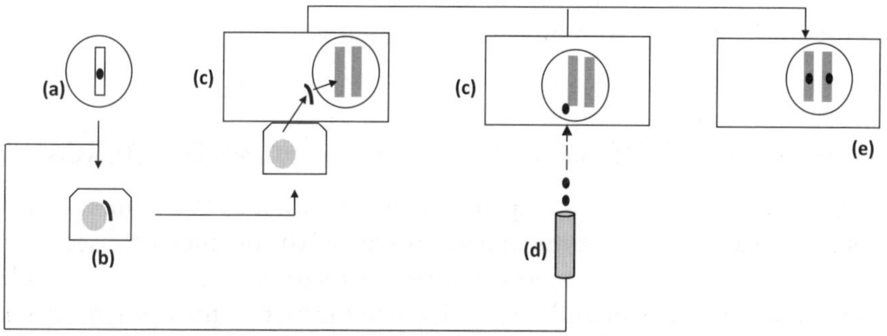


**(a) Núcleo de uma célula vegetal contendo o gene que dá resistência à ferrugem (●). Se a célula for aparentada àquela do cultivar atual, tem-se o cruzamento cisgênico, caso contrário, o cruzamento é transgênico; (b) *Agrobacterium tumefaciens* carreador do plasmídeo contendo o gene da resistência à ferrugem; (c) Célula vegetal receptora do gene de interesse (a célula pertence ao cultivar atual, produzindo fruto desejável, mas susceptível à ferrugem); (d) Pistola de genes (partículas de metal recobertas com o gene de interesse são injetadas dentro da célula vegetal ); (e) Novo cultivar que contém o gene antiferrugem e produz fruto desejável.**

**Figura 1.5 –** Modificação genética da célula vegetal pela técnica do DNA recombinante.

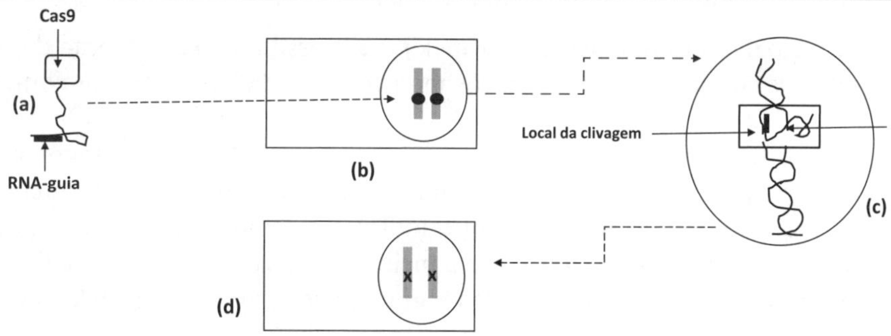


**(a) Ferramenta CRISPR-Cas9; (b) Célula do cultivar atual cujos genes devem ser silenciados; (c) Vista do interior do núcleo onde se dá a clivagem do DNA. O RNA-guia se liga ao trecho de DNA complementar posicionando a enzima (Cas9) no ponto de clivagem. Quando a célula repara o filamento duplo do DNA, ela insere nucleotídeos diferentes daqueles removidos, dando origem a genes inativos; (d) Célula do novo cultivar com os genes indesejáveis silenciados.**

**Figura 1.6 –** Edição gênica pela técnica do CRISPR-Cas9 para desativar genes indesejáveis.

## 1.4.2 PRODUÇÃO DE INGREDIENTES ESPECÍFICOS PARA A INDÚSTRIA ALIMENTÍCIA

Na fabricação de alimentos, são necessários inúmeros ingredientes, que devem estar sempre disponíveis no mercado, e em grandes quantidades. Por exemplo, aminoácidos (ácido glutâmico, ácido aspártico, fenilalanina, lisina, metionina), vitaminas (complexo B, tocoferol), enzimas (proteases, carboidrases, pectinases etc.), dentre outros. Para essa situação, a biotecnologia colabora possibilitando o aperfeiçoamento genético de microrganismos – sobretudo por meio da técnica do DNA recombinante – que produzem os compostos citados nas quantidades exigidas pelo mercado. Em outros termos, procura-se aperfeiçoar o processo fermentativo.

### 1.4.3 SATISFAÇÃO DE DEMANDAS ESPECÍFICAS DE MERCADO

Atualmente, os consumidores exigem que os ingredientes dos alimentos tenham características próximas aos de origem natural e de baixo conteúdo calórico. A indústria alimentícia tem respondido a essas demandas incluindo nas formulações ingredientes naturais (extrato de baunilha, destilado de cacau, mentol, jasmim, shikonina, manteiga de cacau, cochonilha do Peru, por exemplo) e reduzindo o teor de açúcares (cerveja de baixa caloria, produzida adicionando-se na dorna de fermentação a glicoamilase, que hidrolisa os oligossacarídeos residuais em glicose, a qual é totalmente metabolizada pela levedura. Em outros alimentos, pelo acréscimo de adoçantes não açucarados como taumatina, esteviosídeos, aspartame).

Sucede que muitos ingredientes naturais – como extrato de baunilha, mentol, jasmim, entre outros – são caros (preços não inferiores a US$ 30 por kg), podendo a versão sintética existir a custo menor (por exemplo, extrato de baunilha e mentol) ou não (jasmim, shikonina, cochonilha do Peru etc.).

A biotecnologia, portanto, deve criar meios que possibilitem a obtenção de ingredientes naturais em quantidade e a preços módicos, assim como produtos com baixo valor calórico. No caso da cerveja com baixa caloria, estão sendo desenvolvidas leveduras geneticamente modificadas (por meio da técnica do DNA recombinante), capazes de produzir glicoamilase (uma enzima fúngica) que, durante a fermentação, possibilita a conversão total da glicose em etanol. Nessa condição, evita-se a adição de glicoamilase exógena, reduzindo-se sobremaneira o perigo de contaminação da dorna, além de baratear o processo. No caso dos ingredientes naturais, merece lembrança a obtenção da shikonina a partir da planta shikon (*Lithospermum erythrorhizon*), encontrada na China. A variedade natural do shikon produz, a cada sete anos, 0,02g de shikonina/planta, o que explicava o alto custo desse corante. Por meio da técnica biotecnológica da fusão celular, resultou uma variedade de shikon que produz, a cada 23 dias, a mesma quantidade de corante por planta. O preço da shikonina caiu vertiginosamente, tornando-se um dos corantes vermelhos mais utilizados na formulação de alimentos. O mercado para esse corante não é inferior a US$ 1 milhão/ano (Vitolo, 2021b).

### 1.4.4 MELHORAMENTO DE PROCESSOS

Os processos da indústria de alimentos podem ser melhorados tanto pelo aperfeiçoamento dos equipamentos (assunto não abordado) quanto pelo uso de enzimas.

#### 1.4.4.1 Enzimas

As enzimas são catalisadores utilizados na indústria, em métodos analíticos e em medicamentos (Figura 1.7).

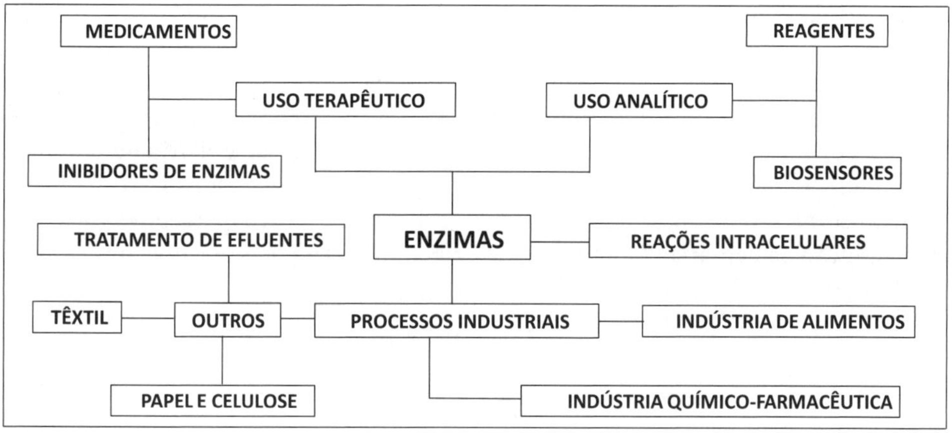


**Figura 1.7** – Aplicações de enzimas.

As enzimas podem ser obtidas de animais (pepsina e renina), vegetais (papaína, ficina e bromelina) e de microrganismos (a maioria das enzimas).

Atualmente, os fabricantes de enzimas têm à disposição cepas microbianas modificadas geneticamente – resultantes da aplicação das técnicas biotecnológicas modernas –, que produzem enzimas com alto rendimento. Nesse caso, porém, o usuário (tecnólogo de alimentos) deve ser comunicado pelo fabricante, a fim de se evitarem problemas legais com as agências fiscalizadoras (Anvisa, por exemplo), já que a legislação sobre alimentos é bastante rigorosa. Há situações em que a legislação exige que o fabricante deva obter nova licença para comercializar o produto, ou, na pior hipótese, requerer uma nova aprovação do produto, caso seja classificado como "produto novo".

As enzimas, há muito, fazem parte do processamento de alimentos, quer por meio de células intactas e viáveis (malteação de cereais, fermentação de vinho e cerveja, por exemplo), quer na forma isolada (uso da pectinase na clarificação de sucos de fruta, por exemplo). As propriedades catalíticas favoráveis apresentadas pelas enzimas (especificidade, eficiência, condições brandas de reação e fácil inativação), sua grande disponibilidade e custo baixo respondem pelo uso intenso na indústria processadora de matérias-primas alimentares. O emprego na recuperação de produtos comercializáveis a partir de resíduos industriais é um grande atrativo para a indústria, uma vez que o custo para descarte do resíduo pode ser amortizado mediante a venda do subproduto resultante. Contudo, atenção deve ser dada a fatores relacionados com o resíduo *per se* (volume, disponibilidade, composição, poder poluente, dificuldade de descarte e valor intrínseco), às enzimas a serem utilizadas (especificidade, pureza e custo) e aos custos relativos entre o(s) subproduto(s) obtido(s) e o tratamento/descarte puro e simples do resíduo, que podem interferir na aplicabilidade do processo colateral de aproveitamento do resíduo. No entanto, há vários exemplos de modificação enzimática de resíduos. Pectinases, amilases, celulases e hemicelulases, para solubilizar resíduos do processamento de frutas, vegetais e grãos, servindo o macerado resultante como mosto para fermentação; quitinases, para solubilizar exoesqueletos quitinosos residuais da manipulação de crustáceos; proteases, para hidrolisar proteínas residuais resultantes da industrialização de cárneos a partir de animais terrestres e aquáticos; lactase, no tratamento do soro lácteo; peroxidases e ligninases, como auxiliares na purificação parcial de efluentes. Sem dúvida, o grande avanço na disponibilização de enzimas eficientes no tratamento de resíduos provirá da modificação das fontes de enzimas por meio das técnicas do DNA recombinante e da engenharia de proteínas. As técnicas citadas devem permitir a obtenção de enzimas a custos baixos, a fim de que seu uso na produção de substratos fermentescíveis, na recuperação de proteínas ou na redução da demanda bioquímica de oxigênio de efluentes seja economicamente viável e aceitável pela empresa de alimentos.

#### *1.4.4.1.1 Enzimas em alimentos*

A relação das enzimas com o setor alimentício se dá de quatro maneiras, a saber: na deterioração dos alimentos – devido às enzimas naturalmente presentes na constituição do alimento, geralmente pertencentes ao grupo das oxidases; são estudadas na disciplina de bromatologia e bioquímica de alimentos –, no controle de qualidade dos alimentos – feito na matéria-prima não processada, durante o processamento e no produto final; neste caso as enzimas são usadas como reagentes analíticos –, no controle de operações unitárias industriais – por exemplo, o tratamento térmico (branqueamento) de vegetais só é adequado quando não se detecta a enzima peroxidase no alimento branqueado; a pasteurização do leite (processo térmico em que a matéria-prima é mantida em uma temperatura em torno de 65 °C, por 30-40 min) só pode ser considerada eficiente quando a atividade da fosfatase alcalina no leite pasteurizado for nula –, e, finalmente, no processamento do alimento, que é efetuado em reatores enzimáticos (Quadro 1.1).

**Quadro 1.1 –** Exemplos de enzimas usadas na indústria de alimentos

| ENZIMAS | APLICAÇÕES |
|---|---|
| Amilases | Panificação, xaropes, cervejaria, sucos |
| Proteases | Panificação, cervejaria, laticínios |
| Lactase | Deslactosação do leite integral ou do soro |
| Fosfatase | Alimentos infantis |
| Catalase | Desglicosação de ovos |
| Glicose oxidase | Desglicosação de ovos |
| Tanase | Cervejaria |
| Naringinase | Sucos de fruta |
| Pectinases | Vinhos e sucos de fruta |
| Lipase | Laticínios |
| Celulase | Alimentos infantis e dietas enterais |

*(continua)*

**Quadro 1.1** – Exemplos de enzimas usadas na indústria de alimentos (*continuação*)

| ENZIMAS | APLICAÇÕES |
|---|---|
| Invertase | Xaropes (açúcar invertido) |
| β-glucanase | Cervejaria, sucos de fruta |

A posição destacada das enzimas na área de alimentos deve-se: a) à não toxicidade e a serem substâncias naturais; b) à especificidade em relação ao substrato e à estereoespecificidade de ação; c) à atuação em condições brandas de temperatura e pH; d) à eficiência catalítica a baixa concentração; e) à fácil inativação.

O regulamento técnico sobre enzimas e preparações enzimáticas para uso na produção de alimentos em geral está descrito na Resolução RDC nº 54, de 07/10/2014.

#### *1.4.4.1.2 Limitações na variedade de enzimas comercializadas*

É notório o descompasso entre o número de enzimas atualmente conhecidas, sendo muitas já bem caracterizadas tanto em termos estruturais quanto cinéticos, e a quantidade de enzimas realmente usadas em processos industriais.

As razões prováveis para explicar esse fato seriam: a) dificuldade de se obter a maioria das enzimas conhecidas em quantidades industriais e a custo compatível com o do produto; b) atuação inadequada de muitas enzimas nas condições reais de processo; c) origem intracelular da maioria das enzimas conhecidas, as quais normalmente são de custo elevado; d) exigência de cofatores caros pela maioria das enzimas conhecidas (oxidorredutases, liases etc.).

A solução de boa parte dos problemas mencionados será, provavelmente, oferecida pela biotecnologia. Por exemplo, o barateamento das enzimas poderia advir do emprego de microrganismos geneticamente modificados que as excretariam para o meio de cultivo (produção de quimosina por *Escherichia coli* e/ou *Saccharomyces cerevisiae*, portadoras, em seus genomas, do gene codificador dessa enzima transferido a partir de bezerros) e/ou por meio da reutilização do catalisador imobilizado em material inerte (produção de xaropes de frutose, usando a glicose isomerase imobilizada). Salienta-se que o processo enzimático em si poderia, também, ser melhorado por meio do uso de biorreatores mais adequados, como o reator com membrana (reator continuamente agitado acoplado à membrana de ultrafiltração por meio do qual se consegue associar a reação catalisada e a separação do produto simultaneamente) (Vitolo, 2021c).

#### *1.4.4.1.3 Fatores que impelem a produção de enzimas industriais*

Atualmente, o fabricante de enzimas deve suprir o mercado com catalisadores de alta qualidade para usos em processos cada vez mais específicos, a preços módicos. Daí resulta que o desenvolvimento de enzimas aplicáveis em processos industriais é estimulado por vários fatores, a saber: potencialidade do mercado, custo de processamento, qualidade requerida e disponibilidade tecnológica.

Apesar das limitações apontadas no Item 1.4.4.1.2 – que fazem com que 10% do total de três mil enzimas conhecidas sejam efetivamente usados –, a disponibilidade de enzimas tem aumentado ao longo do tempo (Tabela 1.1).

**Tabela 1.1** – Disponibilidade de enzimas ao longo do tempo

| PERÍODO | ENZIMA |
|---|---|
| 6000 a.C.-1900 | Extratos brutos de tecidos vegetais e animais. |
| 1900-1910 | α-amilase e invertase |
| 1911-1930* | – |
| 1931-1940 | Proteases |
| 1941-1950 | Celulases e pectinases |
| 1951-1960 | Catalase e glicose oxidase |
| 1961- | Lipases, lactases, lacases, enzimas imobilizadas (aminoacilase, invertase, glicose isomerase, entre outras), peroxidase, uroquinase, estreptoquinase, pectinases, tanase, naringinase, entre centenas de outras. |

* Período do desenvolvimento de conhecimentos básicos sobre a natureza e a atividade catalítica das enzimas.

Finalmente, a importância econômica das enzimas pode ser deduzida da Tabela 1.2. De acordo com os analistas de mercado, no período 2020-2027 o mercado global de enzimas deve crescer à taxa de 6,5% ao ano, enquanto o mercado de enzimas para a indústria de alimentos deve crescer entre 5% e 7,3%.

**Tabela 1.2** – Evolução do mercado mundial de enzimas em bilhões de US$

| Ano | Mercado global de enzimas | Mercado global de enzimas para alimentos |
|---|---|---|
| **1983** | 0,400 | – |
| **1995** | 1,00 | 0,300 |
| **2004** | 3,70 | 0,750 |
| **2007** | 4,50 | 0,880 |
| **2010** | 5,44 | 0,980 |
| **2019** | 8,70 | 2,00 |
| **2020** | 10,0 | 2,13 |
| **2027*** | 14,6 | 3,40 |
| **2028*** | 17,9 | 3,60 |

* Valores estimados.

## 1.4.5 LEGISLAÇÃO SOBRE ALIMENTOS E PRODUTOS BIOTECNOLÓGICOS

O uso de fontes de alimentos (plantas e animais) para humanos modificadas por engenharia genética tem gerado preocupação com os possíveis riscos à saúde e ao meio ambiente (albergue das fontes alimentícias). A importância dada pelos humanos à segurança alimentar pode ser observada por meio das legislações rígidas estabelecidas por cada país ao redor do mundo.

A legislação para alimentos procura enquadrar a maioria dos aspectos relacionados à composição, à rotulagem e ao marketing dos alimentos. Tem por objetivos garantir a segurança do alimento para uso a curto e longo prazo, evitar que o consumidor seja lesado sobre a natureza, composição e qualidade do alimento e prestigiar o fabricante ético e honesto – protegendo-o contra o concorrente desleal, que procura ganhar espaço no mercado às custas da insegurança do alimento fornecido e da desonestidade.

A legislação procura padronizar a composição química dos alimentos de uso comum (pão, leite, queijo etc.), o nível de contaminação microbiana, os tipos e quantidades de aditivos adicionados durante o processamento do alimento (preservativos, corantes, antioxidantes, espessantes etc.) e restringir a associação do alimento a propriedades medicamentosas e/ou profiláticas.

Evidentemente, a garantia absoluta de segurança do alimento é impossível de se alcançar, podendo-se, apenas, aquilatar a magnitude do risco-benefício envolvido. Este deve ser aferido com base em dados rigorosos de análise química, nutricional e toxicológica. A segurança toxicológica é de difícil comprovação e requer longo período de testes e elevado dispêndio de recursos financeiros. Normalmente, a responsabilidade e os custos de se obterem dados de segurança alimentar recaem sobre o fabricante. Os critérios sobre a avaliação da segurança alimentar estão sumarizados na Figura 1.8.

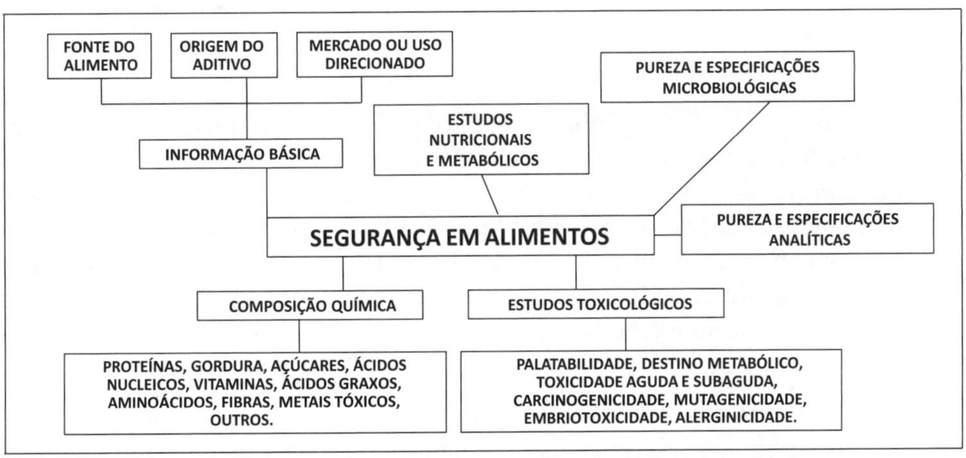


**Figura 1.8 –** Critérios obrigatórios para se estabelecer a segurança dos alimentos para uso humano e de *pets*.

Os potenciais riscos dos alimentos produzidos por via biotecnológica podem ser analisados a partir das suas fontes modificadas (vegetal, animal e microbiana).

No caso das plantas, há três possíveis modificações, a saber: variantes somaclonais (obtidas por meio da cultura convencional de tecidos vegetais), variantes provenientes da engenharia genética e variantes a partir de cultivos em biorreatores. As variantes somaclonais, embora não recebam material genético externo, demandam controle legal por causa de possíveis alterações metabólicas e/ou de expressão gênica, que levam à modificação da composição química em termos da formação de novos ou aumento da concentração de componentes tóxicos e/ou da redução de substâncias nutritivas (proteínas, aminoácidos essenciais, por exemplo). Além disso, o legislador deve se atentar para modificações de caráter físico-químico (cor, forma, sabor, aroma etc.), que levam a um produto com características distintas do natural. Tais modificações devem ser claramente evidenciadas e rotuladas para que o consumidor tenha consciência do alimento que consome. As variantes geneticamente modificadas, cuja modificação visa a conferir uma propriedade nova à planta (resistência a herbicidas, pragas ou microrganismos, por exemplo), dando-lhe vantagem de sobrevivência durante o cultivo e elevando a produtividade do cultivar. A planta *per se* não sofre mudança alguma em termos de genótipo e fenótipo, exceto no que concerne à modificação específica. Entretanto, o detentor da patente da modificação deve demonstrar ao legislador que o derivado não é tóxico para o consumidor (caso da soja transgênica, por exemplo). As variantes dos cultivos em biorreatores podem fornecer compostos (aminoácidos, aromatizantes, flavorizantes etc.) utilizáveis na formulação de produtos alimentícios industrializados. Porém, dois aspectos relacionados à legislação devem ser considerados: se a linhagem celular usada envolveu algum tipo de manipulação genética prévia; e se alguma anormalidade fisiológica espontânea não ocorreu durante o prolongado cultivo no biorreator – as células vegetais têm tempo de geração longo –, levando, por exemplo, à formação de alguma toxina que possa contaminar o produto desejado. A abordagem legal sobre esses aspectos poderia focar nas especificações de identidade, pureza e segurança do produto – como é feito com os ingredientes de alimentos obtidos por síntese química – em vez de focar no processo.

No caso dos animais, a engenharia genética pode ser direcionada para aprimorar aspectos físicos da rês (crescimento mais rápido e/ou resistência a doenças), promover modificações químicas ou físico-químicas nos produtos derivados (redução de gordura no tecido muscular [carne comestível] e aumentar o teor de proteína no leite, por exemplo) e na obtenção de insumos fundamentais para a proteção do rebanho (hormônios, vacinas, aditivos adicionados nas rações e antibióticos). Por conseguinte, a legislação deve focar no estabelecimento de procedimentos criteriosos e específicos sobre estes aspectos.

No caso dos microrganismos modificados por engenharia genética, os aspectos regulatórios devem considerar os usos: a) na produção de alimentos fermentados, bebidas e proteína unicelular; b) no aumento da vida de prateleira de alimentos; e c) na produção de derivados metabólicos como ingredientes de alimentos ou auxiliares de processamento (aminoácidos, enzimas, pigmentos etc.).

A evolução constante da biotecnologia obriga a legislação sobre alimentos a acompanhá-la *pari passo*. As normas introduzidas devem ser práticas e de fácil controle. No entanto, o legislador deve propor normas que não inibam a indústria de alimentos de promover o melhoramento e/ou desenvolvimento de novos produtos.

## 1.5 PERSPECTIVAS

Espera-se, para os próximos anos, que o emprego de técnicas biotecnológicas na área de alimentos em geral apresente resultados significativos, uma vez que é possível vislumbrar uma grande variedade de melhoramentos genéticos para cultivares e animais; o oferecimento em quantidade e a preços baixos de ingredientes específicos para formular alimentos que satisfaçam às demandas dos consumidores (aromas, flavorizantes, corantes entre outros); e o aumento da diversidade e produção de enzimas de baixo custo para o melhoramento ou criação de novos processos.

## 1.6 CONCLUSÃO

Os dados apresentados permitem concluir que a biotecnologia vem impactando vários setores da atividade humana, como o petrolífero, o médico, o farmacêutico e o alimentício, entre outros. No setor alimentício, a biotecnologia tem permitido o melhoramento das matérias-primas agropecuárias, dos ingredientes das formulações de alimentos, dos métodos analíticos usados no controle de qualidade das matérias-primas e dos produtos, dos materiais de embalagem e no processamento do alimento. Este foi beneficiado pela disponibilidade de microrganismos melhorados geneticamente e pela diversidade de enzimas resistentes às condições do processo. Devido ao caráter inovador da biotecnologia, sobretudo na obtenção de OGM, tem-se obrigado os países a adotarem legislações rigorosas para resguardar a saúde de humanos e *pets*. O legislador, porém, deve estabelecer normas facilmente verificáveis e aplicáveis, mas que não inibam a criatividade das empresas no desenvolvimento ou melhoramento de novos produtos.

## REFERÊNCIAS

BOLIVAR, F. *et al.* Construction and characterization of new cloning vehicles. Part 2. A multipurpose cloning system. *Gene*, Amsterdam, v. 2, p. 95-113, 1977.

BOTSTEIN, D.; DAVIS, R. W. Principles and practices of recombinant DNA research with yeast. *In:* STRATHERN, J. N.; BROACH, J. R. (Eds.). *The molecular biology of the yeast Saccharomyces: metabolism and gene expression.* Cold Spring Harbor: Laboratory Press, 1982. p. 607-636.

COVENTRY M. J. *et al.* Changes in the metabolism of factory-derived bacteriophage resistant derivatives of *Streptococcus cremoris. Australian Journal of Dairy Technology*, Sidney, v. 39, p. 154-159, 1984.

EVANS, R. J.; ATTFIELD, P. V. Genetic engineering of yeasts: principles and applications. *In:* ROGERS, O. L.; FLEET, G. H. (Eds.). *Biotechnology and the Food Industry.* New York: Gordon and Breach Science Publishers, 1989. p. 33.

FONTES, M. G.; MONTEIRO, G. Molecular biology: tools in industrial pharmaceutical biotechnology. *In:* PESSOA JR., A. *et al.* (Eds.). *Pharmaceutical biotechnology: a focus on industrial application.* London: CRC Press, 2021. p. 1.

FOWELL, R. R. Sporulation, and hybridization of yeasts. *In:* Rose, A. H; Harrison, J. S. (Eds.). *The Yeasts.* London: Academic Press, 1969, v. 1, p. 303-383.

NISHIMORI, K. *et al.* Nucleotide sequence of calf prorennin cDNA cloned in *Escherichia coli. Journal of Biochemistry*, London, v. 91, p. 1085-1088, 1982.

PETES, T. D. Molecular genetics of yeast. *Annual Reviews of Biochemistry*, London, v. 49, p. 845-876, 1980.

ROCHA-FILHO, J. A.; VITOLO M. Guia para aulas práticas de biotecnologia de enzimas e fermentação. São Paulo: Blucher, 2017.

TOSAKA O. *et al.* Fermentation production of amino acids in animal feed. *Developments in Industrial Microbiology*, ...., v. 25, p. 327-334, 1983.

VITOLO, M. Circumventing the glucose repression on invertase activity of Baker's yeast by using fed batch fermentation. *World Journal of Pharmacy and Pharmaceutical Sciences*, v. 8, n. 4, p. 125-132, 2019.

VITOLO, M. Aplicações de enzimas na tecnologia de alimentos. *In:* MORAES, O. I. (Ed.). *Coleção Biotecnologia Industrial: Biotecnologia na Produção de Alimentos*, 2. ed. São Paulo, Blucher, 2021a. p. 443.

VITOLO, M. Fundamentals of biotechnology. *In:* PESSOA JR., A. *et al.* (Eds.). *Pharmaceutical biotechnology: a focus on industrial application.* London: CRC Press, 2021b. p. 1.

VITOLO, M. Overview on immobilization. *World Journal of Pharmaceutical Research*, v. 10, n. 11, p. 2121-2145, 2021c.

VOYTAS, D.F., GAO, C. Precision genome engineering and agriculture: opportunities and regulatory challenges. *PLOS Biology*, San Francisco 2014, v. 12, n. 6, e1001877; 10 jun. 2014.

WALTZ, E. A face-lift for biotech rules begins. *Nature Biotechnology*, New York, v. 33, n. 12, p. 1221-1222, 2015.

# CAPÍTULO 2
# Fundamentos de cinética enzimática


## RESUMO

Atualmente, as enzimas são amplamente usadas na indústria, em métodos analíticos e como medicamentos. Elas são catalisadores específicos, por possuírem em sua estrutura proteica um domínio, chamado de *sítio ativo*, no qual uma substância (substrato) é transformada em outra (produto). O sucesso do emprego industrial das enzimas depende do balanceamento entre a quantidade de enzima necessária, das condições operacionais e do rendimento da reação. Entretanto, o desenvolvimento da técnica de imobilização, ao permitir a reciclagem do catalisador, conduz à diminuição da quantidade total requerida pelo processo. O modelo matemático mais simples para quantificar a atividade catalítica é representado por $v = [(S \cdot V_{max}) \div (K_M + S)]$. A atividade enzimática é afetada por pH, temperatura, agitação, presença de inibidor, ativador e/ou estabilizante.


## 2.1 INTRODUÇÃO

A evolução da tecnologia de enzimas pode ser dividida em quatro fases: empírica (6000 a.C. - 1800), descritiva (1801 - 1898), descritivo-quantitativa (de 1900 –) e aplicativa (de 1950 –).

Durante a fase empírica, produtos como queijo, vinho, cerveja, pão e couro eram produzidos sem que se soubesse do envolvimento das enzimas e dos microrganismos nos processos.

Durante a fase descritiva, a atividade enzimática começou a ser evidenciada por meio da observação das transformações promovidas por extratos aquosos de cereais, levedura de panificação e de estômago ou intestino de animais sobre, respectivamente, materiais amiláceos (atividade amilolítica), sacarose (atividade invertásica) e músculos (atividade proteolítica),

Durante a fase descritivo-quantitativa, novas enzimas foram descobertas, sendo determinados os mecanismos de ação e as atividades catalíticas quantificadas por meio de modelos matemáticos. Michaelis e Menten introduziram, em 1913, o primeiro modelo matemático para quantificar a atividade enzimática, o qual foi ampliado por Briggs e Haldane em 1926. Nesse mesmo ano, Sumner cristalizou a urease, além de postular o caráter proteico das enzimas. Essa conjectura foi totalmente aceita após os trabalhos de Northrop com proteases.

Durante a fase aplicativa, o uso das enzimas aumentou muito em decorrência dos conhecimentos relativos às estruturas moleculares, aos mecanismos de catálise, à determinação da atividade catalítica, à imobilização, ao refinamento das técnicas analíticas e de purificação.

## 2.2 ESPECIFICIDADE

As enzimas catalisam especificamente uma reação, aceitando, em geral, apenas uma substância como substrato. Mesmo quando a enzima catalisa a conversão de mais de um substrato, ela o faz com velocidades diferentes (Vitolo, 2021a).

Essa propriedade está relacionada a um domínio da estrutura da enzima, conhecido pelo termo de *sítio ativo*. Nesse local, o substrato se liga à enzima para ser transformado em produto (Figura 2.1). O sítio ativo é dividido em duas partes: uma responsável pela especificidade (sítio de ligação), e outra, pela modificação química do substrato (sítio catalítico). Segundo Fischer, o sítio ativo seria uma região rígida da molécula enzimática na qual uma substância (o substrato) tendo estrutura molecular complementar, tamanho e polaridade compatíveis ao referido domínio se encaixaria para ser convertida em produto (teoria da chave-fechadura). Modernamente, aceita-se a hipótese proposta por Koshland, segundo a qual o substrato induziria uma modificação conformacional no sítio ativo, favorecendo o encaixe (teoria do encaixe induzido). Assim, para ele, o sítio ativo é um domínio flexível da molécula enzimática.

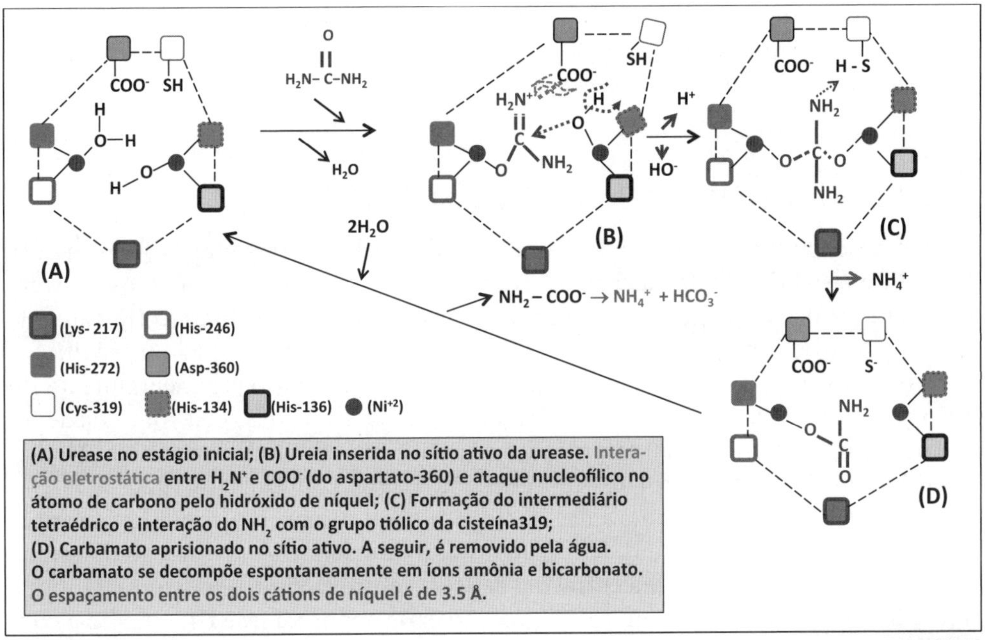


**Figura 2.1** – Mecanismo da hidrolise da ureia pela urease de soja.

## 2.3 ATIVIDADE ENZIMÁTICA

Quando as enzimas são usadas em processos industriais e em métodos analíticos, a determinação precisa da atividade catalítica é indispensável. A quantificação da atividade enzimática baseia-se nos princípios da cinética e dos fatores que a afetam.

Sempre que se deseja manipular enzimas em escala industrial, deve-se levar em conta os seguintes aspectos: a) a quantidade de enzima necessária para se obter a maior produtividade possível; b) o tempo de duração da reação; c) a quantidade de substrato a ser convertida; d) as condições de reação empregadas; e) o custo do processo.

Considerando que a enzima *per se* tem preço, então, o seu impacto no custo total do processo precisa ser levado em conta. Esse custo pode ser amortizado se o uso da enzima levar à maior produção do produto desejado e/ou possibilitar a obtenção de um produto com maior valor agregado, ou, ainda, permitir reduzir o consumo de energia do processo.

Enfim, o sucesso do processo enzimático depende da otimização de três fatores: quantidade de enzima requerida, das condições operacionais (temperatura, agitação etc.) e do rendimento da reação.

Teoricamente, uma pequena quantidade de enzima poderia converter grande quantidade de substrato, uma vez que um catalisador é reciclado durante a reação. No entanto, deve-se estabelecer uma correlação finita e otimizada entre a quantidade de enzima, a atividade catalítica inicial e a quantidade de substrato a ser convertida em produto. Além disso, a duração dos processos industriais é variável, podendo durar

1 h (cozimento da cevada maltada em cervejaria), 3 h (sacarificação do amido liquefeito com glicoamilase na fabricação de xaropes) ou 20 h (hidrólise da lactose do leite ou soro pela lactase) (Godfrey; West, 1996).

### 2.3.1 QUANTIFICAÇÃO DA ATIVIDADE ENZIMÁTICA

A reação catalisada por enzima pode ser dividida em três etapas (Figura 2.2). Durante a fase I (início da reação), ocorre o acúmulo do complexo enzima-substrato (ES) sem formação de produto e com pequeno consumo de substrato (justamente aquela fração do substrato inicial que se liga ao ES). A existência do ES foi predita por Brown em 1892, reforçada por Henry em 1902 e demonstrada experimentalmente em 1936 (Purich, 2010). A predição da ocorrência da formação do ES colaborou na dedução do primeiro modelo matemático para quantificar a atividade enzimática (Michaelis-Menten, 1913) e que foi aprimorado por Briggs-Haldane em 1926. A fase II começa tão logo a concentração do ES alcança o valor máximo, o qual permanece constante por um dado tempo de reação (estado estacionário). A duração do estado estacionário é função das concentrações relativas entre enzima e substrato. Durante a fase II, o substrato é consumido e o produto é formado. Na fase III, quando a concentração do ES não é mais constante, o consumo de substrato e formação de produto ocorrem lentamente.

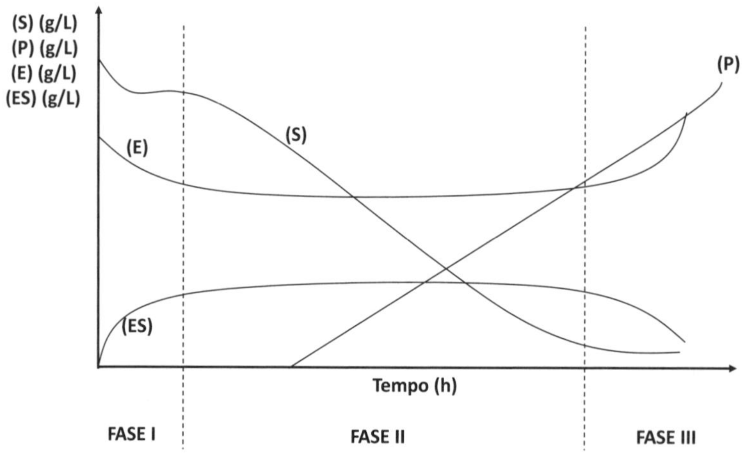


**Figura 2.2 –** Variação das concentrações de enzima (E), substrato (S), produto (P) e complexo enzima-substrato (ES) com o tempo de reação.

As equações fundamentais da cinética enzimática podem ser deduzidas a partir do modelo de reação:

$$E + S \underset{k_2}{\overset{k_1}{\rightleftarrows}} ES \underset{k_4}{\overset{k_3}{\rightleftarrows}} E + P$$

e considerando-se as Equações seguintes:

$$v = k_3 . (ES) - k_4 . (E) . (P) \qquad (2.1)$$

$$E_o = (E) + (ES) \qquad (2.2)$$

$$d(ES)/dt = k_1 . (E) . (S) + k_4 . (E) . (P) \qquad (2.3)$$

$$- d(ES)/dt = k_2 . (ES) + k_3 . (ES) \qquad (2.4)$$

Onde: v = velocidade da reação; (ES) = concentração do complexo-enzima substrato; (E) = concentração da enzima no meio de reação; $E_o$ = concentração inicial de enzima; $k_1$, $k_4$ = constantes de velocidade de 2ª ordem; $k_2$, $k_3$ = constantes de velocidade de 1ª ordem; d(ES)/dt = variação da concentração do complexo enzima-substrato com o tempo de reação; (P) = concentração de produto.

Deve ser destacado que a formação do complexo enzima-substrato é uma etapa obrigatória da catálise enzimática. Dependendo do mecanismo de catálise, pode ocorrer a formação de vários complexos ao longo da reação (Vitolo, 2020a).

Considerando-se a hipótese do estado estacionário: d(ES)/dt = - d(ES)/dt e as Equações (2.1) a (2.4), demonstra-se que a Equação de velocidade para o esquema reacional apresentado é:

$$v = \{[k_1 . k_3.E_o. (S) \div (k_2 + k_3)] - [k_2 . k_4 . E_o . (P) \div (k_2 + k_3)]\} \div \{1 + [k_1 . (S) \div (k_2 + k_3)] + [k_4 . (P) \div (k_2 + k_3)]\} \qquad (2.5)$$

Definindo-se:

$$(1/K_{Ms}) = k_1/(k_2 + k_3); (1/K_{Mp}) = k_4/(k_2 + k_3); V_{maxS} = k_3 . E_o; V_{maxP} = k_2 . E_o$$

A Equação (2.5) pode ser escrita como:

$$v = \{[V_{maxS}.(S) \div K_{Ms}] - [V_{maxP} . (P) \div K_{Mp}]\} \div \{1 + [(S) \div K_{Ms}] + [(P) \div K_{Mp}]\} \qquad (2.6)$$

Quando P ≅ 0, situação em que o produto não se acumulou significativamente no meio, então, a Equação (2.6) toma a forma:

$$v = [(V_{maxS}).(S)] \div [(K_{Ms} + S)] \qquad (2.7)$$

As constantes cinéticas ($V_{maxS}$ e $K_{Ms}$) são determinadas a partir de rearranjos algébricos da Equação (2.7), que, por representar uma hipérbole, pode ser linearizada de várias maneiras, sendo as linearizações mais comuns representadas pelas Equações:

$$1/v = 1/V_{maxS} + (K_{Ms}/V_{maxS}) . (1/S) \qquad (2.8)$$

$$(S)/v = (S/V_{maxS}) + (K_{Ms}/V_{maxS}) \qquad (2.9)$$

$$v = V_{maxS} - K_{Ms} \cdot (v/S) \tag{2.10}$$

$$(v/S) = (V_{maxS}/K_{Ms}) - v \cdot (1/K_{Ms}) \tag{2.11}$$

Na Figura (2.3), é apresentado um gráfico baseado na Equação (2.9) para determinar as constantes cinéticas da invertase.

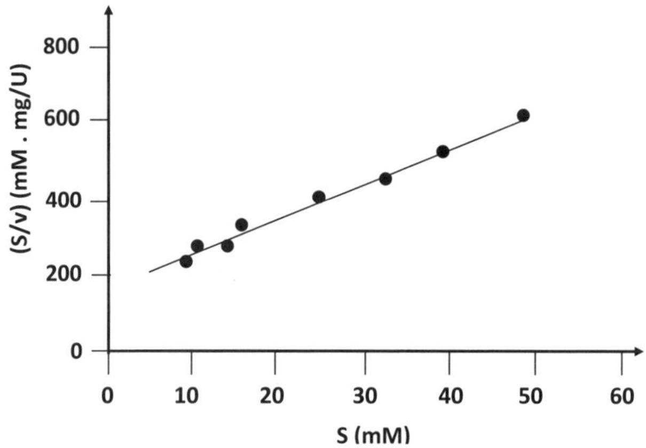


**Figura 2.3 –** Gráfico de Hanes-Woolf para calcular as constantes cinéticas da invertase. A equação de regressão dos mínimos quadrados da reta é (S/v) = 193,5 + 11.(S) (r = 0,99991)

*Fonte*: Vitolo (2020b).

Analisando-se a Equação (2.7), tem-se que:

(a) Quando $K_{Ms} = S$, então $v = V_{maxS}/2$;

(b) Se (S) é pelo menos cem vezes menor que $K_{Ms}$, então, a Equação (2.7) se torna

$$-dS/dt = v = (V_{maxS}/K_{Ms}) \cdot (S) \tag{2.12}$$

Em que -dS/dt = velocidade de consumo de substrato no decorrer da reação.

Integrando-se: $\text{Ln}\ (S_o/S) = (V_{maxS}/K_{Ms}) \cdot t$ (2.13)

Onde $S_o$ = concentração inicial de substrato; S = concentração de substrato no instante t.

Reescrevendo-se (2.12) na forma:

$$v = [k_3 \cdot E_o \cdot (S)]/K_{Ms} \tag{2.14}$$

e substituindo-se $E_o$ (concentração total de enzima) por E (concentração de enzima livre no meio de reação), no caso em que a concentração de ES é pequena (Equação. 2.2), então, a Equação (2.14) pode ser escrita como:

$$v = (k_3 \cdot E \cdot S)/K_{Ms} \tag{2.15}$$

A Equação (2.15) mostra o efeito da concentração da enzima sobre a atividade dela. A razão da lembrança do efeito da concentração da enzima na velocidade de reação se deve a uma realidade no campo da aplicação industrial das enzimas. Às vezes, o usuário da enzima já definiu, por uma série de razões (custo, disponibilidade da matéria-prima, tamanho da planta), a quantidade de substrato a ser usada no processo. Daí, para se adequar a velocidade da reação enzimática, apenas por meio da concentração da enzima.

(c) Se (S) é pelo menos cem vezes maior que $K_{Ms}$, então, a Equação (2.7) se torna

$$- dS/dt = v = V_{maxS} \tag{2.16}$$

$$\text{Integrando: } (S) = (S_o) - V_{maxS} \cdot t \tag{2.17}$$

Essa condição é importante porque permite expressar a atividade catalítica de um preparado enzimático.

(d) Reescrevendo (2.16) como $v = k_3 . E_o$ , tem-se que, na condição de velocidade máxima, $k_3$ representa o número de vezes em que a molécula da enzima participa do ciclo catalítico (*turnover number*). Por isso que, nessa condição, o $k_3$ é batizado com o nome de $k_{cat}$. Sob condições definidas de reação, o $k_{cat}$ caracteriza uma enzima. Por conseguinte, uma enzima com alto $k_{cat}$ indica a sua potencialidade de operar em alta velocidade. Esse potencial poderá ou não ser aproveitado, dependendo do $K_{Ms}$ e da concentração de substrato presente no meio de reação.

(e) Na escala industrial, interessa saber o tempo necessário para se obter uma dada transformação de substrato. Para tanto, reescrevendo-se a Equação (2.7) na forma:

$$v = - dS/dt = (k_3 . E_o)/(1 + K_{Ms}/S) \tag{2.18}$$

$$\text{Integrando: } t = [(S_o - S) - K_{Ms} . \text{Ln}(S/S_o)]/ (k_3 . E_o) \tag{2.19}$$

Definindo-se a conversão de substrato como $x = (S_o - S)/S_o$ e substituindo-se na Equação (2.19), tem-se, finalmente:

$$t = [x . S_o - K_M . \text{Ln}(1 - x)]/k_3 . E_o \tag{2.20}$$

A vantagem da Equação (2.20) é que ela permite que se façam cálculos na faixa de reação em que a enzima não está mais saturada de substrato. Ao se aplicá-la, devem ser tomados os cuidados seguintes: a) certificar-se de que a reação catalisada pela enzima está afastada do equilíbrio. Na hipótese de o equilíbrio ser rapidamente atingido, deve-se dar um jeito de manter a reação sempre deslocada para o lado da formação do produto desejado. Consegue-se isso removendo o produto à medida que ele vai sendo formado, ou fornecendo substrato, de tal sorte a deslocar a reação sempre para a direita; b) caso se deseje calcular o $E_o$, lembrar que o valor encontrado deve ser tido como a quantidade mínima de enzima a ser usada. Isso porque, num reator industrial, é muito difícil evitar a perda de atividade catalítica durante o período de processamento. Por exemplo, as forças de cisalhamento oriundas da agitação do sistema podem afetar a estrutura do catalisador e, com isso, prejudicar sua ação.

### 2.3.2 EXPRESSÃO DA ATIVIDADE ENZIMÁTICA

A atividade enzimática pode ser expressa de diferentes maneiras, quando se considera *a velocidade de alguma alteração observável do sistema em reação.* Por exemplo, a hidrólise da sacarose pela invertase é expressa em termos de açúcares redutores totais formados por minuto; a hidrólise do colágeno é expressa pela diminuição da viscosidade de uma solução de colágeno por minuto e a atividade da α-amilase para panificação é expressa em unidades SKB (Godfrey; West, 1996; Vitolo, 2019a). Merece lembrança o caso da urease cuja atividade é expressa em unidade Sumner (SU) – definida como a formação de 1 mg de nitrogênio amoniacal em 5 min, a 20 °C e pH 7,0 – por razão histórica (foi a primeira enzima cristalizada; Sumner, 1926; 1 UI = 0,054 SU) (Vitolo, 2022a).

Entretanto, é recomendável expressar a atividade enzimática em termos de unidades internacionais (UI). Por conseguinte, 1 UI deve ser definida como a quantidade de enzima que catalisa a formação (consumo) de 1 μmol de produto (substrato) por minuto em condições padronizadas de ensaio. As condições padrão de reação devem validar o estabelecido pela Equação (2.17), ou seja, que a enzima esteja atuando na sua velocidade máxima. A atividade específica é definida como U/mg de proteína (enzima não purificada) ou U/μmol de enzima (enzima purificada).

### 2.3.3 FATORES QUE AFETAM A ATIVIDADE ENZIMÁTICA

As enzimas e as proteínas em geral compartilham propriedades comuns como solubilidade, poder emulsificante, atividade catalítica e modificações estruturais, as quais requerem diferentes condições otimizadas. No caso das enzimas, o "ótimo" deve favorecer a atividade catalítica.

Uma macromolécula enzimática pode ser considerada como envolvendo duas zonas de tamanhos diferentes. A zona menor seria representada pelo microambiente em torno do sítio ativo (no qual o substrato sofre transformação), enquanto a maior corresponderia ao restante da molécula (responsável pela estabilização conformacional do sítio ativo durante a catálise). Por conseguinte, as condições ótimas de reação seriam aquelas sob as quais a estrutura macromolecular permanecesse estável. No entanto, há situações em que o "ótimo" para a estabilidade não coincide com o da atividade. Nesse caso, deve-se priorizar a natureza do substrato e o tipo de processo empregado (priorização da estabilidade e da atividade catalítica, respectivamente, para os processos contínuo e descontínuo). A natureza do substrato pode, por exemplo, impedir o uso da enzima na faixa de pH adequada, tal como ocorre na remoção do radical acil da penicilina pela penicilina acilase para obter o 6-APA. A enzima atua em pH alcalino, porém a penicilina (substrato) é instável nesta condição. Assim, procura-se executar a reação em pH próximo da neutralidade (6,8 a 7,1), de tal modo a se minimizar a perda de atividade catalítica e a decomposição do substrato.

Os fatores que afetam a atividade enzimática podem ser de natureza físico-química (pH, temperatura, força iônica, atividade de água etc.), química (ativadores, inibidores, estabilizantes etc.) e física (pressão, forças de atrito e cisalhamento).

### 2.3.3.1 Fatores físico-químicos

#### *2.3.3.1.1 pH*

Este fator tem uma ação generalizada sobre as reações em geral, influindo na velocidade de reação, posição do equilíbrio, no grau de ionização, dissociação e/ou solubilidade dos reagentes. No caso das enzimas, acrescentam-se os efeitos sobre a estabilidade e os valores das constantes cinéticas ($K_M$ e $V_{máx}$). A atividade enzimática é afetada pelo pH, porque ele interfere no grau de ionização dos aminoácidos constituintes da proteína. A forma em "sino" da curva pH x atividade indica o efeito gradual do pH sobre a estrutura da macromolécula. Ao sobreporem-se as curvas pH x atividade e pH x estabilidade, é possível se determinar o valor do pH acima do qual ocorre a desnaturação da proteína (Figura 2.4).

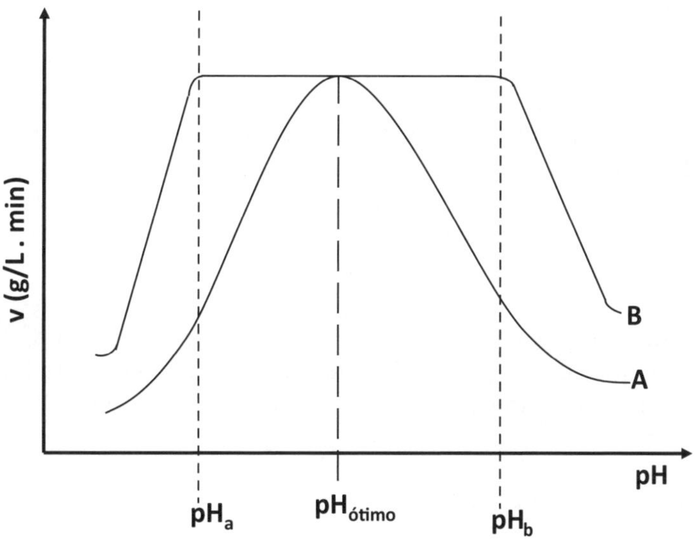


**Figura 2.4 –** Efeito do pH na catálise enzimática. Curva A: variação da atividade; curva B: variação da estabilidade. Entre $pH_a$ e $pH_b$, a enzima é estável.

#### *2.3.3.1.2 Temperatura*

A temperatura exerce efeito generalizado no andamento de uma reação, influindo na solubilidade dos reagentes e na velocidade global da reação; e, no caso das enzimas, afeta as constantes cinéticas e a estabilidade. Segundo a lei de Van't Hoff, diante de um aumento de 10 °C na temperatura, a velocidade da reação dobra; porém, no caso das enzimas, pode ser menor ou maior do que o dobro.

É muito difícil estabelecer uma temperatura ótima para a ação de uma enzima, porque a macromolécula está submetida aos eventos simultâneos da ativação (a constante de velocidade aumenta com a temperatura) e da desnaturação (desarranjo estrutural da molécula nos níveis terciário e quaternário). Em geral, a ativação sobrepuja a desnaturação até a temperatura de 70 °C. Além desse valor, exceto no caso de enzimas extraídas de microrganismos termofílicos, a velocidade da reação decresce até cessar entre 80-90 °C. Devido à coexistência ativação/desnaturação, o tempo durante o qual a enzima é submetida a uma dada temperatura torna-se um fator importante na sua estabilidade. É por isso que associar uma temperatura ótima para uma enzima só tem sentido se o tempo de reação for expresso. Contudo, a temperatura ótima varia também com o pH, concentração e grau de pureza da enzima.

O efeito da temperatura na vida de prateleira da enzima também é um aspecto importante a ser considerado, pois um mesmo preparado enzimático mantido a diferentes temperaturas por um mesmo período, ou à mesma temperatura por diferentes períodos, pode apresentar perdas de atividade diferenciada. Modificações introduzidas na estrutura molecular da enzima, quer por via química (engenharia de proteínas), quer por modificação genética da fonte (biologia molecular), com a finalidade de torná-la mais ou menos termoestável é um objetivo dos fabricantes de enzimas industriais.

#### *2.3.3.1.3 Outros*

Fatores como força iônica e atividade de água ($A_w$) do meio de reação podem afetar o desempenho catalítico da enzima dependendo da intensidade e duração do efeito ao longo da reação. A força iônica, que está relacionada com a concentração de íons no meio de reação, pode afetar a solubilidade da enzima e de reagentes, bem como a ionização de grupos das cadeias laterais dos aminoácidos constituintes da estrutura primária da proteína. A atividade de água, por sua vez, pode influir na atividade e no mecanismo catalítico da enzima. Hidrolases, por exemplo, em baixa $A_w$, têm atividade catalítica diminuída, além do mecanismo de ação invertido (a enzima catalisa a formação da ligação péptica em vez de hidrolisá-la) (Vitolo; Yassuda, 1991, Vitolo, 2021b).

### 2.3.3.2 Fatores químicos

Os fatores químicos, ao contrário dos fatores físicos e físico-químicos, atuam sobre uma região específica da macromolécula, por exemplo, no sítio ativo.

#### *2.3.3.2.1 Ativadores*

O ativador é uma substância, muitas vezes um íon, que aumenta a atividade da enzima e que pode ser um elemento integrante da macromolécula (se for de natureza orgânica é chamado de grupo prostético) ou estar solubilizado no meio reacional e se unir à enzima somente no momento da catálise (ou seja, na presença do substrato. Se for de natureza orgânica recebe o nome de coenzima).

### *2.3.3.2.2 Estabilizadores*

A presença do substrato, em geral, estabiliza a enzima, sobretudo mediante a temperatura. Por exemplo, em preparados enzimáticos líquidos, às vezes são acrescentados substratos modificados. Assim, as amilases podem ser estabilizadas com amido hidrolisado, e as proteases, com peptídeos. Há casos em que o íon metálico, além de ativador, atua como agente estabilizador (o $Ca^{+2}$ estabiliza a α-amilase; o $Mg^{+2}$ estabiliza a glicose isomerase).

### *2.3.3.2.3 Inibidores*

Os inibidores são substâncias específicas que, em baixas concentrações, diminuem a velocidade da reação enzimática. Atuam no nível do sítio ativo ou de sítios auxiliares, sem prejudicar a estrutura 3ª e/ou 4ª da proteína – exceto no caso do inibidor irreversível –, ao contrário do que fazem os reagentes químicos inespecíficos (álcali, ácido, sais, ureia, detergentes etc.).

Existem dois tipos básicos de inibidores: reversível (liga-se à enzima por ligações não covalentes, podendo ser deslocado do sítio de ligação por quantidade adequada de substrato no meio de reação); e irreversível (o inibidor se liga a um aminoácido essencial para a atividade enzimática por ligação covalente). O tipo reversível, por sua vez, pode ser de três tipos básicos: competitivo, não competitivo e incompetitivo.

Na inibição reversível competitiva, o substrato e o inibidor competem pelo sítio ativo da enzima. Dependendo das concentrações relativas entre inibidor e substrato, a inibição pode ou não ser significativa. Quando no meio de reação houver um inibidor competitivo, a Equação (2.7) pode ser escrita como segue:

$$v = (k_3 \,.\, E_o \,.\, S)/[(S) + K_{Ms} \,.\, (1 + I/k_i)] \tag{2.21}$$

Em que: I = concentração do inibidor; $k_i$ = constante de inibição; $(k_3 \,.\, E_o) = V_{maxS}$

Na inibição reversível não competitiva, o substrato e o inibidor não competem pelo mesmo domínio na molécula da enzima. Nesse caso, a Equação (2.7) toma a forma:

$$v = [(k_3 \,.\, E_o)/(1 + I/k_i)] \,.\, S/(K_{Ms} + S) \tag{2.22}$$

Na inibição reversível incompetitiva, o inibidor se liga diretamente ao complexo enzima-substrato. No caso de o inibidor ser o excesso de substrato, a Equação (2.7) pode ser escrita na forma:

$$v = (k_3 \,.\, E_o \,.\, S)/[K_{Ms} + (S) + (S)^2/k_i] \quad (2.23)$$

Em que: S = concentração do substrato; $(k_3 \,.\, E_o) = V_{maxS}$

### 2.3.3.3 Fatores físicos

São fatores de ação inespecífica que podem agir negativamente na catálise enzimática, atuando por meio de efeitos mecânicos. Os efeitos mais notórios são as forças de cisalhamento, devido à agitação do meio de reação, e a pressão formada dentro do reator devida, sobretudo, à formação de gás durante o processo. Em algumas situações, esses fatores podem ocorrer simultaneamente, por exemplo, quando ar ou oxigênio é injetado dentro do reator – caso da oxidação da glicose pela glicose oxidase. O borbulhamento gera forças de cisalhamento, enquanto o gás gera aumento da pressão (Vitolo, 2019b; Vitolo, 2021c).

### 2.3.3.4 Interrelação de fatores

Há situações em que fatores que atuam na atividade catalítica o fazem de forma interativa. Os fatores passíveis de interação mais comuns são o pH e a temperatura, como observado na hidrólise de polissacarídeos ramificados pela pululanase (redução de 80% da atividade para a hidrólise feita em pH 4,0 e 45 °C frente àquela feita em pH 5,0 e 60 °C) e na redução da 2-hexanona a 2-hexanol pela álcool desidrogenase de *Thermoanaerobium brockii* (a energia de ativação da reação em pH 3,0 diminui em 42% quando comparada àquela feita em pH 4,0 no intervalo de temperatura entre 303K e 325K) (Godfrey; West, 1996; Vitolo, 2022b).

### 2.3.3.5 Termodinâmica da catálise enzimática

A enzima, como qualquer outro catalisador, acelera a velocidade da reação por meio do abaixamento da energia necessária para que as moléculas reagentes atinjam o estado de transição. No entanto, o mecanismo de catálise da enzima sempre requer a formação do complexo intermediário enzima-substrato (ES), etapa na qual a energia livre de Gibbs se equipara àquela da enzima e do produto livres. Ou seja, o complexo ES é uma forma da enzima energeticamente estável que levaria a reação a parar nessa etapa. Todavia, experimentalmente, observa-se que a reação prossegue com a formação do produto e a liberação da enzima. A explicação reside no fato de que o ES é uma estrutura passível de desestabilização devido à ocorrência de interações eletrostáticas e hidrofóbicas entre os grupos químicos presentes nas moléculas do substrato e da enzima. Como consequência, a enzima e o produto acabam se separando. Além disso, a entropia do sistema diminui quando o ES é formado, uma vez que o ES é uma estrutura mais organizada do que substrato e enzima livres em solução. Assim, a decomposição do ES em enzima e produto restabelece a entropia inicial do sistema.

## 2.4 USO INDUSTRIAL DE ENZIMAS

### 2.4.1 CRITÉRIO PARA A ESCOLHA DA ENZIMA

Na prática industrial, é frequente o usuário se deparar com diversas enzimas – sobretudo as hidrolíticas (amilases, proteases entre outras) –, em geral provenientes de fornecedores diferentes, que catalisam a mesma reação. Por conseguinte, a adoção de um critério de escolha torna-se necessário. Caso se disponha dos valores de $K_M$, $k_{cat}$, (S) e $E_o$, pode-se montar uma tabela baseada na aplicação da equação fundamental da cinética enzimática escrita na forma $v = (k_{cat} . E_o . S) \div (S + K_M)$ (Tabela 2.1).

**Tabela 2.1** – Escolha de uma enzima em termos da maior atividade catalítica

| ENZIMA | $^{**}K_M$ | $k_{cat}$ | v |
|---|---|---|---|
| A | 0,4 . S | x* | 0,714 . x . $E_o$ |
| B | 0,4 . S | 2x | 1,43 . x . $E_o$ |
| C | 0,4 . S | 10x | 7,14 . x . $E_o$ |
| D | 0,25 . S | x | 0,800 . x . $E_o$ |
| E | 0,25 . S | 2x | 1,60 . x . $E_o$ |
| F | 0,25 . S | 10x | 8,00 . x . $E_o$ |
| G | 0,04 . S | x | 0,962 . x . $E_o$ |
| H | 0,04 . S | 2x | 1,92 . x . $E_o$ |
| I | 0,04 . S | 10x | 9,62 . x . $E_o$ |

* x representa a enzima com o menor valor de $k_{cat}$, mediante o qual são expressos os $k_{cat}$ das demais enzimas. ** $K_M$ é expresso em função da concentração de substrato (S) a ser transformado.

Por conseguinte, a enzima *I* seria a escolhida, por apresentar maior atividade catalítica.

### 2.4.2 Composição do preparado enzimático comercial

Em linhas gerais, pode-se dizer que a composição do preparado enzimático depende da forma de apresentação (pó ou solução), das unidades de atividade do preparado, da fonte (as enzimas de origem animal e vegetal são bem menos definidas do que as de origem microbiana), da finalidade do preparado (aqueles para fins de diagnóstico e analítico devem possuir alto grau de pureza), do tipo de substância inerte adicionada para estabilizar/padronizar o preparado e do tipo de conservante adicionado (este deverá levar em conta o tipo de processo no qual a enzima será usada, bem como as legislações dos países produtor e comprador).

### 2.4.3 CONDIÇÕES DE ARMAZENAMENTO DOS PREPARADOS ENZIMÁTICOS

As condições de armazenamento dependerão das características particulares dos preparados enzimáticos, sobretudo a forma de apresentação. Preparados em pó e secos a 25 °C duram 6 meses, mas entre 4 – 10 °C duram mais de 12 meses. Porém, os preparados líquidos a 25 °C duram 6 meses, e entre 4 – 10 °C, em torno de 9 meses.

### 2.4.4 FATORES PARA A ESCOLHA DE UM PREPARADO ENZIMÁTICO INDUSTRIAL

Condições operacionais de processo a considerar por ocasião da escolha da enzima a ser empregada:

a) tipo de substrato: influi no grau de especificidade da enzima a ser selecionada em função do produto desejado. Por exemplo, seja a modificação enzimática da proteína da soja. Caso o objetivo seja obter o chamado leite de soja – hidrólise total da proteína –, emprega-se uma protease inespecífica e de alta atividade. Mas, se o objetivo é obter uma proteína de soja funcionalizada (proteína com baixo grau de hidrólise para ser usada como, digamos, emulsificante), então, a protease a ser usada deve ter alto grau de especificidade;

b) pH: o ideal seria usar um pH adequado tanto para a reação enzimática quanto para a primeira operação unitária do protocolo de *downstream*. Há casos, no entanto, em que o pH do processo não pode ser alterado; então, a enzima a ser selecionada deverá possuir boa atividade catalítica no pH pré-estabelecido. Lembra-se que o desempenho catalítico da enzima poderá ou não ser significativamente afetado pelo pH do meio reacional. Testes de estabilidade devem ser efetuados previamente;

c) temperatura: a temperatura de processo deverá ser ajustada de tal sorte a equilibrar a ativação e a inativação térmica da enzima. Quanto mais alta a temperatura, maiores serão as velocidades de ativação e de inativação. Para favorecer a catálise, basta trabalhar por um tempo suficiente para a conversão desejada do substrato. Caso se deseje empregar enzima termoestável, deve-se levar em conta que ela poderá continuar ativa no produto e que, conforme o caso, poderá ou não ser desejável;

d) ativadores e inativadores: a necessidade destas substâncias para executar a reação depende do tipo de enzima escolhida. Há casos em que a presença ou ausência deles afeta a performance catalítica da enzima, podendo, inclusive, interferir em parâmetros como pH e temperatura. Por exemplo, no caso da glicose isomerase – enzima usada na fabricação de xaropes de frutose, usados como adoçantes em formulações alimentícias e farmacêuticas – o íon magnésio atua como ativador, ao passo que o íon cálcio age como inativador.

Em geral, bloqueadores da atividade enzimática devem ser evitados, sobretudo na área de alimentos.

Além dos fatores mencionados, estritamente ligados ao processo em si, devem ser lembrados:

a) métodos de análise – devem ser simples e de fácil execução. São importantes para controlar a atividade do preparado enzimático adquirido, assim como durante o processo e detectar sua presença no produto. Lembra-se que cada produtor de enzima tem seu método de análise preferencial e unidades de atividade próprias. Isso dificulta a comparação direta entre os vários fornecedores de enzimas. Por isso, o usuário consciente deve ter um método analítico-padrão, deixando o do fabricante apenas para fins de controle de seu produto específico (desde que o usuário resolveu escolher um dado fornecedor);

b) disponibilidade – o usuário deve certificar-se de que a enzima esteja sempre disponível no mercado, sobretudo na quantidade, atividade e qualidade desejadas;

c) suporte técnico e prestação de serviço – o fabricante da enzima deve fornecer informações precisas e atualizadas ao usuário. Qualquer modificação no processo de fabricação da enzima obriga o produtor a avaliar os eventuais efeitos no processo do usuário;

d) custo – geralmente, a enzima corresponde a uma fração pequena do custo global do processo (algo em torno de 5%). A tendência de se usar a enzima mais barata é uma regra comum. Mas o usuário deve ficar atento para a pureza e a atividade do preparado enzimático, as quais devem ser compatíveis com o processo. Inclusive, as eventuais atividades colaterais do preparado enzimático comercial devem ser avaliadas com critério.

## 2.5 PERSPECTIVAS

Espera-se que a performance de muitas enzimas de interesse industrial, além da adaptação de outras ainda não usadas nessa escala seja melhorada pelas modernas técnicas de engenharia de proteínas. O objetivo consiste em tornar a enzima, por meio de modificações pontuais na estrutura molecular (por métodos químicos e/ou biotecnológicos), mais resistente às condições de uso ou, até mesmo, conferir-lhe uma nova propriedade catalítica (tornar uma enzima preponderantemente hidrolítica em sintetásica, resistente a determinados inibidores, independer da presença de cofatores entre outras possibilidades).

## 2.6 CONCLUSÃO

Para a adequada aplicação da enzima, é necessário conhecer o mecanismo de ação e o método de determinação da atividade catalítica. A equação cinética mais simples para expressar a atividade catalítica é $v = [(S \cdot V_{max}) \div (K_M + S)]$. Fatores como pH, temperatura, presença de inibidor, estabilizador e ativador podem afetar a atividade catalítica. O sucesso do processo enzimático depende do balanceamento entre a quantidade de enzima, as condições operacionais e o rendimento da reação.

## REFERÊNCIAS

GODFREY, T.; WEST, S. *Industrial Enzymology*. 2. ed. New York: Stockton Press, 1996.

PURICH, D.L. *Enzyme kinetics: catalysis and control*. London: Academic Press, 2010.

VITOLO, M.; YASSUDA, M. T. Effect of sucrose concentration on the invertase activity of intact yeast cells. *Biotechnology Letters*, Heidelberg, v. 13, n. 1, p. 53-56, 1991.

VITOLO, M. Effect of saline solution and osmotic pressure on invertase extraction from cell wall of Baker's yeast. *European Journal of Pharmaceutical and Medical Research*, Nagpur, v. 6, n. 5, p. 158-163, 2019a.

VITOLO, M. Extraction of invertase from *Saccharomyces cerevisiae*: effect of rheological parameters. *World Journal of Pharmaceutical Research*, Nagpur, v. 8, n. 6, p. 12-19, 2019b.

VITOLO, M. Brief review on enzyme activity. *World Journal of Pharmaceutical Research*, Nagpur, v. 9, n. 2, p. 60-76, 2020a.

VITOLO, M. Adsorption of invertase on anionic resin. *European Journal of Pharmaceutical and Medical Research*, Nagpur, v. 7, n. 7, p. 113-117, 2020b.

VITOLO, M. Enzymes: the catalytic proteins. *In:* PESSOA JR., A. *et al.* (Eds.). *Pharmaceutical biotechnology: a focus on industrial application*. London: CRC Press, 2021a. p. 257.

VITOLO, M. Some notes on the characteristic of water. *World Journal of Pharmacy and Pharmaceutical Sciences*, Nagpur, v. 10, n. 6, p. 109-133, 2021b.

VITOLO, M. Overview on glucose oxidase. *World Journal of Pharmaceutical Research*, Nagpur, v. 10, n. 11, p. 130-155, 2021c.

VITOLO, M. Notes on urea hydrolysis by urease. *World Journal of Pharmacy and Pharmaceutical Sciences*, Nagpur, v. 11, n. 3, p. 96-135, 2022a.

VITOLO, M. Conversion of ketones and alcohols by a microbial NADP-dependent alcohol dehydrogenase. *World Journal of Pharmacy and Pharmaceutical Sciences*, Nagpur, v. 11, n. 4, p. 2378-2393, 2022b.

# CAPÍTULO 3
# Fundamentos da imobilização


## RESUMO

A imobilização é uma técnica na qual o biocatalisador (enzimas, células, organelas, anticorpos monoclonais, entre outros) é ligado a um suporte inerte (alginato, nitrocelulose, quitina, entre outros). Os principais tipos de imobilização são: a) imobilização por enredamento ou retenção com membrana (encapsulamento, microencapsulamento e compartimentalização por membrana de ultrafiltração); b) imobilização por ligação química (adsorção, ligação covalente e ligação covalente cruzada); e c) imobilização reversível (o biocatalisador fica retido no suporte por tempo limitado). A imobilização visa à estabilização e recuperação do biocatalisador, além de possibilitar o uso do sistema imobilizado em biorreator contínuo. Essa técnica vem sendo desenvolvida desde 1960 e usada atualmente em biorreatores, biossensores (eletrodos enzimáticos e nanossondas de ácidos nucleicos) e análises clínicas (kits para enzima imunoensaio).


## 3.1 INTRODUÇÃO

As células são estruturas de pequenas dimensões constituintes de todos os seres vivos nas quais estão acondicionadas milhares de substâncias com massa molar variando entre 18 (água) a milhões (ácidos nucleicos) de grama-mol. Por conseguinte, interações entre as substâncias são inevitáveis. Por exemplo, enzimas intracelulares encontram-se ligadas a membranas dispersas pelo citoplasma (citoesqueleto) ou dentro de organelas (complexo de Golgi, núcleo, mitocôndria etc.). Observou-se que a maior performance catalítica das enzimas ocorre no interior da célula. Pesquisadores baseados nessa observação passaram a mimetizar a baixa solubilidade das enzimas intracelulares, ligando-as, in vitro, a materiais inertes (carreadores ou suportes) por meio de métodos físicos, químicos ou físico-químicos (Vitolo, 2021a).

A técnica da imobilização começou a ser desenvolvida na década de 1960, levando às primeiras aplicações industriais na década seguinte, quando a glicose isomerase e a aminoacilase imobilizadas foram usadas na fabricação do xarope de frutose e separação de aminoácidos isômeros, respectivamente. Além das enzimas, imobilizam-se, também, células, organelas e fármacos.

## 3.2 TIPOS DE IMOBILIZAÇÃO

### 3.2.1 IMOBILIZAÇÃO POR MÉTODOS FÍSICOS

#### 3.2.1.1 Aprisionamento

O aprisionamento consiste em separar o biocatalisador (enzima, organela ou célula) do meio reacional por meio de um envoltório semipermeável (hidrogéis ou membranas de nano, ultra ou microfiltração). O suporte deve possuir porosidade adequada para reter o biocatalisador e, ao mesmo tempo, deixar a passagem livre para moléculas de baixa massa molar.

O aprisionamento tem como vantagens: a) fácil confecção; b) os componentes dos hidrogéis e as membranas estão disponíveis no mercado; c) o catalisador aprisionado fica protegido do ataque de hidrolases (sobretudo de proteases) e de inibidores de alta massa molar; d) o processo de imobilização não afeta seriamente a estrutura do catalisador. No entanto, é inadequado para enzimas que requerem substratos de alta massa molar.

Há dois tipos básicos de aprisionamento (Figura 3.1): enredamento e invólucro por membrana (encapsulamento, microencapsulamento e compartimentalização por membrana de ultrafiltração).

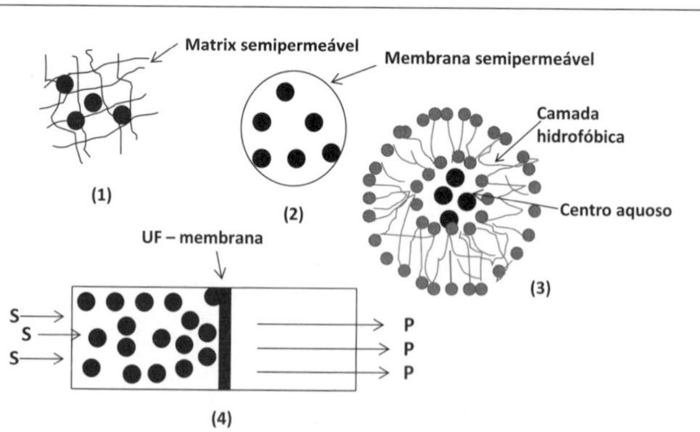


(1) Enredamento; (2) Encapsulamento; (3) Microencapsulamento (lipossoma); (4) Compartimentalização com membrana de UF; (•) Enzima.

**Figura 3.1** – Imobilização por métodos físicos.

#### *3.2.1.1.1 Enredamento*

A literatura cita diversos biomateriais (catalisadores, células, organelas entre outros) imobilizados por esse método (Datta *et al.*, 2013).

Um procedimento para enredar um biocatalisador numa matriz geliforme é: em um contêiner, são misturados 2-hidroximetacrilato (30% p/v; HEMA), etileno-dimetacrilato (0,5 - 5% p/v; EDMA) e água deionizada. A mistura é resfriada a 4 °C e borbulhada com nitrogênio por 20 - 60 min (dependendo do volume da mistura). Em seguida, adicionam-se o biocatalisador e os iniciadores da polimerização ($3x10^{-3}$ M $FeSO_4$ e $5x10^{-3}$ M $H_2O_2$), sendo a mistura homogeneizada e distribuída em placas (diâmetro: 20 - 100 cm). As placas são deixadas em câmara refrigerada (4 °C) e expostas à luz UV (365 nm) por 1 h, pelo menos. O polímero formado é lavado com água destilada e, depois, seco em câmara com fluxo de ar (30 °C). O polímero seco é moído e tamisado, recolhendo-se partículas entre 65 e 115 mesh. A invertase e a glicose oxidase foram imobilizadas por este método (Tabela 3.1).

**Tabela 3.1** – Parâmetros catalíticos da invertase e glicose oxidase imobilizadas em gel de acrilamida

| Parâmetro | Invertase[a] | | Glicose oxidase[b] | |
|---|---|---|---|---|
| | Solúvel | Insolúvel | Solúvel | Insolúvel |
| $K_M$ (mM)[c] | 22,6 | 17,0 | 7,89 | 7,69 |
| T (°C) | 45 | 45 | 40 | 40 |
| $pH_{ótimo}$ | 5,0 | 5,0 | 5,0 | 5,0 |
| $E_a$ (kJ/mol) | 37,0 | 24,3 | 28,0 | 53,5 |
| ΔG (kJ/mol) | – 10,5 | – 10,6 | – 11,4 | – 11,0 |
| ΔH (kJ/mol) | 34,4 | 21,7 | 25,4 | 50,9 |
| ΔS (kJ/mol.K) | 0,141 | 0,102 | 0,180 | 0,200 |

[a] Condições de imobilização (EDMA = 0.5%, 4 °C e tempo de polimerização = 105 min); [b] Condições de imobilização (EDMA = 2%, 10 °C e tempo de polimerização = 90 min); [c] $K_M$ calculado pelo método de Hanes-Woolf [invertase (37 °C, pH = 5,0 e 2,5 – 200 mM sacarose); glicose oxidase (35 °C, pH = 5,1 e 0,30 – 1,6 mM β-D-glicose; saturação do meio = 8,0 mg $O_2$/L)].

*Fonte*: Vitolo (2021b).

Ao se aplicar este método de imobilização, deve-se ter em mente a eventual reação entre o monômero e os radicais livres com grupos químicos essenciais da enzima, levando à redução da atividade da enzima imobilizada.

Apesar de a polimerização ser realizada a baixa temperatura, sempre há o risco da desnaturação da enzima. Observou-se que o uso de um oligômero (por exemplo, dimetacrilato de polietilenoglicol) no lugar do monômero reduz o efeito do calor gerado durante a imobilização (Adercreutz, 1993). Efeito similar pode ser obtido com pré-polímero de uretano, que se polimeriza em água, liberando gás carbônico, resultando uma espuma de poliuretano, em cujo reticulado a enzima fica retida. As propriedades finais do suporte são variadas por meio da escolha adequada do pré-polímero de uretano de partida. As principais vantagens do uso de oligômeros seriam: a) o aprisionamento é simples e se dá sob condições suaves de reação; b) inexistência de monômeros que podem se unir à enzima, inativando-a; c) a estrutura da rede pode ser regulada por meio do uso de oligômeros com cadeias de comprimentos diferentes; d) as propriedades físico-químicas do gel, como a natureza iônica e o equilíbrio hidrófilo-lipófilo, podem ser alteradas através do uso de pré-polímeros sintetizados à parte, antes da adição do biocatalisador (Adercreutz, 1993).

### *3.2.1.1.2 Invólucro por membrana*

#### 3.2.1.1.2.1 Encapsulamento

O biocatalisador é aprisionado no interior de esferas geliformes cujas paredes são permeáveis às substâncias de baixa massa molar e impermeáveis às de alta massa molar. Polissacarídeos naturais como alginatos, ágar e k-caragenas gelificam sob certas condições e servem para aprisionar biocatalisadores em geral. O encapsulamento é muito usado por ser de fácil execução (não requer equipamentos sofisticados), requerer condições brandas de reação e os materiais serem baratos e plenamente encontrados no comércio.

O encapsulamento com alginato de sódio (copolímero linear dos ácidos D-manurônico e L-gulurônico) pode ser realizado como segue: uma solução de alginato de sódio (5 – 20 g/L) contendo o biocatalisador dissolvido (enzima) ou em suspensão (células e organelas) é gotejada sobre uma solução (0,05 – 0,5 M) de cátions bivalentes ($Ca^{+2}$, $Ba^{+2}$, por exemplo) a partir de um reservatório cilíndrico (o volume depende da quantidade de esferas desejadas). O raio das esferas depende do diâmetro interno da extremidade de saída do reservatório. O processo é realizado com agitação entre 100 – 500 rpm, temperatura entre 30 – 50 °C, e as esferas obtidas são deixadas imersas na solução de cátions bivalentes por 1 – 20 h, dependendo do grau de consistência desejado. Finalmente, as esferas são separadas, lavadas com água deionizada e armazenadas em água a 4 °C até o momento do uso.

A k-caragena é outro polissacarídeo extraído de algas, hidrossolúvel e que gelifica ao entrar em contato com íons $K^+$ e $NH_4^+$. Caso na solução de k-caragena tenha sido adicionado um biocatalisador, este ficará retido no interior do gel. O enrijecimento adicional do gel pode ser conseguido adicionando-se glutaraldeído e/ou hexametilenodiamina. O processo de obtenção é análogo ao do alginato de sódio.

A literatura sobre esse tipo de imobilização é extensa (Homaei *et al.*, 2013). Na Tabela 3.2, são apresentados os parâmetros catalíticos da invertase imobilizada em alginato de cálcio e de bário.

**Tabela 3.2** – Parâmetros catalíticos da invertase encapsulada em alginato de sódio e de bário

| Parâmetro | Invertase | | |
|---|---|---|---|
| | Solúvel | Alginato de cálcio[a] | Alginato de bário[b] |
| $K_M$ (mM)[c] | 54,5 | 8,1 | 7,5 |
| $V_{max}$ (U/mL)[c] | 0,370 | 0,250 | 0,296 |
| T (°C) | 37 | 60 | 55 |
| $pH_{ótimo}$ | 4,6 | 4,6 | 4,6 |
| $E_a$ (kJ/mol) | 28,0 | 24,0 | – |
| ΔG (kJ/mol) | – 13,6 | – 13,9 | – |
| ΔH (kJ/mol) | 25,0 | 22,0 | – |

[a] Condições de imobilização: alginato de sódio (10 g/L), 0,1 M $CaCl_2$, agitação (120 rpm) e tempo de contato esferas-solução = 24 h; [b] Condições de imobilização: alginato de sódio (5 g/L), 0,2 M $Ba(NO_3)_2$, agitação (150 rpm) e tempo de contato esferas-solução = 12 h; [c] Constantes cinéticas calculadas pelo método de Hannes-Woolf (condições: 37 °C, pH = 5,0 e concentração de sacarose variada entre 5,0 a 50 mM).

*Fonte:* Vitolo (2019) e Arruda; Vitolo (1998).

### 3.2.1.1.2.2 Microencapsulamento

O microencapsulamento consiste no aprisionamento do biocatalisador dentro de esferas de tamanho micro ou nanométrico. O envoltório membranoso é permeável a moléculas de baixa massa molar e impermeável às macromoléculas, além de proteger o biocatalisador contra anticorpos e enzimas hidrolíticas.

Basicamente, microesferas são obtidas pela emulsificação da solução aquosa contendo o biocatalisador com um polímero (nitrocelulose, poliestireno, entre outros) dissolvido em solvente orgânico. A seguir, adiciona-se à mistura um segundo solvente, que causa a precipitação do polímero na interface entre a microgota de água (onde o biocatalisador se encontra) e a fase orgânica contendo o polímero. Uma alternativa seria emulsionar o biocatalisador em um solvente imiscível com a água contendo um monômero hidrofílico. Em seguida, adiciona-se um monômero hidrofóbico, que se deposita na interface microgota/solvente imiscível. Por esse segundo processo, têm sido obtidas microcápsulas de nylon, poliéster, poliureia e poliuretano (Willaert; Baron, 1996).

No caso particular de as nanoesferas serem de natureza hidrolipídica, cujas camadas lipídica e aquosa estão dispostas alternadamente, recebem o nome de lipossomos (Figura 3.1). A camada lipídica, em geral, é composta de lecitina de ovo, colesterol e um lipídeo, enquanto a enzima está dissolvida na camada aquosa. Os lipossomos podem ser preparados por meio da extrusão da mistura lipídeo-água por membrana formada por poros nanométricos. Devido à permeabilidade seletiva, o lipossomo pode proteger uma enzima contra íons metálicos inibidores, como no caso da β-D-glicosidase, que fica imune ao íon cobre. A manipulação da composição da membrana lipídica e a incorporação de imunoglobulinas específicas para certas células oferecem promissoras possibilidades de se confeccionarem lipossomos que possuam a capacidade de interagir em uma região específica do corpo (Apolinario *et al.*, 2021).

O microencapsulamento é um tipo de imobilização versátil, pois permite a inclusão no mesmo sistema de várias enzimas, bem como de cofatores desde que estes estejam ligados a polímeros hidrossolúveis.

### 3.2.1.1.2.3 Compartimentalização por membrana de ultrafiltração

Neste método de imobilização, a solução contendo a enzima é introduzida em um contêiner composto de dois compartimentos separados por uma membrana de ultrafiltração de corte molecular inferior à massa molar da enzima. O sistema é mantido pressurizado, e a solução de substrato é bombeada através da câmara contendo a enzima, sendo o produto acumulado na câmara contígua (Figura 3.1). Esse sistema integra simultaneamente a conversão do substrato, a separação do produto e a retenção da enzima. Este aparato deu origem ao reator com membrana, que será discutido adiante.

## 3.2.2 IMOBILIZAÇÃO POR LIGAÇÕES QUÍMICAS

As cadeias laterais dos aminoácidos constituintes das proteínas têm grupos químicos ionizáveis e hidrofóbicos que podem se ligar aos grupos químicos existentes no suporte por meio de ligações fracas (eletrostáticas, forças de Van der Waals, por exemplo), iônicas e covalentes. Basicamente, há dois tipos de imobilização por ligações químicas: ligação em suportes (adsorção, ligação covalente e ligação reversível) e ligações cruzadas (Figura 3.2).

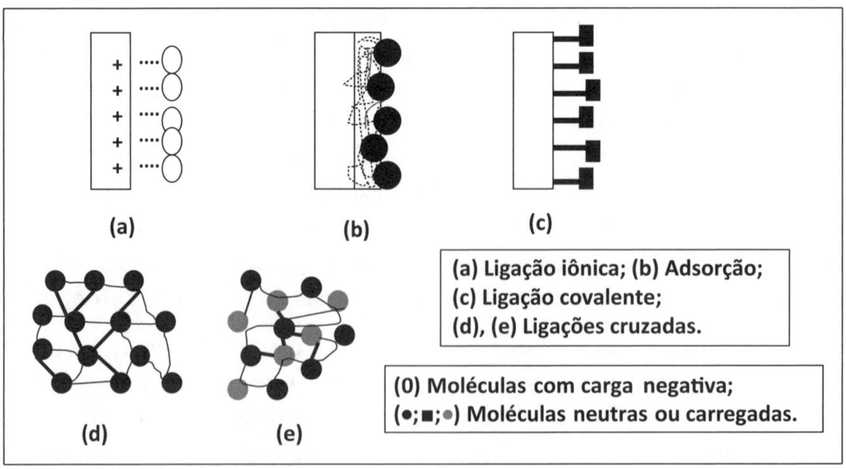


**Figura 3.2** – Imobilização por ligações químicas.

### 3.2.2.1 Ligação em suportes

#### *3.2.2.1.1 Adsorção*

A adsorção de enzimas é o mais simples método de imobilização disponível, sendo o primeiro a ser estudado quando se deseja imobilizar uma enzima. Historicamente, a primeira tentativa de imobilização ocorreu em 1916, com a imobilização da invertase em carvão ativo. As primeiras aplicações industriais ocorreram nos anos 1970, quando surgiram no mercado a aminoacilase (usada na separação de racemados de aminoácidos) e a glicose isomerase (usada na produção de xaropes de frutose) adsorvidas em DEAE-Sephadex® (Godrey; West, 1996).

Os principais aspectos relacionados à adsorção são: a) a interação suporte-enzima envolve um complexo mecanismo, no qual diferentes tipos de ligações fracas, como ligações de hidrogênio, forças do tipo Van der Waals, dipolo-dipolo e eletrostáticas e interações hidrofóbicas, podem atuar simultaneamente; b) a facilidade da adsorção no suporte pode ser contrabalançada pela da dessorção. Entretanto, a adsorção pode ser favorecida se as condições de uso no reator da enzima adsorvida forem análogas às da sua obtenção; c) a natureza reversível da interação suporte-enzima permite regenerar o complexo imobilizado diretamente no reator, quer na recuperação do suporte, quer na substituição da enzima gasta; d) enzimas com estrutura quaternária podem ter sua atividade diminuída se ocorrerem muitas interações entre os grupos dos aminoácidos e do suporte; e) caso algum aminoácido do sítio ativo interaja com grupos químicos do suporte, poderá anular a atividade da enzima.

O protocolo de imobilização consiste em adicionar o suporte na solução da enzima sob condições apropriadas (pH, temperatura, tempo de contato suporte-enzima e agitação). Como exemplo, temos a adsorção da invertase em DOWEX-1X8-50: a invertase e a resina são misturadas em 0,010 M tampão acetato (pH 4,6) na proporção 2:1. A suspensão é mantida em agitação (100 rpm) a 25 °C por 4 h, seguida de repouso por 24 h a 4 °C. Em seguida, o complexo DOWEX-invertase é separado por centrifugação (3.000*g*/20 min), lavado com água deionizada e deixado em 0,010 M tampão acetato (pH 4,6) até o uso. O coeficiente de imobilização foi de 88% (Vitolo, 2020a). Os parâmetros desse sistema imobilizado são mostrados na Tabela 3.3.

**Tabela 3.3** – Parâmetros do complexo invertase-DOWEX-1X8-50

| Parâmetro | Invertase solúvel | Invertase adsorvida |
|---|---|---|
| *v (U/mg) | 0,078 | 0,052 |
| $K_M$ (mM) | 17,6 | 17,6 |
| $V_{max}$ (U/mg) | 0,091 | 0,064 |
| $pH_{ótimo}$ | 4,6 | 4,0 |
| **$pH_{est}$ | 4,0 – 5,5 | 3,5 – 5,5 |

*(continua)*

**Tabela 3.3** – Parâmetros do complexo invertase-DOWEX-1X8-50 (*continuação*)

| Parâmetro | Invertase solúvel | Invertase adsorvida |
|---|---|---|
| T (°C) | 40 | 50 |
| ***$T_{est}$ (°C) | 25 – 45 | 25 – 55 |
| Ea (kJ/mol) | 14,8 | 32,8 |

* v = atividade; ** intervalo do pH de estabilidade; *** intervalo da temperatura de estabilidade.

*Fonte:* Vitolo (2020a).

Observa-se da Tabela 3.3: a) as duas formas da invertase apresentaram o mesmo $K_M$, indicando que a imobilização não interferiu no mecanismo da catálise. No entanto, a atividade da forma imobilizada foi 33% menor do que a da forma solúvel, devido, provavelmente, aos efeitos de difusão envolvendo o trânsito do substrato (sacarose) e dos produtos (glicose e frutose) através do complexo DOWEX-invertase; b) o deslocamento dos valores de pH ótimo para ambas as formas da invertase indicaria a presença de grupos com carga positiva na estrutura da resina (o copolímero estireno-divinilbenzeno e sal de amônio quaternário unidos por ligações cruzadas), os quais repeliriam os íons hidrônio para o seio da solução, onde o pH é medido; c) o aumento da energia de ativação da invertase imobilizada para hidrolisar a sacarose refletiria o adensamento das moléculas da enzima sobre a superfície do suporte e ao campo eletrostático no entorno do complexo resina-invertase gerado por grupos carregados do suporte (Vitolo, 2020a).

### *3.2.2.1.2 Ligações covalentes*

O estabelecimento da ligação covalente suporte insolúvel/enzima ocorre entre os grupos reativos existentes no suporte e os grupos dos resíduos de aminoácidos (ε-amino da lisina, a sulfidrila da cisteína, a β-carboxila do ácido aspártico, o γ-carbonil do ácido glutâmico, a hidroxila da tirosina e as hidroxilas da serina e treonina) localizados na estrutura proteica da enzima, de preferência em posições não estratégicas para a catálise. As reações orgânicas mais comuns para gerar ligações entre a enzima e o suporte são a diazotação, alquilação, silanização e derivados azídicos.

A imobilização por ligações covalentes é feita por etapas, sendo a primeira direcionada à ativação dos grupos químicos preexistentes ou à introdução de novos grupos no suporte. Na etapa seguinte, a enzima e o suporte ativado são colocados em contato sob condições adequadas para que as ligações se estabeleçam.

Seja a imobilização da invertase em partículas de polietileno de baixa densidade (PBD) ativadas por radiação (De Queiroz *et al.*, 1996). O processo envolve três etapas, a saber:

a) enxertia – consiste na mistura de PBD e ácido acrílico (AA) em água (30% p/p), seguida da introdução da suspensão em uma ampola de vidro conectada a sistema de vácuo (13x10$^{-3}$ Pa). A ampola é submetida ao ciclo congelamento/descongelamento várias vezes, para a remoção do ar, sendo, a seguir, submetida à radiação gama (0,033 – 0,468 kGy/h), gerada com $^{60}$Co, perfazendo a dose total de 6,0 kGy. As partículas são lavadas com água destilada e, em seguida, deixadas de molho em água por 48 h. As partículas (PBD-g-AA) são desidratadas sob baixa pressão (100 Pa) a 30 °C;

b) ativação – consiste na esterificação das partículas de PBD-g-AA com metanol (contendo 1% em peso de ácido sulfúrico) por 24 h. Após lavagem com água deionizada, as partículas são imersas em solução de hidrazina (2% p/v) sob atmosfera de nitrogênio a 25 °C por 24 h. As partículas são separadas e lavadas com água deionizada, sendo, em seguida, imersas em uma mistura (35:1) de 4,3 M HCl e 3,0 M $NaNO_2$. A suspensão é agitada por 15 s, seguidos de repouso por 5 min. As partículas de PBD-g-AA ativadas são coletadas e lavadas com solução 0,1 M NaCl;

c) imobilização – consiste na mistura em água deionizada das partículas ativadas com a invertase na proporção de 20:1. A suspensão é mantida a 4 °C por 24 h. O complexo PBD-g-AA-invertase é separado, lavado com água deionizada e deixado imerso em água a 4 °C até o uso. O rendimento da imobilização é da ordem de 95% (Tabela 3.4).

**Tabela 3.4** – Parâmetros relacionados ao complexo PBD-g-AA-invertase

| Parâmetro | Invertase solúvel | Invertase imobilizada |
|---|---|---|
| $^{a}$v (U/mL) | 8,64x10$^{-3}$ | 4,32x10$^{-3}$ |
| $K_M$ (mM) | 26,5 | 31,7 |
| $V_{max}$ (U/mL) | 1,1 | 0,31 |
| $pH_{ótimo}$ | 4,6 | 4,6 |
| $^{b}pH_{est}$ | 4,0 – 5,0 | 3,2 – 5,5 |
| T (°C) | 37 | 45 |
| $^{c}T_{est}$ (°C) | 25 – 40 | 30 – 70 |
| $^{d}E_a$ (kJ/mol) | 113 | 79,0 |
| $^{d}\Delta G$ (kJ/mol) | - 85,7 | - 88,3 |
| $^{d}\Delta H$ (kJ/mol) | 110 | 76,0 |
| $^{d}\Delta S$ (kJ/mol.K) | 0,609 | 0,502 |

[a] v = atividade; [b,c] Intervalos de estabilidade frente ao pH e à temperatura; [d] Parâmetros termodinâmicos relacionados à inativação térmica.

A imobilização por ligações covalentes – útil para enzimas caras e termolábeis – tem vantagens e desvantagens. As vantagens são: a) a ligação forte entre enzima e suporte; b) a interação enzima-substrato facilitada devido à localização superficial do catalisador no suporte; c) o aumento da estabilidade térmica; d) o aumento da resistência às forças de cisalhamento provocadas pela agitação mecânica do meio de reação. As desvantagens são: a) a susceptibilidade de componentes da estrutura molecular aos reagentes utilizados; b) as tensões conformacionais impostas pela união forçada da enzima a um material estranho (suporte); c) a atividade catalítica pode diminuir devido à forte ligação existente entre o suporte e a enzima (o catalisador tem limitada sua capacidade de assumir modificações estruturais adequadas para favorecer o encaixe perfeito do substrato em seu sítio ativo); d) inativação do complexo imobilizado devido à ligação da enzima ao suporte por meio de aminoácido do sítio ativo; e) custo elevado; f) dificuldade de se estabelecerem as melhores condições de imobilização; g) método inadequado para imobilizar células; h) o complexo enzima-suporte não é recuperável após concluído o processo catalítico dentro do reator.

### 3.2.2.1.3 Ligações reversíveis

A imobilização transitória ocorre em alguns tipos de processos cromatográficos (troca iônica, adsorção ou afinidade) (Figura 3.3) e em micelas reversas (usadas no isolamento e purificação de proteínas, ácidos nucleicos e enzimas).

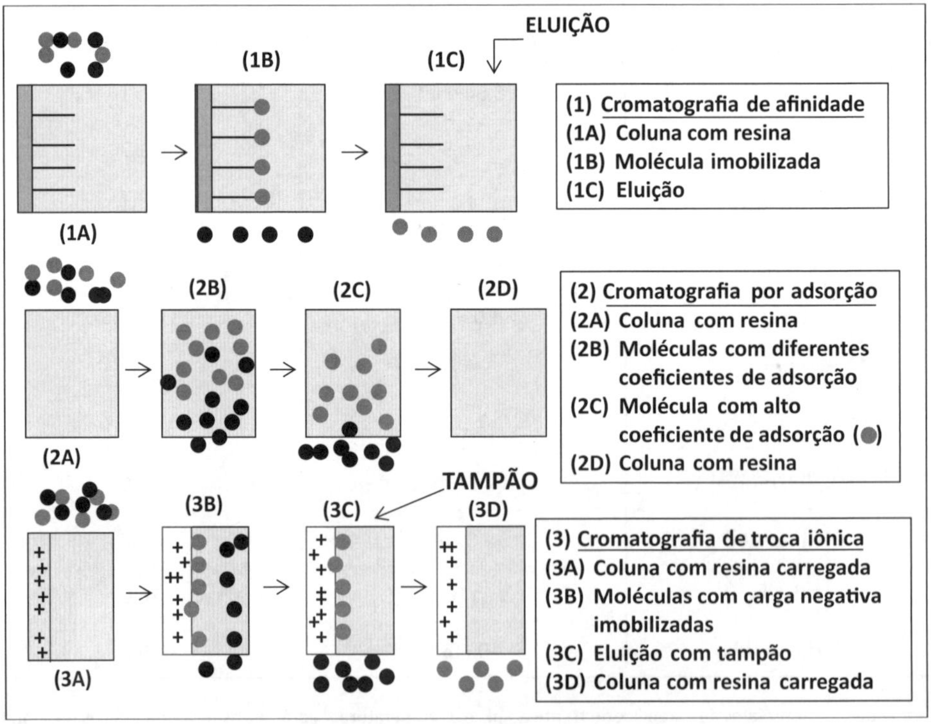


**Figura 3.3** – Técnicas de imobilização reversível.

A imobilização transitória se dá pela fixação no suporte ou micela (1ª etapa), seguida pela eluição do biocatalisador (2ª etapa). No caso da cromatografia por adsorção a fixação no suporte e a eluição ocorrem simultaneamente, desde que as moléculas a serem separadas possuam diferentes coeficientes de adsorção.

A técnica de imobilização transitória usando feixes de raios laser como "pinças" e "tesouras" (Figura 3.4) é usada para fixar células eucarióticas sob a lente objetiva de microscópio eletrônico, visando à manipulação de genes (aplicação em terapia gênica) ou à medição da elasticidade da membrana citoplasmática de células teciduais (avaliação da estrutura de órgãos) (Pontes *et al.*, 2013). Essa aplicação de feixes de raios laser resulta da combinação de duas propriedades da luz, isto é, refração (devido à natureza ondulatória do fóton) e pressão de radiação (devido à natureza corpuscular do fóton) (Figura 3.5). Observa-se da Figura 3.5 que dois feixes de raios laser sofrem dupla refração quando cruzam a lente do microscópio e a membrana citoplasmática. Ambos os feixes se cruzam em um ponto (quiasma), resultando em uma força (R). Dependendo da posição relativa do quiasma e do eixo medial (EM), a célula imobilizada pode ser deslocada para cima (quiasma acima do EM), para baixo (quiasma abaixo do EM) e lateralmente (quiasma sobre o EM).

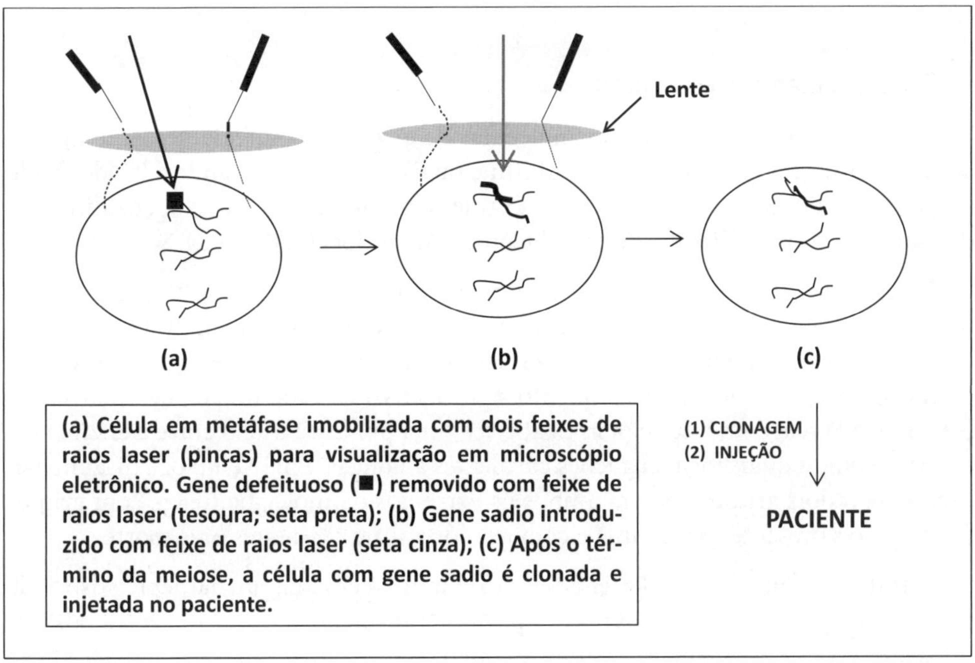


**Figura 3.4** – Esboço de manipulação gênica em célula eucariótica usando feixes de raios laser como pinças e tesouras.

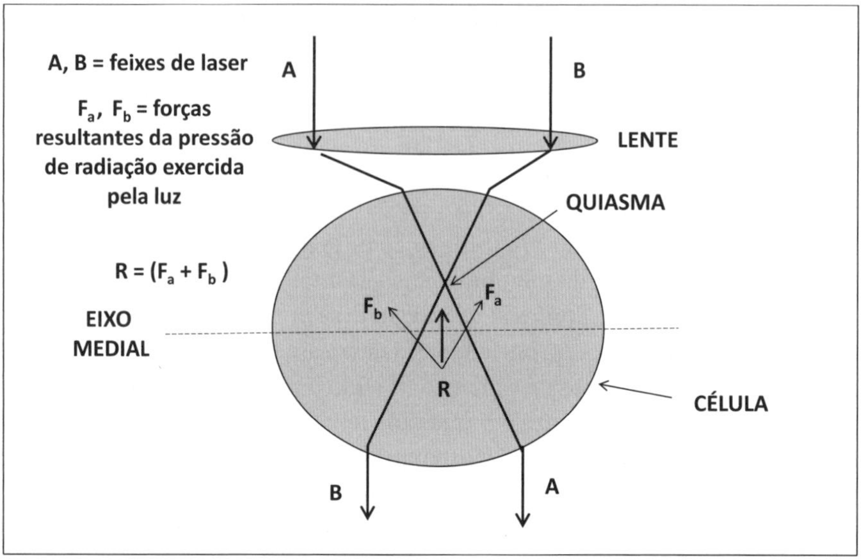


**Figura 3.5** – Birrefração dos feixes de raios laser ao cruzarem a lente do microscópio eletrônico e a membrana citoplasmática.

### 3.2.2.2 Ligações cruzadas

Nesse tipo de imobilização, as moléculas de enzima são covalentemente ligadas umas às outras por meio de reagentes bifuncionais (por exemplo, glutaraldeído, ácido bis-diazobenzidina-2,2"-dissulfônico, hexametilenodiisocianato, diazobenzidina, 4,4' difluoro-3,3' dinitrodifenilsulfona, tolueno-2,4-diisotiocianato).

O reagente bifuncional pode atuar agregando as macromoléculas entre si até a formação de agregados insolúveis (ligação covalente cruzada pura). Entretanto, o mais comum é o uso associado do intercruzamento com outros tipos de imobilização, obtendo-se, com frequência, um aumento significativo na estabilidade do catalisador. Nesse caso, o reagente bifuncional estabelece uma ponte de união entre a enzima e o suporte, com os quais forma ligações covalentes análogas. Por exemplo, a diazobenzidina possui dois grupos azo em ambos os extremos da molécula, reage com grupos fenilas livres presentes na enzima e com grupos amino existentes no suporte.

O reativo bifuncional pode ser adicionado tanto à enzima previamente adsorvida no suporte, quanto à enzima livre com posterior adsorção ao suporte. Outra possibilidade, seria misturar primeiro o suporte com o regente bifuncional, seguida da adição da enzima.

Finalmente, merece lembrança a possibilidade de se ligar a enzima a um polímero que é solúvel nas condições de ação da enzima, mas que se torna insolúvel quando uma das condições de reação é modificada, sobretudo o pH. Como exemplo, cita-se a celulase imobilizada por intercruzamento com o ácido poli-L-glutâmico, o qual é solúvel em pH 4,5, mas insolúvel em pH 3,0 (Takeuchi; Makino, 1987).

## 3.3 SUPORTES

Uma ampla variedade de materiais orgânicos e inorgânicos tem sido usada ao longo do tempo como suporte para a técnica de imobilização (Quadro 3.1).

**Quadro 3.1** – Suportes usados na técnica de imobilização

| IMOBILIZAÇÃO | SUPORTES |
|---|---|
| **Métodos físicos** | Alginato, pectina, k-caragena, ágar, nitrocelulose, acetato de polivinila, lipossomos, membranas de nano, ultra e microfiltração, 2-hidroximetacrilato e etileno-dimetacrilato. |
| **Ligações químicas** | DEAE-celulose, DEAE-Sephadex®, DOWEX, polietileno ativado, glutaraldeído, Sepharose, amberlite, diazobenzidina, hexametileno diisocianato, alumina, bentonite, quitina, CM-celulose e vidro de porosidade controlada. |
| **Reversível** | DOWEX, micelas reversas, Sephadex, feixes de raios laser |

Os requisitos básicos de um suporte adequado são: a) as características físicas e químicas do suporte devem ser adequadas para uso no reator selecionado; b) deve manter a estabilidade química e mecânica sob as condições operacionais; c) deve conter grupos químicos capazes de se ligarem ao biocatalisador; d) o material constituinte do suporte deve permitir a obtenção de partículas com dimensões variadas, objetivando o equilíbrio entre a redução de efeitos de difusão e a operacionalidade do reator de leito fixo; e) deve apresentar porosidade compatível com as dimensões do biocatalisador a ser imobilizado; f) deve ter resistência aos microrganismos; g) deve apresentar estabilidade térmica; h) permitir a regeneração após o uso.

Como se depreende do Quadro 3.1, as características dos suportes são muito variadas. Grosso modo e de acordo com a morfologia, eles podem ser divididos em suportes não porosos e porosos. Estes últimos, por sua vez, podem ser sólidos de porosidade controlada (poros com diâmetros homogêneos e distribuídos regularmente pela superfície do material) ou irregular (poros com diâmetros heterogêneos), ou, ainda, géis semipermeáveis (estrutura reticular, película envolvente ou copolímeros).

Os suportes não porosos apresentam como principal vantagem a acomodação das moléculas de enzima apenas na superfície externa, o que facilita a interação do catalisador com o substrato. No entanto, a pequena área superficial apresentada por esses suportes é sua mais notória desvantagem, embora possa ser minimizada, usando-se material com alto grau de cominuição. Contudo, ainda nesse caso, poderão persistir problemas relacionados à remoção das partículas do meio reacional e/ou à limitação da razão de fluxo no reator.

O suporte poroso, por sua vez, possui grande área superficial, sendo a distribuição das moléculas de enzima tanto na face externa quanto interna dos poros. Grupos químicos carregados localizados dentro dos poros poderão facilitar ou dificultar a catálise, dependendo de se o substrato é ou não ionizável nas condições de reação. Esse fato poderá ser capitalizado favoravelmente para a catálise por meio de um planejamento adequado, levando-se em conta os tipos de enzima e do reator a serem empregados. Deve ser lembrado que problemas de difusão podem surgir ao se usar suporte poroso, pois o substrato deverá difundir-se tanto da solução para o suporte como através dos poros, uma vez que boa parte das moléculas do catalisador estão situadas no interior deles. Aliás, o peso molecular do substrato passa a ser um fator decisivo no rendimento da reação. Entretanto, a localização interna da enzima confere-lhe uma proteção maior diante de eventual turbulência no meio de reação.

Outro ponto a ser considerado relaciona-se à estabilidade dimensional do material constituinte do suporte, ou seja, se é rígido (inorgânico) ou elástico (orgânico). A estrutura rígida tem como vantagens a não deformação da matriz quando compactada em reatores do tipo coluna, a proteção da enzima contra forças de cisalhamento e a colaboração na manutenção da estrutura terciária da proteína. O suporte elástico oferece a vantagem de poder ser empregado sob a forma de membranas finas, possuindo grande área superficial e oferecendo baixa resistência à difusão. Contudo, devido à sua flexibilidade, pode sofrer deformações durante o uso e, com isso, afetar a estrutura conformacional da enzima.

O interesse crescente pelas biotransformações tem promovido um aumento na disponibilidade comercial de suportes e de agentes ativadores e bifuncionais. Para a imobilização por ligações covalentes, dispõe-se no mercado, dentre outros, dos produtos: caolin ativado com glutaraldeído (Biofix®), poliacrilamida derivatizada (Enzacryl®), vidro de porosidade controlada (Glycophase®), kieselguhr ativado com glutaraldeído (Macrosorb®) e Sepharose®.

O melhor método de imobilização para um dado biocatalisador e sua aplicação dependem das características do biocatalisador (enzima, anticorpo monoclonal, célula ou organela); do custo do biocatalisador, suporte e reagentes; da vida útil do sistema imobilizado; do percentual da atividade catalítica retida após a imobilização; e do tipo de processo em que se pretende usar o catalisador imobilizado.

Finalmente, não existe um binômio suporte/tipo de imobilização geral, o qual só poderá ser estabelecido empiricamente. Contudo, o empirismo nesta área tenderá a diminuir à medida que as engenharias de proteínas e de materiais sejam aprimoradas.

## 3.4 EFEITOS CAUSADOS PELA IMOBILIZAÇÃO

Como a imobilização é um procedimento artificial, o desempenho do biocatalisador imobilizado estará sujeito aos efeitos estéricos e conformacionais sobre sua estrutura macromolecular, aos fenômenos de difusão e interferência do microambiente sobre a partição de compostos (substrato, produtos e íons) entre os arredores do sistema imobilizado e o seio da solução (Figura 3.6).

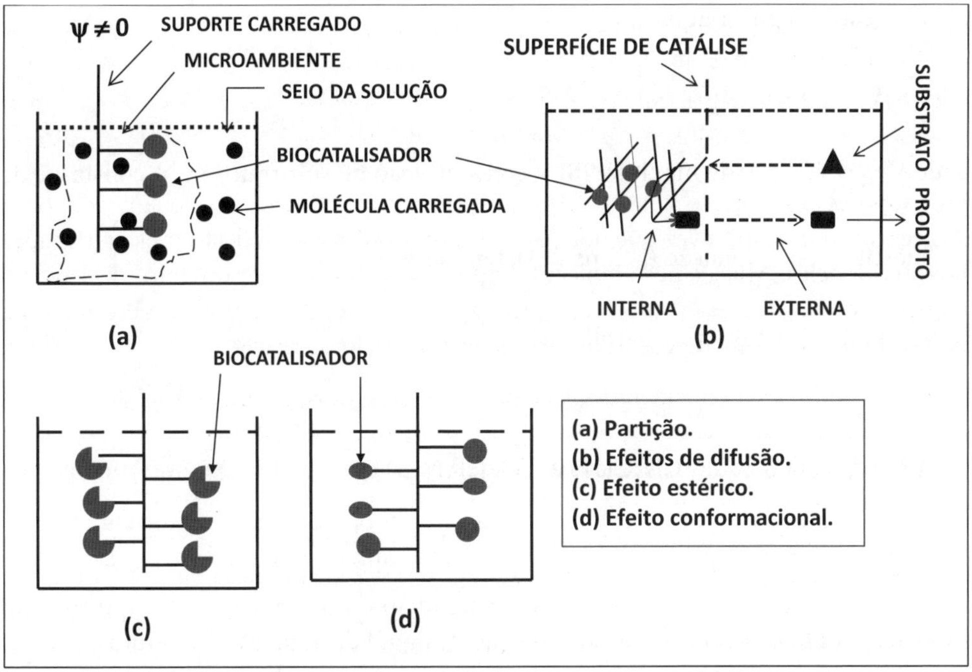


**Figura 3.6** – Efeitos causados pela imobilização.

## 3.4.1 EFEITOS ESTÉRICOS E CONFORMACIONAIS

Quando a enzima é ligada ao suporte, ela pode sofrer alterações estruturais (efeitos conformacionais) e/ou um ou mais aminoácidos do sítio ativo se ligar ao suporte (efeito estérico). Em ambos os casos, ocorre diminuição da atividade catalítica.

## 3.4.2 EFEITOS DE DIFUSÃO E TRANSFERÊNCIA DE MASSA

Dependendo da porosidade do suporte e da localização das moléculas de enzima em seu interior, a entrada do substrato e a saída do produto do sítio ativo podem ser mais ou menos dificultadas. Como consequência, a atividade da enzima imobilizada pode diminuir ou ser aproximadamente igual à da enzima solúvel. A maior ou menor mobilidade dos compostos através do suporte é governada pela difusão.

Os efeitos de difusão sobre o movimento das substâncias no meio reacional podem ocorrer tanto do seio da solução para a superfície do suporte (difusão externa) como no interior dele (difusão interna).

Os efeitos externo e interno da difusão sobre a atividade catalítica podem ser expressos pelo fator de efetividade (f):

$$f = v'/v \tag{3.1}$$

em que: v = atividade da enzima solúvel; v' = atividade da enzima imobilizada.

Se a reação segue a Equação:

$$v = [V_{max} \,.\, (S)] \div [K_M + (S)], \qquad (3.2)$$

onde $V_{max}$ = velocidade máxima; (S) = concentração de substrato; $K_M$ = constante de Michaelis-Menten.

Substituindo a Equação (3.2) na (3.1), tem-se:

$$v' = f \,.\, \{[V_{max} \,.\, (S)] \div [K_M + (S)]\} \qquad (3.3)$$

### 3.4.3 EFEITOS DA CIRCUNVIZINHANÇA

As moléculas da enzima nas formas solúvel e imobilizada estarão sujeitas a microambientes diferentes, que poderão afetar as constantes cinéticas ($K_M$ e $V_{max}$).

Os efeitos da circunvizinhança, que dependem da natureza física e química do suporte, podem acarretar uma distribuição desigual do substrato, produto e cofatores entre a região vizinha ao sistema imobilizado (microambiente) e o resto da solução. Interações eletrostáticas e/ou hidrofóbicas entre o suporte e as espécies químicas de baixa massa molar podem tornar as constantes cinéticas dependentes da concentração delas.

#### 3.4.3.1 Partição

O comportamento cinético de uma enzima presa a um suporte carregado eletrostaticamente pode diferir daquele apresentado pela enzima livre, mesmo que os efeitos de difusão estejam ausentes. Os grupos químicos ionizados do suporte geram um campo eletrostático ao redor do sistema imobilizado, que acarreta a distribuição desigual de substâncias ionizadas, presentes no meio de reação, entre o entorno da enzima e o seio da solução (Figura 3.6). Como a reação enzimática se dá em meio tamponado, íons hidrônio se particionam entre o seio da solução e a circunvizinhança do complexo imobilizado, levando ao deslocamento do perfil da curva pH *versus* atividade enzimática (Figura 3.7). Caso o substrato seja ionizável, sua partição leva ao estabelecimento de gradiente de concentração, que pode afetar a atividade da enzima.

Os gradientes de pH e da concentração de substrato são calculados por meio das Equações (3.4) e (3.5), respectivamente.

$$pH_i - pH = (\psi \,.\, 0{,}43)/(K \,.\, T) \qquad (3.4)$$

$$S_i = S \,.\, e^{(-z \,.\, \psi/K \,.\, T)} \qquad (3.5)$$

Onde: $pH_i$ = concentração hidrogeniônica no microambiente; pH = concentração hidrogeniônica no seio da solução; $\psi$ = carga eletrostática do suporte; K = constante de Boltzmann; T = temperatura absoluta; Z = carga do substrato; $S_i$ = concentração de substrato no microambiente; S = concentração de substrato no seio da solução.

Pela Equação (3.4), tem-se: a) $pH_i < pH$ para $\psi < 0$ (suporte com carga negativa); b) $pH_i > pH$ para $\psi > 0$ (suporte com carga positiva). Como o pH da reação é medido imergindo-se o eletrodo no seio da solução, então, a curva atividade *versus* pH mostra o deslocamento do $pH_{ótimo}$ para a faixa alcalina ($\psi < 0$) ou ácida ($\psi > 0$) (Figura 3.7).

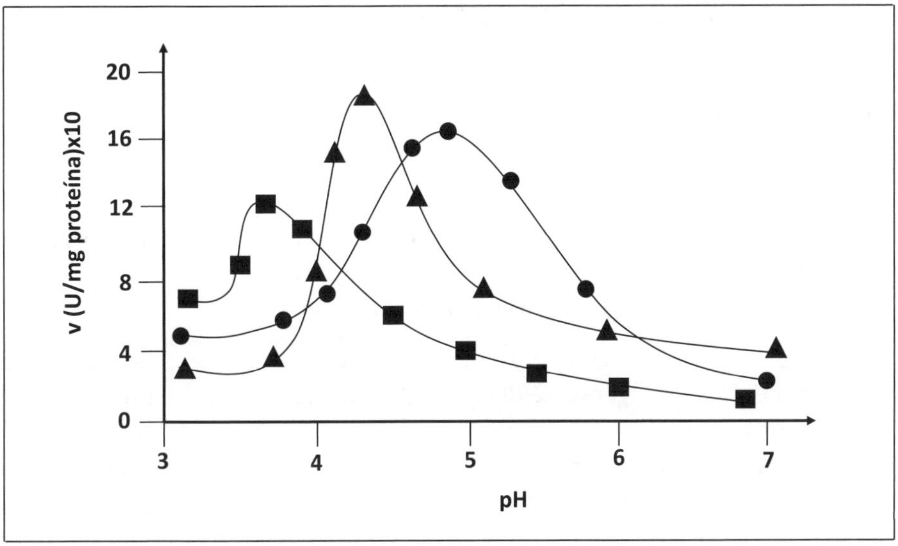


**Figura 3.7 –** Variação da atividade mediante o pH para a invertase solúvel (●) e invertase imobilizada em quitina (■) e em polietileno (▲).

*Fonte:* Vitolo (2021d).

A partição do substrato entre microambiente e seio da solução, segundo a Equação (3.5), afeta a velocidade da reação. Considerando-se a condição ($V_{max}/2$), que se verifica quando a concentração do substrato é numericamente igual à constante de Michaelis-Menten, tem-se $S = K_M$ (enzima solúvel) ou $S_i = K_M$' (enzima imobilizada). As constantes cinéticas $K_M$ e $K_M$' estão correlacionadas pela Equação:

$$K_M' = K_M \cdot e^{(Z \cdot \psi / K \cdot T)} \qquad (3.6)$$

O efeito de partição pode aumentar a atividade catalítica da enzima (inclusive atingir a $V_{max}$) quando as cargas do substrato e do suporte forem opostas. Neste caso, as moléculas de substrato tendem a concentrar-se no microambiente, saturando as moléculas de enzima (Vitolo, 2021c).

## 3.5 VANTAGENS E DESVANTAGENS DA TÉCNICA DE IMOBILIZAÇÃO

As principais vantagens são: a) recuperação do biocatalisador após o uso; b) uso de processo contínuo; c) aumento da estabilidade do biocatalisador frente ao pH, temperatura e forças de cisalhamento. Quanto às desvantagens, têm-se: a) união aleatória da enzima com o suporte; b) inexistência de um método geral de imobilização; c) alto grau de pureza da enzima a ser imobilizada. No entanto, quando um método de imobilização adequado é estabelecido, o custo total de um processo em escala industrial pode diminuir 50% ou mais (Vitolo, 2021c).

## 3.6 APLICAÇÕES

### 3.6.1 REATORES ENZIMÁTICOS

Define-se *biorreator* como um reator químico convencional adaptado para operar com biocatalisadores (células, enzimas, organelas). O reator enzimático, portanto, é um biorreator onde a reação é catalisada por uma enzima.

Ao empregar-se um biorreator em um processo deve-se avaliar a conveniência do uso da enzima isolada no lugar da célula da qual a enzima foi obtida. Para tanto, devem ser considerados os aspectos: a) formação ou não de subprodutos pelas células; b) o produto de interesse ser ou não consumido pela célula; c) os custos relacionados com o isolamento, produção e eventual imobilização da enzima; d) a origem da enzima, se extracelular (mais barata e disponível em grandes quantidades) ou intracelular (mais cara e disponível em pequenas quantidades); e) exigência ou não de cofator pela enzima.

Caso se conclua que o uso da enzima em um biorreator é adequado, então, deve-se avaliar a conveniência de se empregar a enzima na forma solúvel ou imobilizada. Nesse caso, os aspectos a serem considerados são: a) alteração do perfil catalítico da enzima após a imobilização; b) o tipo de processo no qual a enzima vai ser utilizada (por exemplo, no processo de amaciamento de carnes somente o uso da enzima na forma solúvel tem importância); c) a estabilidade operacional apresentada por ambas as formas da enzima; d) a origem da enzima, se extracelular, pode ser usada na forma solúvel ou imobilizada, se intracelular, usada na forma imobilizada.

#### 3.6.1.1 Tipos de reatores enzimáticos

Há dois tipos de reatores enzimáticos, a saber, descontinuo (inclui operação no modo descontínuo-alimentado) e contínuo (Figura 3.8).

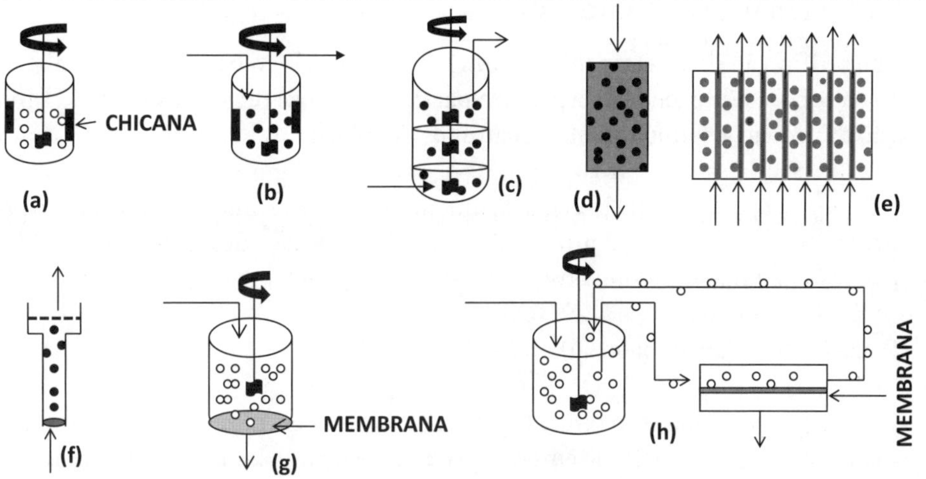


**(a) Reator descontínuo (o); (b) Reator tanque continuamente agitado (●); (c) Reator de múltiplos estágios (●); (d) Reator pistonado (●); (e) Reator de fibras ocas (●); (f) Reator de leito fluidizado (●); (g) Reator com membrana unimodular (o); (h) Reator com membrana bimodular (o).**

**FORMAS DAS ENZIMAS: (●) solúvel (●) insolúvel; (o) solúvel ou insolúvel.**

**Figura 3.8 –** Tipos de reatores enzimáticos.

Os fatores para se escolher o tipo de reator são:

a) modo de operação: descontínuo (mais barato e de multiuso) e contínuo (mais caro e desenhado para um processo específico);

b) custo do catalisador frente ao custo total do processo;

c) estabilidade da enzima ao longo do processo;

d) requisitos operacionais, a saber: possibilitar controle do pH e da temperatura, permitir operar em concentrações não inibitórias de substrato, ser adequado diante das características da matéria-prima (por exemplo, o reator contínuo de leito fixo seria inadequado para processar matéria-prima contendo sólidos insolúveis) e permitir a substituição do catalisador desgastado pelo uso sem interrupção do processo.

Embora os reatores enzimáticos sejam úteis em inúmeras bioconversões, alguns problemas devem ser considerados, como efeitos de difusão, retro mistura, gradientes de pH e temperatura, variação da pressão interna e diminuição da capacidade catalítica do reator. Esse último pode resultar do escape da enzima do reator (a enzima se solta do suporte), da interação enzima-substrato deficiente (fluxo irregular dentro do reator ou as partículas do complexo imobilizado recobertas com gordura), diminuição da atividade enzimática (desnaturação, inibição ou degradação microbiana) e perda do produto (degradação microbiana).

### 3.6.1.2 Cinética de reatores enzimáticos

A quantificação do desempenho de um reator enzimático baseia-se no estabelecimento da equação de processo, específica para cada tipo de reator, resultante da combinação das equações fundamentais seguintes (Vitolo, 2021c):

(Equação fundamental da cinética enzimática) $v = [V_{max} . (S)] \div [K_M + (S)]$ (3.2)

(Equação de Lineweaver-Burk) $(1/v) = (K_M/V_{max}) . (1/S) + (1/V_{max})$ (3.7)

(Equação do balanço material) : $R_A - R_S - R_c = R_E$ (3.8)

Onde: $V_{max}$ = velocidade máxima (kg/L . h); (S) = concentração de substrato (kg/L); $k_M$ = constante de Michaelis-Menten (kg/L); $R_A$ (vazão mássica de alimentação de substrato; kg/h), $R_S$ (vazão mássica de retirada de substrato; kg/h), $R_C$ (razão de consumo do substrato no reator, devido à reação; kg/h) e $R_E$ (razão de variação do substrato no reator; kg/h).

Exemplos de Equações de processo:

[Reator descontínuo] $t = (x . S_0/V_{max}) - (K_M/V_{max}) . \text{Ln}\,(1 - x)$ (3.9)

[Reator contínuo tipo tubular] $t_r = (x . S_0/V_{max}) - [K_M . \text{Ln}\,(1 - x)]/V_{max}$ (3.10)

[Reator continuamente agitado] $(x . S_0) + K_M . [x/(1 - x)] = V_{max}/Q = (V_{max} . t_r/V_r)$ (3.11)

Em que: t = tempo de reação (h); $S_0$ = concentração inicial de substrato (g/L); S = concentração de substrato em um instante qualquer (g/L); $t_r = (V_r/Q)$ = tempo de residência (h); x (conversão) = $(S_0 - S)/S_0$; Q = vazão volumétrica de alimentação (L/h); $V_r$ = volume do reator (L).

A Equação (3.11) é válida também para o reator com membrana em que a enzima solúvel ou imobilizada está homogeneamente dispersa na massa líquida reagente dentro do reator (Vitolo, 2021c).

### 3.6.1.3 Reator com membrana

Os reatores com membrana (RM) são reatores de leito continuamente agitado associados a membranas de nano, ultra ou microfiltração, sendo que as membranas podem ser planas ou tubulares (cartuchos retos ou espiralados) (Vitolo, 2020b; Blanch; Clark, 1996). A principal característica do RM consiste na integração das operações de catálise, de separação/concentração do produto, e de retenção/recuperação do catalisador.

A membrana plana pode ser adaptada na base do tanque do reator ou em um módulo acoplado em série com o reator, enquanto as membranas tubulares são empacotadas dentro do tanque de reação (Figura 3.8).

Considerando-se a configuração hidrodinâmica, o RM pode ser do tipo continuamente agitado (RCA; membrana plana) ou do tipo fluxo pistonado (TFP; membrana tubular). No RCA, a enzima e o substrato são misturados mecanicamente, enquanto no TFP o substrato, que é injetado sob pressão no interior dos feixes de cartuchos, difunde-se através das membranas para interagir com as moléculas de enzima dissolvidas na solução onde os feixes estão imersos.

O RM pode ser de três tipos, conforme o modo da interação enzima-substrato, a saber: RM de contato direto (RM-CD), RM de contato por difusão (RM-CPD) e RM de contato interfacial (RM-CI) (Figuras 3.9, 3.10 e 3.11). O RM-CD pode operar com a enzima na forma solúvel ou imobilizada. Na forma imobilizada pode-se ter a enzima ligada à superfície ou no interior da membrana ou, ainda, no caso da enzima ligada a um suporte qualquer, as partículas são mantidas em suspensão no meio de reação. O RM-CPD opera com a enzima, solúvel ou imobilizada, confinada em um lado do compartimento delimitado por uma membrana tubular, sendo o substrato impulsionado no lado oposto. O RM-CI possui a enzima inserida na membrana e a solução de substrato flui através dela. Geralmente, o RM é desenhado para operar em regime de alimentação contínuo. Porém, somente o RM-CD unimodular (*dead-end*) pode operar de modo contínuo, descontínuo ou descontínuo-alimentado (Vitolo, 2020b). Exemplos de bioconversões realizadas em RM são apresentados no Quadro 3.2.

**Quadro 3.2 –** Bioconversões realizadas em reatores com membrana

| RM | Bioconversão (hidrólises ou sínteses) |
|---|---|
| RM-CD | Hidrólises da sacarose (invertase), celulose (celulases), triglicérides (lipase) e do amido (α-amilase); sínteses da L-alanina (lactato desidrogenase e aminolevulinato deidratase), ácido D-2-hidroxicapróico (2-hidroxicarbono desidrogenase ácida), glicose-6-fosfato (hexoquinase) e manitol (manitol desidrogenase, glicose desidrogenase e glicose oxidase). |
| RM-CPD | Hidrólises da ureia (urease) e lactose (lactase). |
| RM-CI | Síntese de glicerídeos ou hidrólise de triglicérides (lipase). |

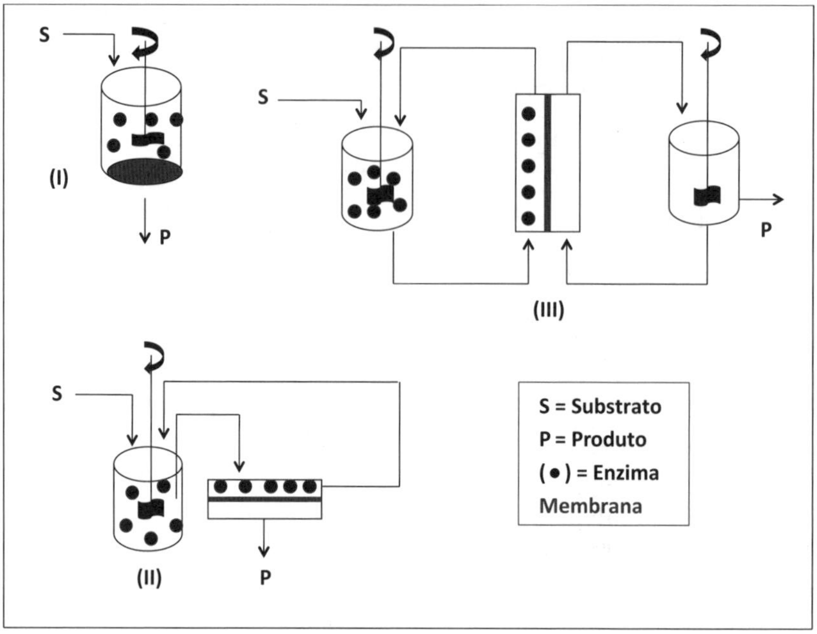


**Figura 3.9** – Tipos de reatores com membrana de contato direto (RM-CD).

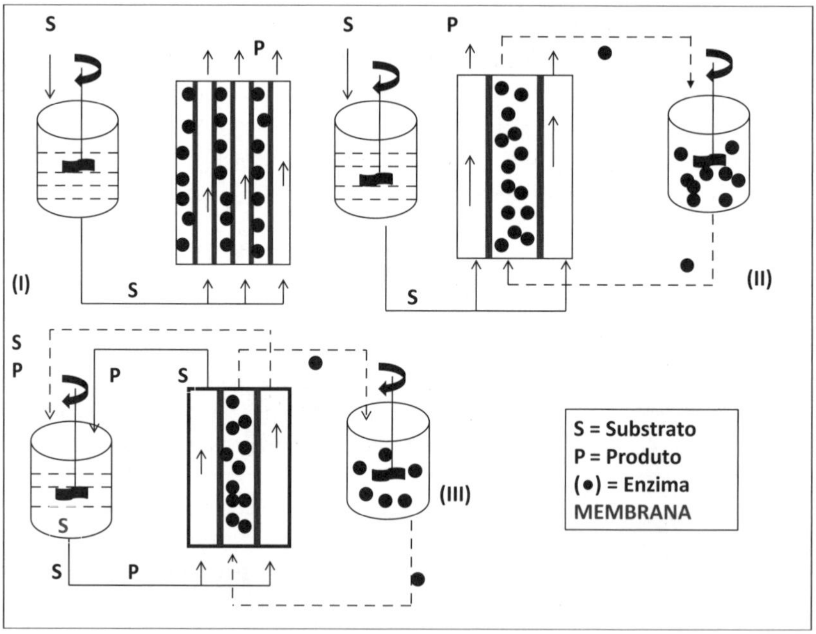


**Figura 3.10** – Tipos de reatores com membrana por contato difusivo direto (RM-CPD).

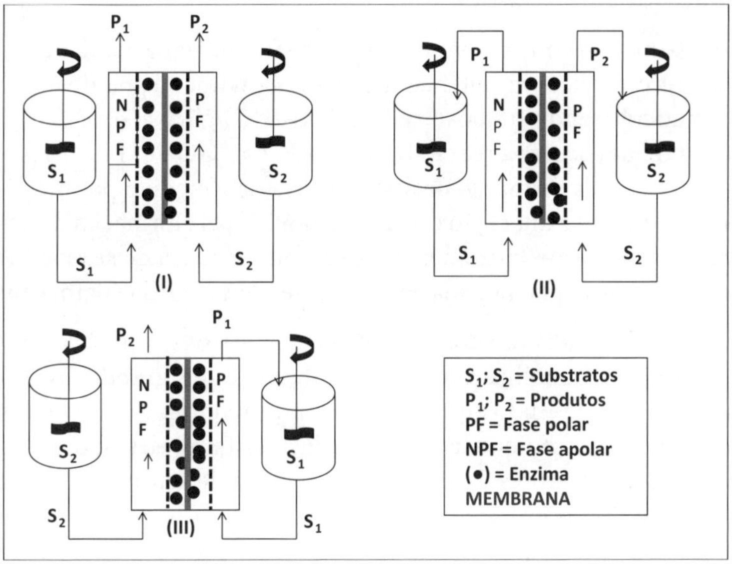


**Figura 3.11 –** Tipos de reatores com membrana de contato interfacial (RM-CI).

## 3.6.2 BIOSSENSORES

Os biossensores são dispositivos nos quais um biomaterial (enzima, anticorpo monoclonal, oligonucleotídeos de DNA ou RNA, entre outros) é acoplado a um material sensível à variação do número de elétrons conectados a um circuito eletrônico. Atualmente, dispõe-se de uma grande variedade de biossensores em macro, micro e nano escalas (Naresh; Lee, 2021). Como exemplos, serão discutidos o eletrodo enzimático e o detector de DNA bacteriano (Figura 3.12).

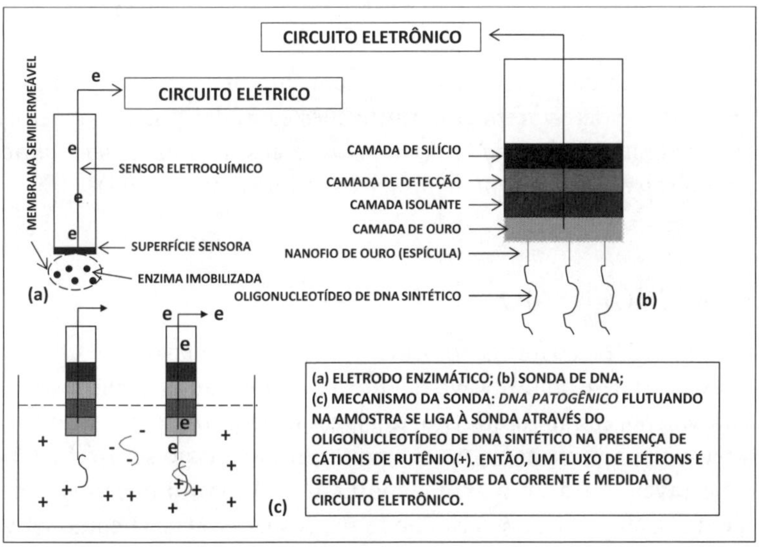


**Figura 3.12 –** Esquemas de eletrodo enzimático e sonda de DNA.

#### 3.6.2.1 Eletrodos enzimáticos

O eletrodo enzimático consiste em uma enzima imobilizada sobre um sensor eletroquímico (amperométrico ou potenciométrico). Atualmente, há diversos tipos de eletrodos enzimáticos, sendo o mais usado [glicose (G)/glicose oxidase (GO)/ácido glicônico (AG)], no qual ocorre a reação [$G + O_2 + H_2O + GO \rightarrow H_2O_2 + AG + GO$]. O consumo do oxigênio ou a formação da água oxigenada é medido por meio de sensor amperométrico, enquanto a alteração do pH promovida pela formação do ácido glicônico é medida com sensor potenciométrico. A escolha do tipo de sensor é função da substância a ser medida, a qual por sua vez será determinada pela enzima empregada.

Sem dúvida alguma o advento dos eletrodos enzimáticos é uma das mais notórias aplicações da técnica de imobilização. Porém, a despeito dos grandes avanços alcançados nos dias de hoje, sobretudo no que se refere à vertente eletrônica do dispositivo, problemas ainda persistem no que tange à vida útil curta do eletrodo, ao não uso de enzimas que requerem cofatores e à pequena variedade de sensores disponíveis mediante a variedade de compostos detectáveis.

#### 3.6.2.2 Detector de DNA bacteriano

Recentemente, dispositivos em nano escala têm sido desenvolvidos para detectar marcadores específicos presentes em fluidos corporais (sangue, urina, linfa etc.) e em amostras de alimentos. Um dispositivo desenvolvido para detectar DNA ou RNA bacteriano tem recebido muita atenção atualmente (Figura 3.12). Basicamente, o dispositivo consiste em uma placa de ouro contendo na superfície espículas de nanofios de ouro revestidas com oligonucleotídeos sintéticos de DNA ou RNA. O oligonucleotideo é desenhado para reconhecer e emparelhar com uma sequência de DNA ou RNA bacteriano que esteja flutuando na amostra. Essa junção gera uma corrente elétrica que é medida, sendo a intensidade da corrente proporcional à concentração de ácido nucleico presente na amostra (Kelly *et al.*, 2014).

Dispositivos para detecção de DNA microbiano têm sido úteis na área de microbiologia de alimentos para se detectarem contaminações causadas por cepas patogênicas de *Staphylococcus aureus, Escherichia coli, Bacillus cereus, Yersinia enterocolitica, Salmonella spp, Listeria spp* e *Vibrio parahaemolyticus* (Vizzini *et al.*, 2017).

### 3.6.3 ENZIMAIMUNOENSAIO

Essa técnica se baseia na reação antígeno-anticorpo, no qual a enzima é utilizada como marcador. O teste torna-se quantitativo devido à distribuição da enzima entre a forma combinada (anticorpo-enzima-antígeno) e a livre (anticorpo-enzima ou antígeno-enzima). Esse método apresenta as seguintes vantagens: a) ensaio sensível e específico; b) reagentes estáveis durante o armazenamento; c) manipulação simples; d) ensaios rápidos; e) uma etapa de separação pode ser desnecessária; f) como há variedade de marcadores, podem ser feitos ensaios simultâneos; g) automação.

As enzimas como marcadores – malato desidrogenase (EC.1.1.1.37), glicose 6-fosfato desidrogenase (EC.1.1.1.49), glicose oxidase (EC.1.1.3.4), peroxidase (EC.1.11.1.7), entre outras – devem ser escolhidas criteriosamente, segundo: a) disponibilidade em alto grau de pureza; b) alta atividade específica; c) estabilidade frente às condições de ensaio e armazenamento; d) alta solubilidade; e) medida da atividade simples, rápida e sensível; f) ausência nos fluidos biológicos; g) ausência do substrato e de inibidores nos fluidos biológicos; h) capacidade de reter a atividade após a imobilização; i) para o caso do EMIT: capacidade de ser inibida ou reativada, quando o Ac se liga ao conjugado enzima-hapteno sob condições de ensaio compatíveis com a ligação hapteno-anticorpo.

Há dois tipos de EIA: *Enzyme-Linked Immunosorbent Assay* (ELISA) e *Enzyme--Multiplied Immunoassay Tecnique* (EMIT) (Figura 3.13).

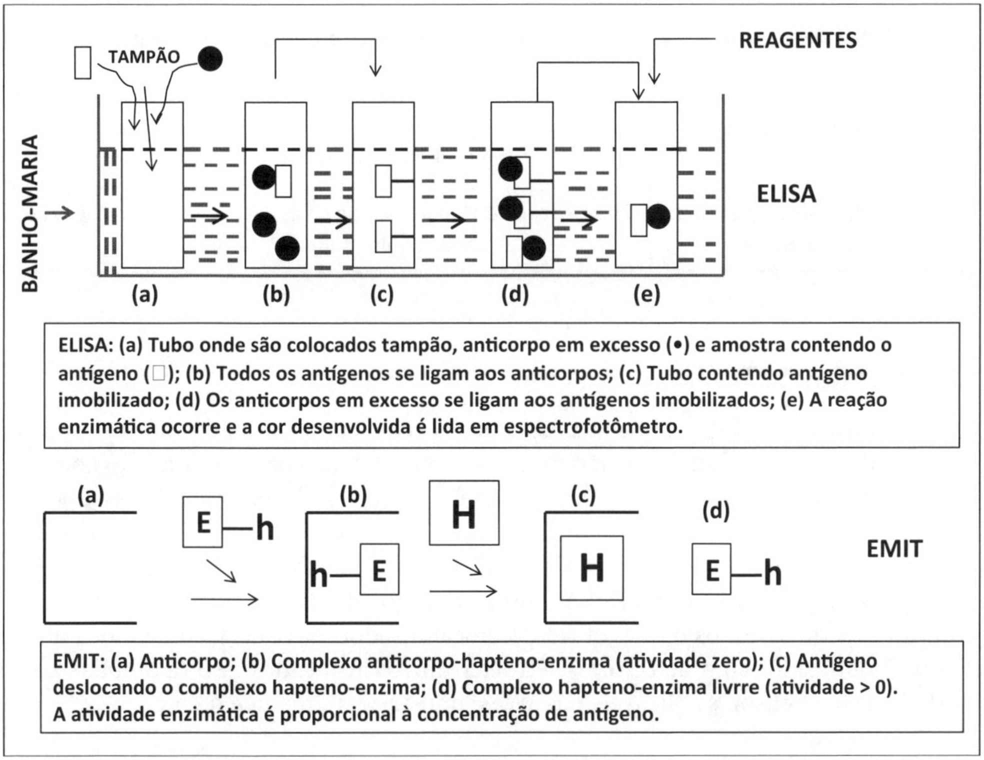


**Figura 3.13** – Mecanismos de enzimaimunoensaios.

A técnica do EIA é muito útil no controle e na análise de alimentos, uma vez que permite identificar e quantificar com precisão a presença de microrganismos e suas toxinas (*Salmonella spp*, *S. aureus*, *Clostridium botulinum*, *C. perfringens*, entre outros), resíduos de pesticidas e drogas, enzimas, hormônios, proteínas, micotoxinas e componentes nutricionais. No caso dos cereais, o EIA é de grande importância para o controle de qualidade da matéria-prima (pré-processamento) e durante o processamento (Quadro 3.3) (Gomez *et al.*, 2019). O uso do EIA para testar o teor de glúten no alimento processado é de grande eficiência.

**Quadro 3.3** – Aplicações do EIA no controle da produção e processamento de cereais

| PRODUÇÃO | TESTAGEM |
|---|---|
| **Cultivar** | Hidrolases (cevada), qualidade das proteínas para cozimento e malteação (trigo e cevada), moagem (trigo) e valor nutricional (cevada). |
| **Crescimento** | Teor em minerais, infecção por patógenos e agrotóxicos residuais. |
| **Armazenamento** | Variedade do cereal, presença de micotoxinas e de agrotóxicos. |
| **PROCESSAMENTO** | |
| **Cozimento e moagem (trigo)** | Qualidade das proteínas e agrotóxicos residuais. |
| **Malteação (cevada)** | Tipos de proteínas e presença de hidrolases. |
| **Fermentação** | Grau de proteólise durante o tratamento térmico do mosto, detecção de eventual adjuvante adicionado ao mosto, quantificação das enzimas responsáveis pela turvação da cerveja. |
| **Presença de amido e glúten na matéria-prima** | Pureza do amido, quantificação da perda de glúten, avaliação do dano térmico durante a secagem. |

## 3.7 PERSPECTIVA

A técnica da imobilização e suas aplicações vêm sendo estudadas há pelo menos seis décadas, e seus resultados estão profusamente descritos na literatura. No entanto, perspectivas de avanço real repousam no desenvolvimento de nanomateriais (suportes nanométricos) pela ciência dos materiais, cujo tamanho diminuto poderá favorecer a interação biocatalisador-suporte por meio da formação de interações específicas entre ligantes do suporte e biocatalisador com a consequente minimização dos efeitos de difusão e de desarranjos na estrutura do biocatalisador. A associação de biocatalisadores imobilizados com detectores eletroeletrônicos avançados deverá ampliar a variedade de biossensores aplicáveis nas áreas industrial, analítica e médica.

## 3.8 CONCLUSÃO

A imobilização é uma técnica útil para expandir a aplicabilidade dos biocatalisadores (enzimas, células, organelas etc.) na indústria, em análises clínicas e diagnóstico médico. Embora a técnica apresente algumas desvantagens – interação randômica suporte-biocatalisador (por exemplo, uma enzima pode ter sua atividade catalítica diminuída por efeitos estéricos e/ou por modificações conformacionais de sua estrutura macromolecular) e efeitos de difusão (afeta a entrada do substrato e a saída do produto do sítio ativo da enzima) –, suas aplicações vêm crescendo desde 1960 (quando os fundamentos foram estabelecidos). Atualmente, há vários processos industriais que usam enzimas imobilizadas (produção de xarope com alto teor em frutose com glicose isomerase; separação de racemados de L-aminoácidos com aminoacilase; hidrólise da lactose com lactase; desengorduramento do leite com lipase entre outros), uma diversidade de kits para laboratórios de análises clínicas usando marcadores enzimáticos (testes como ELISA e EMIT) e nano, micro, ou macrobiossensores para detectar marcadores moleculares relacionados a várias enfermidades (diabetes, infecções virais e microbianas, cardiopatias, antígeno específico de próstata etc.). Nanobiossensores, em particular, têm melhorado a precisão e a rapidez do diagnóstico de doenças pelo fato de poderem ser usados no consultório médico. Em consequência, espera-se para futuro próximo um grande desenvolvimento da medicina individualizada tão almejada pela classe médica mundial.

## REFERÊNCIAS


ADERCREUTZ, P. Immobilized enzymes. *In:* NAGODAWITHANA, T.; REED, G. (Eds.). *Enzymes in food processing.* San diego, Academic Press, 1993. p. 116-140.

APOLINARIO, A. C.; FEITOSA, V. A.; SANTOS, J. H. P. M.; RANGEL-YAGUI, C. Nanotechnology and biopharmaceuticals. *In:* PESSOA JR., A.; VITOLO, M.; LONG, F.P. (Eds.). *Pharmaceutical Biotechnology: a focus on industrial application.* London, CRC Press, 2021. p. 299-310.

ARRUDA, L. M. O.; VITOLO, M. Sucrose hydrolysis by invertase entrapped within alginate beads. *Revista de Farmácia e Química*, São Paulo, v. 31, n. 1, p. 34-40, 1998.

BLANCH, H. W.; CLARK, D. S. *Biochemical engineering.* New York, Marcel Dekker, 1996.

DATTA, S.; CHRISTENA, L. R.; RAJARAM, Y. R. S. Enzyme immobilization: an overview on techniques and support materials. *3Biotech*, Bethlehem, v. 3, n. 1, p. 1-9, 2013.

GODFREY, T.; WEST, S. *Industrial enzymology.* 2. ed. New York, MacMillan Publishers Ltd., 1996.

GOMEZ-MORTE, T. *et al.* Immunoassay for food quality evaluation. *In:* ZHONG, J.; WANG, X. (Eds.) *Evaluation technologies for food quality.* London, Elsevier Inc., 2019. p. 661-695. DOI: https://doi.org/10.1016/C2017-0-01187-4.

HOMAEI, A. A.; SARIRI, R.; VIANELLO, F.; STEVANATO, R. Enzyme immobilization: an update. *Journal of Chemical biology*, London, v. 6, n. 4, p. 185-205, 2013.

KELLY, S. O.; MIRKIN, C. A.; WALT, D. R.; ISMAGILOV, R. F., TONER, M.; SARGENT, E. H. Advancing the speed sensitivity and accuracy of biomolecular detection using multi-length-scale engineering. *Nature Nanotechnology*, London, v. 9, p. 969-980, 2014.

NARESH, V., LEE, N. A. Review on biosensors and recent development of nanostructured materials-enable biosensors. *Sensors*, London, v. 21, p.1109-1144, 2021.

PONTES, B. *et al.* Membrane elastic properties and cell function. *PlosOne*, London, v. 8, n. 7, p. e67708. DOI: https://doi.org/10.1371/journal.pone.0067708.

QUEIROZ, A. A. A.; VITOLO, M.; OLIVEIRA, R. C.; HIGA, O. Z. Invertase immobilization onto radiation-induced graft copolymerized polyethylene pellets. *Radiation Physics and Chemistry*, Berlim, v. 47, n.6, p. 873-880, 1996.

TAKEUCHI, T.; MAKINO, K. Cellulase immobilized on poly-L-glutamic acid. *Biotechnology and Bioengineering*, New York, v. 29, n. 2, p. 160-164, 1987.

VITOLO, M. Encapsulation of invertase in barium alginate beads. *World Journal of Pharmaceutical Research*, Nagpur, v. 8, n. 10, p. 222-233, 2019.

VITOLO, M. Adsorption of invertase on anionic resin. *European Journal of Pharmaceutical and Medical Research*, Nagpur, v. 7, n. 7, p. 113-117, 2020a.

VITOLO, M. Membrane reactor applied to enzyme conversion of sucrose and glucose. *World Journal of Pharmacy and Pharmaceutical Sciences*, Nagpur, v. 9, n. 9, p. 43-70, 2020b.

VITOLO, M. Aspects of the immobilization technique. *In:* PESSOA JR., A.; VITOLO, M.; LONG, F.P. (Eds.). *Pharmaceutical Biotechnology: a focus on industrial application*. London, CRC Press, 2021a. p. 273-285.

VITOLO, M. Entrapment of invertase and glucose oxidase in acrylamide matrix. *World Journal of Pharmaceutical Research*, Nagpur, v. 10, n. 4, p. 62-81, 2021b.

VITOLO, M. Uso de enzimas em reatores. *In:* SCHMIDELL W. (Eds.). *Biotecnologia industrial: Engenharia bioquímica*. São Paulo, Blucher, 2021c. p. 455-489.

VITOLO, M. Immobilization on chitin and polyethylene of invertase obtained from yeast grown in molasses by fed-batch process. *World Journal of Pharmacy and Pharmaceutical Sciences*, Nagpur, v. 10, n. 3, p. 232-251, 2021d.

VIZZINI, P.; IACUMIN, L.; COMI, G.; MANZANO, M. Development and application of DNA molecular probes. *AIMS Bioengineering*, New York, v. 4, n. 1, p. 113-132, 2017. DOI: 10.394/bioing.2017.1.113.

WILLAERT, R.; BARON, G. Gel entrapment and microencapsulation: methods, applications and engineering principles. *Reviews in Chemical Engineering*, New York, v. 12, p. 5-205, 1996.

# CAPÍTULO 4
# Fontes e produção de enzimas


## RESUMO

As enzimas podem ser obtidas e purificadas a partir de microrganismos e de tecidos animais e vegetais, por meio de operações unitárias de *downstream*, como filtração, centrifugação, sedimentação, floculação, coagulação, rompimento celular, extração, precipitação, cromatografia, cristalização e secagem. Podem ser usadas diferentes combinações de operações unitárias, de acordo com o grau de pureza desejado. O preparado enzimático final deve ser formulado na forma líquida ou sólida, para satisfazer as exigências das indústrias e dos laboratórios de análises em geral.


## 4.1 FONTES DE ENZIMAS

As enzimas podem ser obtidas de animais, plantas e microrganismos.

### 4.1.1 ENZIMAS DE ORIGEM ANIMAL

As mais importantes são: amilase pancreática, lípase pancreática, pepsina, quimosina e pancreatina.

São produzidas tanto na forma pura quanto de grau industrial. Há uma forte tendência em substituí-las pelas de origem microbiana, pois sua disponibilidade depende muito não só da política pecuária adotada (por exemplo, matar o bezerro lactente para produzir a quimosina), mas dos controles de zoonoses realizados pelos diferentes países (evitar que doenças se disseminem de uma região para outra, de um país para outro, como a síndrome encefálica espongiforme) que obrigam, praticamente, a obter-se uma licença para cada lote comercializado, a menos que a fazenda da qual as reses provieram seja previamente certificada pelo comprador.

### 4.1.2 ORIGEM VEGETAL

As mais usadas são: α-amilase, β-amilase, bromelina (abacaxi), ficina (figo) e papaína (mamão).

São encontradas na forma de extratos brutos, ou na forma purificada, sendo que sua disponibilidade depende de vários fatores, como condições de cultivo do vegetal, ciclo de crescimento da planta, clima, política agrícola adotada pelo país onde se encontra o cultivar e a disponibilidade do vegetal, quando ele próprio é um produto comercial (por exemplo, mamão, abacaxi, alcachofra etc.).

### 4.1.3 ORIGEM MICROBIANA

A princípio, as enzimas de origem microbiana podem substituir quaisquer enzimas de origem animal e vegetal. São fontes abundantes na natureza, podendo-se, inclusive, dizer que, no momento, a maioria das enzimas comercializadas são de origem microbiana. Como exemplos, temos as enzimas amilolíticas – atuam na hidrólise do amido; fontes: *Bacillus subtilis*, *Aspergillus oryzae*, *A. niger*, *A. flavus* e *A. awamori* –, glicose oxidase - oxida a glicose em ácido glicônico; fontes: *A. niger*, *Penicillium amagasakiense* e *P.notatum* –, lactase – hidrolisa a lactose do leite; fontes: *Saccharomyces fragilis*, *Zygosaccharomyces lactis* –, lipase – hidrolisa triglicérides; fontes: *A. niger* e *Rhysopus sp* –, proteases – hidrolisam proteínas; fontes: *B. subtilis*, *A. oryzae*, *A. flavus*, *Endothia parasítica* e *Mucor pusillus*.

As mais importantes vantagens propiciadas pelas enzimas microbianas são: a) os microrganismos são facilmente manuseáveis e possuem alta capacidade de multiplicação e crescimento; b) a técnica da fermentação pela qual os microrganismos são obtidos é bem compreendida em seus fundamentos e vem sendo usada em escala industrial há décadas; c) uma cepa microbiana pode produzir mais de um tipo de enzima, permitindo ao fabricante operar a planta de fermentação de modo a produzir as diferentes enzimas ou priorizar a produção de uma delas. Essa possibilidade ajuda o fabricante a enfrentar flutuações no mercado de enzimas; d) o fabricante da enzima pode controlar o processo desde a fonte (manutenção e manuseio da cultura-estoque) até a obtenção da enzima a ser comercializada.

A manipulação genética das cepas – por meio das técnicas do DNA recombinante e da edição do DNA – tem permitido ao fabricante aumentar a produção e a diversificação de enzimas. No caso de enzimas usadas no processamento de alimentos provenientes de microrganismos com DNA modificado pelas técnicas citadas, as agências reguladoras (FDA, Anvisa, entre outras) costumam rotular o alimento como um produto novo. Tal fato obriga o produtor do alimento apresentar à agência reguladora novos protocolos referentes à padronização e à segurança do alimento a ser comercializado. Além disso, a enzima de interesse obtida de microrganismo modificado pode estar contaminada com enzimas indesejadas, que podem danificar o produto alimentício final. Por isso, o fabricante da enzima deve fornecer ao usuário todas as informações concernentes ao seu produto. Atualmente, o uso eficiente das enzimas no processamento de alimentos depende do estreito relacionamento entre o fornecedor da enzima e o processador do alimento.

## 4.2 PRODUÇÃO DE ENZIMAS

Como todas as enzimas de valor comercial são proteínas, então, podem ser produzidas por meio de operações unitárias similares, a saber: extração da fonte, filtração, centrifugação, precipitação, purificação, secagem, estabilização, padronização e embalagem.

As enzimas de origem animal e vegetal são produzidas, em linhas gerais, a partir da maceração de tecidos, órgãos, folhas e frutos, seguida pela extração com água ou solvente orgânico (Figuras 4.1, 4.2 e 4.3).

As enzimas microbianas podem provir de células procarióticas (bactérias) ou eucarióticas (leveduras e fungos) cultivadas em meio submerso ou semissólido em fermentador (Blanch; Clark, 1996; Vitolo, 2020a).

O cultivo semissólido – usado em larga escala pela primeira vez em 1894, na produção da α-amilase de *Aspergillus oryzae* cultivado durante uma semana em meio constituído por arroz cozido "processo Koji" – consiste: a) a matéria-prima (milho, trigo, soja, arroz ou cevada) é submetida ao cozimento e esterilização com jatos de vapor; b) o meio cozido e estéril é distribuído uniformemente em bandejas, as quais são introduzidas no fermentador (câmara climatizada com umidade, temperatura e fluxo de ar estéril controlados); c) as bandejas são aspergidas com suspensão de cepa pura e deixadas fermentando por vários dias. O meio fermentado (MF) pode ser submetido a dois tratamentos distintos, conforme o grau de pureza do preparado enzimático final. No caso de preparado enzimático bruto, o MF é diretamente submetido à secagem, moagem e tamisação, seguido da padronização da atividade enzimática e do empacotamento do produto. A outra maneira consiste em submeter o MF a extração aquosa, filtração, centrifugação, precipitação, purificação, secagem, estabilização, padronização e embalagem do produto. Salienta-se que o cultivo semissólido é adequado para a obtenção de enzimas fúngicas extracelulares (pectinase, amilase e celulase) (Moraes *et al.*, 2021).

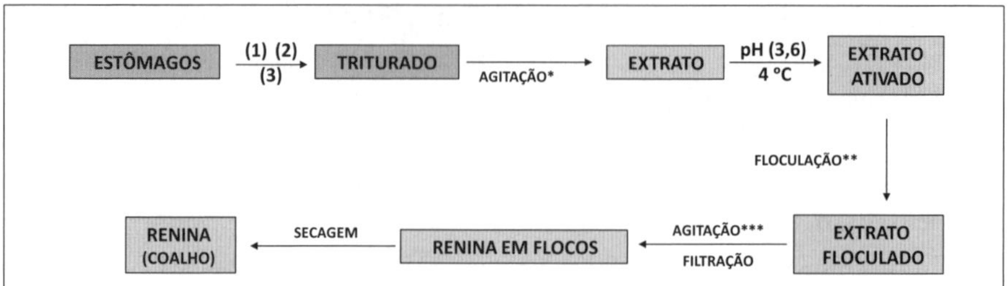


**(1) Limpeza dos estômagos; (2) Secagem; (3) Trituração; *Agitação com solução de NaCl 10% (p/v) por dois dias; **Floculação em presença de $NaHPO_4$ e $K_2Al_2(SO_4)_3$ em pH 5,4; ***Agitação com solução de NaCl 26% (p/v) por 24 h em pH 1,5.**

**Figura 4.1 –** Esquema para a produção de renina a partir de estômagos de bezerros.

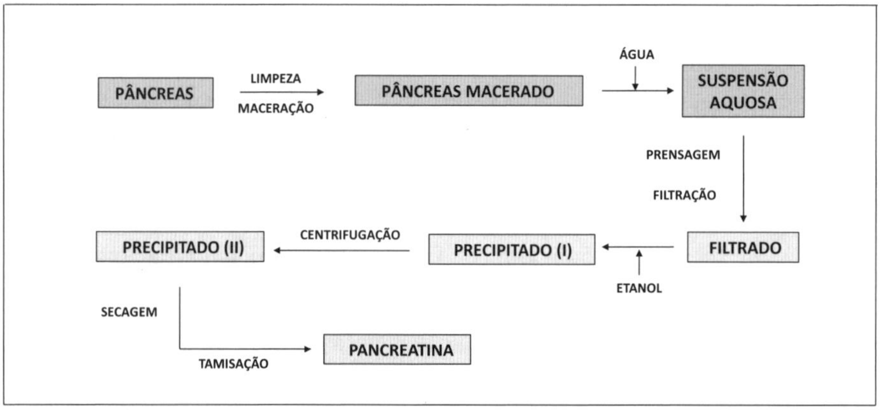


**Figura 4.2 –** Esquema para a produção de pancreatina a partir de pâncreas.

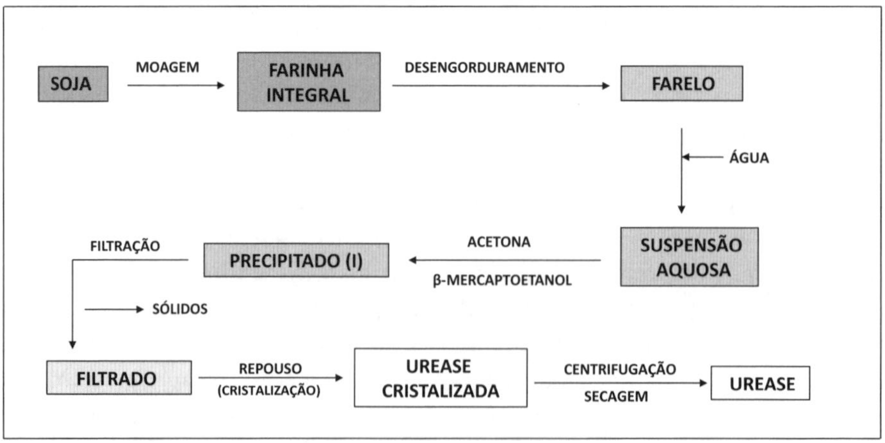


**Figura 4.3 –** Esquema para a produção de urease da soja (*Glycine max*).

*Fonte:* Vitolo (2022).

No cultivo submerso, o microrganismo é mantido em suspensão por meio da agitação e sob condições controladas de crescimento (pH, temperatura, nutrientes e oxigenação). Normalmente, o meio de cultivo é aquoso, contendo matérias-primas de baixo custo (por exemplo, amido hidrolisado, melaço, milhocina, soro de leite e/ou cereais). No final da fermentação, a enzima desejada poderá estar no interior da célula ou dissolvida no meio fermentado. Se a enzima for intracelular, então, as células são separadas, a fase líquida é descartada e as células rompidas; mas se for extracelular, as células são separadas e descartadas, recolhendo-se a fase líquida (Figura 4.4). Dada a instabilidade das enzimas extracelulares em solução e ao grande volume da fase líquida, torna-se necessário concentrar a solução antes de proceder à separação e purificação da enzima. No caso específico das enzimas extracelulares, as fases fermentativa e de separação devem ser complementares no que se refere ao tempo de processo (de preferência fazer coincidir o final da fermentação com o início da separação), à força iônica do caldo fermentado (quanto menor, melhor), à composição do meio de fermentação (evitar a formação de pigmentos), à presença de antiespumante (deve ser a menor possível, a fim de não influir na viscosidade do caldo fermentado).

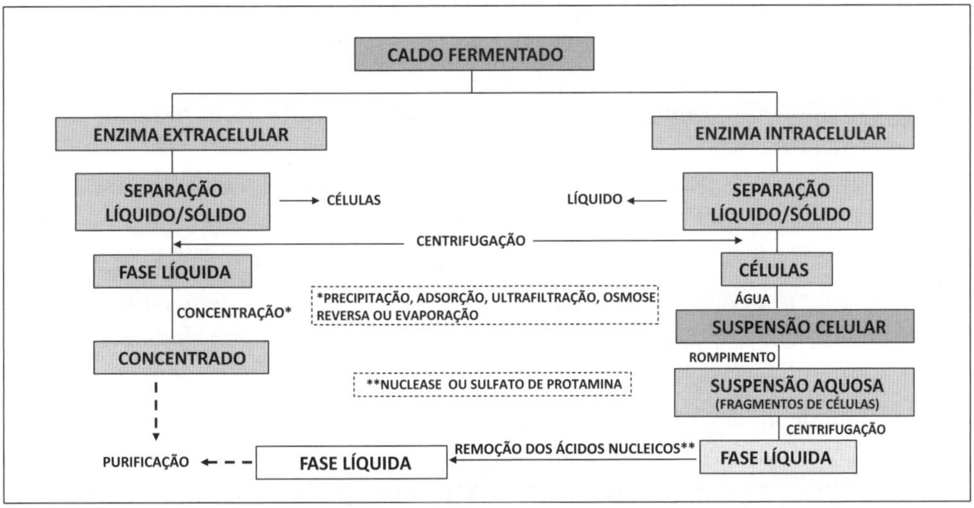


**Figura 4.4** – Etapas de pré-purificação para enzimas extracelulares e intracelulares.

## 4.3 PROCESSOS DE *DOWNSTREAM*

O *downstream* (termo inglês para protocolo de extração, separação e purificação de bioprodutos) consiste em um conjunto de operações unitárias visando à separação, concentração e purificação de enzimas presentes em extratos brutos oriundos de plantas, animais e microrganismos. As operações unitárias mais comuns são rompimento celular (se necessário), filtração, centrifugação, sedimentação, floculação, coagulação, ultrafiltração, precipitação, cromatografia, cristalização, evaporação, secagem, padronização e embalagem.

A formulação das etapas do *downstream* depende do grau de pureza desejado da enzima, o qual, por sua vez, dependerá do destino a ser dado à enzima.

### 4.3.1 ROMPIMENTO CELULAR

No caso de produtos intracelulares (por exemplo, glicose-6-fosfato desidrogenase de levedura), o rompimento da célula é uma etapa obrigatória para a recuperação do produto. O rompimento das células pode ser feito por meio de diferentes métodos, dentre os quais se destacam:

a) cisalhamento sólido – as células são misturadas, por exemplo, com kieselguhr (terra de diatomácea) e a mistura é macerada até obter-se partículas diminutas;

b) agitação com abrasivos – é um dos métodos mais usados, podendo-se usar esferas de vidro como agentes de abrasão. Um exemplo de condições seria: diâmetro das esferas: 0,13 a 0,26 mm; agitação: 300 – 500 stokes/min e amplitude: 2,5 polegadas;

c) cisalhamento líquido – consiste em passar a suspensão celular através de diminutos orifícios munidos de válvulas e sob altas pressões. Os equipamentos mais utilizados são a *french press* (rompimento descontínuo) e o *Manton-Gaulin* (rompimento contínuo). A suspensão celular, antes de ser introduzida no aparelho, deve estar a 4 °C, devido ao aquecimento resultante do atrito das células com as placas perfuradas. A eficiência da ruptura depende do grau de homogeneidade da suspensão, ou seja, ausência de filamentos ou grumos celulares. Por isso, agregados miceliais não podem ser rompidos por esse processo;

d) detergentes: substâncias do tipo dodecilsulfato de sódio, brometo de cetiltrimetilamônio, Tweens, Triton X100, dentre outras, quando em condições adequadas de pH, força iônica e temperatura, podem romper células com eficiência;

e) tratamento enzimático – a princípio, parece apresentar grande interesse, pois além de ser suave, é seletivo, mas vários problemas existem: 1) alto custo da enzima; 2) a enzima lítica se mistura ao lisado, podendo complicar o posterior processo de extração da enzima de interesse; 3) o número de espécies celulares susceptíveis a esse tratamento é pequeno;

f) tratamento com álcali – é um método barato. Implica em que a enzima resista a pH da ordem de 12,0 por 20 a 30 min. Uma vantagem adicional é que neste pH, proteases e substâncias pirogênicas (no caso de enzimas para fins terapêuticos) são inativadas.

Aspectos a serem destacados na ruptura das células, visando à extração de enzimas: a) a enzima poderá ter sua atividade diminuída pela ação das forças de cisalhamento causadas pelos processos mecânicos de rompimento; b) os fatores biológicos como tamanho da célula, condições fisiológicas, estrutura da célula, composição da célula e localização da enzima na estrutura celular poderão interferir no rendimento do rompimento; c) uma vez rompida a célula, a enzima fica sujeita a degradação ou inativação por proteases e metais pesados, sendo necessário adicionar substâncias protetoras, como EDTA, β-mercaptoetanol etc.; d) a filtração do extrato celular poderá ser improdutiva, dado que homogenatos animais e bacterianos são geralmente viscosos ou gelatinosos, causando entupimento do elemento filtrante, a menos que seja adicionado auxiliar de filtração em quantidade elevada; e) os ácidos nucleicos presentes no extrato celular devem ser removidos – com o uso da nuclease, sulfato de protamina, sulfato de estreptomicina ou polietileneimina – para evitar que influam no rendimento dos processos seguintes de recuperação e purificação da enzima.

A efetividade do rompimento celular pode ser medida por meio da contagem por microscópio de células rompidas (câmara de Neubauer), medida da atividade enzimática e/ou medida da concentração de proteína solúvel.

## 4.3.2 FILTRAÇÃO

A velocidade com que a suspensão atravessa uma superfície filtrante depende da diferença de pressão aplicada entre as duas faces do material filtrante, da resistência imposta pelo material constituinte do filtro, da viscosidade da suspensão e da resistência da borra depositada sobre a superfície filtrante. Por isso, a velocidade da filtração é rápida no início, mas decai à medida que as camadas de borra vão se acumulando e compactando. Auxiliares de filtração, como a terra de diatomácea, são úteis para conter a queda da velocidade de filtração com o tempo.

Os filtros industriais mais comuns são o de placas planas perfuradas e o de tambor rotatório (Blanch; Clark, 1996).

O filtro de placas consiste em dispor o material filtrante (pano com tessitura homogênea) entre placas perfuradas dispostas lado a lado e mantidas prensadas umas contra as outras. O fluido atravessa placa por placa, sendo o filtrado direcionado para uma canaleta coletora da qual é recolhido. Esse tipo de filtração é aplicável para separar micélio de fungos, bactérias floculadas e enzimas sedimentadas.

O filtro de tambor giratório consiste em um tambor perfurado, coberto com elemento filtrante e disposto horizontalmente, sendo a parte interna do tambor mantida à pressão reduzida. O tambor é mergulhado parcialmente na suspensão a ser filtrada, e, à medida que gira, os sólidos se acumulam sobre a superfície externa do tambor, enquanto o filtrado escoa continuamente do interior do tambor através de canaleta coletora.

Quando o elemento filtrante (papel de filtro ou filtro de pano) é substituído por membrana capaz de separar de uma suspensão ou solução, respectivamente, partículas (inclusive agregados moleculares) ou macromoléculas com diâmetro médio inferior a 5μ, a operação unitária é denominada *microfiltração*, *ultrafiltração*, *nanofiltração* ou *osmose reversa* (tipo particular de ultrafiltração na qual a membrana deixa passar apenas as moléculas do solvente). O diâmetro médio dos poros de uma membrana de microfiltração está na faixa de 0,05 a 5μ, enquanto o diâmetro médio dos poros das membranas de ultrafiltração, nanofiltração e osmose reversa está na faixa de 500Å a

5.000Å. Por conseguinte, essas últimas conseguem separar substâncias com massa molar entre 500 e 300.000 kDa. Porém, há situações em que moléculas de massa molar intermediária ficam retidas na matriz da membrana, obstruindo os poros e prejudicando a filtração. Nestes casos, utilizam-se as membranas de difusão, que, no lugar dos poros, possuem milhares de camadas poliméricas compactadas, através das quais as moléculas se difundem. A força propulsora da filtração nessas membranas é obtida por meio da submissão da membrana a gradientes de campo elétrico, de concentração, de pressão ou de temperatura (Vitolo, 2020b).

Em sentido amplo, uma membrana sintética nada mais é do que uma barreira que separa duas fases e restringe o transporte de várias espécies químicas de modo específico. A estrutura da membrana pode ser homogênea ou heterogênea, simétrica ou assimétrica, neutra, conter carga elétrica (negativa ou positiva) ou ser bipolar. A espessura pode variar entre 100 nm a 1 cm, e a resistência elétrica, entre mega ohms a fração de ohm. As membranas assimétricas são filtros de superfície sobre as quais não se deixa o sólido acumular, porque a solução a ser filtrada é feita correr em paralelo à superfície da membrana. Na prática, porém, à medida que a filtração procede, uma camada de sólidos acaba se formando sobre a membrana, gerando o fenômeno chamado de *polarização da membrana*, que causa diminuição da eficiência da filtração. Os aparatos de filtração são construídos de maneira a se minimizar o efeito da polarização da membrana, sendo o material a ser filtrado mantido sob agitação constante (aparatos de laboratórios) ou feito passar com fluxo elevado sobre a superfície da membrana (filtros industriais).

## 4.3.3 CENTRIFUGAÇÃO E SEDIMENTAÇÃO

Essas operações unitárias baseiam-se na diferença de densidade entre as partículas insolúveis e o meio fluido no qual se encontram em suspensão. Na sedimentação, a separação sólido-líquido, mantida em repouso dentro do tanque de sedimentação por um dado tempo, dá-se por ação exclusiva da gravidade, enquanto na centrifugação a separação sólido-líquido requer a aplicação de força centrífuga superior à força da gravidade, obtendo-se, no final, um líquido clarificado (sobrenadante) e um concentrado de sólidos (centrifugado ou precipitado).

A centrifugação tornou-se um dos principais processos para a remoção de sólidos em suspensão, sobretudo quando a filtração é indesejada ou inefetiva (caso de suspensões viscosas ou de natureza coloidal). As centrífugas disponíveis podem ser do tipo tubular, disco e filtrante (possui tambor perfurado com sua face interna revestida com material filtrante – pano de tessitura homogênea – sobre a qual se depositam as partículas sólidas). A escolha do tipo dependerá das características físico-químicas da suspensão e, sobretudo, da concentração das partículas. Como regra geral para suspensões com mais de 3% (p/v) a escolha recai para a centrífuga filtrante (Eboli, 1975).

Quando a força centrífuga aplicada é milhares de vezes superior à da gravidade (por exemplo, 500.000 vezes), tem-se a *ultracentrifugação*. Essa operação unitária é fundamental para se separarem soluções de coloides e de organelas subcelulares (mitocôndrias, microssomos, núcleo etc.) a partir de extrato de células rompidas. Numa ultracentrífuga, a força exercida sobre as partículas depende da velocidade angular do rotor e da distância delas em relação ao eixo de rotação. A velocidade de movimentação das partículas depende da força aplicada, da viscosidade do meio e da forma, tamanho e densidade delas.

### 4.3.4 FLOCULAÇÃO E COAGULAÇÃO

Essas operações unitárias têm sido aplicadas para separar células, fragmentos celulares e macromoléculas insolúveis (enzimas incluídas) de suspensões em solventes.

A coagulação resulta da aderência entre partículas diminutas presentes em um dado meio, resultante da neutralização das suas cargas pela adição de íons de carga oposta (sais inorgânicos ou polieletrólitos orgânicos).

A floculação resulta da formação de agregados de partículas parcialmente coesos na presença de agentes floculantes (gelatina e polímeros sintéticos com carga ou neutros). O agente de floculação age formando pontes entre as partículas. Os íons inorgânicos não provocam a floculação, embora possam ser usados como auxiliares de floculação, uma vez que eles neutralizariam as cargas das partículas, facilitando a aglutinação delas entorno do agente floculante.

### 4.3.5 EXTRAÇÃO

A extração é um termo genérico que se refere ao isolamento de uma enzima ou de outras biomoléculas a partir de extrato livre de células ou fragmentos celulares. O isolamento pode ser feito por meio da ultrafiltração (processo de separação direto, no qual se utiliza uma membrana com corte molecular adequado para reter a enzima ou as moléculas indesejadas), extração com solvente ou sistemas bifásicos (Ribeiro *et al.*, 2007).

A extração de substâncias lipofílicas com solventes orgânicos imiscíveis com água é um processo de separação muito bem estabelecido em grande escala. A extração de antibióticos a partir de caldos fermentados é um bom exemplo de aplicação desta operação unitária. Em linhas gerais, o antibiótico é transferido do caldo fermentado clarificado para uma fase orgânica, seguida da re-extração do produto concentrado com água. Consegue-se, assim, combinar a concentração e a purificação do produto desejado (Sato, 2001).

A extração pelo sistema de duas fases aquosas permite separar enzimas de misturas de biomoléculas em condições operacionais brandas. Essa técnica está baseada na partição de biomoléculas entre duas fases, que surgem quando dois polímeros incompatíveis (polipropilenoglicol e dextran-hidroxipropileno, por exemplo) são dissolvidos em água. Analogamente, duas fases aquosas podem se formar quando um polímero é adicionado a uma solução aquosa salina (Xu *et al.*, 2003a). Quando uma mistura de biomoléculas presentes em um caldo fermentado, sobrenadante de cultura de células ou suspensão de fragmentos celulares, é adicionada a um sistema de duas fases aquosas, as biomoléculas tendem a distribuir-se entre as fases de acordo com suas afinidades pela água. O material particulado se acumula na interface. As vantagens desse sistema são a biocompatibilidade, a baixa tensão interfacial, a alta resolução e rendimento de separação e a fácil ampliação de escala (da ordem de $2 \times 10^4$ vezes maior do que a escala laboratorial). Acrescenta-se que a engenharia do processo em escala industrial está bastante desenvolvida.

Uma variante do tipo de partição por afinidade, conforme mencionado, consiste em utilizar-se um ligante específico à biomolécula que se deseja separar. Por conseguinte, o complexo biomolécula-ligante se dirige a uma das duas fases, deixando na outra fase os componentes indesejados. Por exemplo, a glicose-6-fosfato desidrogenase de levedura pode ser purificada 2,4 vezes com rendimento de 67% em sistema de duas fases aquosas em presença de triazina (Xu *et al.*, 2003b).

Além dos processos de extração citados, merece lembrança a separação de enzimas pelo método das micelas reversas (Cortez *et al.*, 2004a). Um sistema de micelas reversas consiste em agregados de moléculas tensoativas contendo em seu interior um cerne aquoso disperso em solvente orgânico (Figura 3.1). O microambiente polar no cerne das micelas permite a presença de proteínas dissolvidas com suas estruturas moleculares intactas. Esse processo é executado em duas etapas: na primeira (*forward extraction*, em inglês) a proteína alvo é transferida da mistura aquosa original para a fase orgânica da micela reversa; e, na segunda (*backward extraction*, em inglês), a proteína é transferida para uma fase com água pura, da qual é recuperada para eventual tratamento posterior de purificação. A separação pode ser planejada também no sentido inverso, ou seja, a proteína permanece na fase aquosa original enquanto os contaminantes passam para a micela reversa. Nesse caso, o processo é simplificado e mais econômico, uma vez que a *backward extraction* é eliminada. Devido à natureza eletrostática da interação proteína/micela reversa, a força iônica da fase aquosa desempenha papel importante sobre a eficiência da extração. Pela alteração conveniente da força iônica do meio, a proteína poderá ser transferida para ou removida da micela reversa à baixa ou alta força iônica, respectivamente. Uma boa perspectiva seria o uso desse processo para separar a enzima diretamente do homogenato microbiano bruto livre de células ou de fragmentos celulares. Por exemplo, as enzimas xilose redutase e xilitol desidrogenase foram purificadas, respectivamente, 4,8 e 2,3 vezes, quando o homogenato livre de células foi submetido à extração por micelas reversas na presença do tensoativo catiônico cloreto de N-benzil-N-dodecil-N-bis (2-hidroximetil) amônio (Cortez *et al.*, 2004b).

### 4.3.6 PRECIPITAÇÃO

É um processo no qual a adição de um reagente ou modificação das condições da solução (variação do pH, por exemplo) provoca a precipitação da proteína. Existem vários métodos de precipitação: a) *salting out*, no qual um sal neutro (sulfato de amônio, por exemplo) é adicionado à solução em alta concentração; b) variação do pH, quando a precipitação da proteína ocorre pela neutralização completa de sua carga elétrica; c) variação da temperatura da solução, na qual a temperatura é aumentada lentamente para que as proteínas indesejadas coagulem, deixando a proteína de interesse dissolvida; d) adição de solvente orgânico como etanol, metanol, acetona ou dietiléter; e) adição de polímero de alta massa molar, visando a interferir na interação da proteína com as moléculas de água pela sua inserção na interface água-proteína. O PEG 6000 (polietileno glicol de massa molar 6.000), misturado com água na concentração 50% (p/p), é um precipitante e estabilizante efetivo de proteínas a temperatura ambiente. Além disso, é um produto barato, disponível no mercado e que não precisa ser removido caso a etapa seguinte do protocolo de *downstream* preveja o uso da cromatografia de troca iônica; f) adição de sal de manganês ou sulfato de estreptomicina, com o objetivo de precipitar os ácidos nucleicos presentes em extratos livres de células para a extração de proteínas intracelulares. A presença deles em solução causa aumento da viscosidade e queda de rendimento nos processos de precipitação fracionada ou cromatográficos, caso essas operações unitárias estejam previstas no protocolo de *downstream*.

### 4.3.7 CROMATOGRAFIA

A cromatografia consiste na percolação uniforme de um fluido por uma coluna carregada com uma substância sólida formada por partículas de diâmetro pequeno. O objetivo é fazer com que as moléculas dissolvidas no fluido se desloquem com velocidades diferentes à medida que atravessam o leito da coluna. No caso das enzimas o fluido é de natureza aquosa.

As principais técnicas cromatográficas para separação ou purificação de biomoléculas são (Pessoa Jr.; Kilikian, 2021): a) cromatografia de troca iônica, que se baseia na separação das moléculas por meio de suas cargas elétricas; ela é muito efetiva nos estágios iniciais do *downstream*, quando grandes volumes de soluções são manipulados; a resolução, a capacidade de retenção e a velocidade de separação dependem do tipo de resina usada na coluna (por exemplo, copolímero de divinil estireno, celulose cristalina ou dextrânio); pode ser executada de modo contínuo ou descontínuo (Figura 4.5); b) cromatografia por interação hidrofóbica (adsorção), na qual a interação da macromolécula com a resina (por exemplo, fenil agarose) se dá prevalentemente por meio das forças de Van der Waals e hidrofóbicas; a resolução, a capacidade de retenção e a velocidade de separação dependem do tipo de resina usada na coluna; pode ser usada em diversos estágios do protocolo de *downstream* (Figura 4.6); c) cromatografia em gel, em que a separação se dá em função do diâmetro das biomoléculas em relação ao diâmetro das partículas do gel. As moléculas menores entram nas partículas do gel, enquanto as maiores as circundam, resultando em um percurso distinto entre elas. Em consequência, as moléculas maiores saem primeiro da coluna (Figura 4.7); d) cromatografia por afinidade, em que a separação se dá por afinidade biológica, sendo a seletividade, a capacidade de retenção e velocidade da separação dependentes do tipo de ligante usado (anticorpo monoclonal, inibidor específico, cofator, substrato modificado etc.). Se o ligante está covalentemente imobilizado a um suporte insolúvel (celulose, poliacrilamida, por exemplo), a proteína de interesse e que seja afim do ligante fica retida na resina. Após lavagem intensa da coluna para remover os contaminantes, a proteína de interesse é eluída pela passagem de uma solução contendo um ligante mais afim da proteína do que aquele ligado à resina. Esse processo é recomendado para os estágios finais do protocolo de *downstream* (Figura 4.8).

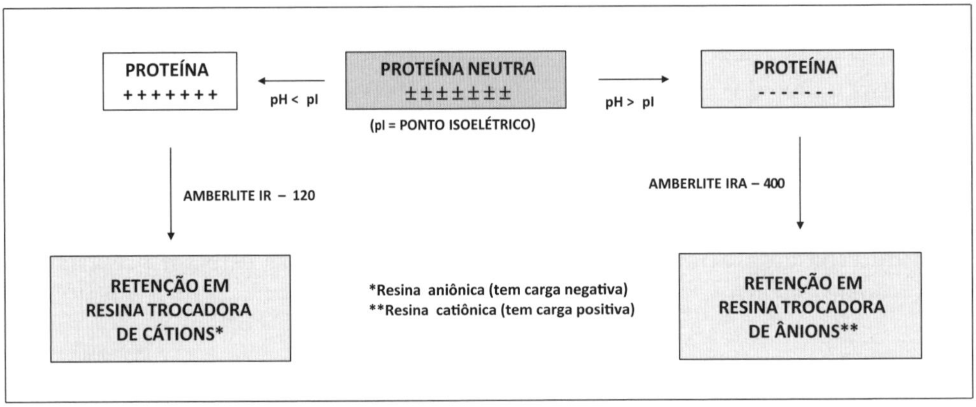


**Figura 4.5** – Princípio da cromatografia de troca iônica para separar proteínas.

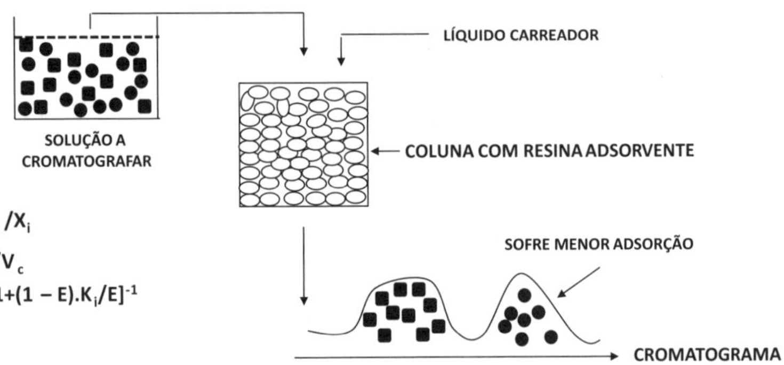


$K_i = W_i / X_i$

$E = V_f / V_c$

$v_i / v = [1 + (1 - E).K_i / E]^{-1}$

**$K_i$ = Coeficiente de partição; $W_i$ = Fração molar da proteína no adsorvente; $X_i$ = Fração molar da proteína na solução; $V_f$ = Volume ocupado pelo fluido; $V_c$ = Volume total da coluna; $v_i$ = Fluxo da proteína pela coluna; v = Fluxo do fluido carreador.**

**Figura 4.6** – Princípio da cromatografia por interação hidrofóbica (adsorção).

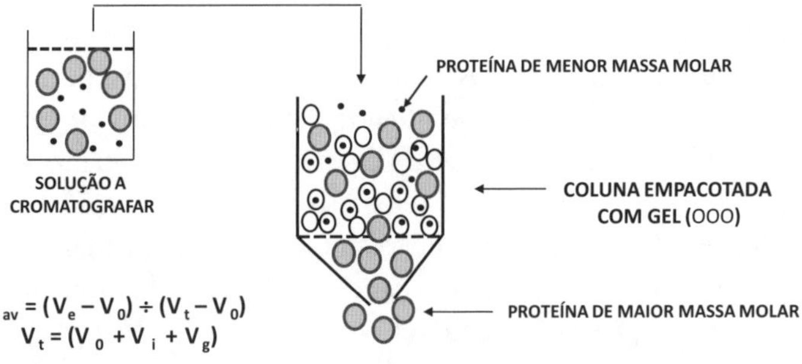


$$K_{av} = (V_e - V_0) \div (V_t - V_0)$$
$$V_t = (V_0 + V_i + V_g)$$

**$K_{av}$ = Coeficiente de partição; $V_g$ = Volume do gel dentro da coluna; $V_i$ = Volume interno das partículas do gel; $V_0$ = Volume entre as partículas do gel ("volume vazio"); $V_e$ = Volume de solvente necessário para eluir a proteína; $V_t$ = Volume total da coluna.**

**Figura 4.7** – Princípio da cromatografia em gel.

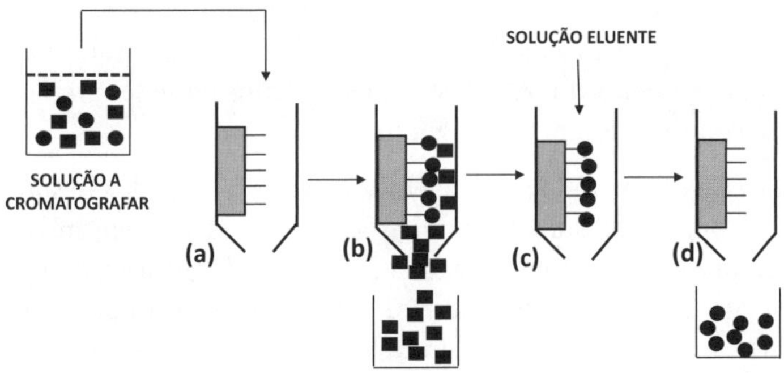


**(a) Coluna com a resina de afinidade; (b) A proteína afim do ligante fica retida; (c) Eluição com solvente; (d) Coluna retorna ao estado inicial.**

**Figura 4.8** – Princípio da cromatografia por afinidade.

## 4.4 OPERAÇÕES FINAIS

### 4.4.1 CRISTALIZAÇÃO

Os cristais, por definição, são corpos formados pela solidificação sob condições favoráveis de elementos químicos, substâncias ou misturas isomorfas com seus átomos constituintes distribuídos de modo regular e padronizado.

A cristalização é um processo – realizado em regime descontínuo ou contínuo – no qual a substância cristaliza quando a solução estiver supersaturada. A supersaturação pode ser conseguida por meio do resfriamento gradual da solução abaixo da temperatura de saturação ou pela evaporação do solvente a temperatura constante acima da concentração de saturação da substância. A evaporação simples é útil para tratar enzimas resistentes a altas concentrações de solutos de baixa massa molar (que se acumulam à medida que a fase líquida é removida) e suficientemente termo resistentes para que a evaporação ocorra a uma velocidade efetiva. A cristalização é o método preferido para a fase final do *downstream* do qual resulta o produto (proteínas, enzimas, hormônios, anticorpos monoclonais entre outros) com alto grau de pureza, fácil manipulação, meia-vida longa e aparência aprazível.

O *salting-out* convencional de uma enzima não pode ser considerado um tipo de processo de cristalização, porque o precipitado, em vez de ser constituído por cristais, nada mais é do que uma massa amorfa de moléculas da enzima.

### 4.4.2 SECAGEM

Os bioprodutos puros não devem conter resquícios de água ou de solventes orgânicos antes de serem embalados e armazenados. Os processos adequados para esse fim são a liofilização e o *spray-drying*. Ambos permitem remover o solvente com um mínimo aumento da temperatura. A transferência de calor pode ser por condução, convecção, radiação ou uma combinação deles.

O *spray-drying* é um método de secagem convectivo realizado em *spray-driers*, nos quais a solução contendo a substância a ser seca é convertida em microgotas ao ser injetada sob alta pressão para dentro de uma câmara, onde entra em contato por alguns segundos com jato de ar aquecido (100-300 °C). A temperatura do material aumenta muito pouco devido ao tempo de contato curto. A substância seca se acumula no fundo da câmara, que tem a forma cônica, sendo recolhida no final do processo. As vantagens do *spray-drying* são a operação contínua, a pulverização da substância seca e o manuseio de materiais altamente termolábeis. Para estes, características como estrutura molecular (biopolímeros como DNA, RNA, polissacarídeos e proteínas), atividade catalítica (enzimas e ribozimas), capacidade emulsificante (proteínas não catalíticas) e atividade farmacológica (antibióticos, esteroides, hormônios e anticorpos monoclonais) são mantidas.

A liofilização visa a converter um biomaterial da forma ativa para não ativa, submetendo-o ao congelamento (velocidade de resfriamento entre 0,5 °C/min e 5 °C/min), ao abaixamento da pressão (0,1 a 0,5 mbar) e à temperatura controlada (entre 15 °C e 30 °C) (Pitombo *et al.*, 1994; Breda *et al.*, 1992). Esse processo se baseia na sublimação da água congelada sob pressão reduzida. O calor para a sublimação é transferido por condução da placa aquecida para o material congelado depositado sobre ela, o vapor de água se liquefaz no condensador (- 40 °C) e a temperatura do material é mantida constante por meio do controle da pressão da câmara de secagem. A secagem pode ser dividida em duas fases: primária (duração entre 10 e 20 h) e secundária (duração entre 3 e 6 h). Nas fases primária e secundária, são removidas a água livre e a água de cristalização, respectivamente. O parâmetro básico da liofilização é a atividade de água ($A_w$), definido como a quantidade mínima de água que garante a manutenção da característica funcional do biomaterial (por exemplo, uma enzima manter sua atividade catalítica, uma célula sua viabilidade de crescimento e multiplicação, um medicamento sua atividade farmacológica e um alimento ter a vida de prateleira prolongada). Verificou-se que a levedura liofilizada com $A_w$ entre 0 e 0,33 (aproximadamente o conteúdo de umidade da monocamada, que, por sua vez, é formada por moléculas de água fortemente aderidas à superfície do biomaterial) pode ser mantida a 25 °C por 235 dias ou a 89 °C por 15 min com retenção de 85% da sua atividade invertásica original (Pitombo *et al.*, 1994). O sucesso da liofilização depende das condições da fase de congelamento (natureza do tampão, pH, velocidade de congelamento, presença ou ausência de crioprotetores, como glicerol e polietileno glicol 400). As vantagens da liofilização são a suavidade das condições operacionais e a alta estabilidade e solubilidade do pó obtido. Porém, o custo elevado (sobretudo a complexidade do equipamento e o alto consumo de energia), a longa duração, a formação de misturas eutéticas e a possível inativação de propriedades funcionais de bioprodutos (enzimas com estrutura quaternária e receptores proteicos celulares) constituem-se nas principais desvantagens.

Na Figura 4.9, é mostrado um fluxo de *downstream* completo para a obtenção de enzima microbiana extracelular.

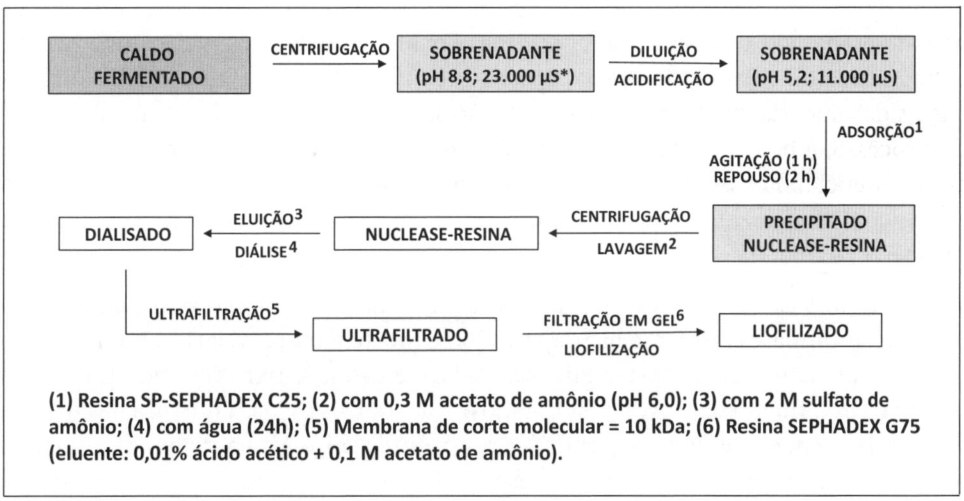


**Figura 4.9 –** Esquema para obtenção de nuclease extracelular de *Staphilococcus aureus*.

## 4.4.3 FORMULAÇÃO

A formulação é a maneira pela qual uma preparação enzimática pode ser comercializada (Quadro 4.1).

**Quadro 4.1** – Comparação entre enzimas comercializadas nas formas líquida e sólida

| Sólida | Líquida |
|---|---|
| Adição de ingredientes inertes e solúveis na formulação. | Adição desnecessária. |
| O ingrediente inerte serve para padronizar a atividade da enzima. | Adição de água deionizada. |
| A enzima não se encontra na forma catalítica plena. | A enzima se encontra em plena forma catalítica. |
| Adição não obrigatória de agentes antimicrobianos. | Adição obrigatória de agentes antimicrobianos. |
| Cofator, se necessário, adicionado após a dissolução. | Cofator, se necessário, e enzima coexistem. |
| Adição de anti-inibidor, se necessário. | Adição de anti-inibidor, se necessário. |

O tipo de formulação e a pureza do preparado enzimático dependem do interesse da indústria. As enzimas industriais requerem o mínimo de purificação, sendo o protocolo de *downstream* planejado para o aumento da potência catalítica por unidade de peso do preparado, e não para obter enzima com alto grau de purificação, uma vez que a magnitude do custo é uma preocupação inerente à atividade industrial. Como os custos das matérias-primas e da fermentação são pequenos em relação ao custo total do processo, a percentagem de recuperação da enzima torna-se um componente de custo essencial. Por exemplo, se um protocolo de *downstream* é formado por cinco etapas com rendimento de recuperação de 90% em cada uma delas, a percentagem de recuperação final da enzima é de 60%.

Em alguns casos, formulações com mais de uma enzima são requeridas – por exemplo, α-amilase e protease na preparação do mosto para cervejaria e no tratamento de fibras na indústria têxtil; glicose oxidase e catalase para remover glicose de preparações alimentícias (ovos desidratados) – em outros casos, a mistura de enzimas é indesejada (por exemplo, na panificação a α-amilase fúngica adicionada à farinha deve ser isenta de protease, porque a presença de aminoácidos resultantes da hidrólise de proteínas presentes na farinha causará espumação e escurecimento durante a fabricação do pão).

Os fabricantes de enzimas industriais compõem seus produtos com aditivos (tampões, estabilizantes, antimicrobianos entre outros) visando ao aumento da vida de prateleira e à estabilidade da enzima (Tabela 4.1). Além disso, a adição de ingredientes inertes visa, também, a aumentar o volume do preparado enzimático, padronizar a atividade catalítica e facilitar a manipulação (no sentido de que é mais producente adicionar no reator 10 kg do que 10 g do preparado enzimático).

**Tabela 4.1** – Exemplo de composição para preparado enzimático industrial

| Ingrediente | Conteúdo médio (% de sólidos) | Função |
|---|---|---|
| Proteínas/aminoácidos | 13 | Aumento de volume |
| Enzima | 4 a 6 | Catálise |
| Polissacarídeos | 9 | Aumento de volume |
| Açúcares/polióis | 20 | Aumento de volume e estabilizante |
| Sais inorgânicos | 25 | Aumento de volume, tamponamento e estabilizante |
| Conservantes | 0 a 0,6 | Antimicrobiana e antioxidante |

*Fonte:* Cowan (1994).

## 4.5 PERSPECTIVA

Nesta área, avanços significativos devem ocorrer no melhoramento das fontes dos biocatalisadores (microbiana, animal e vegetal) mediante o uso das técnicas modernas de biotecnologia. Os objetivos dos melhoramentos são variados, como aumentar o teor de enzima extracelular produzido por determinada fonte; capacitar uma célula a excretar uma enzima naturalmente intracelular, a modificar características estruturais da enzima – conferindo-lhe alguma propriedade de interesse (por exemplo, torná-la solúvel no pI, mais termoestável, menos susceptível à inibição ou mais resistente frente às variações de pH) –, ou a produzir anticorpos monoclonais homogêneos, entre outros. Avanços na ciência dos materiais poderão fornecer resinas com propriedades físico-químicas específicas para uso nos processos cromatográficos, visando à purificação de biocatalisadores. Os avanços da nano e da microeletrônica, objetivando o aumento da sensibilidade dos detectores dos equipamentos de *downstream*, poderão impactar positivamente a produção de biocatalisadores com alto grau de pureza.

## 4.6 CONCLUSÃO

O protocolo de *downstream* deve ser planejado para se obterem enzimas com adequado grau de pureza. Enzimas intracelulares, independentemente da origem, requerem o processo de rompimento celular como primeira etapa. O macerado celular resultante é submetido à filtração, centrifugação ou floculação, para remover os fragmentos celulares. A seguir, o sobrenadante é tratado com uma combinação de processos de *downstream* de acordo com o grau de pureza desejado. As enzimas industriais requerem baixo grau de pureza, ao contrário das enzimas terapêuticas ou para fins analíticos. Alto grau de pureza pode ser obtido tratando o extrato enzimático bruto com pelo menos dois processos cromatográficos consecutivos. Para as enzimas extracelulares, as etapas iniciais envolvem a filtração da suspensão celular seguida da concentração do filtrado. Por conseguinte, dispondo de um volume menor para manipular, as operações subsequentes do *downstream* podem ser efetuadas em equipamentos de pequeno ou médio porte. As operações finais (secagem, formulação e embalagem) são indispensáveis para a estabilidade da enzima, conferindo-lhe uma meia-vida de prateleira não inferior a um ano.

## REFERÊNCIA

BLANCH, W. H.; CLARK, D. S. *Biochemical engineering.* New York: Marcel Dekker, 1996.

BREDA, M.; VITOLO, M.; DURANTI, M. A.; PITOMBO, N. M. R. Effect of freezing-thawing on invertase activity. *Cryobiology*, New York, v. 29, p. 281-290, 1992.

CORTEZ, E. V.; PESSOA JR., A.; FELIPE, M. G. A.; ROBERTO, I. C.; VITOLO, M. Liquid-liquid extraction of xylitol dehydrogenase from Candida guilliermondii homogenate by reversed micelles. *Journal of Chromatography B*, London, v. 807, p. 55-60, 2004a.

CORTEZ, E. V.; PESSOA JR., A.; FELIPE, M. G. A.; ROBERTO, I.C.; VITOLO, M. Separation of xylose reductase and xylitol dehydrogenase from *C. guilliermondii* homogenate by BDBAC reversed micelles. *Brazilian Journal of Pharmaceutical Sciences*, São Paulo, v. 40, n. 1, p. 114-117, 2004b.

COWAN, D. A. Industrial enzymes. *In:* MOSES, V.; CAPE, R.E. *Biotechnology: the science and the business.* Chur: Howood Academic Publishers, 1994. p. 311-340.

EBOLI, F. C. Construção do equipamento. *In:* BORZANI, W.; LIMA, U. A.; AQUARONE, E. *Engenharia Bioquímica.* São Paulo: Blucher, 1975. p. 212-257.

MORAES, R. O.; DE BIANCHI, V. L.; ARRUDA, R. O. M.; CAPALBO, D. M. F.; MORAES, I.O. Fermentação em estado sólido. *In:* SCHMIDELL, W. *Biotecnologia Industrial: engenharia bioquímica.* São Paulo: Blucher, 2021. p. 519-546.

PESSOA JR., A.; KILIKIAN, B. V. Purification process of biomolecules. *In:* PESSOA JR., A.; VITOLO, M.; LONG, F. P. *Pharmaceutical Biotechnology: a focus on industrial application.* London: CRC Press, 2021. p. 225-237.

PITOMBO, N. M. R.; SPRING, C.; PASSOS, R. F.; TONATO, M.; VITOLO, M. Effect of moisture content on the invertase activity of freeze-dried Saccharomyces cerevisiae. *Cryobiology*, New York, v. 31, p. 383-392, 1994.

RIBEIRO, Z. R.; SILVA, D. P.; VITOLO, M.; ROBERTO, I. C.; PESSOA JR., A. Partial purification of glucose-6-dehydrogenase by aqueous two-phase poly(ethyleneglycol)/phosphate systems. *Brazilian Journal of Microbiology*, São Paulo, v. 38, p. 78-83, 2007.

SATO, S. Produção de antibióticos. *In:* LIMA, U. A.; AQUARONE, E.; BORZANI, W.; SCHIMIDELL, W. *Biotecnologia industrial: processos fermentativos e enzimáticos.* São Paulo: Blucher, 2001. v. 3, p. 101-124.

VITOLO, M. Overview on elemental kinetics of microbial growth. *World Journal of Pharmaceutical Research*, Nagpur, v. 9, n. 15, p. 50-71, 2020a.

VITOLO, M. Overview on downstream procedures for enzyme production. *World Journal of Pharmacy and Pharmaceutical Sciences*, Nagpur, v. 9, n. 2, p. 151-167, 2020b.

VITOLO, M. Notes on urea hydrolysis by urease. *World Journal of Pharmacy and Pharmaceutical Sciences*, Nagpur, v. 11, n. 3, p. 96-135, 2022.

XU, Y.; ALBUQUERQUE, C. N.; PESSOA JR., A. Affinity partitioning of glucose-6--phosphate dehydrogenase and hexokinase in aqueous two-phase systems with free triazine dye ligands. *Journal of Chromatography B*, London, v. 780, p. 53-60, 2003a.

XU, Y.; SOUZA, M. A.; PONTES, M. Z. R.; VITOLO, M.; PESSOA JR., A. Liquid-liquid extraction of enzymes by affinity aqueous two-phase systems. *Brazilian archives of Biology and Technology*, Curitiba, v. 46, n. 4, p. 741-750, 2003b.

# CAPÍTULO 5
# Modificação enzimática do amido


## RESUMO

O grânulo de amido pode ser modificado com menor ou maior intensidade, dependendo do produto desejado. Na panificação, procura-se modificar o amido ligeiramente, enquanto na produção de xaropes, o amido é modificado intensamente. Além disso, o amido *per se* é, também, um produto comercial, sobretudo o proveniente do milho e da mandioca.

Na panificação, a farinha é o ingrediente básico de todos os produtos fabricados (pães, bolachas, pastas alimentícias, produtos de confeitaria, torrões etc.), sendo os grânulos de amido presentes na farinha submetidos a diferentes graus de decomposição parcial. No início da fabricação do pão – que consistia basicamente na mistura de farinha, sal, água e fermento –, era estritamente manual, passando gradativamente à mecanização para a produção em grande escala. Como o tipo de pão e a panificação industrial exigem que a massa a ser manipulada tenha características adequadas, então, tornou-se indispensável a adição de enzimas e de outros coadjuvantes (lecitina, mono e diglicerídeos, polisorbato 60, bromatos, ácido ascórbico, estimuladores da fermentação, acidulantes, glúten, entre outros). As enzimas são usadas como aditivos de farinhas e nos condicionadores para panificação (visam a substituir os aditivos químicos). As enzimas utilizadas são amilases (hidrolisam parcialmente o amido presente nos grânulos de amido em açúcares de menor massa molar, como dextrinas), proteases (hidrolisam parcialmente as proteínas do glúten), oxidases (atuam sobre as ligações de dissulfeto, que mantêm as proteínas do glúten interligadas), xilanases (atuam sobre a fração hemicelulósica da farinha), lipases (hidrolisam os tri e diglicerides da fração lipídica da farinha) e asparaginase (reduz o acúmulo de acrilamida no produto de panificação). De modo geral, pode-se dizer que, excetuando-se a asparaginase, as demais visam a adequar as propriedades da massa às operações de fabricação e ao tipo de produto desejado.

Ao contrário da panificação, a produção de xaropes requer maior grau de hidrólise do amido. Os processos industriais para hidrolisar o amido em glicose podem usar ácidos inorgânicos, como o HCl, ou enzimas (α-amilase fúngica, α-amilase bacteriana, glicoamilase e enzimas desramificantes). O uso de enzimas é preferido à hidrólise ácida por ser realizado em condições brandas de temperatura e pH, pela especificidade das enzimas na hidrólise do amido, pela facilidade de se bloquear a ação da enzima (pela variação do pH, por exemplo) – o que permite controlar a intensidade da hidrólise do amido –, por requerer menor consumo de energia e por eliminar a etapa de neutralização na etapa final do processo, a qual é indispensável caso a hidrólise seja feita por via ácida (HCl concentrado). Além disso, a formação de compostos indesejáveis, como o 5-hidroxi-2-metilfurfuraldeído, que contaminam a glicose produzida, também, é evitada.

O amido é uma matéria-prima de origem vegetal de cor branca, inodora e insípida com usos industriais múltiplos. No entanto, o uso de enzimas (xilanase e protease ácida fúngica) é limitado à etapa de maceração dos grânulos de milho, contribuindo para a redução do tempo de processo e da quantidade de $SO_2$ necessária para amolecer os grânulos e facilitar a remoção do amido e demais ingredientes.

## 5.1 INTRODUÇÃO

O amido é uma reserva de energia química dos vegetais constantemente renovada pela fotossíntese. Nas plantas, o amido se apresenta na forma de grânulos, cujas principais características são a birrefringência, as formas e os tamanhos distintos de acordo com a espécie do vegetal e a composição em amilose e amilopectina – polissacarídeos intimamente unidos por ligações de hidrogênio – que podem variar de acordo com o tipo de cereal entre 15 – 30% e 70 – 85%, respectivamente (Péres *et al.*, 2009).

A amilose é um polímero formado por moléculas de glicose dispostas linearmente e unidas entre si por ligações osídicas do tipo α-1,4. A amilopectina, por sua vez, é um polímero ramificado da glicose. A cadeia principal é formada por moléculas de glicose unidas por ligações osídicas α-1,4, ao passo que, nos pontos de ramificação – que se sucedem, em média, a cada vinte moléculas de glicose da cadeia linear –, a ligação osídica é do tipo α-1,6. Distinguem-se pela reação diante da solução de iodo, em que a amilose e a amilopectina adquirem as cores azul e vermelha, respectivamente. A amilopectina e a amilose constituem a parte cristalina e amorfa do grânulo de amido, respectivamente. A cristalinidade do grânulo resulta do empacotamento em duplas-hélices das ramificações da amilopectina estabilizadas por ligações de hidrogênio entre os grupos hidroxilas pertencentes às unidades de glicose. A parte amorfa resulta da combinação das cadeias de amilose associadas aos pontos de ramificação da amilopectina (Franco; Silva, 2021).

O grânulo de amido pode ser modificado com menor ou maior intensidade, dependendo do produto desejado. Na panificação, procura-se modificar o amido ligeiramente, enquanto, na produção de xaropes, o amido é modificado intensamente. Além disso, o amido *per se* é, também, um produto comercial, sobretudo o proveniente do milho e da mandioca.

## 5.2 PANIFICAÇÃO

Na panificação, a farinha é o ingrediente básico de todos os produtos fabricados (pães, bolachas, pastas alimentícias, produtos de confeitaria, torrões etc.), sendo os grânulos de amido presentes na farinha submetidos a diferentes graus de decomposição parcial.

Há diferentes tipos de farinhas, quer quanto à origem (trigo, cevada, mandioca, milho, entre outras), quer quanto aos tipos comercializados (Tabela 5.1). Ressalta-se que a farinha proveniente do trigo (*Triticum aestivum*, *T. compactum* e *T. durum* são as espécies mais cultivadas no planeta) – a única que não precisa ser nominalmente adjetivada; ou seja, para as demais deve-se nomear farinha de mandioca, centeio, milho etc. – triturado (farinha integral) ou não possuem composição média diferente (Tabela 5.2). A farinha é produzida pela moagem a seco do grão de trigo da qual são separados o endosperma (rico em amido e proteínas que é transformado em farinha), gérmen e o farelo, sendo estes comercializados separadamente.

Dentre os produtos de panificação, o pão é, sem dúvida, o mais antigo, podendo-se atribuir sua invenção aos egípcios, há seis mil anos, que, junto com a curtição do couro e a fabricação de bebidas alcoólicas, forma a tríade pioneira dos processos biotecnológicos (Vitolo, 2022).

Ao longo do tempo, foram surgindo tipos diferentes de pães, desde os ázimos até os fermentados (pão comum, pão especial – aquele ao qual se incorporou algum aditivo ou coadjuvante –, pão sovado, pão integral, pão de semolina, entre outros).

**Tabela 5.1** – Tipos de farinhas comercializadas

| Tipo | Observações |
|---|---|
| **Enriquecida** | Adição de leite em pó e açúcares. |
| **Branca** | Resulta da moagem do endosperma do trigo. |
| **Acondicionada** | Adição de coadjuvantes (ácido ascórbico, por exemplo) para melhorar as características organolépticas do produto. |
| **Misturada** | Combinação com farinhas de outros cereais. |

(*continua*)

**Tabela 5.1** – Tipos de farinhas comercializadas (*continuação*)

| Tipo | Observações |
|---|---|
| **Integral** | Cereal triturado, sem separação das partes constituintes dos grãos (farelo, endosperma e gérmen). |
| **Sêmolas** | Cereal moído, livre de tegumentos e germe. Há três tipos conforme o diâmetro (d) dos grânulos: grossa (d > 0,6 mm), fina (0,4 < d < 0,6 mm) e semolina (0,2 < d < 0,4 mm). |
| **Maltada** | Farinha submetida ao processo de malteação. |
| **Dextrinada** | Farinha contendo amido parcialmente hidrolisado. |

*Fonte:* Vicente *et al.* (1996).

**Tabela 5.2** – Composição média (expressa em % p/p) das farinhas de trigo e integral

| Componente | Trigo | Integral |
|---|---|---|
| **Proteína** | 9 – 11 | 9 – 10 |
| **Gorduras** | 1 – 2 | 2 |
| **Carboidratos** | 74 – 76 | 67 |
| **Fibra** | - | 10 – 12 |
| **Umidade** | 11 – 14 | 10 – 12 |
| **Sais minerais** | 1,5 – 2 | - |

*Fonte:* Vicente *et al.* (1996).

No início, a fabricação do pão – que consistia basicamente na mistura de farinha, sal, água e fermento – era estritamente manual, passando gradativamente à mecanização para a produção em grande escala. Como o tipo de pão e a panificação industrial exigem que a massa a ser manipulada tenha características adequadas, então, tornou-se indispensável a adição de enzimas e de outros coadjuvantes (lecitina, mono e diglicerídeos, polisorbato 60, bromatos, ácido ascórbico, estimuladores da fermentação, acidulantes, glúten, entre outros) (Tabela 5.3).

Entre os coadjuvantes de panificação, o glúten adquire importância especial, pois, ao ser adicionado à farinha, interage com o glúten endógeno (aquele já presente na farinha), propiciando a formação de uma rede glutínica uniforme, que efetivamente vai garantir a configuração final do produto desejado (Figura 5.1). A formação dessa rede é fundamental para o bom rendimento nas diversas fases do pré-cozimento, por meio do melhoramento das características mecânicas da massa (maior tolerância ao amassamento e à fermentação) e da redução do tempo de fermentação (consequência do aumento da capacidade de retenção dos gases – ar e gás carbônico – pela massa).

Além disso, o pão também é beneficiado, uma vez que, por reter um pouco mais de água durante a fase de cozimento, adquire, no final, maciez, suavidade, volume, estrutura estabilizada (maior resistência ao corte, ou seja, redução do esfarelamento) e maior vida de prateleira (Quaglia, 1991).

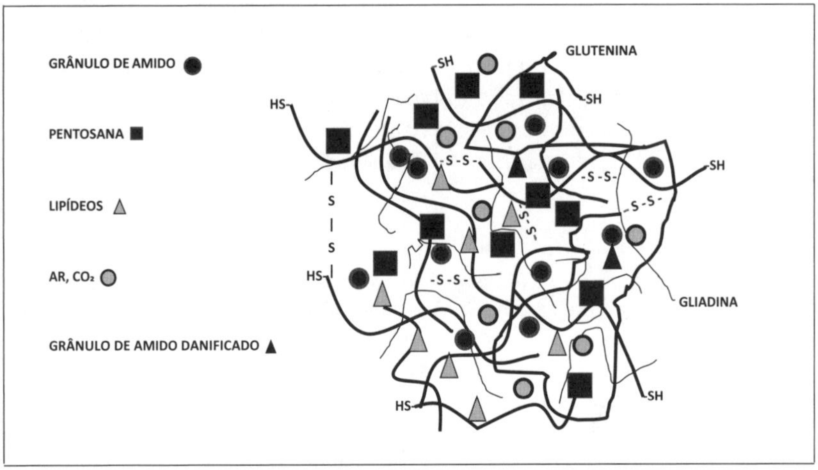


**Figura 5.1 –** Aprisionamento de constituintes da massa dentro da rede glutínica antes do cozimento.

**Tabela 5.3 –** Ingredientes usados na fabricação do pão

| Uso* | Ingrediente | Função | Observações |
|---|---|---|---|
| Essencial | Farinha de trigo | Formar o glúten. | Contém amido, α-amilase, β-amilase, grânulos de amido danificados, proteínas (albuminas, globulinas, gliadinas e gluteninas), polissacarídeos não amiláceos (xilanas, β-glucanas) e lipídeos. |
| | Água | Formar o glúten; solvente; gelatinizar o amido. | Controla a consistência e a temperatura da massa e a maciez e palatabilidade do pão. A água deve ser limpa, inodora, incolor e potável com dureza entre 50 e 100 ppm e pH neutro ou ligeiramente ácido. |
| | Fermento | Promover a fermentação dos açúcares. | Utiliza-se a levedura de panificação (*Saccharomyces cerevisiae*) na forma de fermento prensado fresco ($A_w > 0{,}95$) ou nas formas seca ($A_w < 0{,}05$) e desidratada ($0{,}1 < A_w < 0{,}4$). 1 kg de fermento fresco equivale a 400g – 500g de fermento desidratado. |
| | Sal refinado | Fortalecer o glúten; controlar a fermentação; contribuir no sabor, na estrutura do miolo e na conservação do pão. | Deve ser adicionado no final da fase de mistura dos ingredientes, perfazendo 1% a 2% com base no peso da farinha. |

(*continua*)

**Tabela 5.3** – Ingredientes usados na fabricação do pão (*continuação*)

| Uso* | Ingrediente | Função | Observações |
|---|---|---|---|
| Não essencial | Gordura | Lubrificar a massa; estreitar as malhas do glúten; retrogradação do amido retardada. | A natureza apolar da gordura faz com que interaja com as porções hidrofóbicas das proteínas, favorecendo o deslizamento das camadas do glúten durante a mistura e formação da massa. Em decorrência, as células retentoras de gases no glúten são estabilizadas, a maciez da massa aumenta e o miolo do pão adquire textura suave. |
| | Açúcares | Promover a fermentação. | Os açúcares solúveis (glicose, frutose, xilose, maltose e sacarose), além de servirem de substratos para a levedura, contribuem na inibição da retrogradação do amido. |
| | Enzimas** | Controlar a reologia da massa; suprir farinhas com atividade enzimática deficiente; hidrolisar os componentes poliméricos da farinha. | As enzimas mais usadas são as α-amilases, β-amilase, proteases, lipases, hemicelulases e oxidases (glicose oxidase e lipoxigenase). Estão adquirindo importância a asparaginase e a transglutaminase. |
| | Aditivos | Corrigir deficiências da farinha de trigo. | Ácido ascórbico (na quantidade de 75 ppm/g de farinha propicia à massa maior tenacidade, branqueamento do miolo do pão, melhora a retenção dos gases, acentua a maturação da massa ao reduzir o tempo de fermentação); polissorbato de sódio (emulsificante); estearoil-2-lactil lactato de sódio (reforça as propriedades físicas da massa e prolonga o tempo de conservação da maciez do pão). |

* Essencial no sentido de que, sem eles, não se obtém a massa para fazer o produto desejado; porém, no caso do pão ázimo, o fermento é dispensável.

** Não necessárias quando se usa farinha de boa qualidade para produzir o pão, porém, importantes na fabricação dos demais produtos de padaria.

*Fonte:* Vitti (2001) e Franco; Silva (2021).

Quando se amassa a farinha com água, a proteína presente na farinha – sendo 20% hidrossolúveis e 80% insolúveis (nesta fração tem-se a gliadina e a glutenina) – forma o glúten, que é uma massa gomosa, elástica e coesa. Caso essa massa seja lavada com excesso de água, parte do amido é carreado na água de lavagem, enriquecendo o teor de proteína da massa, a qual, após secagem, dá o glúten em pó, cuja composição média em peso é constituída por proteína (73%), gordura (1%), cinzas (1,2%), fibras (0,8%) e umidade (8%). É a fração proteica insolúvel que garante a estruturação do miolo do pão, cabendo à glutenina conferir à massa extensibilidade, força e firmeza, e à gliadina, coesão e elasticidade. Os lipídeos da farinha estão associados à glutenina na forma de lipoproteínas, as quais têm papel relevante na fase de cozimento da massa (Manley, 1983).

O processo de panificação, embora envolva procedimentos distintos para cada tipo de pão – sem contar produtos como bolachas, pastas alimentícias (macarrão, pizza) e de confeitaria manufaturados com massas de diferentes composições –, pode ser visto como um processo trifásico, tendo por etapas o pré-cozimento (Figura 5.2), o cozimento no forno (Tabela 5.4) e a sequência final (resfriamento, fatiamento [pão de forma] e embalagem).

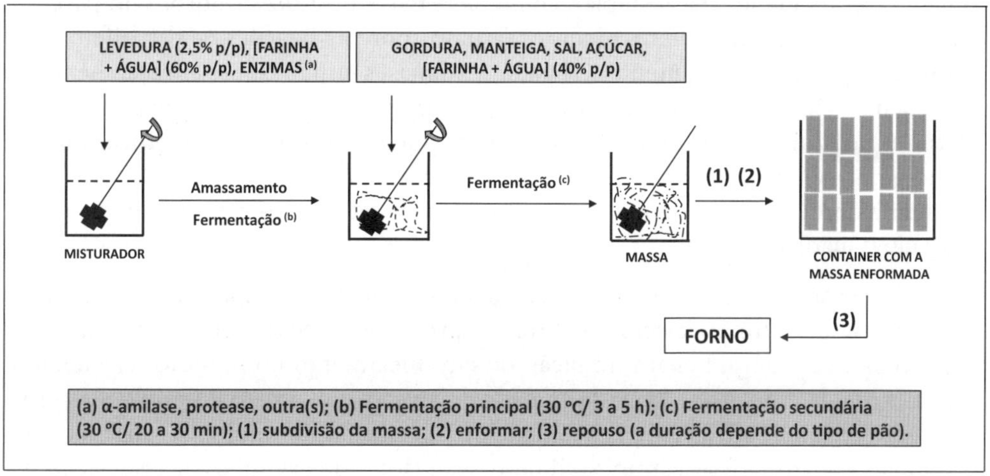


**Figura 5.2 –** Esquema da fase de pré-cozimento para a manufatura do pão.

*Fonte:* Vitolo (2020).

**Tabela 5.4 –** Alterações da massa do pão durante o cozimento

| Alterações na massa | |
|---|---|
| **Formação do miolo** | **Formação da crosta** |
| Inativação da levedura (40-50 °C) | *Reação de Maillard (120-130 °C) |
| Gelatinização do amido (60-70 °C) | Caramelização (140-160 °C) |
| Evaporação do etanol (80-85 °C) | Torradas (170-180 °C) |
| Evaporação da água (100 °C) | Carbonização (200 °C) |

* Reação entre aminoácidos ou proteínas com carboidratos redutores, conferindo sabor e cor à crosta do pão.

*Fonte:* Vitolo (2020).

### 5.2.1 ENZIMAS

A adição de enzimas nas massas para panificação é indispensável porque os constituintes naturais do trigo (principalmente amido e proteínas) devem ser modificados em alguma extensão para se obter massa com extensibilidade e rigidez adequadas para o manuseio em máquinas automatizadas usadas na panificação industrial (Hui, 2008).

Na panificação, as enzimas são usadas como aditivos de farinhas e nos condicionadores para panificação (visam a substituir os aditivos químicos). As enzimas utilizadas são amilases (hidrolisam parcialmente o amido presente nos grânulos de amido em açúcares de menor massa molar, como dextrinas), proteases (hidrolisam parcialmente as proteínas do glúten), oxidases (atuam sobre as ligações de dissulfeto, que mantêm as proteínas do glúten interligadas), xilanases (atuam sobre a fração hemicelulósica da farinha), lipases (hidrolisam os tri e diglicerides da fração lipídica da farinha) e asparaginase (reduz o acúmulo de acrilamida no produto de panificação). De modo geral, pode-se dizer que, exceptuando-se a asparaginase, as demais visam a adequar as propriedades da massa às operações de fabricação e ao tipo de produto desejado (Quadro 5.1).

O uso combinado de enzimas tem se mostrado benéfico na obtenção de produtos de padaria com volume, aspecto e textura adequados ao gosto do consumidor, além de ampliar sua vida de prateleira (redução do envelhecimento do produto relacionado com a perda da crocância, da cristalinidade do amido, da firmeza do miolo, das propriedades organolépticas e da capacidade de hidratação do miolo). A variedade de combinados enzimáticos é ampla, citando-se, a título de exemplos, a associação de lipase com xilanase ou amilase (efeito positivo na estabilidade da massa e na estrutura do miolo); α-amilase com glicose oxidase (melhoramento da extensibilidade da massa e do volume do pão); e α-amilase fúngica, α-amilase bacteriana, xilanase e lipase (manutenção da maciez do miolo do pão por mais de uma semana). Acrescenta-se a combinação de enzimas (sobretudo de xilanases e amilases) para melhorar a qualidade de produtos de padaria feitos a partir de massa congelada (Franco; Silva, 2021).

As enzimas encontram-se disponíveis no mercado na forma de formulações padronizadas (chamadas de coadjuvantes de panificação) direcionadas para uso doméstico, em restaurantes (pizzarias, principalmente), rotisserias (produtoras de massas frescas, como macarrão e sucedâneos), confeitarias e padarias. No entanto, na panificação industrial a formulação do preparado enzimático deve seguir estritamente as especificações solicitadas pelo usuário, ou seja, estabelece-se uma relação biunívoca entre o fornecedor da enzima e a indústria de panificação. Deve-se ressaltar que as enzimas não só agem durante a elaboração da massa e no decorrer da fermentação, ou seja, na fase de pré-cozimento, mas também durante o cozimento, uma vez que a temperatura da massa dentro do forno aumenta gradativamente, permitindo que as enzimas presentes continuem atuando até 90 °C (caso da α-amilase bacteriana). Um recurso para otimizar a ação das enzimas durante o cozimento consiste em introduzir no forno a massa previamente resfriada entre 4 °C e 10 °C, que permitirá um aumento gradual mais controlado da temperatura no interior da massa, otimizando a ação das enzimas.

**Quadro 5.1** – Efeito das enzimas na confecção de produtos específicos da panificação

| Produto | Confecção | Enzimas/Efeitos |
|---|---|---|
| Pão | Mistura de farinha, água, sal, levedura e outros ingredientes (a depender do tipo de pão). | *Amilases*: aumento do volume, intensificação da cor da crosta, estruturação do miolo e efeito *anti-staling*; *proteases*: modificação do glúten, da viscosidade da massa e melhoramento da reologia da massa; *xilanase*: melhoramento do manuseio da massa no maquinário de panificação; *lipase*: estabilização da massa e da estrutura do miolo; *glicose oxidase*: fortalecimento e branqueamento da massa. |
| Bolos e muffins | Mistura de ingredientes (emulsificantes, entre eles) em uma massa pastosa com incorporação de ar, formando mousse, que toma a forma esponjosa com a expansão do ar durante o cozimento. | *Amilases*: promove a maciez do miolo e a durabilidade do produto (pela redução do efeito *staling*); *lipases* (inclusive *fosfolipases*): substituem o emulsificante, aumentam o volume e a maciez do miolo do produto, além de aumentar a vida de prateleira. |
| Biscoitos, *crackers*, bolachas | Cada tipo requer operações específicas de mistura, tempo de repouso da massa, processamento e cozimento. Normalmente, adiciona-se o metabisulfito de sódio (MBS) em dose baixa, visando a aumentar a elasticidade da massa pela quebra de parte das ligações dissulfeto existentes entre as moléculas de proteína do glúten. Complementa a ação das proteases para melhorar a reologia da massa. | *Amilases*: hidrolisam o amido de grânulos de amido danificados*. A amilase de bactérias permite obter biscoito de cor marrom-escura, devido à sua ação durante o cozimento; a amilase fúngica melhora o sabor e promove a distribuição uniforme da umidade na massa; *xarope diastásico*: pode substituir a α-amilase bacteriana na confecção de biscoitos e bolachas; *proteases*: aumentam a extensibilidade da massa. *papaína e glicose oxidase*: substituem o MBS no ajuste da consistência da massa para biscoito; *xilanases*: por hidrolisarem a hemicelulose permitem obter massa macia e que requer menos água. Na polpa de *crackers*, aumentam a atividade de água da massa, que ajuda no seu amaciamento e em consequência há redução no tempo total de cozimento. No geral, a friabilidade dos *crackers* é reduzida. |
| Tortilhas | A massa da tortilha é feita com farinha de trigo, água, gordura, sal, preservativos, fermento, emulsificantes e agentes redutores. A massa da tortilha laminada contém amido amorfo, com parte da amilose modificada e com quase toda a amilopectina intacta. A flexibilidade das tortilhas é a combinação da amilopectina com o gel de amilose, que estabilizam os grânulos de amido. | *α-amilase*: promove a hidrólise parcial da amilose, que reduz a estrutura rígida e a plasticidade dos polissacarídeos do amido durante o armazenamento da tortilha. |

* Fração da ordem de 3 a 5% dos grânulos de amido é danificada durante a moagem da farinha.

### 5.2.1.1 Amilases

As amilases são enzimas que hidrolisam os polissacarídeos constituintes dos grânulos de amido – amilose (polissacarídeo linear de glicose; as moléculas de glicose são unidas por ligações osídicas do tipo α-1,4) e amilopectina (polissacarídeo ramificado de glicose; as moléculas de glicose são unidas por ligações osídicas do tipo α-1,4, e, nos pontos de ramificação, a ligação osídica é do tipo α-1,6), formando açúcares redutores de baixa massa molar. A formação dos açúcares redutores é importante porque são os reagentes da reação de Maillard, que ocorre durante a fase de cozimento no forno, da qual resultam o sabor e a crosta do pão.

As amilases mais utilizadas são a α-amilase, a β-amilase e a glicoamilase (α-amiloglicosidase). Elas diferem no modo como hidrolisam a amilose e a amilopectina (Figura 5.3), além de possuírem propriedades diferenciadas (Tabela 5.5). A α-amilase e a β-amilase são usadas em panificação, enquanto a glicoamilase é usada na fabricação de xaropes. A atividade da β-amilase naturalmente presente na farinha deve ser avaliada para evitar o acúmulo de açúcares redutores, no caso maltose, que podem tornar a fermentação da massa incontrolável, sobretudo se α-amilase foi adicionada à massa. Além disso, a presença de maltose no produto pode não ser desejada, já que a presença desse dissacarídeo confere sabor adocicado ao pão (Godfrey, 1996).

**Tabela 5.5** – Propriedades das enzimas amilolíticas

| Enzima | α -amilase | β-amilase | Glicoamilase |
|---|---|---|---|
| **Especificidade de ação*** | α-1,4 | α-1,4 | α-1,4 e α-1,6 |
| **Mecanismo de ação** | Endo | Exo | Exo |
| **Produto de hidrólise** | Dextrinas | β-maltose | Glicose |
| **Redução da viscosidade** | Rápida | Lenta | Lenta |
| **Descoloração do iodo**** | Rápida | Moderada | Lenta |
| **Aumento do poder redutor** | Moderado | Rápido | Rápido |
| **Formação de glicose** | Lenta | – | Rápida |
| **Formação de maltose** | – | Rápida | – |
| **Formação de dextrinas***** | Rápida | Moderada | Lenta |

* Tipo de ligação osídica hidrolisada.

** Solução aquosa de iodo.

*** A α-amilase e a β-amilase, ao atuarem sobre a amilopectina, dão origem, respectivamente, às α e β-dextrinas limite, polissacarídeos ramificados e ricos em ligação osídica tipo α-1,6.

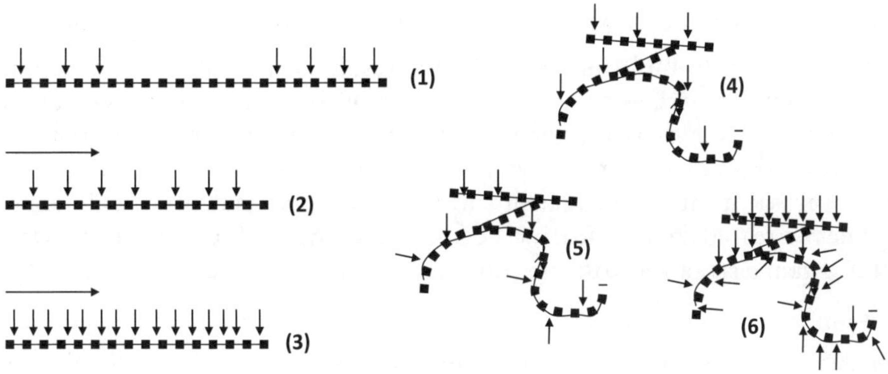


(1) Hidrólise aleatória da amilose pela α-amilase dando dextrinas; (2) Hidrólise não aleatória da amilose pela β-amilase, dando maltose; (3) Hidrólise da amilose pela glicoamilase, dando glicose; (4) Hidrólise aleatória da amilopectina pela α-amilase, dando oligossacarídeos e α-dextrina limite; (5) Hidrólise não aleatória da amilopectina pela β-amilase, dando β-dextrina limite e maltose; (6) Hidrólise da amilopectina pela glicoamilase, dando glicose.

**Figura 5.3 –** Mecanismos de ação das amilases sobre a amilose e a amilopectina.

### *5.2.1.1.1 α-amilase*

A α-amilase é encontrada em vegetais, animais e microrganismos, sendo as de origem microbiana usadas na panificação. Ela rompe as ligações osídicas α-1,4 da amilose e da amilopectina de forma aleatória, gerando dextrinas ramificadas (α-dextrinas limite no caso da hidrólise da amilopectina) ou não (hidrólises da amilose e amilopectina). O pH e a temperatura de ação das α-amilases diferem de acordo com a origem da enzima (Tabela 5.6). A estabilidade de cada uma frente à temperatura, também, é diferente, sendo que a 75 °C as α-amilases fúngica, vegetal (cereais) e bacteriana perdem, respectivamente, 90%, 70% e 20% de sua atividade original (Quaglia, 1991). A α-amilase é estabilizada por íons cálcio frente à variação do pH e, em alguma extensão, frente à temperatura.

Um aspecto importante a se considerar quando se deve escolher entre as α-amilases fúngica e bacteriana é o tipo de consistência do miolo do produto desejado – macio ou gomoso, obtido ao se usar α-amilase fúngica ou bacteriana, respectivamente. Isso se deve ao fato da α-amilase bacteriana atuar por um tempo superior à fúngica durante a fase do cozimento, levando ao maior teor de dextrinas na massa (Tabela 5.7) (Barrett, 1975). Como as dextrinas têm capacidade menor de reter água do que o amido (este retém a água ao gelatinizar-se), esta se acumula no miolo, conferindo-lhe consistência gomosa. Devido à consistência particular das massas para canapés e bolachas, é recomendável o uso da α-amilase bacteriana. Foi observado experimentalmente que a α-amilase de *Bacillus stearothermophilus* tem efeito "antiamanhecimento" (*anti-staling*, em inglês) nos produtos de panificação (sobretudo biscoitos, bolachas e *crackers*). Lembra-se que a α-amilase de *B. stearothermophilus* possui termoestabilidade intermediária entre a de origem fúngica e a de outras bactérias, sendo chamada de α-amilase maltogênica (converte parte do amido em malto-oligossacarídeos).

Já o "amanhecimento" (*staling*, em inglês) resulta da retrogradação do amido, fenômeno em que dextrinas de massa molar intermediária, provenientes da amilose e amilopectina hidrolisadas, tendem a reagrupar-se e a entremear-se com os polissacarídeos não hidrolisados, formando grânulos amiloides microscópicos disformes. Estes, por sua vez, são incapazes de manter a umidade homogeneamente distribuída no interior da massa, deixando desbalanceada a atividade de água final do produto (Vitolo, 2021a), o qual passa a apresentar textura flácida e gomosa, desagradável ao paladar.

**Tabela 5.6 –** Propriedades das α-amilases de origens diferentes

| Origem | $pH_{otimo}$ | T (°C) | $T_{inativação}$ (°C) | Fonte (espécie) |
|---|---|---|---|---|
| **Pancreática** | 6,9 (7,0-8,8) | 46 | 55 | Porco, boi |
| **Fúngica** | 5,0 (5,5-8,5) | 55 | 82 | *Aspergillus oryzae, A. niger* e *A. awamori* |
| **Xarope diastásico** | 5,0 (4,9-9,1) | 60 | 80 | Cevada maltada |
| **Bacteriana** | 7,0 (4,8-8,5) | 70 | 95 | *Bacillus subtilis, B. stearothermophilus* |

**Tabela 5.7 –** Nível de açúcares residuais no pão devido à ação das α-amilases

| Tipo de α-amilase | Atividade amilolítica* | Açúcar no miolo (mg/g) | | |
|---|---|---|---|---|
| | | Glicose | Maltose | Dextrinas solúveis |
| **Controle** | - | 2 | 1 | 1,5 |
| **Xarope**** | 140 | 6 | 4 | 2,2 |
| | 560 | 8 | 6 | 3,1 |
| | 1120 | 12 | 7 | 3,7 |
| **Fúngica** | 140 | 10 | 2 | 1,9 |
| | 560 | 13 | 2 | 2,1 |
| | 1120 | 18 | 2 | 1,9 |
| **Bacteriana** | 7 | - | - | 2,8 |
| | 35 | 6 | - | 5,7 |
| | 140 | 12 | 5 | 10,6 |

* Atividade amilolítica igual a SKB/700 g de farinha.

** Malte da cevada.

*Fonte*: Barrett (1975).

#### *5.2.1.1.2 β-amilase*

A β-amilase é uma enzima encontrada em vegetais e em algumas espécies microbianas (*Bacillus sp, Aspergillus sp* e *Streptomyces sp*) (Vitolo, 2020). Há uma patente que descreve a obtenção de β-amilase a partir da água residual da extração do amido de batatas. Segundo o autor, ao ajustar o pH da solução a 3,7, a enzima precipita, sendo, em seguida, separada por centrifugação e seca (Johnson, 1977).

A β-amilase hidrolisa as ligações osídicas tipo α-1,4 do amido a partir da extremidade não redutora dos polissacarídeos (amilose e amilopectina) e de modo alternado, liberando β-maltose (dissacarídeo redutor) (Figura 5.3). A ação da β-amilase sobre a amilopectina além da β-maltose produz as β-dextrinas limite (oligossacarídeos ricos em ligações α-1,6, que não são hidrolisados pela enzima). A β-amilase é assim denominada porque, ao romper a ligação α-1,4, promove a isomerização do C(1) da glicose da forma α (o átomo de oxigênio ocupa posição axial em relação ao plano da molécula do polissacarídeo) para a forma β (a hidroxila resultante ocupa posição equatorial em relação ao plano da molécula de β-maltose).

A β-amilase é uma enzima sulfidrílica (possui um grupo SH no sítio ativo) que não requer cofator e tem um ciclo catalítico da ordem de 250.000 ligações rompidas por minuto (a 30 °C e pH 4,8). Considerando-se as β-amilases vegetais e microbianas (*Bacillus megaterium* e *Aspergillus oryzae*), o $pH_{ótimo}$ delas situa-se entre 5,0 e 7,0, e o intervalo de estabilidade mediante o pH, entre 4,0 e 9,0 (a 30 °C por 24 h). A estabilidade da β-amilase mediante a temperatura depende da origem da enzima. Por exemplo, a β-amilase da cevada maltada é inativada a 70 °C em 10 minutos, enquanto a de soja resiste por 30 minutos à mesma temperatura.

### *5.2.1.2 Xarope diastásico*

O xarope diastásico (XD) é majoritariamente produzido a partir da malteação da cevada. As sementes da cevada, após absorverem uma dada quantidade de água, começam a germinar. Durante a germinação, há acúmulo de enzimas, sobretudo de α e β amilases, na cariopse dos grânulos da cevada. A finalidade de seu uso em panificação é a de aproveitar as enzimas amilolíticas para hidrolisar o amido da farinha, fornecendo os açúcares redutores para a levedura de panificação fermentar a massa.

As farinhas adequadas para uso em panificação devem provir de grãos moídos e maturados do cereal por tempo prolongado, a fim de haver formação de amilases suficientes para decompor o amido da massa em açúcares redutores para a fermentação. Como o tempo de maturação da farinha em condições normais é muito longo, então, a adição de xarope diastásico ou da farinha de cevada torna-se necessária.

Ao se adicionar o XD à massa, formam-se dextrinas e maltose, que aceleram e mantêm a fermentação, além de conferirem coloração adequada e uniforme à crosta do pão após a fase de cozimento. A presença de dextrinas no pão torna-o mais nutritivo.

Os adjuvantes para panificação à base de malte são a farinha maltada (grânulos de cevada maltados triturados e secos), extrato de malte e extrato de malte seco (este usado como nutriente para a levedura e para colaborar no desenvolvimento de cor, sabor e aroma dos produtos).

A capacidade que o malte tem de converter o amido em açúcares redutores, o poder diastásico (PD), é expresso em graus Lintner (°L) ou equivalentes em maltose (1 °L = 0,25 equivalentes de maltose). Comumente, define-se PD como a quantidade de gramas de maltose produzidos por kg de farinha maltada ou XD em 30 minutos. Uma farinha de PD = 124 °L é adequada para a panificação, enquanto XD com 20 °L, 40 °L e 60 °L são classificados como produtos de XD baixo, médio e alto, respectivamente. Na Figura 5.4 é apresentada a formação de gás carbônico pela levedura em função da quantidade de farinha maltada (Quaglia, 1991).

Atenção especial deve ser dada à presença de protease na farinha e no extrato de malte, porque o glúten da massa pode ser modificado além do desejado, prejudicando a retenção do ar e do gás carbônico necessários para se obterem pães com as características organolépticas adequadas para o consumo. Por isso, a quantidade do produto maltado usada na fabricação deve ser bem controlada. Por exemplo, na fabricação de pães de malte e de *crackers*, recomenda-se XD com 16.000 PD e 24.000 PD, respectivamente (Quaglia, 1991). Na fabricação de pães maltados, o procedimento seria: misturar metade da farinha preconizada na formulação, toda a água e 1,5 – 2,0% de XD (10.000 PD). Deixa-se a mistura a 40 °C por 15 a 20 minutos para a hidrólise parcial do amido da farinha. A seguir, adicionam-se o resto da farinha, a levedura e o sal, e procede-se ao amassamento, repouso da massa e cozimento (Quaglia, 1991).

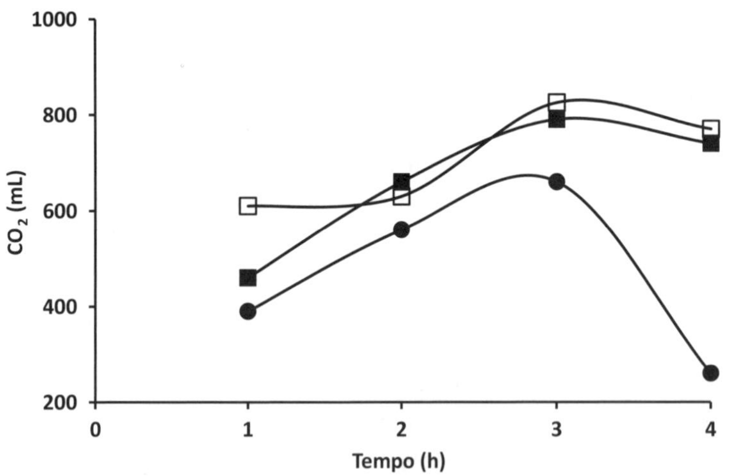


**Figura 5.4** – Formação de gás carbônico durante a fermentação mediante quantidades diferentes de farinha maltada. Controle ( ● ), farinha maltada 0,4% ( ■ ) e farinha maltada 1,0% (□).

### 5.2.1.3 Proteases

As proteases são enzimas que hidrolisam proteínas (polímeros de aminoácidos unidos sequencialmente por ligações amida, que constituem o nível de estruturação primário da macromolécula proteica) por meio do rompimento das ligações amida. A hidrólise da proteína pela protease pode ser aleatória (endopeptidases) ou a partir de uma das extremidades da cadeia proteica (carboxipeptidases e aminopeptidases).

Na panificação as proteases (endopeptidases) atuam sobre as proteínas constituintes do glúten (gliadina e glutenina), podendo ser usadas na fabricação de pão, bolos, waffles, pastas, biscoitos, *cookies* e *crackers*. Os efeitos produzidos na fabricação de toda a gama de produtos da panificação são múltiplos, a saber: redução do tempo de mistura dos ingredientes da formulação; controle da textura (por meio da modificação da estrutura do glúten) e melhora do sabor do pão; redução da consistência, asseguramento da uniformidade e modificação da reologia da massa. Neste último caso, a maciez conferida à massa permite que seja esticada e amassada com facilidade, além de que seja reduzido o consumo de energia durante o uso na amassadeira. Um efeito importante das proteases na fabricação de massas com formato laminar (fermentadas ou não) é o controle da elasticidade do glúten – dependente da atividade proteolítica empregada –, a fim de evitar o encolhimento da pasta após moldagem e laminação. Antes do uso das proteases, a maneabilidade da massa era conseguida com o uso do metabisulfito de sódio, que atua na redução dos átomos de enxofre participantes das pontes de dissulfeto estabelecidas entre as moléculas de cisteína das proteínas do glúten [n (–S – S–) → 2n (–SH)]. As vantagens do uso das proteases mediante o metabisulfito são a fácil desnaturação pelo calor, sua atóxicidade e sua não afetação das vitaminas termoestáveis presentes na formulação. Estas, na presença do metabisulfito, em geral, são submetidas a reações de oxidação/redução. No entanto, ao contrário do metabisulfito, muita atenção deve ser dedicada ao tempo de ação e à temperatura, para evitar que a protease atue mais do que o desejado, caso em que a massa se torna quebradiça e difícil de manusear.

Embora a farinha de trigo possua proteases em sua constituição, elas atuam em pH 4,0, bem inferior ao da massa ($6{,}5 < pH < 8{,}0$), e são inibidas pelo sal. Por isso, a adição de endopeptidases exógenas é necessária. Contudo, o uso delas em massas contendo alto teor de gorduras e de açúcar não é recomendado, pois a eficiência catalítica é muito reduzida. Nesses tipos de massas, no entanto, o glúten não precisa ser modificado.

### 5.2.1.4 Xilanases

As xilanases, pertencentes ao grupo das hemicelulases (hidrolisam os vários tipos de hemiceluloses como xilana, arabinoxilana, xilobiose e arabinogalactana), são enzimas que hidrolisam as ligações 1,4-β-D-xilosídicas da xilana e da arabinoxilana presentes na farinha de trigo. São encontradas em bactérias, arqueas e fungos.

As xilanases são usadas em panificação desde os anos 1980, sendo comumente usadas em associação com as amilases, lipases e oxidorredutases. Elas contribuem nas propriedades reológicas da massa e nas propriedades organolépticas do pão, assim como de outros produtos de padaria/confeitaria (biscoitos, bolos entre outros). As xilanases hidrolisam a arabinoxilana (um carboidrato insolúvel da farinha e que atrapalha a formação do glúten) em unidades de menor massa molar, que estabilizam a massa pelo aumento da viscosidade. Uma massa estabilizada torna-se flexível e fácil de manipular, gerando após o cozimento produto com volume adequado, miolo macio e estruturado.

### 5.2.1.5 Lipases

As lipases são enzimas que hidrolisam triglicérides (TAGs) em diglicérides, monoglicérides, glicerol e ácidos graxos (Hares *et al.*, 2018). Dependendo da atividade de água do meio ($A_w < 0{,}2$), as lipases passam a sintetizar a ligação éster entre ácidos graxos livres, glicerol e monoglicérides, formando novos mono e diglicérides (Guebara *et al.*, 2018; Steinstrasser *et al.*, 2019).

As lipases foram introduzidas na panificação no final da década de 1991, quando se observou que a ação delas sobre a gordura presente na formulação do produto de panificação (tanto aquela naturalmente presente na farinha quanto a adicionada na forma de óleo, manteiga, nata ou outro tipo de gordura) produzia mudanças na reologia da massa – aumentando sua textura e estabilidade –, favorecendo o manuseio nos equipamentos de panificação (amassadeira e laminadoras, por exemplo). Acrescenta-se, também, o aumento da vida de prateleira do produto. Desde então, apareceram no mercado lipases, melhoradas por meio da engenharia genética de suas fontes microbianas, com baixa afinidade por ácidos graxos de cadeia curta (ácidos caprílico, caproico e cáprico, por exemplo) em meio com atividade de água reduzida ($A_w < 0{,}2$), condição da massa ao entrar no forno e durante o cozimento, quando a água vai evaporando à medida que a temperatura da massa aumenta. A redução da atividade sintetásica da lipase evita a formação de sabores indesejáveis no produto pós-cozimento, devido à presença de mono e diglicérides não naturais. Além disso, o efeito emulsificante promovido pelos monoglicérides e diglicérides provenientes da hidrólise de fosfolipídeos das gorduras – podem substituir emulsificantes sintéticos como o DATEM (ácido diacetiltartárico de monoglicérides). Lembra-se que os lisofosfolipídeos (derivados sintéticos do glicerol contendo ácido graxo e ácido fosfórico esterificados nas posições 2 e 3, respectivamente) podem ser usados como substitutos do DATEM.

### 5.2.1.6 Oxidases

As oxidases são enzimas que catalisam reações de oxidação, que têm adquirido importância na panificação por promoverem a oxidação de grupos sulfidrilas (-SH) presentes nas proteínas da farinha em grupos dissulfetos (-S-S-) entre cadeias polipeptídicas, gerando glúten mais coeso e elástico. O estímulo para a introdução de oxidases em panificação resultou da constatação do bromato de potássio – um potente oxidante usado há anos em produtos de padaria para estabilizar o glúten – ser um potencial cancerígeno.

As oxidases que têm despertado interesse na panificação são a glicose oxidase, sulfidril oxidase, peroxidase, lacase, transglutaminase e lipoxigenase (Franco; Silva, 2021).

A glicose oxidase, que é a oxidase de escolha para a panificação, catalisa a oxidação da glicose em ácido glicônico com consumo de oxigênio e formação de água oxigenada (reagente responsável pela oxidação dos grupos sulfidrilas das proteínas da farinha. A água oxigenada pode atuar como oxidante ou redutor, dependendo do potencial de oxidorredução da substância com a qual reage) (Figura 5.5).

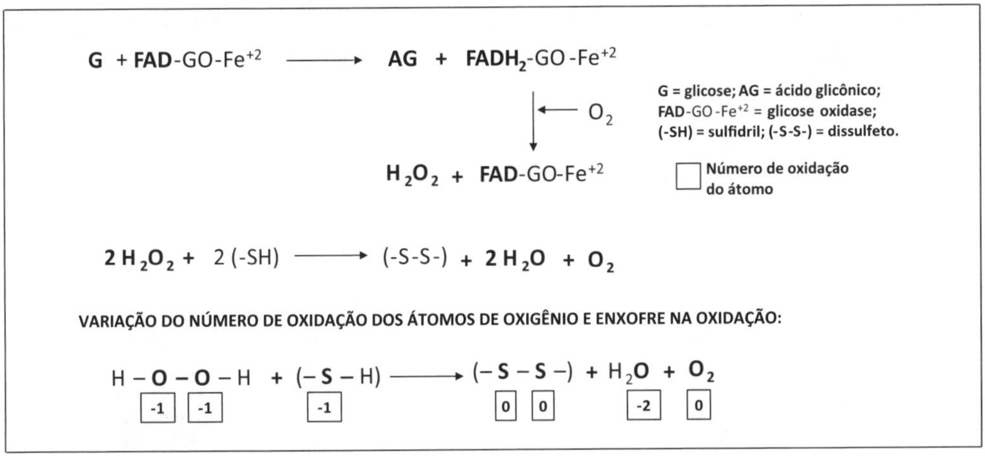


**Figura 5.5 –** Oxidação de grupos sulfidrilas das proteínas da farinha pela glicose oxidase.

A lipoxidase (lipoxigenase), que oxida ácidos graxos poli-insaturados contendo grupo cis, cis-1,4-pentadieno na presença de oxigênio dando hidroperóxido, é usada em panificação para oxidar o β-caroteno, um pigmento de cor amarelada presente na farinha de trigo, a fim de branquear a cor do miolo de certos tipos de pães. No entanto, em massas destinadas para a fabricação de macarrões (produtos de cor amarelada) a atividade desta enzima deve ser minimizada (Franco; Silva, 2021).

A lipoxidase, em geral, é adicionada à formulação do produto de padaria na forma de farelo de soja (0,5% de farelo em relação ao peso total de farinha usada para fazer a massa).

### 5.2.1.7 Asparaginase

Em alimentos processados à temperatura acima de 120 °C e à baixa atividade de água ($A_w$), como grelhados, frituras e produtos de padaria, pode haver acúmulo de acrilamida formada pela reação entre a asparagina e açúcares redutores (glicose, por exemplo), substâncias naturalmente presentes nas matérias-primas usadas para a fabricação dos citados produtos. O mecanismo da reação ainda não está elucidado inteiramente. Na Figura 5.6, é apresentado, a título de exemplo, um possível mecanismo de formação da acrilamida (Muneer *et al.*, 2020).

Os fatores que influenciam a formação da acrilamida em alimentos processados com o calor são: concentração inicial dos precursores, razão percentual entre eles, qualidade da farinha, condições de fermentação, tipo de processamento térmico e condições de processamento (temperatura, pH, tempo de aquecimento, atividade de água, estado físico do alimento, tipo e quantidade de aditivos).

A acrilamida foi sintetizada em 1949 – a partir da hidratação da acrilonitrila – e logo passou a ser usada como monômero para a síntese de polímeros (poliacrilamidas). Esses são bons agentes espessantes e floculantes, sendo, por isso, usados em várias indústrias (cosméticos, papel e celulose, têxtil, entre outros). A acrilamida é um sólido cristalino, branco e inodoro com densidade, PF, PE e solubilidade em água iguais a 1,322 g/cm$^3$, 84,5 °C, 175 °C e 390 g/L, respectivamente.

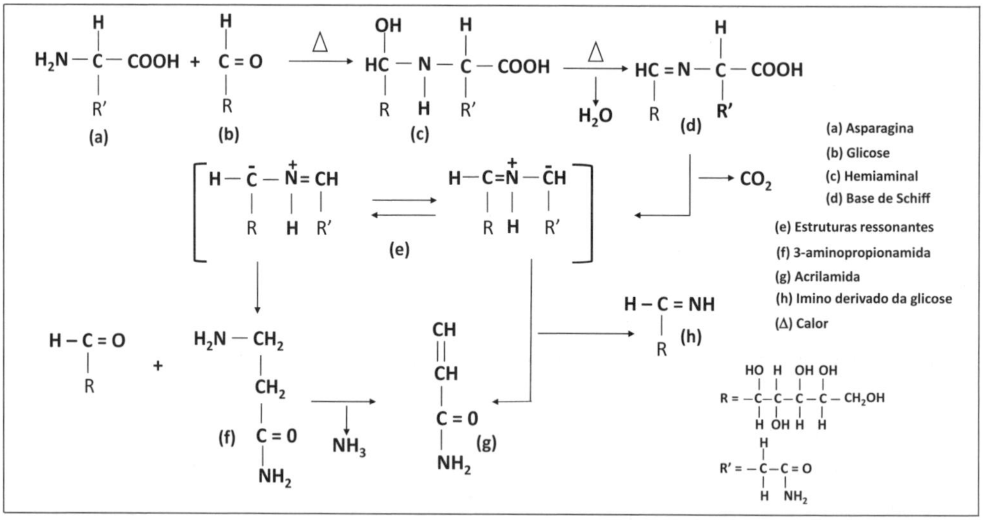


**Figura 5.6 –** Formação da acrilamida a partir do ataque nucleofílico do grupo α-amino da asparagina ao C1 da glicose.

Pesquisadores suecos, em 2002, constataram que a presença da acrilamida em produtos alimentícios manufaturados a temperaturas acima de 100 °C apresentava toxicidade potencial para humanos e *pets*. Certamente, a acrilamida faz parte da alimentação humana desde os primórdios da civilização, quando o *Homo sapiens* dominou o fogo e passou a cozinhar os alimentos que ingeria. Todavia, o perigo da acrilamida tornou-se palpável com o avanço da industrialização dos alimentos e com o alto crescimento do consumo.

Os estudos mostram que a acrilamida ingerida é metabolizada, originando a glicinamida como metabólito intermediário. Ambas podem se ligar a macromoléculas naturais do organismo (hemoglobina, soro albumina, DNA e enzimas), espalhando-se por vários órgãos do corpo (cérebro, coração, fígado, rins, entre outros), sendo, inclusive, encontradas no leite materno. A combinação da glicinamida com o DNA dá origem ao chamado *aduto de DNA*, que tem capacidade de gerar câncer.

Embora a acrilamida tenha potencial para desarranjar o funcionamento do sistema nervoso, interferir no desenvolvimento pré e pós-natal da criança e afetar a capacidade de reprodução masculina, seu efeito cancerígeno é o que tem chamado mais a atenção, considerando-se o nível médio presente na dieta ingerida diariamente pela população (1 a 4 μg/kg/dia). Dependendo dos hábitos culinários de cada país, a ingestão diária de acrilamida pode variar entre 10 e 30% em produtos de panificação e entre 10 e 20% em pastas. Nos pães, a acrilamida se acumula preponderantemente na crosta.

A constatação dos efeitos danosos da acrilamida provocou a ação imediata dos órgãos reguladores da Comunidade Europeia, para estabelecerem normas de produção e controle de produtos alimentícios processados com o uso do calor, a serem seguidas pelos países membros. Por exemplo, a EFSA (*European Food Safety Authority*) vem atualizando periodicamente os níveis de acrilamida permitidos nos alimentos (Tabela 5.8), além de propor métodos para avaliar os riscos e os pontos críticos do processamento em que há maior probabilidade de a acrilamida se formar, instigando o fabricante a tomar medidas para minimizá-la (Sarion *et al.*, 2021); a FDE (*Food Drink Europe Organization*) criou uma base de dados (batizada com o nome *acrylamide toolbox*) atualizada e revisada periodicamente (a 15ª versão foi publicada em 2019), na qual os parâmetros a se considerar sobre a acrilamida são agrupados em quatro categorias, a saber: fatores agronômicos, receitas de fabricação, métodos de processamento e procedimentos para a dispensação dos produtos (FDE, 2019). Por conseguinte, se forem associadas todas as normas estabelecidas pela EFSA, FDE, Codex Alimentarius e *European Commission* (regulação 2017/2158/EC), o problema referente à acrilamida é abordado desde os cultivares das fontes das farinhas até a comercialização dos produtos (Khorshidian *et al.*, 2020).

**Tabela 5.8** – Valores de referência indicativos para o teor máximo de acrilamida em produtos de panificação

| Produto | Concentração (μg/kg) |
|---|---|
| **Pães** | |
| Pão de trigo | 50 |
| Outros | 100 |
| **Cereais (exceto mingau)** | |
| Farelos, cereais integrais e grãos inflados | 300 |
| Produtos à base de centeio | 300 |
| Produtos à base de milho, aveia, cevada e arroz | 150 |

*(continua)*

**Tabela 5.8** – Valores de referência indicativos para o teor máximo de acrilamida em produtos de panificação (*continuação*)

| Produto | Concentração (µg/kg) |
|---|---|
| Biscoitos e bolachas | 350 |
| Crackers (exceto aqueles à base de batata) | 400 |
| Torradas | 350 |
| Pão de gengibre | 800 |
| Biscoitos para bebês e crianças | 150 |

*Fonte:* Sarion *et al.* (2021)

Há três estratégias para se fazer frente ao problema da acrilamida em alimentos termicamente tratados, como modificação da matéria-prima, ajustes nas condições de processamento e adição de aditivos nas formulações.

No que concerne às técnicas de plantio das fontes de farinhas, visando a evitar a formação de acrilamida no produto derivado, o objetivo seria obter um cereal com baixo teor de asparagina. Isso pode ser conseguido por meio do balanceamento dos teores de enxofre e nitrogênio do solo (Raffan; Halford, 2019).

Desde que o calor é o elemento catalisador na formação da acrilamida, a diminuição do tempo de cozimento e da temperatura do forno são procedimentos que levam à diminuição do teor dessa substância no produto. O método de aquecimento por radiofrequência (duração de 45 s) aplicado após o cozimento a 205 °C por 8 min reduz em 50% o teor de acrilamida no produto acabado (Kocadagli *et al.*, 2012). A combinação do aquecimento por micro-ondas (700W/90s) com o cozimento convencional (190 °C/10 min) permite reduzir em 10% o teor de acrilamida em biscoitos, porém, o aquecimento/cozimento feito só com micro-ondas, apesar de reduzir significativamente o teor de acrilamida formada, leva a produto com características organolépticas indesejadas e crosta marrom-clara (Waleed *et al.*, 2019; Michalak *et al.*, 2020). O cozimento realizado em atmosfera de nitrogênio, dióxido de carbono ou dióxido de enxofre leva à redução do teor de acrilamida entre 50% e 99% (Gülcan *et al.*, 2020). O uso de vácuo parcial na fase final do cozimento reduz em 53% do teor de acrilamida em *cookies* (Palazoglu *et al.*, 2015). O cozimento feito sob vapor durante 10 min, por exemplo, reduz em 50% o teor de acrilamida no produto (Sarion *et al.*, 2021).

O emprego de aditivos nas formulações é um recurso adicional para minimizar a presença de acrilamida em produtos processados termicamente (Tabela 5.9).

**Tabela 5.9** – Aditivos para reduzir a formação de acrilamida (AA) em produtos de padaria

| Aditivo | Observações |
|---|---|
| Cátions ($Na^+$, $K^+$, $Ca^{2+}$, $Mg^{2+}$) (Wang *et al.*, 2017; Lee *et al.*, 2019) | Reduzem a formação de AA em até 90%, com destaque para os sais de cálcio (cloreto, lactato, citrato, carbonato, gliconato e acetato) em quantidade não superior a 1% (p/p). Seu uso é facilitado porque, em geral, são adicionados à farinha. |
| Ácidos orgânicos (FDE, 2019) | Há forte correlação entre a acidez da massa e a diminuição de AA. O pH é diminuído pelo uso dos ácidos cítrico, ascórbico, láctico ou tartárico na concentração de 0,5% (p/p). |
| Probióticos (*Lactobacillus sp e Pediococcus sp)* (Nachi *et al.*, 2018; Albedwawi *et al.*, 2021). | Atuam por meio da redução do pH da massa. O *Pediococcus acidilactici* reduz em até 85% a formação de AA. No entanto, massa ácida não pode ser usada em muitos produtos de panificação. |
| Asparaginase | Discutida à parte. |
| Antioxidantes (Sarion *et al.*, 2021; Jing *et al.*, 2019; Miskiewicz *et al.*, 2018) | Há vários tipos de antioxidantes que podem reduzir a formação de AA, dentre eles o palmitato de ascorbila, ascorbato de sódio, vitamina E, extratos de ervas (chá verde, oxicoco, alecrim, entre outros). O extrato de alecrim (*Rosmarinus officinalis*) entre 0,5% e 1% (p/p) pode reduzir até 67% da formação de AA, dependendo do produto (bolachas, pães, por exemplo). |
| Bicarbonato de sódio (Anese *et al.*, 2009) | Usado no lugar do bicarbonato de amônio pode reduzir em 70% a formação de AA, dependendo do produto. |

A L-asparaginase (EC.3.5.1.1) hidrolisa a asparagina em ácido aspártico e amônia, sendo encontrada em plantas, bactérias, leveduras, fungos, algas e no soro de roedores (Munir *et al.*, 2019). A L-asparaginase para fins terapêuticos (usada para o tratamento da leucemia) é obtida e purificada a partir da *Escherichia coli* e *Dickeya dadantii*, enquanto as fontes principais dessa enzima para alimentos são *Aspergillus oryzae* e *A. niger* (Nunes *et al.*, 2020; Muneer *et al.*, 2020).

O uso da L-asparaginase em produtos de padaria visa à hidrólise da asparagina presente na farinha a ser processada. Por isso, deve ser adicionada junto com os ingredientes da formulação, devendo agir durante a elaboração da massa até sua inativação no forno, antes da ocorrência da reação de Maillard. Assim, quanto menos asparagina houver, quando a temperatura da massa alcançar 120 °C, menor será a formação de acrilamida. Esse fato é marcante no caso dos biscoitos, cuja formulação é rica em açúcares redutores, em que se consegue até 92% de redução na formação de acrilamida, usando-se L-asparaginase na concentração de 500 U/kg de massa. Quanto menos gordura houver na formulação da massa do biscoito, mais efetiva será a ação da enzima (Hendriksen *et al.*, 2009; Anese *et al.*, 2011a; Anese *et al.*, 2011b). No caso do pão de gengibre, consegue-se eliminar até 97% de acrilamida, usando-se L-asparaginase na concentração de 1.000 U/kg (Ciesarova, 2009).

A adição de L-asparaginase na concentração entre 200 e 1.000 U/kg tem a capacidade de reduzir a formação de acrilamida entre 34 e 94% nos produtos de padaria em geral, sem causar-lhes modificação alguma nas suas características organolépticas (Sarion *et al.*, 2021).

Atualmente existem no mercado duas marcas de L-asparaginase para uso no processamento de alimentos, a saber, PreventAse® (DSM Food Specialties, Heerlen, the Netherlands) e Acrylaway® (Novozymes, Bagsvaerd, Denmark) obtidas de *Aspergillus niger* e *Aspergillus oryzae*, respectivamente. O mercado global de L-asparaginase em 2020 foi da ordem de US$ 390 milhões e, segundo os prognósticos da CAGR (*Compound Annual Growth Rate*), deverá crescer cerca de 5,5% ao ano até 2028. Do total de enzima comercializada na atualidade, cerca de 60% se destinam ao ramo farmacêutico. Porém, prevê-se que nos próximos anos o uso da enzima em alimentos irá crescer – sobretudo pelo aparecimento no mercado de L-asparaginase com qualidade catalítica aprimorada obtida de microrganismos recombinantes, como a enzima de *Rhizomucor mihei* expressa em *E. coli* (Sarion *et al.*, 2021) –, enquanto o uso farmacêutico tenderá a diminuir em face de tratamentos alternativos para a cura da leucemia.

### 5.2.2 PERSPECTIVAS DO USO DE ENZIMAS EM PANIFICAÇÃO

De um modo geral, o uso de enzimas em panificação tende a aumentar por causa dos rigores da legislação alimentícia relacionada ao uso de farinhas modificadas por via química (remoção de pigmentos, por exemplo). Espera-se um aumento do uso das proteases devido ao fato de que as farinhas disponíveis no mercado estão cada vez mais ricas em proteínas. Lipases, xilanases, transglutaminases e oxidases também deverão ser usadas em quantidades crescentes, dados os efeitos positivos que exercem nos produtos de padaria tradicionais, além de colaborarem na fabricação de produtos diferenciados, como os ricos em fibras alimentares (ditos "integrais") e os desprovidos de glúten (para satisfazer a demanda por pessoas acometidas pela doença celíaca, uma doença autoimune, ou susceptíveis a alergias). Há perspectivas para o aumento do uso da asparaginase em panificação devido à restrição legal sobre a presença da acrilamida, substância gerada durante o processamento, nos produtos de padaria em geral. No que se refere às enzimas amilolíticas, a demanda atual – que corresponde à metade do total de enzimas usadas em panificação – apresenta viés de crescimento, devido ao melhoramento da atividade catalítica proveniente do aprimoramento das fontes microbianas via técnicas biotecnológicas.

Nos últimos anos, as demandas baseadas para contornar problemas de saúde e satisfazer a expectativa do "melhor para você" têm forçado a fabricação de produtos de panificação compostos por ingredientes saudáveis. Por conseguinte, as vendas de enzimas para panificação perfazem 1,5% – 2,5% do mercado total de enzimas comercializadas. Em 2021, o mercado global de enzimas para panificação foi da ordem de

US$ 884 milhões, e, segundo estimativa da CAGR, o mercado deve crescer 5,1% ao ano no período 2021-2031, alcançando a cifra final de US$ 1,5 bilhão, aproximadamente.

## 5.3 PRODUÇÃO DE XAROPES

### 5.3.1 INTRODUÇÃO

Ao contrário da panificação, a produção de xaropes requer maior grau de hidrólise do amido. Os processos industriais para hidrolisar o amido em glicose podem usar ácidos inorgânicos, como o HCl, ou enzimas (α-amilase fúngica, α-amilase bacteriana, glicoamilase e enzimas desramificantes). O uso de enzimas é preferido à hidrólise ácida por ser realizado em condições brandas de temperatura e pH, pela especificidade das enzimas na hidrólise do amido, pela facilidade de se bloquear a ação da enzima (pela variação do pH, por exemplo) – o que permite controlar a intensidade da hidrólise do amido –, por requerer menor consumo de energia e por eliminar a etapa de neutralização na etapa final do processo, a qual é indispensável caso a hidrólise seja feita por via ácida (HCl concentrado). Além disso, a formação de compostos indesejáveis, como o 5-hidroxi-2-metilfurfuraldeído, que contaminam a glicose produzida, também, é evitada (Figura 5.7).

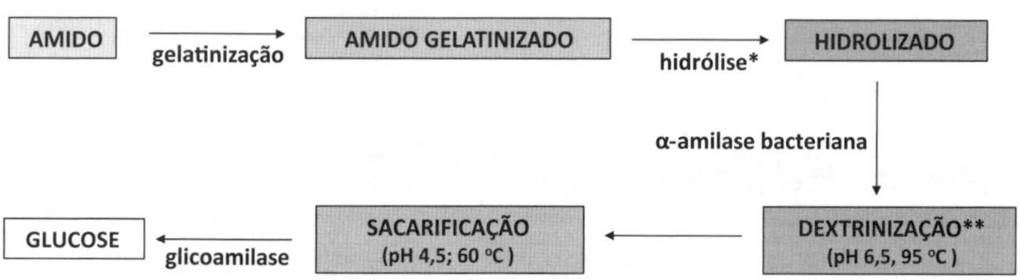


* A hidrólise pode ser feita com HCl (pH 2,2; 140 °C) ou em cozedor (pH 6,5; 110 °C; α-amilase bacteriana).
** Se a hidrólise for feita com HCl, então o hidrolisado deve ser neutralizado antes da adição da enzima.

**Figura 5.7 –** Conversão de amido em glicose.

O início da produção de xaropes em grande escala deu-se nos anos 1930, quando foi desenvolvido o processo de hidrólise ácida do amido de milho. Os xaropes passaram a ser usados como adoçantes, ingredientes para confeitaria e produtos de panificação, e como componentes de meios de cultura para processos fermentativos (Yadav; Majunder, 2017; Hebeda, 1993).

No entanto, a indústria de xaropes recebeu grande impulso quando a glicoamilase, enzima responsável pela hidrólise final dos oligossacarídeos oriundos da hidrólise do amido (etapa da sacarificação), e a glicose isomerase, enzima que catalisa a isomerização da glicose em frutose (a mistura dessas hexoses constitui o xarope de frutose, encontrado em três concentrações principais, a saber, 42%, 55% e 80 – 90% em frutose), passaram a ser usadas nos anos 1960 e 1970, respectivamente (Figuras 5.8 e 5.9).

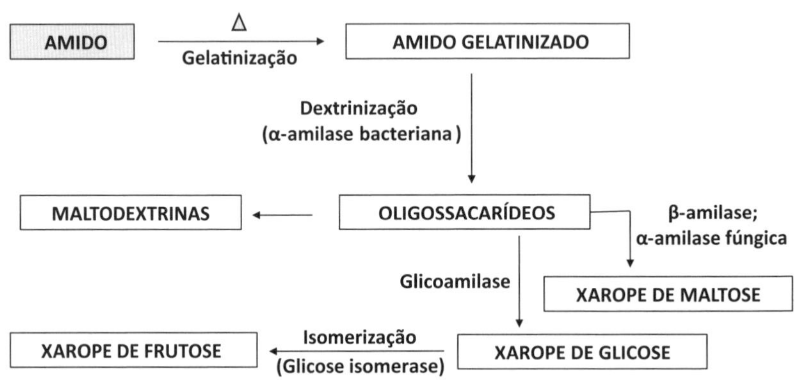


**Figura 5.8 –** Conversão de amido em xaropes.

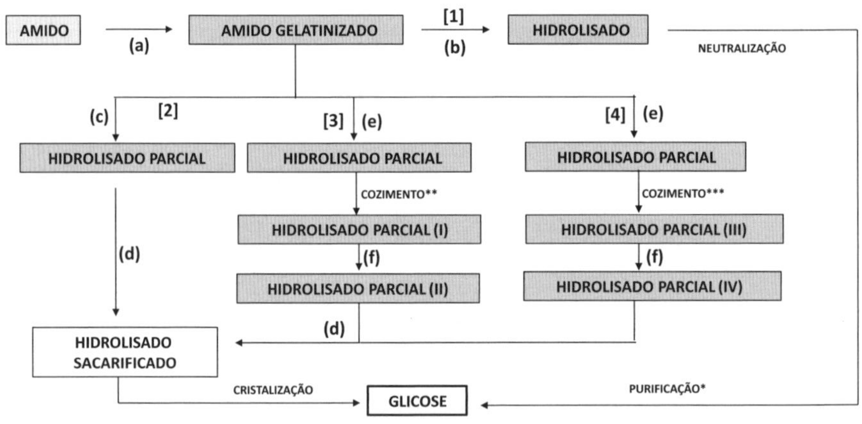


(a) Gelatinização (água e calor); (b) Liquefação completa ($HCl_{CON}$, 140 °C); (c) Liquefação incompleta (HCl, pH 2,2/120 °C); (d) Glicoamilase (pH 4,5/60 °C); (e) α-amilase bacteriana (pH 6,5/85 °C); (f) α-amilase bacteriana (pH 6,5/95 °C); * Remoção de furfural e derivados; ** Tratamento térmico (140 °C/20 min); *** Cozimento tipo *jet cooking* (105 °C); [1]: (1930 - 1939); [2]: (1940 - 1970); [3]: (1971 - 1980); [4]: (1981 em diante).

**Figura 5.9 –** Evolução dos processos de conversão do amido em glicose.

Da Figura 5.8, observa-se que a hidrólise do amido leva à formação de derivados, os quais são utilizados em diversos produtos alimentícios (Quadro 5.2).

**Quadro 5.2** – Derivados da hidrólise do amido usados em produtos alimentícios

| DERIVADOS | USOS |
|---|---|
| Maltodextrinas (DE < 20) | Usadas como coadjuvantes (estabilizantes, gomas, espessantes, agente dispersante no branqueamento do café, carreador de essências) em formulações de alimentos (pastas, produtos de padaria, sopas, molhos, alimentos desidratados, chá instantâneo, marshmallows, entre outros). Uso preconizado como quelante de íons ferrosos para enriquecer o sal de cozinha já adicionado de iodo (Martindale, 2008). |
| Xaropes mistos (40 < DE* < 65) | Enlatados, confeitaria, refrigerantes, sorvetes e alimentos infantis. |
| Xarope de maltose | Confeitaria. |
| Xarope de glicose | Refrigerantes, meio de cultura, doces, entre outros. |
| Xarope de frutose** | Refrigerantes, enlatados, iogurtes, panificação, confeitaria, produtos dietéticos e laticínios. |

* DE = equivalente em dextrose.

** Índice de dulçor do xarope (concentração frutose/glicose expressa em porcentagem) em relação à sacarose: igual (42%) e superior (> 80%).

## 5.3.2 ETAPAS DA HIDRÓLISE DO AMIDO

### 5.3.2.1 Gelatinização

A gelatinização consiste no aquecimento (acima de 60 °C) de uma suspensão aquosa de amido (pasta contendo 25% a 40% de amido em base seca), durante o qual os grânulos de amido entumecem devido à absorção de água, cujas moléculas se interpõem entre as hidroxilas que mantêm unidos os polissacarídeos constituintes dos grânulos, fazendo com que grande parte da amilose se separe, formando uma solução coloidal viscosa. Nessas condições, tanto a amilose quanto a amilopectina se tornam susceptíveis à hidrólise enzimática. A temperatura de gelatinização depende da origem do amido (Tabela 5.10).

**Tabela 5.10** – Temperaturas médias de gelatinização para amido de fontes diversas

| Fonte do amido | Temperatura (°C) |
|---|---|
| Araruta | 76 |
| Arroz | 77 |
| Aveia | 58 |

(*continua*)

**Tabela 5.10** – Temperaturas médias de gelatinização para amido de fontes diversas (*continuação*)

| Fonte do amido | Temperatura (°C) |
|---|---|
| Batata | 66 |
| Centeio | 54 |
| Milho | 72 |
| Trigo | 60 |

Durante o resfriamento da pasta, as moléculas de amilose e amilopectina tendem a reagrupar-se pela expulsão das moléculas de água absorvidas, regenerando parte das ligações de hidrogênio hidroxila-hidroxila originais. Esse reagrupamento se deve, provavelmente, à combinação entre as forças hidrofóbicas estabelecidas entre as cadeias dos polissacarídeos e a maior estabilidade das ligações de hidrogênio entre as hidroxilas localizadas nos polissacarídeos do que aquelas formadas pelas hidroxilas dos polissacarídeos e as moléculas de água. Esse fenômeno é denominado *retrogradação do amido.* A retrogradação da amilopectina é mais lenta do que a da amilose (Franco; Silva, 2021).

### 5.3.2.2 Liquefação

A liquefação é a segunda etapa do processo de hidrólise do amido, da qual resulta uma pasta com solubilidade aumentada e menor viscosidade (essa pasta com $10 < DE < 15$ constitui o hidrolisado parcial). Pode ser efetuada por via ácida (pH $\approx$ 2,0 e 140 °C $<$ T $<$ 155 °C por 10 a 20 min) ou enzimática (α-amilase bacteriana obtida, principalmente, de *Bacillus subtilis*, *B. stearothermophilus* e *B. licheniformis*). O grau de liquefação do amido é expresso em *equivalente em dextrose* (DE), que consiste em se comparar o poder redutor do amido liquefeito mediante uma solução de dextrose P.A (tomada como 100%).

O mecanismo de ação das α-amilases consiste na hidrólise aleatória das ligações α-1,4 das cadeias de amilose e amilopectina (Figura 5.3). Embora o padrão de catálise seja semelhante, elas diferem na termoestabilidade, no limite inferior do pH de atividade, na concentração de íons cálcio requerida para a estabilização mediante a temperatura e na composição do hidrolisado formado.

A α-amilase do *B. subtilis* resiste à temperatura de até 85 °C, enquanto as enzimas do *Bacillus stearothermophilus* e do *Bacillus licheniformis* resistem a temperaturas acima de 100 °C. Esse fato, ensejou o aparecimento de diferentes processos industriais para se obterem hidrolisados amiláceos parciais, sendo alguns exemplos apresentados na Figura 5.10.

A α-amilase de *B. subtilis* requer íons cálcio nas concentrações entre 200 e 400 ppm, enquanto as de *Bacillus stearothermophilus* e *licheniformis*, na faixa entre 100 e 200 ppm. Quanto aos intervalos de pH para as atividades catalíticas otimizadas das α-amilases, tem-se 6,0 – 6,5 para *B. subtilis* e *B. licheniformis*, e 5,6 – 6,5 para *B. stearothermophilus*.

Além disso, a composição em açúcares resultante de graus de hidrólise entre 10 e 40 DE (intervalo comum de açúcares redutores para hidrolisados parciais) depende da origem da α-amilase. Assim, a α-amilase de *B. stearothermophilus* gera um hidrolisado com graus médios de polimerização (GP) de 14,25% (GP-1 a GP-2), 47,75% (GP-3 a GP-7) e 38% (GP-8 ou superior); a α-amilase de *B. licheniformis* de 13,5% (GP-1 a GP-2), 44,25% (GP-3 a GP-7) e 42,25% (GP-8 ou superior); e a α-amilase de *B. subtilis* [intervalo entre 20 e 40 DE] de 14,7% (GP-1 a GP-2), 43% (GP-3 a GP-7) e 36% (GP-8 ou superior) (Hebeda, 1993).

A pasta aquosa de amido a ser submetida à liquefação deve conter entre 30 – 40% de sólidos em base seca, pois, em alta concentração de sólidos, a quantidade de água não é suficiente para a gelatinização completa, e, em baixa concentração de sólidos, o excesso de água deve ser removido, levando ao encarecimento do processo.

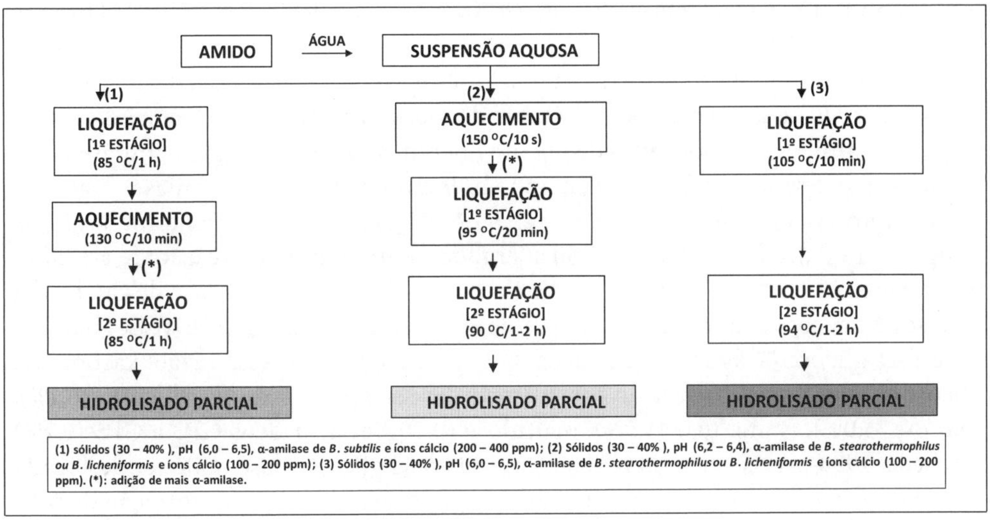


**Figura 5.10 –** Vias de hidrólise parcial do amido em presença de α-amilase bacteriana.

No caso de a hidrólise ser feita com α-amilase de *B. subtilis*, há a necessidade de se intercalar entre os estágios de liquefação uma etapa de aquecimento da pasta (130 °C/10 min) para hidrolisar os complexos amido-lipídeos, que são insolúveis e, se não removidos, interferirão nas operações de refino do hidrolisado. No caso da hidrólise feita com *B. stearothermophilus* ou *B. licheniformis*, o complexo amido-lipídeos não causa problema, em razão das temperaturas mais elevadas utilizadas, dada a maior termorresistência das α-amilases.

### 5.3.2.3 Dextrinização

A Dextrinização é a etapa da qual se forma uma solução aquosa de amido modificado com baixa viscosidade (quase fluida) e DE não superior a 35, que servirá de ponto de partida para a obtenção de vários produtos (maltodextrinas e xaropes). Ela é executada usando-se a α-amilase bacteriana com a qual se procedeu à liquefação da pasta de amido gelatinizado. Dependendo do processo de liquefação usado, a dextrinização poderá ou não requerer dose adicional de enzima.

### 5.3.2.4 Sacarificação

A sacarificação é a etapa seguinte à liquefação/dextrinização, na qual são usadas a glicoamilase (*A. niger*), α-amilase fúngica (*A. oryzae*) e pululanase (enzima desramificante bacteriana). Essas enzimas podem ser usadas separadamente ou combinadas, dependendo das características do xarope desejado (Tabela 5.11).

A glicoamilase hidrolisa a amilose e a amilopectina, rompendo as ligações osídicas α-1,4 e α-1,6 a partir das extremidades não redutoras das cadeias poliméricas (Figura 5.3). É obtida a partir de *Aspergillus sp* e *Rhizopus sp*, sendo a de *A. niger* a mais usada. A velocidade de hidrólise dessa enzima depende do tipo de ligação osídica a ser rompida, do tamanho do polímero (massa molar) e da ordem na qual as ligações osídicas α-1,4 e α-1,6 aparecem no polissacarídeo (esse aspecto está relacionado com a origem do amido). As moléculas de glicose liberadas pela ação da glicoamilase apresentam-se na forma de anômero β, como observado na ação da β-amilase. A glicoamilase apresenta ótima atividade na faixa de pH entre 4,0 e 5,0, e no intervalo de temperatura entre 50 °C e 60 °C, considerando-se um tempo de reação de até 24 h. Um aspecto importante a se considerar é a capacidade da glicoamilase de catalisar a síntese de ligações osídicas α-1,4 a partir de anômeros α e β da glicose (β-D-glicose + α ou β-D-glicose ⇆ água + sacarídeos [GP entre 2 e 5]). Por essa razão, xaropes de glicose obtidos por sacarificação com glicoamilase são compostos por glicose (96,1%), maltose (1,0%), isomaltose (1,5%), maltulose (0,2%) e sacarídeos GP3 a GP5 (1,2%) (Hebeda, 1993). A reação sintetásica catalisada pela glicoamilase pode ser deslocada para a esquerda pela adição de água, ou seja, pode-se reduzir a concentração de sólidos do hidrolisado parcial a ser submetido à sacarificação. No entanto, esse procedimento implica o uso de reator de maior capacidade, o aumento do custo do processo relacionado à eliminação do excesso de água do produto e a possibilidade de contaminação microbiana.

O processo industrial de sacarificação, dependendo do tipo de produto desejado, pode durar desde algumas horas até 72 h. Por isso, a duração do processo e a dosagem de glicoamilase, no caso da produção do xarope de glicose, dependem da máxima concentração de glicose possível de ser obtida. Além desse ponto, a concentração de isomaltose pode aumentar de 1,5% até 12%, reduzindo o rendimento em glicose. No caso da maltulose (dissacarídeo formado por uma molécula de glicose e uma de frutose unidas por ligação α-1,4), sua formação ocorre se o pH da pasta submetida à liquefação não for mantido abaixo de 7,0. Em pH alcalino e alta temperatura a isomerização da glicose em frutose é estimulada, fazendo com que as extremidades não redutoras das cadeias dos polissacarídeos passem a ter moléculas de frutose no lugar da glicose. Sucede que a glicoamilase é incapaz de hidrolisar ligações α-1,4 formadas entre moléculas de glicose e frutose. Então, o teor de maltulose aumenta no xarope de glicose obtido a partir de pasta de amido liquefeita em pH > 7,0. Sacarídeos com GP > 3 sempre se formarão, mesmo que em quantidade irrisória (inferior a 1,2%), devido à reação de síntese catalisada pela glicoamilase. Em todo caso, os carboidratos citados são removidos do xarope de glicose por meio do tratamento final dado ao meio sacarificado, envolvendo a clarificação (filtração a vácuo) e o refino pela passagem em colunas de troca iônica. O xarope obtido ou é usado como tal, ou serve de matéria-prima para se obterem a glicose P.A. e o xarope com alto teor em frutose por meio da isomerização com a glicose isomerase. Quando são utilizadas α-amilase fúngica e glicoamilase – enzimas que possuem o mesmo pH de atividade ótima –, obtém-se o chamado xarope de alta conversão (DE acima de 60). É um xarope estável, que não cristaliza em temperatura ambiente, embora possua em torno de 83% de sólidos secos totais. Tem uso na indústria alimentícia, não só pelo teor de açúcares redutores, mas, também, por sua cor, sabor e índice de dulçor (Vitolo, 2021a).

Entre os xaropes comercializados merecem atenção, também, os xaropes enriquecidos em frutose (ver adiante) e os xaropes de maltose.

O xarope com alto teor em maltose (50 – 60%) pode ser obtido usando-se α-amilase fúngica numa suspensão de amido liquefeito de 10 a 20 DE. A mistura é concentrada para 38-52% de sólidos (base seca), o pH é ajustado a 5,0 e a temperatura mantida a 55 °C. A seguir, adiciona-se a enzima – por exemplo, 0,3 – 0,7 L por tonelada de sólidos (em base seca) de Fungamyl 800L® (Novo Nordisk) ou Amylozyme 100L® (Rhône-Poulenc) – e deixa-se a sacarificação ocorrer por 24 – 48 h (a depender do teor de maltose desejado). A seguir, procede-se à filtração, passagem por coluna de troca iônica (remoção de cinzas), ao tratamento com carvão ativado (descolorização) e, finalmente, concentração. O xarope obtido é composto por maltose (50%), glicose (3%), maltotriose (26%) e dextrinas (21%). Para se reduzir o teor de maltotriose, a α-amilase fúngica pode ser substituída por 0,25 – 0,75 L por tonelada de sólidos (base seca) de β-amilase – Spezyme BBA 1500L® (Genencor) ou Barley beta-amylase 1500L® (Rhône-Poulenc). O procedimento é análogo ao anterior, apenas com a diferença de que a sacarificação tem duração de 36 – 48 h. O xarope conterá glicose (1%), maltose (60%), maltotriose (8%) e dextrinas (31%). No entanto, é possível se obter xarope com até 75% de maltose (VHMS, sigla inglesa para *very high-maltose syrup*), usando-se enzima desramificante junto com a β-amilase. Nesse caso, o amido liquefeito/dextrinizado não poderá ter DE superior a 10. Assim, o dextrinizado tem a temperatura regulada entre 54 e 58 °C, o pH ajustado entre 5,2 e 5,6, sendo acrescido com 0,5 – 0,75 L de Spezyme BBA 1500L® ou Barley beta-amylase® e com 0,5 – 1,0 L por tonelada de sólidos (base seca) de Pulluzyme 750L (Rhône-Poulenc). A sacarificação tem duração de 36 – 58 h. A seguir, o xarope é refinado e concentrado (Bentley; Williams, 1996).

Considerando as limitações da glicoamilase – em termos de dosagem, hidrólise mais lenta das ligações α-1,6 mediante as α-1,4, atividade sintetásica e do tempo de reação – para a sacarificação completa do amido dextrinizado, preconizou-se o uso de enzimas desramificantes específicas para hidrolisar as ligações osídicas α-1,6 (Figura 5.11).

As enzimas desramificantes diretas hidrolisam as ligações α-1,6 de polissacarídeos ramificados, sem que tais macromoléculas tenham sofrido alguma modificação prévia. As pululanases de *Aerobacter aerogenes* e *Escherichia intermedia,* por exemplo, atuam preferencialmente sobre a pululana (polissacarídeo amplamente distribuído na natureza), mas são também eficientes na hidrólise das ligações osídicas α-1,6 em geral. As enzimas desramificantes de origem vegetal (feijão, milho e batata) também atuam no rompimento de ligações osídicas α-1,6 em geral. As isoamilases microbianas obtidas de *Pseudomonas sp* e *Cytophaga sp* hidrolisam preferencialmente as ligações α-1,6 que dão origem a ramificações, sendo úteis na caracterização estrutural de polissacarídeos ramificados e na obtenção de maltodextrinas especiais (Guodong *et al.*, 2017).

As enzimas desramificantes indiretas (por exemplo o sistema amilo-1,6-glicosidase/oligo-1,4 → 1,4-glucantransferase) só atacam ligações α-1,6 se a molécula do polissacarídeo tiver sofrido um ataque enzimático prévio. Na Figura 5.12, é apresentado um esquema de processo no qual uma pasta aquosa de amido (30% – 40% p/p) é submetida a um aquecimento rápido (*jet cooking*: 56 Psi e 149 °C por 10 min) e, em seguida, é transferida paulatinamente para um tanque munido de agitador mecânico e com temperatura controlada a 80 °C. Junta-se ao tanque α-amilase bacteriana (0,1% p/p), mantendo-se a mistura em agitação constante (12.000 rpm) até que toda a enzima e a pasta de amido sejam misturadas. A temperatura do tanque é ajustada a 50 °C, adicionando-se, em seguida, a glicoamilase (11 U/g de pasta) e a amilo-1,6-glicosidase (3 U/g de pasta). Após 48 h de sacarificação, as enzimas são inativadas pelo aumento brusco da temperatura a 90 °C pela injeção de vapor de água. No final, obtêm-se um xarope com 99% de glicose (Johnson, 1977).

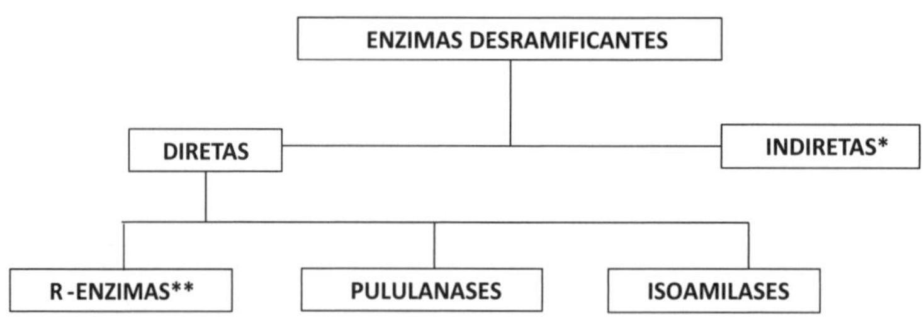


* Atuam sempre em duplas, por exemplo, amilo-β-1,6-glicosidase e oligo-1,4→ 1,4-glucantransferase
** São enzimas desramificantes de origem vegetal.

**Figura 5.11** – Classificação das enzimas desramificantes.

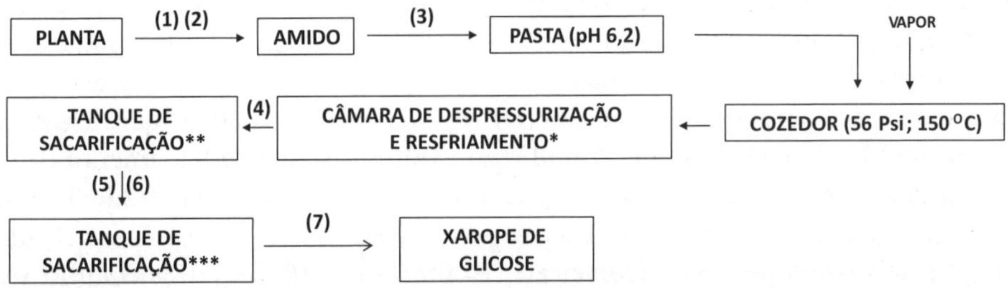


**(1) MOAGEM; (2) SEPARAÇÃO (RESULTAM: MILHOCINA, PROTEÍNAS E AMIDO); (3) ÁGUA, AMIDO (0,7 Kg/L) e $CaCO_3$ (1,7 g/L); (4) ADIÇÃO DE α-AMILASE BACTERIANA (150 U/100g de pasta); (5) ADIÇÃO DE GLICOAMILASE (1.100 U/g de pasta); (6) ADIÇÃO DE AMILO-1,6-GLICOSIDASE (300 U/g de pasta); (7) REFINO (FILTRAÇÃO E, SE PRECISO, PASSAGEM POR COLUNA CROMATOGRÁFICA); *A pasta cozida é feita fluir no interior desta câmara para que a pasta chegue ao tanque de sacarificação à temperatura de 80 °C; **A liquefação parcial da pasta é deixada ocorrer sob agitação (10.000 rpm) até DE = 20 (η = 50 cp). A seguir, a temperatura é reduzida sucessivamente a 60 °C (adição da glicoamilase) e 50 °C (adição da amilo-1,6-glicosidase); ***Tempo total de sacarificação = 48 h e pH = 5,7; o processo é finalizado com a inativação das enzimas (90 °C / 10 min).**

**Figura 5.12 –** Conversão do amido em xarope de glicose usando-se a α-amilase bacteriana, glicoamilase e amilo-1,6-glicosidase.

**Tabela 5.11 –** Tipos de xaropes obtidos por hidrólise enzimática

| Processo | Xarope de glicose | Xarope de maltose | Xarope de frutose | Xarope rico em maltose | Xarope de alta conversão |
|---|---|---|---|---|---|
| **Liquefação / dextrinização** | α-amilase* | α-amilase* | α-amilase* | α-amilase* | α-amilase* |
| **Sacarificação** | Glicoamilase, pululanase | α-amilase** β-amilase, pululanase | Glicoamilase, pululanase | α-amilase** β-amilase, pululanase | Glicoamilase α-amilase** pululanase |
| **Isomerização** | – | – | Glicose isomerase | – | – |

* α-amilase bacteriana termoestável.

** α-amilase fúngica maltogênica (*Aspergillus oryzae*).

Na indústria, são utilizados diferentes processos para converter a pasta de amido em xaropes e outros derivados (maltodextrinas, por exemplo). Alguns processos envolvem a sequência gelatinização, liquefação, dextrinização, sacarificação e refino. No entanto, há outros em que uma ou mais etapas pré-refino podem ser substituídas por desarranjos físico-químicos do material amiláceo por meio de equipamentos especialmente desenhados para tal. Um exemplo de processo que usa um arranjo não convencional para produzir xarope de glicose a partir de pasta de amido não tratada com enzimas antes da sacarificação está descrito na patente norte-americana de nº 3.806.415, concedida em 23 de abril de 1974 à Empresa Staly Manufacturing Company (Johnson, 1977). Em síntese, tem-se que esse processo prescinde do pré-tratamento da pasta de amido com ácido ou enzima, uma vez que o substrato para sacarificação é obtido pelo tratamento da pasta de amido (contendo no mínimo 20% p/p de amido em água) em uma câmara pressurizada (96 Psi) com vapor (163 °C), seguida da transferência do material para uma câmara de retenção mantida à pressão atmosférica, na qual a temperatura decresce para 98 °C, e a massa (DE < 2,0) é recolhida no tanque de sacarificação e mantida sob agitação de 12.000 rpm. A duração do pré-tratamento é de 40 min. Quando a temperatura baixa a 75 °C, uma dose de glicoamilase (2.000 - 3.000 U/100g de pasta) é adicionada, sendo a temperatura do tanque sacarificador regulada a 65 °C, e deixa-se o processo ocorrer até se obter o xarope com 97% em glicose. O processo de sacarificação pode durar até 72 h (Figura 5.13).

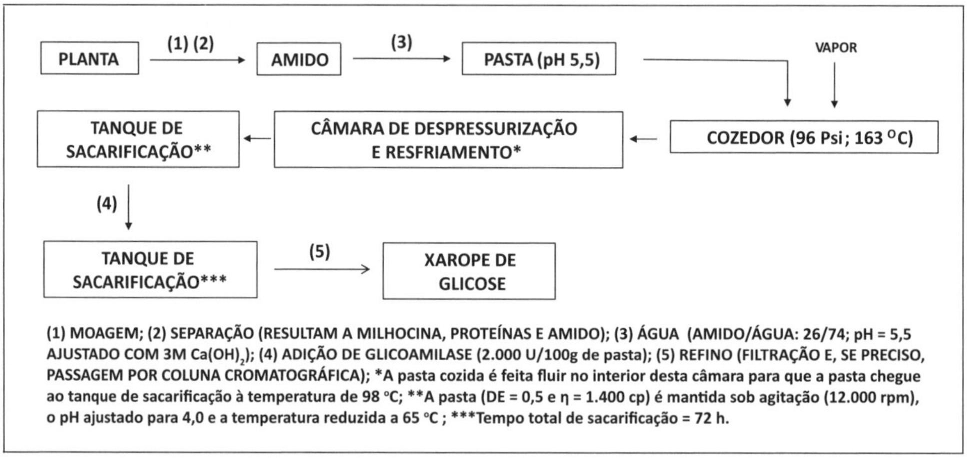


**Figura 5.13 –** Conversão do amido em xarope de glicose usando glicoamilase.

## 5.3.2.5 Isomerização

A isomerização pode ser considerada a última etapa do processamento do amido para a fabricação de xaropes, no caso de a produção de xarope conter frutose na concentração de 42%, 55% ou maior. A fabricação dos xaropes de frutose é feita por processo contínuo, usando-se glicose isomerase na forma imobilizada.

A produção de xaropes contendo frutose teve início nos anos 1970, no Japão, nos Estados Unidos e outros. Ela permitiu que países não produtores de açúcar de cana-de-açúcar e de beterraba dispusessem de adoçante alternativo, uma vez que xaropes com 42%, 55% e 90% de frutose têm índice de dulçor, quando comparado ao da sacarose, igual, 5% e 30% superior, respectivamente. Ressalta-se que xaropes com frutose também podem ser obtidos a partir do processo de inversão da sacarose com o uso da invertase. Nesse caso, o xarope é denominado de açúcar invertido (Vitolo, 2021c).

A glicose isomerase comercial é obtida de diferentes espécies microbianas e, por isso, exige condições operacionais de isomerização diferentes, sobretudo no que se refere à temperatura, ao pH e à concentração de sólidos totais (ST) na solução de partida. Como exemplos de microrganismos produtores de glicose isomerase, temos:

*Streptomyces olivochromogenes* (55 °C – 60 °C; 7,8 < pH < 8,6 e 35% – 50% de ST), *Streptomyces rubiginosus* (54 °C – 62 °C; pH = 7,6 e 40% – 50% de ST), *Actinoplanes missouriensis* (58 °C – 60 °C; pH = 7,5 e 40% – 45% de ST) e *Bacillus coagulans* (59 °C – 61 °C; 7,8 < pH < 8,3 e 40% – 45% de ST).

A glicose isomerase (GI) é uma enzima intracelular e que converte a glicose em frutose segundo a reação:

$$\mathbf{GI} + \text{GLICOSE} \underset{k_{-1}}{\overset{k_1}{\rightleftarrows}} \text{GLICOSE-}\mathbf{GI} \underset{k_{-p}}{\overset{k_p}{\rightleftarrows}} \mathbf{GI} + \text{FRUTOSE}$$

$$\uparrow\downarrow$$

$$\mathbf{GI}\text{-FRUTOSE}$$

Uma das maneiras de se expressar a velocidade da reação catalisada pela GI é (Vitolo, 2021b):

$$v = V_{maxf} \cdot [(S) - (S)_{eq}] \div \{K_{Ms} \cdot [1 + (P)/K_{Mp}] + (S)\}, \tag{5.1}$$

em que $V_{maxf}$ é a velocidade máxima da reação no sentido da formação da frutose; (S) e (P) representam as concentrações de glicose e frutose, respectivamente; $K_{Ms}$ e $K_{Mp}$ referem-se à constante de Michaelis-Menten em relação, respectivamente, à glicose e à frutose; e $(S)_{eq}$ corresponde à concentração de glicose no equilíbrio.

Da Equação (5.1), observa-se que a frutose exerce ação inibitória competitiva sobre a GI. Ou seja, a velocidade inicial da reação depende do afastamento em relação ao ponto de equilíbrio no qual o sistema se encontra – representado pelo termo $[(S) - (S)_{eq}]$. Pelo padrão catalítico natural da GI, obtém-se no equilíbrio quantidades praticamente iguais de frutose e glicose. Como o processo é realizado em reator operado em regime contínuo, alcançar o equilíbrio químico real requer tempo de residência longo, que acaba encarecendo o processo – sem contar o efeito inibidor da frutose. Por isso, o processo é ajustado para se obter xarope de frutose a 42%. Xaropes com 55% ou mais em frutose só podem ser obtidos por meio da passagem da mistura por coluna cromatográfica.

Pela lei de Le Chatelier, o equilíbrio em questão só pode ser deslocado no sentido da produção da frutose usando-se alta concentração de glicose. O uso de dose alta da enzima ou o aumento do tempo de reação também poderiam ser utilizados. No entanto, dose alta de enzima encarece o processo, enquanto o tempo maior de reação promove a formação de subprodutos indesejados, que aumentam o custo de refino do xarope. Acrescenta-se que um processo de longa duração implica também maior consumo de energia. Por essas razões, o processo de isomerização só passou a ser rentável quando surgiu no mercado a glicose isomerase imobilizada.

Há vários métodos para se imobilizarem a glicose isomerase e enzimas em geral (ver Capítulo 3). Por exemplo, a GI obtida de *B. subtilis* ou de qualquer outra espécie microbiana resulta do rompimento das células para liberar a enzima, seguindo protocolo de *downstream* constituído por filtração ou centrifugação do extrato, ultrafiltração e cristalização da enzima. A GI purificada é dissolvida em uma mistura de DEAE-celulose, dióxido de titânio e poliestireno, sendo o sistema deixado sob agitação lenta por 3 a 5 h. A resina com a GI adsorvida é separada, seca e tamisada (partículas de tamanho entre 400 e 800 μm). Um aspecto importante é o fato de o suporte poder ser reutilizado quando a atividade da GI imobilizada residual for da ordem de 20%. No caso de o suporte ser a DEAE-celulose, ele pode ser regenerado ao ser lavado por três vezes sucessivas com água e hidróxido de sódio (2%), finalizando as lavagens com água deionizada. Finalmente, nova quantidade de GI é imobilizada na resina lavada, recompondo-se o sistema com 95% da atividade original. É importante destacar que a recuperação do sistema imobilizado pode ser efetuada dentro do próprio reator sem necessidade de descarregá-lo.

O sucesso industrial da isomerização deve-se à disponibilidade da GI imobilizada e à baixa viscosidade da solução de amido sacarificado. Essa característica, associada à baixa massa molar da glicose e da frutose, permite que a mistura (reagente mais produto) difunda com facilidade através dos poros do suporte. Outros aspectos relevantes são a meia-vida longa do sistema imobilizado (cerca de sete meses) – que leva à diminuição do custo da enzima, uma vez sendo intracelular a GI tem custo não negligenciável – e a baixa formação de produtos colaterais (devido ao maior controle que um processo operado em regime contínuo permite).

A isomerização consiste no carregamento de um reator pistonado (tipo coluna; ver capítulo 3) com a GI imobilizada, mantendo-se a temperatura do reator entre 55 °C e 61 °C durante todo o processo. Em seguida, o reator é alimentado continuamente (vazão específica de alimentação entre 0,25 e 2 $h^{-1}$) com uma solução (pH entre 7,5 e 8,6) contendo entre 93% e 98% de glicose. O efluente constituído por 41% – 43% de frutose e 51% – 55% de glicose é tratado com carvão ativo, passado por coluna com resina trocadora de íons, concentrado a 71% de sólidos totais e estocado à temperatura entre 27 °C e 32 °C (para evitar a cristalização da glicose) (Figura 5.14).

Xaropes com mais de 42% em frutose são obtidos por meio de processos cromatográficos e/ou de misturas entre xaropes com diferentes quantidades de frutose. Assim, xarope refinado contendo 42% de frutose é passado por uma coluna de troca iônica na qual a frutose é retida, e o eluente constituído por glicose (80% – 90%), frutose (5% – 10%) e outros sacarídeos (menos de 5%) é recolhido e reciclado para nova sacarificação ou isomerização. Em seguida, a frutose é eluída da coluna, resultando-se em uma solução contendo frutose (80% – 90%) e glicose (7% – 19%). Preferencialmente, esse xarope com alto teor em frutose (HFCS, sigla inglesa para *high-fructose corn syrup*) é usado em mistura com o xarope a 42%, para obter um xarope com 55% de frutose. Este, por sua vez, é concentrado a 77% de sólidos totais e, a seguir, embalado. Contudo, o HFCS pode ser concentrado a 77% – 80% de sólidos totais e comercializado como xarope não cristalizável, ou servir de fonte para a produção da frutose cristalizada.

Finalmente, dois outros aspectos devem ser considerados: a adição de íons magnésio perfazendo uma concentração de 100 ppm e redução do oxigênio no meio de reação pela adição de solução de sulfito de sódio (2 mM) perfazendo o teor de $SO_2$ dissolvido em torno de 50 ppb. Os íons magnésio estabilizam a GI e o sulfito evita a contaminação microbiana e a oxidação dos resíduos de cisteína da GI, que são importantes para a ação catalítica da enzima.

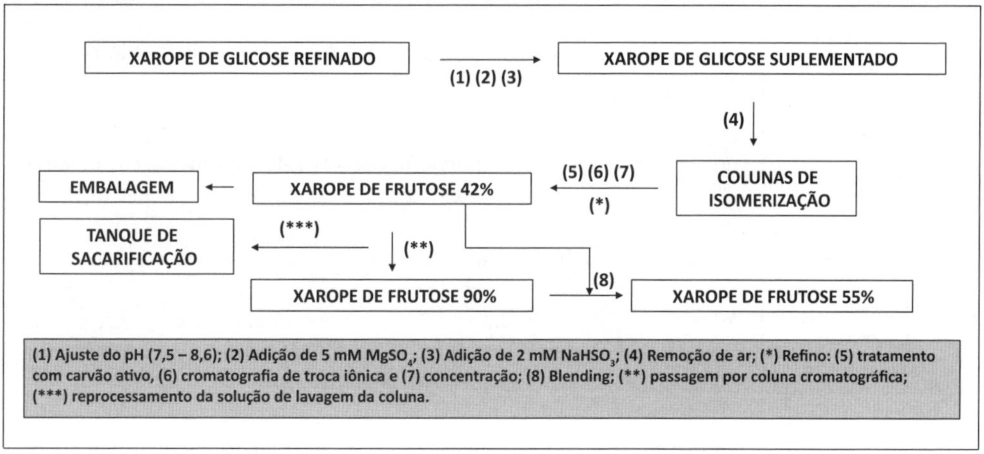


**Figura 5.14 –** Esquema para a produção de xaropes de frutose.

## 5.3.3 APLICAÇÕES DOS DERIVADOS DA HIDRÓLISE DO AMIDO

Os derivados do amido são usados em diferentes tipos de indústrias devido às diversas propriedades funcionais, que incluem índice de dulçor, fermentabilidade, viscosidade, reforço de sabor, pressão osmótica, umectância, higroscopicidade, formação de cor, entre outras (Hebeda, 1993).

### 5.3.3.1 Glicose

A glicose é usada em formulações de baixo índice de dulçor, como fonte de carbono para os processos fermentativos e para equilibrar a pressão osmótica de formulações líquidas. Ela é usada em panificação, conservas, confeitaria e na produção de bebidas, além de outros usos não alimentícios (Quadro 5.3).

**Quadro 5.3 –** Aplicações da glicose

| INDÚSTRIA | APLICAÇÕES |
|---|---|
| **Panificação** | Açúcar fermentescível; conferir maleabilidade à massa e textura ao miolo do pão; formação da crosta, da cor e do sabor (via reação de Maillard) do pão. |
| **Bebidas** | Líquidas (controle do índice de dulçor; equilíbrio da pressão osmótica); em pó (incrementador do sabor e redução do índice de dulçor); açúcar fermentescível para produzir vinho e cerveja. Na cerveja de baixa caloria, por ser completamente fermentada, contribui com a redução da concentração final de carboidratos e das calorias da bebida. |

(*continua*)

**Quadro 5.3** – Aplicações da glicose (*continuação*)

| INDÚSTRIA | APLICAÇÕES |
|---|---|
| **Conservas** (molhos, sopas, geleias, e sucos de frutas) | Controle da pressão osmótica, garantir sabor, índice de dulçor controlado e textura. |
| **Confeitaria** | Controle da cristalização, conferir maciez, consistência, dureza, cor, brilho e índice de dulçor controlado em doces, balas e gomas. |
| **Farmacêutica** | Na forma anidra, é usada em soluções parenterais e em comprimidos. |
| **Químico--farmacêutica** | Fonte de carbono nas fermentações para produzir antibióticos, ácido cítrico, enzimas, aminoácidos, ácido lático, entre outras. Reagente para a síntese de sorbitol e polidextrose. |
| **Outras** | Adesivo em colas; assentamento de placas de parede; antiendurecimento do concreto; ligante em resinas; diluente de corantes; agente redutor no tratamento de metais; flexibilidade do couro. |

#### 5.3.3.2 Xaropes de frutose

O principal uso dos xaropes de frutose é como adoçante em refrigerantes. Inclusive a percepção mais acentuada do sabor doce do xarope se dá em temperaturas mais baixas e em pH ácido (Hebeda, 1993). O xarope de frutose 42% é usado em conservas, como adoçante; em laticínios, como espessante, melhorador da textura e da palatabilidade; e em confeitaria como adoçante e umectante. O xarope de frutose 90% é usado em alimentos de baixa caloria e para se obter frutose cristalizada.

#### 5.3.3.3 Xaropes genéricos

Compreendem todos os xaropes com DE entre 20 e 99. Logo, uma ampla variedade de xaropes contendo diferentes teores de sacarídeos pode ser fabricada. As propriedades funcionais e os correspondentes usos variam de acordo com a composição do xarope. Em geral, eles são usados como adoçantes, indutores de fermentação (como fontes de carbono na produção de bebidas e na panificação), antiespumantes e umectantes. Nas formulações, interferem na viscosidade, na higroscopicidade, no controle da pressão osmótica, na cristalização de açúcares e na reação de Maillard. No Quadro 5.4, é apresentada a aplicação dos xaropes em diferentes setores industriais.

**Quadro 5.4 –** Aplicações industriais dos xaropes genéricos

| INDÚSTRIA | APLICAÇÕES |
|---|---|
| **Panificação** | Fontes de açúcares fermentescíveis; mantêm o balanço higroscópico do produto; colaboram na coloração final da crosta. |
| **Bebidas** | Fontes de açúcares fermentescíveis; conferem consistência ao produto; intensificadores de sabor. |
| **Conservas** | Melhoradores do sabor, cor e textura do produto; impedem a cristalização da sacarose; conferem consistência ao produto; garantem alta pressão osmótica em conservas de frutas. |
| **Confeitaria** | Conferem viscosidade, higroscopicidade, palatabilidade, sabor doce, textura e resistência à descoloração; intensificam a reação de Maillard; conferem lustro em balas e textura flexível em chicletes. |
| **Laticínios** | Impedem a cristalização sem intensificar o sabor doce; conferem textura e maciez ao produto. |
| **Outras** | Controlam a evaporação em colônias e perfumes; conferem umectância em desodorizantes; aumentam a estabilidade de adesivos; antiendurecimentos do concreto; conferem sabor doce a pastilhas medicamentosas. |

### 5.3.3.4 Maltodextrinas

As maltodextrinas são hidrolisados do amido com DE inferior a 20 e desprovidas de sabor doce. Elas são usadas na forma anidra como agentes dispersantes em branqueadores de café e como carreadores de essências. Elas são usadas em produtos de padaria, sopas, molhos, bebidas em pó, condimentos, alimentos desidratados, chá instantâneo, marshmallows, revestimento de panelas, torrones e salgadinhos.

Atualmente, tem crescido o uso das ciclodextrinas – moléculas cristalinas, homogêneas e não higroscópicas – obtidas do amido liquefeito tratado com a enzima α-ciclodextrina glucanotransferase (CGTase). Dadas as suas características tridimensionais, as moléculas de ciclodextrinas (constituídas por 6 a 10 moléculas de glicose dispostas em círculo) têm caráter hidrofóbico (parte interna) e hidrofílico (parte externa). Por meio do arcabouço interno, as ciclodextrinas podem reter com eficiência moléculas de baixa massa molar, tendo por isso múltiplos usos nas indústrias de alimentos, cosméticos e farmacêutica. Na indústria de alimentos, são usadas para aumentar a estabilidade dos ingredientes fotossensíveis, termolábeis, oxidáveis e voláteis presentes nas formulações (Rajput *et al.*, 2016).

## 5.4 PERSPECTIVAS

O uso de enzimas nos processos de conversão do amido está consolidado há décadas, e sua dinâmica de crescimento segue as dos vários produtos derivados. Esses têm a demanda puxada por fatores de mercado – norteados pela conscientização dos consumidores sobre o balanceamento que deve haver entre os alimentos ingeridos e suas qualidades nutricionais – como o aumento da demanda por produtos com baixo teor em sacarose e de baixa caloria, o crescimento da população mundial e o aumento da disponibilidade financeira de países em desenvolvimento.

A pujança do mercado de enzimas para a hidrólise do amido pode ser aquilatada pelas cifras envolvidas da ordem de US$ 1,5 bilhão em 2019, com taxa esperada de crescimento anual de 4%, estimando-se para 2030 o valor global de 2,3 bilhões, além da existência de mais de duas dezenas de fornecedores (Tabela 5.12). Dentre as enzimas desse segmento, as α-amilases bacteriana e fúngica respondem por 50% do total.

A força e a dinâmica do mercado de enzimas seguem *pari passu* o mercado de xaropes (frutose, glicose, maltose e mistos) e o dos monossacarídeos (glicose e frutose) de grau analítico. Assim, estima-se que o mercado global de frutose (xaropes e frutose cristalizada), da ordem de US$ 4,8 bilhões em 2021, crescerá à taxa de 5,7% ao ano, chegando a US$ 6,6 bilhões em 2026; o mercado global de xaropes de glicose deverá crescer 6,2% ao ano a partir de 2021 (US$ 3,5 bilhões) até 2026 (US$ 4,7 bilhões); e o mercado global de xaropes de maltose – que responde por cerca de 6% do mercado mundial de xaropes – da ordem de US$ 1,22 bilhão (2022) terá crescimento da ordem de 4,4% ao ano, alcançando o valor de US$ 1,88 bilhão em 2032.

Por conseguinte, o mercado de enzimas para acompanhar o crescente mercado bilionário dos xaropes derivados da conversão do amido deverá fornecer glicose isomerase imobilizada com performance catalítica melhorada (por exemplo, menos sensível à inibição por íons cálcio), α-amilases termoestáveis (temperatura acima de 120 °C), glicoamilase imobilizada e enzimas desramificantes estáveis à temperatura acima de 70 °C.

**Tabela 5.12 –** Exemplos de preparados enzimáticos comerciais para a conversão do amido

| Produto (Nome) | Especificações* | | | | | |
|---|---|---|---|---|---|---|
| | Origem | T (°C) | pH | SL** | Dosagem*** | Atividade |
| **AmerXL**[1] | α-amilase (*B. licheniformis*) | 85 – 100 | 4,5 – 7,0 | 12 | 0,15 – 0,30 L/t | 70.000 U/mL |
| **Powermix 2.0**[1] | Glicoamilase (*A. niger*) pululanase (*B. subtilis*) | 58 – 64 | 4,0 – 7,0 | 24 | 0,35 – 0,6 kg/t | - |

(*continua*)

**Tabela 5.12** – Exemplos de preparados enzimáticos comerciais para a conversão do amido (*continuação*)

| Produto (Nome) | Especificações* | | | | | |
|---|---|---|---|---|---|---|
| | Origem | T (°C) | pH | SL** | Dosagem*** | Atividade |
| **PUL2**[(1)] | Pululanase (*B. subtilis*) | 45 - 52 | 3,0 - 5,0 | 12 | 0,35 - 0,6 L/t (Xp de glicose); 1,0 - 2,0 L/t (Xp de maltose) | 2.000 U/mL |
| **GA 130L**[(1)] | Glicoamilase (*A. niger*) | 55 - 60 | 4,0 - 5,0 | 12 | 0,6 - 1,2 L/t | 130.000 U/mL |
| **Gluco-amylase GA150**[(2)] | Glicoamilase (*A. niger*) | 55 - 60 | 4,0 - 4,4 | 18 | 0,7 - 0,8 kg/t | 150.000 U/mL |
| **α-amylase AHA-400**[(2)] | α-amilase (*B. licheniformis*) | 97 | 5,5 - 6,5 | 18 | 0,3 - 0,4 kg/t | 40.000 U/mL |
| **Termamyl**[(3)] | α-amilase (*B. licheniformis*) | 90 | 6,5 - 7,2 | 12 | - | 60 KNU/g |
| **Dextrozyme 150/50**[(3)] | Glicoamilase (*A. niger*); pululanase (*B. acidopullulyticus*) | 56 - 62 | 4,0 - 5,0 | 6 | 0,80 - 1,2 L/t | Glicoamilase (150 AGU/mL) pululanase (50 PUN/mL) |
| **Promozyme 200L**[(3)] | Pululanase (*B. acidopullulyticus*) | 58 - 60 | 4,5 - 5,5 | 12 | 0,25 - 3,0 kg/t | 200 PUN/g |
| **Sweetzyme**[(3)] | Glicose isomerase (*B. coagulans*) | 80 | 7,5 - 8,5 | 6 -12 | - | 250 IGIU/g |
| **AMG**[(3)] | Glicoamilase (*A. niger*) | 70 - 75 | 4,0 - 4,5 | 12 | - | U/mL |

[(1)] Sunson Co.; [(2)] Annzyme Co.; [(3)] Novozymes Co.

* Baseadas em boletins técnicos das empresas (inclusive as definições de unidades de atividade enzimática não são expressas em unidades internacionais);

** SL = *Shelf-Life* (expressa em meses);

*** Expressa por tonelada de amido em base seca.

## 5.5 PRODUÇÃO DO AMIDO

O amido é uma matéria-prima de origem vegetal de cor branca, inodora e insípida com usos industriais múltiplos, como na indústria de alimentos (espessante em produtos como alimentos infantis, alimentos pré-cozidos, marinados, mostarda, ensopados, molhos, sopas, sobremesas, achocolatados etc.; como antiaglutinante, para evitar que o queijo ralado grude na face interna da embalagem plástica; para conferir textura em chicletes, tornando-os mastigáveis), na indústria de papel-celulose (revestimento do papel, caixas de papelão, papéis de parede, entre outros), na indústria farmacêutica (como ligante em comprimidos, emulsões e pomadas), na indústria têxtil (a fim de conferir rigidez ao fio, para facilitar a etapa de trefilação), na indústria de cosméticos (como absorvente de aromas, corantes, substituto do talco para bebês, entre outros), na indústria química (em adesivos, compostos para caldeiras, briquetes, gizes, agentes para polimento (cordas e cortiça, por exemplo), gizes de cera, detergentes, corantes, placas de fibra, fibras de vidro, fogos de artifício, agente lubrificante, entre outros).

A ampla gama de aplicações do amido se reflete na atual produção mundial da ordem de 200 milhões de toneladas, cuja taxa de crescimento anual (CAGR, na sigla em inglês) esperada é de 5% para o período 2022 - 2032, de acordo com renomadas consultorias do setor. A tendência do mercado para o amido é de crescimento, o qual é puxado não só pelas aplicações mencionadas, mas também pelo crescimento da demanda por alimentos processados e medicamentos pelos países emergentes; obtenção de materiais esponjosos, para a confecção de embalagens térmicas (em substituição ao isopor); de bioplásticos, para substituir os obtidos de combustíveis fósseis; e na fabricação de ânodos (Si-C), para substituir os ânodos de grafite usados em baterias convencionais. Esta última aplicação trará benefícios à indústria de carros elétricos, uma vez que baterias com ânodos (Si-C) são mais baratas e com maior capacidade de carga.

As principais fontes de amido são o milho (corresponde a não menos que 60% da produção mundial de amido, sendo os Estados Unidos o maior produtor; o CAGR médio estimado é de 7,7%), a mandioca (produção mundial da ordem de 20% do total com destaque para a Tailândia como maior produtor; o CAGR médio esperado é de 6,5%), a batata (produção mundial da ordem de 10%; o CAGR médio é de 3,9%) e o arroz (produção mundial da ordem de 7%; o CAGR médio é de 5,9%).

Dado a magnitude do mercado mundial do amido de milho, concentraremos a atenção sobre o uso de enzimas na sua produção. O milho (*Zea mayis*) é uma planta original do México. Após séculos de hibridizações e mutações, resultaram seis variantes principais, a saber: milho dentiforme (*dent-corn*), milho duro (*hard-corn*), milho farináceo, milho de pipoca (*pop-corn*), milho doce (*sweet-corn*) e milho gorduroso (*waxy-corn*). A variedade plantada depende do clima da região. Por exemplo, os milhos duro e dentiforme são cultivados em regiões tropicais e subtropicais, respectivamente. As variedades de milho diferem em tamanho, forma e composição do grão. A composição média de um grão de milho (em base seca) é amido (71,4%), proteína (10%), gordura (4,5%), cinzas (1,5%), pentose (6,4%), celulose e lignina (3,4%), açúcares (2,8%), umidade (17%) e carotenoides (30,0 mg/kg) (Jackson; Shandera, 1995).

O grão de milho apresenta quatro componentes estruturais principais, a saber, extremidade fibrosa (0,8% p/p BS), pericarpo (casca; 5,2% p/p BS), endosperma (83% p/p BS) e germe (11% p/p BS). A extremidade fibrosa, por meio da qual o grão se liga à matriz da espiga, permite a passagem de água, gases e fluidos em geral para a matriz. A casca (pericarpo) é a cobertura externa que protege o grão contra injúrias, sendo formada por várias camadas de células e carboidratos (hemicelulose e celulose), tendo a camada mais externa, denominada cutina, coberta por uma substância oleosa. O endosperma é basicamente constituído por grânulos de amido embebidos em uma matriz proteica (sendo a zeína a proteína principal). Nesta estrutura, que é rígida devido à forte interação amido-proteína, encontram-se os carotenoides. O endosperma, por sua vez, pode ser dividido em três frações: aleurona (é a parte externa contendo proteína e estrutura rígida), endosperma vítreo (os grânulos de amido estão recobertos pela matriz proteica; esta é a parte a ser submetida ao processo de maceração) e endosperma farinhoso (os grânulos de amido não estão recobertos pela matriz proteica). O germe é constituído por lipídeos, sais minerais, açúcares e proteínas. O germe, por sua vez, é formado por três frações: *scutellum* (atua como reservatório de nutrientes de pronto uso pelo metabolismo da planta, além de possuir gotas de óleo e pentose; esta estrutura, também, é o alvo da maceração), radícula e plúmula.

O amido de milho é formado por amilose (26%) e amilopectina (74%). No núcleo do grão, onde o amido perfaz cerca de 70% de sua massa em base seca, os polissacarídeos estão fortemente emaranhados, conferindo ao grânulo formato esférico característico e birrefringência. A extração do amido com alto grau de pureza por meio da maceração é possível devido à fluidez da suspensão aquosa (50% p/v, BS), que permite sua transferência entre os equipamentos de processamento através de bombas comuns.

O milho é um dos cereais mais cultivados no mundo, sendo 80% direcionados para alimentação animal e 20 %, para outros fins, como alimentos à base de milho (curau, *corn flakes*, entre outros), obtenção do farelo (subproduto da extração do óleo), obtenção do amido como matéria-prima. As características apresentadas pelo milho, como a grande disponibilidade ao longo do ano, o baixo custo e a grande estabilidade durante o armazenamento tornaram sua industrialização uma das mais rentáveis e dinâmicas atividades industriais ao redor do mundo.

O processamento industrial do milho pode ser conduzido por via seca (os grãos são moídos e, em seguida, prensados contra peneiras de abertura padronizada usando ar comprimido) ou por via úmida (os grãos são suspendidos em solução aquosa saturada com $SO_2$). A escolha do processo depende do grau de pureza do amido desejado, sendo o realizado por via úmida preferido para se produzir amido com alto grau de pureza (Rausch; Eckhoff, 2016).

O processamento do milho por via úmida para a produção de amido está esquematizado na Figura 5.15. A primeira etapa consiste na limpeza dos grãos para remover detritos oriundos da plantação e na remoção de grãos danificados. Em seguida, são executadas as operações unitárias de maceração, moagem, tamisação e centrifugação. Por exemplo, o processamento por via úmida do milho dentiforme leva a rendimentos em sólidos totais na água de maceração, germe separado, fibras, proteína (glúten) e amido iguais a 3,53%, 6,78%, 13,37%, 10,91% e 65,29%, respectivamente. A maceração, que é a segunda etapa do processo e que visa à desagregação dos grânulos de milho, pode ser feita a temperaturas entre 40 °C e 50 °C, concentrações de ácido lático e $SO_2$ entre 10 e 30 g/L e 150 e 1440 ppm, respectivamente. O rendimento dos produtos intermediários e finais obtidos depende da eficiência da etapa de maceração.

A maceração, cuja duração situa-se entre 30 e 50 h, tem início pela mistura de 1 tonelada de milho com 1,2 – 1,5 toneladas de água (Jackson; Shandera, 1995). O processo completo, no qual o $SO_2$ é suprido continuamente, pode ser dividido em três etapas: 1) hidratação completa dos grãos de milho, resultando aumento de peso entre 40 e 45%. Os microrganismos naturalmente presentes nos grãos (*Lactobacillus sp*) metabolizam os açúcares e as proteínas dissolvidas na água. Ambos os substratos perfazem cerca de 6,5% (em base seca) do total de milho processado. Após a fermentação, a concentração de ácido láctico formado é da ordem de 20 g/L. Esse, ácido junto com o $SO_2$, evita o crescimento de microrganismos e amolece os grãos de milho. Além disso, a temperatura e o ácido láctico agem sinergisticamente na destruição das células vegetativas presentes nos grãos, que, por sua vez, deixam os grãos permeáveis ao $SO_2$. A fermentação cessa, quando a concentração do $SO_2$ ultrapassa 300 ppm, uma vez que os *lactobacillus* são inativados; 2) difusão do $SO_2$ no interior dos grãos, à medida que o $SO_2$ se difunde dentro dos grãos, as proteínas presentes são desnaturadas devido ao rompimento das ligações sulfeto entre os resíduos de cisteínas presentes na estrutura primária das proteínas. Em consequência, o amido e outros componentes (por exemplo, óleo) são liberados; 3) saturação dos grãos com 2.500 ppm de $SO_2$.

A maceração pode ser realizada na presença de enzimas hidrolíticas (proteases e carboidrases, principalmente), além do $SO_2$ (Bemiller; Whistler, 2009; Singh; Johnston, 2004). Já existem no mercado preparados enzimáticos para esse fim, sobretudo à base de hemicelulases, como Wheatzyme® (Rhône-Poulenc), Spezyme CP® (Genencor), Econase® (Alko) e Frontia-fiberwash® (Novozymes) (Bentley; Williams, 1996).

Considerando-se que a estrutura do pericarpo é constituída por uma matriz intrincada de lignina e polissacarídeos (hemiceluloses, celulose e xilanas) e do endosperma, composta por amido e proteínas, o uso de enzimas pode ser de grande utilidade para otimizar o processo de maceração (Talens-Perales *et al.*, 2016). Para tanto, a carboidrase (xilanase, por exemplo) e a protease (protease ácida fúngica, por exemplo) são adicionadas separadamente durante a maceração (Figura 5.15). O rompimento das camadas externas dos grãos pela xilanase favorece a difusão para o interior dos grãos da protease e do $SO_2$. Consequentemente, a quantidade de $SO_2$ necessária para saturar os grãos no terceiro estágio da maceração diminui cerca de 25%, impulsionando o maior rendimento na extração do amido durante a segunda moagem (Figura 5.15). Portanto, a condição *sine qua non* é conseguir manter a concentração de $SO_2$ em nível a permitir o controle microbiano durante a fermentação, mas não elevado a ponto de encarecer o processo, prejudicar o meio ambiente e a saúde dos operários envolvidos na produção do amido. Uma pista para alcançar o equilíbrio de $SO_2$ no meio de maceração foi demonstrada ao usar-se xilanase em grãos de milho previamente hidratados e ligeiramente moídos no primeiro estágio da maceração. Esse procedimento permitiu reduzir em 4 h a duração total do processo (Vitolo, 2020).

Atenção deve ser dispensada quando enzimas são utilizadas no processamento dos grãos de milho, sobretudo para garantir que a atividade proteolítica seja zerada ao final da maceração ou, mais tardar, após a segunda moagem, para evitar sua ulterior ação sobre as proteínas de interesse comercial, obtidas como subproduto da produção do amido (Figura 5.15). A eventual presença da xilanase não se constitui em problema, uma vez que o seu substrato foi hidrolisado no primeiro estágio da maceração. Portanto, a razão xilanase/protease deve ser balanceada.

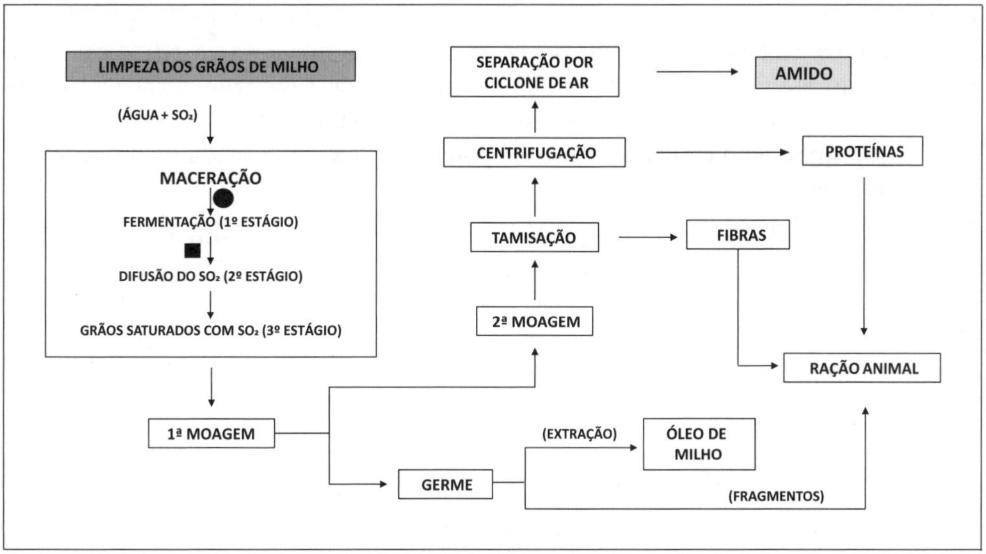


**Figura 5.15 –** Esquema da obtenção do amido por via úmida. Enzimas: xilanase [(0,08 – 0,2% p/p); ( ● )] e protease ácida fúngica [(0,25 – 1,0% p/p); ( ■ )]. Condições operacionais: razão grãos/água = 1:1,5; $SO_2$ adicionado entre 150 e 1.500 ppm; tempo total de maceração (45 – 50 h).

O critério para fixar a concentração adequada das enzimas deve basear-se em testes prévios – nos quais as quantidades mínimas de enzimas são fixadas, tomando-se por base a variação de textura do grão de 92N para 53N – e nas informações técnicas fornecidas pelo produtor das enzimas (Vitolo, 2020).

Finalmente, a água residual do processamento do amido, comumente chamada de milhocina, é constituída por sólidos totais (53%), nitrogênio total (5%), ácido láctico (30%), açúcares totais (8%) e cinzas (4%), sendo destinada para a produção de penicilina.

## 5.6 CONCLUSÃO

O amido *per se* é uma matéria-prima vegetal de amplo uso industrial. Na indústria de alimentos, é usado como espessante, antiaglutinante e texturizante; na indústria de papel e celulose, para conferir flexibilidade, coesão das fibras de celulose e suavidade ao papel; na indústria farmacêutica, como agente aglutinante de formas farmacêuticas; na indústria têxtil, para conferir rigidez ao fio e facilitar a etapa de trefilação; na indústria de cosméticos, como retentor de aromas e corantes, além de substituto do talco para bebês; e na indústria química, em adesivos, compostos para caldeiras, briquetes, giz de cera, detergentes, corantes, placas de fibra de vidro, fogos de artifício, agentes lubrificantes, entre outros. A demanda mundial para o amido em 2021 foi da ordem de 200 milhões de toneladas, sendo a taxa anual de crescimento prevista para o período 2022/2032 de 5%. A tendência de crescimento do mercado de amido resulta da maior demanda por alimentos e medicamentos pelos países emergentes, do aumento da produção de bioplásticos (sobretudo para uso em embalagens), de sucedâneos do isopor (isolante térmico) e na fabricação de ânodos (Si-C) para substituir os ânodos de grafite usados em baterias convencionais – para uso na indústria de carros elétricos, uma vez que baterias com ânodos (Si-C) são mais baratas e com maior capacidade de carga. Por sua vez, o amido contido em farinhas de cereais (trigo, cevada, centeio, mandioca, milho etc.) é alvo de hidrólise parcial para a manufatura de produtos de padaria em geral.

O uso de enzimas na modificação enzimática do amido é intenso em panificação (α-amilase fúngica, α-amilase bacteriana, β-amilase, proteases, oxidases, xilanases, lipases e asparaginase) e na produção de xaropes (α-amilase fúngica, α-amilase bacteriana, β-amilase, glicoamilase, pululanase e glicose isomerase). No entanto, na produção do amido como matéria-prima, o uso de enzimas (xilanase e protease ácida fúngica) em associação com o $SO_2$ fica restrito à etapa de maceração do grânulo de milho, visando à sua desestruturação, para facilitar a extração do amido, proteínas, óleo, entre outras substâncias de interesse comercial.

De um modo geral, o uso de enzimas em panificação tende a aumentar, por causa dos rigores da legislação alimentícia relacionada ao uso de farinhas modificadas por via química (remoção de pigmentos, por exemplo). Espera-se um aumento do uso das proteases, devido ao fato de que as farinhas disponíveis no mercado estão cada vez mais ricas em proteínas. Lipases, xilanases, transglutaminases e oxidases também, deverão ser usadas em quantidades crescentes, dados os efeitos positivos que exercem nos produtos de padaria tradicionais, além de colaborarem na fabricação de produtos diferenciados, como os ricos em fibras alimentares (ditos "integrais") e os desprovidos de glúten. Há perspectivas para o aumento do uso da asparaginase em panificação devido à restrição legal sobre a presença da acrilamida, substância gerada durante o processamento, nos produtos de padaria em geral. No que se refere às enzimas amilolíticas, a demanda atual – que corresponde à metade do total de enzimas usadas em panificação – apresenta viés de crescimento, devido ao melhoramento da atividade catalítica proveniente do aprimoramento das fontes microbianas via técnicas biotecnológicas. Nos últimos anos, as demandas baseadas na expectativa do "melhor para você", têm forçado a fabricação de produtos de panificação compostos por ingredientes saudáveis. Por conseguinte, as vendas de enzimas para panificação perfazem 1,5% – 2,5% do mercado total de enzimas comercializadas. Em 2021, o mercado global de enzimas para panificação foi da ordem de US$ 884 milhões, estimando-se o crescimento anual de 5,1% para o período 2021-2031.

O uso de enzimas nos processos de hidrólise do amido está consolidado há décadas (sobretudo a partir de 1930), cuja dinâmica de crescimento segue as dos vários produtos derivados. Estes têm a demanda puxada por fatores de mercado – norteados pela conscientização dos consumidores sobre o balanceamento que deve haver entre os alimentos ingeridos e suas qualidades nutricionais –, como o aumento da demanda por produtos com baixo teor em sacarose e de baixa caloria, o crescimento da população mundial e o aumento da disponibilidade financeira de países em desenvolvimento.

O mercado global das enzimas para este fim movimentou US$ 1,5 bilhão em 2019 com taxa esperada de crescimento anual de 4% até 2030. Dentre as enzimas desse segmento, as α-amilases bacteriana e fúngica respondem por 50% do total. A força e a dinâmica do mercado de enzimas seguem *pari passu* o mercado de xaropes (frutose, glicose, maltose e mistos) e o dos monossacarídeos (glicose e frutose) de grau analítico, que deverá crescer à taxa média anual de 5,43% até 2032. Além disso, espera-se o melhoramento das enzimas glicose isomerase imobilizada (menos sujeita à inibição por íons cálcio), α-amilases bacterianas com termoestabilidade aumentada (resistir à temperatura superior a 120 °C), glicoamilase imobilizada e enzimas desramificantes estáveis à temperatura acima de 70 °C.

## REFERÊNCIAS

ALBEDWAWI, A. S. TURNER, M. S.; OLAIMAT, A. N. *et al.* An overview of microbial mitigation strategies for acrylamide: lactic acid bacteria, yeast, and cell-free extracts. *LWT*, v. 143, p 111-159, 2021. DOI: https://doi.org/10.1016/j.lwt.2021.111159

ANESE, M.; SUMAN, M.; NICOLI, M. C. Technological strategies to reduce acrylamide levels in heated foods. *Food Engineering Review*, London, v. 1, p. 169-179, 2009.

ANESE, M.; QUARTA, B.; FRIAS, J. Modelling the effect of asparaginase in reducing acrylamide formation in biscuits. *Food Chemistry*, Amsterdam, v. 126, p. 435-440, 2011a.

ANESE, M.; QUARTA, B.; PELOUX, L.; CALLIGARIS, S. Effect of formulation on the capacity of L-asparaginase to minimize acrylamide formation in short dough biscuits. *Food Research International*, Amsterdam, v. 44, p. 2837-2842, 2011b.

BARRETT, F. F. Enzyme uses in the milling and baking industries. *In:* REED, G. (Coord.). *Food Science and Technology*. New York: Academic Press, 1975. p. 301-330.

BEMILLER, J. N.; WHISTLER, R. L. *Starch: chemistry and Technology*. New York: Elsevier, 2009.

BENTLEY, I. S.; WILLIAMS, E. C. Starch conversion. *In:* GODFREY, T.; WEST, S. (Coord.). *Industrial Enzymology*, 2. ed. New York: Stockton Press, 1996. p. 339-357.

CIESAROVA, Z.; KUKUROVA, K.; BEDNÁRIKOVA, A.; MARKOVA, L.; BAXA, S. Improvement of cereal product safety by enzymatic way of acrylamide mitigation. *Czech Journal of Food Science*, Praga, v. 27, p. 596-598, 2009.

FDE. *Food Drink Europe Acrylamide Toolbox 2019*. Disponível em: https://www.fooddrinkeurope.eu/wp-content/uploads/2021/05/FoodDrinkEurope_Acrylamide_Toolbox_2019.pdf.

FRANCO, C. M. L.; SILVA, R. Pães. *In:* MORAES, I. O. (Coord.). *Biotecnologia Industrial: Biotecnologia na produção de alimentos*. São Paulo: Blucher, 2021. p. 395-440.

GODFREY, T. Baking. *In:* GODFREY, T.; WEST, S. (Coord.). *Industrial Enzymology*. New York: Stockton Press, 1996. p. 89-101.

GUEBARA, S. A. B.; RACT, J. N. R.; VITOLO, M. Conversion of caprylic acid into mono, di and triglycerides using immobilized lipase. *Arabian Journal for Science and Engineering*, Riad, v. 43, p. 2200-2208, 2018.

GÜLCAN, Ü.; USLU, C. C.; MUTLU, C.; ARSLAN-TONTUL, S.; ERBAS, M. Impact of inert and inhibition baking atmosphere on HMF and acrylamide formation in bread. *Food Chemistry*, 2020. DOI: 10.1016/j.foodchem.2020.127434.

GUODONG, L.; ZHENGBIAO, G.; YAN, H.; LI, C.; CAIMING, L. Structure, functionality, and applications of debranched starch: a review. Trens in Food Science and Technology, London, v. 63, p. 70-79, 2017.

HARES JR., S. J.; RACT, J. N. R.; GIOIELLI, L. A.; VITOLO, M. Conversion of triolein into mono and diacylglycerols by immobilized lipase. *Arabian Journal for Science and Engineering*, Riad, v. 43, p. 2247-2255, 2018.

HEBEDA, R. E. Starch, sugars, and syrups. *In:* NAGODAWITHANA, T.; REED, G. (Coord.). *Enzymes in Food Processing*. New York: Academic Press, 1993. p. 321-346.

HENDRIKSEN, H. V.; KORNBRUST, B. A.; OSTERGAARD, P. R.; STRINGER, M. A. Evaluating the potential for enzymatic acrylamide mitigation in a range of food products using an asparaginase from *A. oryzae*. *Journal of Agriculture Food Chemistry*, Baltimore, v. 57, p. 4168-4176, 2009.

HUI, Y. H. *Bakery products: science and technology*. Ames (Iowa, USA): Blackwell Publishing, 2008.

JACKSON, D. S.; SHANDERA, D. L. Corn wet milling: separation, chemistry, and technology. *Journal of Advances in Food and Nutrition Research*, London, v. 2, p. 271-300, 1995.

JING, Y.; LI, X.; HU, X.; MA, Z.; LIU, L.; MA, X. Effect of buckwheat extracts on acrylamide formation and the quality of bread. *Journal of the Science of Food Agriculture*, Toronto, v. 99, p. 6482-6489, 2019.

JOHNSON, J. C. Industrial Enzymes. New Jersey: Noyes Data Corporation, 1977. p. 162-168.

KHORSHIDIAN, N.; YOSEFI, M.; SHADNOUSH, M.; SIADAT, S. D.; MOHAMMADI, M.; MORTAZAVIAN, A. M. Using probiotics for mitigation of acrylamide in food products: A mini review. *Current Opinion in Food Science*, London, v. 32, p. 67-75, 2020.

KOCADAGLI, T.; KORAY, P. T.; GÖKMEN, V. Mitigation of acrylamide formation in cookies by using Maillard reaction products as recipe modifier in a combined partial conventional baking and radio frequency post-baking process. *European Food Research Technology*, London, v. 235, p. 711-717, 2012.

LEE, W. J.; CHI, M. H.; SUNG, W. C. Effects of calcium citrate, chitosan, and chitooligosaccharide addition on acrylamide and 5-HMF formation in dark brown sugar. *Journal Food Science Technology*, London, v. 57, p. 1636-1646, 2019.

MANLEY, D. J. R. *Technology of biscuits, crackers, and cookies*. Chichester (UK): Ellis Horwood Ltd., 1983.

MARTINDALE, D. Uma pitada de nutrição. *Scientific American Brasil*, São Paulo, v. 6, n. 69, p. 13-14, 2008.

MICHALAK, J.; CZARNOWSKA-KUJAWASKA, M.; KLEPACKA, J.; GUJSKA, E. Effect of microwave heating on the acrylamide formation in foods. *Molecules*, London, v. 25, p. 4140-4150, 2020.

MISKIEWICZ, K.; NEBESNY, E.; ROSICKA, J.; ZYZELEWICZ, D.; BUDRYN, G. The effects of baking conditions on acrylamide content in short crust cookies with added freeze-dried aqueous rosmary extract. *Journal Food Science Technology*, London, v. 55, p. 4184-4196, 2018.

MUNEER, F.; SIDDIQUE, M. H.; AZEERN, F.; RASUL, I. *et al*. Microbial L-asparaginase: purification, characterization and applications. *Archives of Microbiology*, Heidelberg, v. 202, p. 967-981, 2020.

MUNIR, N.; ZIA, M. A.; SHARIF, S.; TAHIR, M.; JAHANGEER, M.; SHAH, S. M. A. L-asparaginase potential in acrylamide mitigation from foodstuffs: a mini-review. *Progress in Nutrition*, London, v. 21, p. 498-506, 2019.

NACHI, I.; FHOULA, I.; SMIDA, I. *et al*. Assessment of lactic acid bacteria application for the reduction of acrylamide formation in bread. *LWT*, v. 92, p. 435-441, 2018. DOI: https://doi.org/10.1016/j.lwt.2018.02.061.

NUNES, J. C.; CRISTOVÃO, R. O.; FREIRE, M. G.; SANTOS-EBINUMA, V. C.; FARIA, J. L.; SILVA, G. G.; TAVARES, A. P. Recent strategies and applications for L--asparaginase confinement. *Molecules*, London, v. 25, p. 5827, 2020. DOI: 10.3390/molecules.25245827. Disponível em: https://pubmed.ncbi.nlm.nih.gov/33321857/.

PALAZOGLU, T. K.; COSKUN, Y.; TUTA, S.; MOGOL, B. A.; GOKMEN, V. Effect of vacuum-combined baking of cookies on acrylamide content, texture, and color. *European Food Research Technology*, London, v. 240, p. 243-249, 2015.

PÉRES, S.; BALDWIN, P. M.; GALLANT, D. J. *Starch*. 3. ed. New York: Elsevier, 2009.

QUAGLIA, G. *Scienza e tecnologia dela panificazione*. 2. ed. Roma: Chiriotti Editori, 1991.

RAFFAN, S.; HALFORD, N. G. Acrylamide in food: progress in and prospects for genetic and agronomic solutions. *Annals of Applied Biology*, New York, v. 175, p. 259-281, 2019.

RAJPUT, K. N.; PATEL, K. C.; TRIVEDI, U. B. β-cyclodextrin production by CGTase from an alkaliphile *Microbacterium terrae* KNR9 using different starch substrates. *Biotechnology Research International*, London, 2016. DOI: https://doi.org/10.1155/2016/2034359.

RAUSCH, K. D.; ECKHOFF, S. R. *Maize Dry Milling*. New York: Elsevier, 2016.

SARION, C.; CODIÑA, G.G.; DABIJA, A. Acrylamide in bakery products: a review on health risks, legal regulations, and strategies to reduce its formation. *International Journal Environmental Research Public Health*, v. 18, n. 8, p. 4332, 2021. DOI: 10.3390/ijerph18084332.

SINGH, V.; JOHNSTON, D. An enzymatic process for corn wet milling. *Journal Advances in Food and Nutrition Research*, London, v. 48, p. 151-169, 2004.

STEINSTRASSER, G. C.; GIOIELLI, L. A.; VITOLO, M. Monocaprylin and dicaprylin production by immobilized lipase using batch and fed-batch operating modes. *World Journal of Pharmacy and Pharmaceutical Sciences*, Nagpur, v. 8, n. 4, p. 215-232, 2019.

TALENS-PERALES, D.; MOREU-NAVARRO, J.; POLAINA, J. *Enzymes: Functions and Characteristics*. New York: Elsevier, 2016.

VICENTE, A. M.; CENZANO, I.; VICENTE, J. M. *Manual de indústrias dos alimentos*. São Paulo: Livraria Varela, 1996.

VITOLO, M. Enzymatic modification of starch. *World Journal of Pharmacy and Pharmaceutical Sciences*, Nagpur, v. 9, n. 4, p. 1341-1358, 2020.

VITOLO, M. Some notes on the characteristics of water. *World Journal of Pharmacy and Pharmaceutical Sciences*, Nagpur, v. 10, n. 6, p. 109-133, 2021a.

VITOLO, M. Aplicações de enzimas na tecnologia de alimentos. *In:* MORAES, I. O. (Coord.). *Biotecnologia Industrial: biotecnologia na produção de alimentos*. São Paulo: Blucher, 2021b. p. 441-481.

VITOLO, M. Overview on invertase. *World Journal of Pharmacy and Pharmaceutical Sciences*, Nagpur, v. 10, n. 10, p. 49-73, 2021c.

VITOLO, M. Impacts and risks of the industrial activity. *World Journal of Pharmaceutical Research*, Nagpur, v. 11, n. 10, p. 60-93, 2022.

VITTI, P. Pão. *In:* AQUARONE, E.; BORZANI, W.; SCHMIDELL, W.; LIMA, U. A. (Coord.). *Biotecnologia Industrial: Biotecnologia na produção de alimentos*. São Paulo: Blucher, 2001. p. 365-386.

YADAV, P.; MAJUNDER, C. B. Production of glucose syrup by the hydrolysis of starch made from rotten potato. *Journal of Integrated Science and Technology*, New York, v. 5, n. 1, p. 19-22, 2017.

WALEED, A. A.; MAHDI, A. A.; Al-MAQTARI, Q. A.; FAN, M.; WANG, L. Evaluating the role of microwave-baking and fennel (*Faeniculum vulgaris*)/nigella (*Nigella sativa*) on acrylamide growth and antioxidants potential in biscuits. *Journal Food Measurement Characteristics*, Viena, v. 13, p. 2426-2437, 2019.

WANG, S.; YU, J.; XIN, Q.; COPELAND, L. Effects of starch damage and yeast fermentation on acrylamide formation in bread. *Food Controlling*, Boston, v. 73, p. 230-236, 2017.

# CAPÍTULO 6

# Uso de enzimas na produção de sucos de fruta


## RESUMO

A produção industrial de sucos de fruta teve início em 1930, quando as pectinases surgiram no mercado. Essas enzimas têm por substratos as substâncias pécticas (polímeros do ácido galacturônico com diferentes graus de esterificação) constituintes naturais das plantas, que, associadas à celulose (amorfa e cristalina) e hemiceluloses, conferem rigidez à parede das células vegetais. As pectinases são encontradas em plantas, animais (insetos e nematódeos) e microrganismos. Elas podem atuar em pH ácido (as de origem fúngica) ou alcalino (as de origem bacteriana), sendo divididas em despolimerizantes e desesterificantes. Aquelas, por sua vez, são subdivididas em endopectinases e exopectinases, conforme as ligações osídicas do polímero, são rompidas aleatoriamente ou a partir da extremidade não redutora da cadeia, respectivamente. Quanto à temperatura de atividade, podem ser mesófilas (20 °C < T < 50 °C), psicrófilas (T < 10 °C) ou termófilas (T > 70 °C). Na produção de suco de fruta, são adicionadas nas etapas da maceração (podendo ser acompanhadas da celulase e/ou hemicelulases, a depender da fruta processada) e da clarificação (podendo ser acompanhada da α-amilase). Atualmente existem muitas variedades de sucos de frutas comercializadas, tendo sido descritos, a título de exemplo, os processos de fabricação dos sucos de maçã, uva, abacaxi e banana.

## 6.1 INTRODUÇÃO

A indústria de sucos de frutas tem como principal problema a variabilidade das frutas a serem processadas. A otimização da produção implica o processamento da fruta a baixo custo, no controle do tempo total de processo, a manutenção ou o melhoramento da estabilidade e das propriedades organolépticas do produto e o aumento da capacidade da planta. Em geral, o suco de fruta é comercializado na forma de concentrado, que permite não só a redução do volume (facilita o transporte e o armazenamento), mas, também, o aumento da estabilidade diante da contaminação por microrganismos.

Esses objetivos vêm sendo alcançados com o uso de enzimas nos vários estágios do processamento desde 1930, quando Kertez e Mehlits usaram enzimas pela primeira vez nesse tipo de indústria.

Atualmente o produtor de suco de fruta tem ao seu alcance diversas enzimas, inclusive o fabricante das enzimas está apto a fornecer preparados enzimáticos cada vez mais puros e específicos, ou mesmo misturas de enzimas em quantidades adequadas para otimizar o processamento de determinada fruta.

## 6.2 PAREDE CELULAR E SUBSTÂNCIAS PÉCTICAS

A parede celular – cuja função é proteger a célula vegetal das variações bruscas da pressão osmótica extracelular e dar resistência à célula contra a pressão de natureza mecânica – é a principal barreira a ser desarranjada para a extração adequada do suco. A composição da parede celular varia conforme o tipo de fruta, as condições de cultivo, a sazonalidade da plantação, o modo e tempo de estocagem da fruta. Ela, em linhas gerais, é formada pela *lamela média* (camada mais externa da parede celular, composta de pectina solúvel e frações de material hemicelulósico [xilanas, xiloglicanas e arabinanas], sendo responsável pela adesão entre células adjacentes), *parede primária* (constituída por camadas de células localizadas abaixo da lamela média, formando um emaranhado com pectina [30%], celulose cristalina [40%], hemiceluloses [20%] e glicoproteínas [10%]) e *parede secundária* (oferece resistência extra à parede celular, sendo formada por celulose, hemiceluloses e lignina) (Strasser; Amadó, 2001, Selvendran, 1983).

A matriz da parede celular primária é uma intrincada rede de diferentes tipos de polímeros como pectinas, xilanas, celulose e hemiceluloses (Figura 6.1). Na rede, a pectina se liga a xilanas por meio de proteínas, e à celulose, por ligações de hidrogênio ou ligações covalentes. As interligações da rede são devidas à presença de xiloglicanas, galactoglicomananas, glicuronoarabinoxilanas, (1,3)-β-D-glicanas, entre outras. Em síntese, a parede celular pode ser vista como uma malha de celulose-xiloglicana entremeada com moléculas de substâncias pécticas, sendo o conjunto responsável pela porosidade e força mecânica desta estrutura.

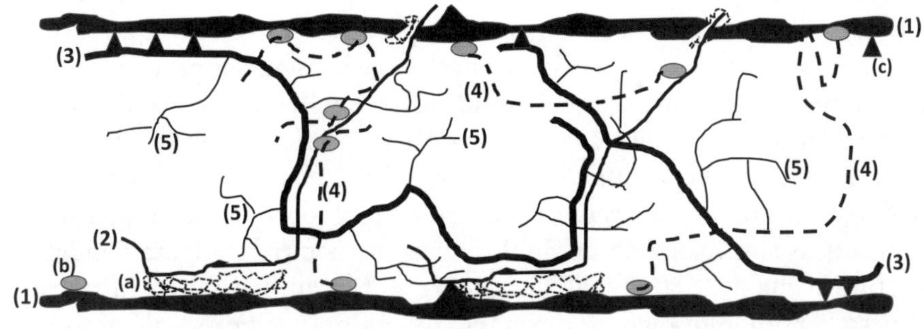


(1) celulose; (2) xiloglicana/xilana; (3) glicuronoarabinoxilana/galactoglicomanana; (4) pectina; (a) ligações de hidrogênio; (b) proteína; e (c) ponto de ancoragem (ligação covalente). A arabinoxilana e polímeros similares se ligam às fibras de celulose por meio de ligações covalentes, e às xilanas, por meio das cadeias laterais ramificadas (5).

**Figura 6.1** – Esboço da composição da matriz constituinte da parede celular primária.

As substâncias pécticas são polissacarídeos de estrutura complexa com múltiplas ramificações constituídos por monômeros de ácido galacturônico, ramnose, arabinose e xilose distribuídos em diferentes proporções, a depender da espécie vegetal. Por exemplo, a ramnogalacturonana é um polímero ramificado formado por monômeros de ácido galacturônico, unidos por ligações osídicas α-1,4; e a cada 25-30 unidades de ácido galacturônico uma molécula de α-L-rhamnose é unida à cadeia polimérica principal por ligações osídicas β-1,2 ou β-1,4, originando-se uma ramificação (Pilnik; Voragen, 1996). As substâncias pécticas, embora diversas em termos de massa molar e grau de ramificação, podem ser divididas em quatro grupos: protopectina (é a substância péctica insolúvel presente no tecido vegetal intacto que, quando parcialmente hidrolisada, dá origem aos três tipos de substâncias pécticas, mencionadas a seguir), ácido péctico (polímero com baixo grau de hidroxilas esterificadas com grupos metila ou acetila), ácido pectínico (polímero contendo até 75% das hidroxilas esterificadas) e pectina (polímero contendo mais de 75% das hidroxilas esterificadas) (Vitolo, 2020; Jayani *et al.*, 2005).

Além das substâncias pécticas, acham-se na parede celular a celulose (cristalina na parede secundária e amorfa na parede primária) e hemiceluloses (arabinanas, galactanas, xiloglicanas e xilanas). Dentre estas últimas, há as xiloglicanas, cuja cadeia principal é formada por glicoses ligadas por ligações osídicas β,1-4 e com ramificações de D-xilopiranose, por ligação osídica do tipo α-1,6.

## 6.3 FRUTAS QUE FORNECEM SUCOS DE INTERESSE COMERCIAL

Atualmente, existem no comércio sucos industrializados obtidos de grande variedade de frutas, como maçã, damasco, banana, amora, groselha-preta, cereja, oxicoco, uva, pomelo, limão, manga, laranja, pêssego, pera, abacaxi, ameixa, framboesa, groselha, morango, entre outras. A composição média de algumas delas é mostrada na Tabela 6.1.

Na produção de sucos específicos, deve-se levar em conta a concentração e a solubilidade das substâncias pécticas da fruta a ser processada. Por conseguinte, na maçã, na pera, no pêssego e na ameixa, a concentração de substâncias pécticas tende a permanecer constante durante o crescimento, correspondendo a cerca de 1% do peso bruto total da fruta. A distribuição entre substâncias pécticas insolúveis (protopectina) e solúveis (pectina, ácido pectínico e ácido péctico) presentes no fruto depende do grau de amadurecimento (no fruto verde, predomina a protopectina, e no maduro, as substâncias pécticas solúveis) e do modo de armazenamento (se a fruta é mantida sob temperatura acima de 15 °C, a solubilização da pectina aumenta). Nas infrutescências (framboesa, amora, morango, por exemplo) o teor de substâncias pécticas varia de fruto para fruto – morango (0,5-1,4%), amora (0,7-1,2%) e framboesa (0,6-1,0%) – e ao redor de 50% das substâncias pécticas são solúveis mesmo no fruto verde. No caso da uva, a protopectina predomina no fruto verde, e o teor das substâncias pécticas no fruto maduro varia conforme a espécie (por exemplo, na *Vitis vinífera*, o teor de pectina varia entre 0,02% e 0,6%). As frutas cítricas, por sua vez, têm pectinas distribuídas uniformemente pelo fruto com alto grau de esterificação (60% p/p), as quais tendem a solubilizar-se à medida que o fruto amadurece.

**Tabela 6.1** – Composição de algumas frutas cujos sucos são comercializados

| Parâmetros | Maçã | Banana | Uva | Laranja | Abacaxi |
|---|---|---|---|---|---|
| **Pectina (%p/p)** | 0,75 | 0,55 | 0,25 | 0,8 | 0,1 |
| **GE[1]** | 65-92 | – | 50-65 | 65 | 22-40 |
| **pH** | 3,5 | – | 3,2 | – | – |
| **AT[2]** | 0,5-1,4 | 0,3-0,4 | 0,4-1,3 | 0,8-1,1 | 0,8-1,3 |
| **Ácidos (%)[3]** | - / > 90 | 20/70 | - /20 | 90/10 | 80/20 |
| **Fibras (%)** | 2,0 | 3,0 | – | 2,0 | 1,0 |
| **ST (%)[4]** | 15 | 25-30 | 20 | 14 | 15 |
| **Vitamina C (ppm)** | 100 | 100 | 50 | 500 | 200 |
| **Minerais[5]** | 100/100/ 130/1.500 | 100/300/ 300/4.000 | 100/150/ 170/2.500 | 350/130/ 300/1.400 | 110/150/ 100/2.500 |

[1] GE = grau de esterificação; [2] AT = acidez titulável (expressa em % de ácido tartárico); [3] Ácido cítrico/ácido málico; [4] ST = sólidos totais; [5] Ca/Mg/P/K.

*Fonte:* Grassin e Fauquembergue (1996).

## 6.4 ENZIMAS

O suco das frutas in natura encontra-se no interior das células, imiscuído em um hidrogel constituído por substâncias pécticas e hemiceluloses. Para ser extraído, portanto, tanto a parede celular como o hidrogel precisam ser desarranjados. Isso pode ser realizado usando-se enzimas hidrolíticas (pectinases, hemicelulases e celulases).

### 6.4.1 PECTINASES

A atividade pectinolítica foi detectada por De Bary em 1886, ao observar o desarranjo da parede celular devido à decomposição da pectina por intervenção de agente hidrolítico endógeno do vegetal. Contudo, o isolamento e o uso industrial da pectinase ocorreram apenas em 1930, com uso exclusivamente, até 1960, na produção de sucos de frutas e vinhos (Lang; Dowenburg, 2000).

Das pectinases conhecidas, 50% provêm de fungos e leveduras, 35% de bactérias e 15% de plantas (nestas, as pectinases endógenas têm papel importante no amadurecimento da fruta) e animais (insetos e nematoides) (Kavuthodi; Sebastian, 2018). Lembra-se que os insetos (entre eles o *Sphenophorus levis*) são usados como fontes de genes que se expressam em pectinases, os quais são transplantados para microrganismos (por exemplo, *Pichia pastoris*) via técnica do DNA recombinante (John *et al.*, 2020). Há mais de 30 gêneros de fungos, leveduras e bactérias produtores de pectinases comerciais. As pectinases provenientes de fungos e leveduras (*Penicillium sp.*, *Rhizomucor sp.*, *Rhizopus sp.*, *Trichoderma sp.*, *Saccharomyces sp.* e *Pichia sp.*), em geral, atuam em pH ácido, enquanto as bacterianas (*Bacillus sp.*, *Klebsiella sp.*, *Cryptococcus sp.* e *Pseudomonas sp.*) atuam em pH alcalino (Jayani *et al.*, 2005). Os microrganismos pectinolíticos podem ser isolados de solos, vegetais em decomposição e de rejeitos industriais.

A produção e purificação de pectinases se enquadra na metodologia geral descrita no Capítulo 4, lembrando que os processos fermentativos semissólido e submerso são igualmente possíveis para a produção dessas enzimas em escala industrial, embora 90% correspondam ao tipo submerso (Pedrolli; Carmona, 2010). O apelo industrial da fermentação semissólida resulta do fato de os microrganismos pectinolíticos se desenvolverem muito bem em resíduos agrícolas, em geral, ricos em substâncias pécticas e de a formação da enzima no microrganismo estar sujeita ao mecanismo de indução enzimática. De certa forma, pode-se considerar o cultivo semissólido uma extensão da compostagem ou ensilagem, processos conhecidos há séculos na agricultura e fáceis de reproduzir em plantas industriais. O uso de células microbianas imobilizadas como alternativa aos processos fermentativos tem recebido atenção recentemente, porém, encontra-se em estágio incipiente para a produção de pectinases em grande escala (John *et al.*, 2020). No caso da produção de pectinases, deve ser realçada a diversidade de insumos usados como fontes de carbono e nitrogênio, como extrato de levedura, peptona, farelos de trigo e arroz e resíduos agroindustriais – ricos em substâncias pécticas, como cascas de frutas, bagaços de uva e maçã, águas de lavagem de fibras vegetais e de folhas de tabaco e polpa residual de beterraba após a extração do açúcar (John *et al.*, 2020).

As pectinases são divididas em pectinesterases (PE) – enzimas que hidrolisam somente as ligações éster da pectina – e despolimerases (hidrolisam as ligações osídicas da cadeia polimérica) (Figura 6.2). As pectinases despolimerizantes atuam tanto sobre o ácido péctico quanto sobre o ácido pectínico. A despolimerização catalisada pelas pectinases pode se dar por meio de dois mecanismos distintos: hidrolítico (com a participação da água como reagente) ou transeliminativo (dois átomos de hidrogênio pertencentes a átomos de carbono adjacentes são eliminados sem a participação da água) (Figura 6.3). As pectinases que atuam sobre o ácido pectínico e o ácido péctico são chamadas, respectivamente, de polimetilgalacturonase (PMG) e poligalacturonase (PG), se o mecanismo for hidrolítico; mas, se for transeliminativo, são denominadas pectinoliase (PL) e pectatoliase (PAL), respectivamente. Conforme o padrão da despolimerização, se aleatório ou por etapas (a partir de uma das extremidades da cadeia polimérica), elas são denominadas, respectivamente, endopectinases (ENDO) e exopectinases (EXO). As pectinases podem ser divididas de acordo com a temperatura ótima de atividade em mesófilas (20 °C < T < 50 °C; por exemplo, *Bacillus licheniformis*), psicrófilas (T < 10 °C; por exemplo, *Geomyces pullulans*, *Cryptococcus adeliensis*) e termófilas (T > 70 °C; por exemplo *Penicillium occitanis*) (Adapa *et al.*, 2014).

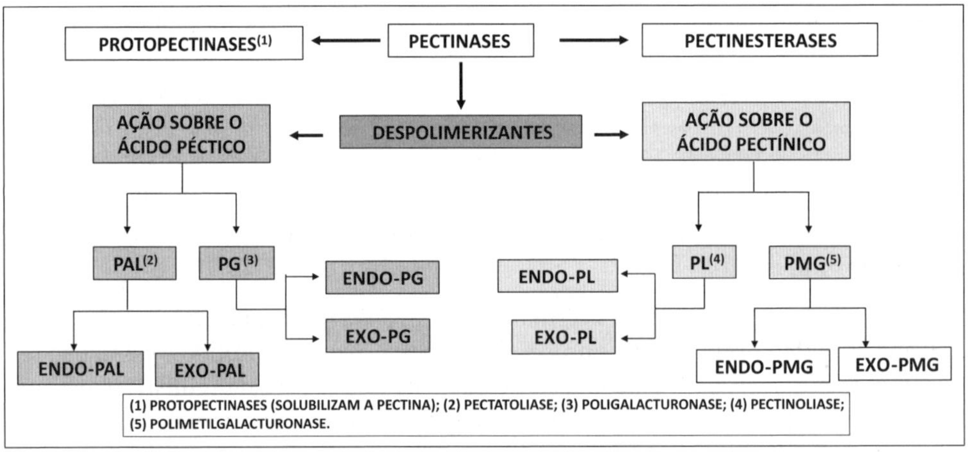


**Figura 6.2 –** Classificação das pectinases conforme os respectivos mecanismos catalíticos.

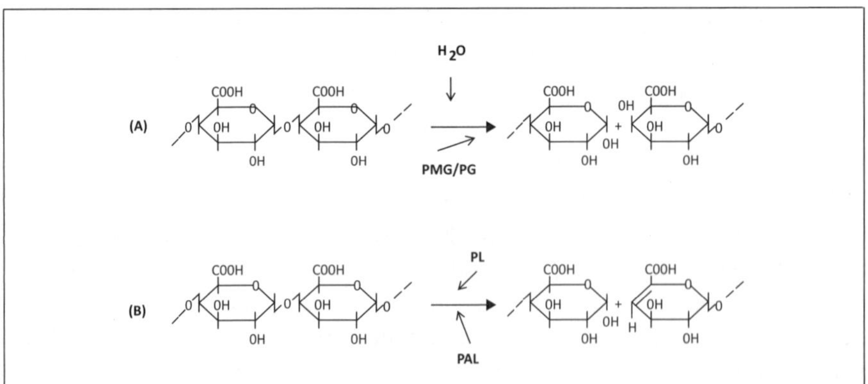


**Figura 6.3 –** Rompimento da ligação osídica de substância péctica por hidrólise (A) e por transeliminação (B).

As pectinases são encontradas em plantas e microrganismos (Tabela 6.2): PE (maçã, ervilha, batata, *Aspergillus niger*, por exemplo), endo-PG (abacate, mamão, *Rhizopus sp.*, *Kluyveromyces fragilis*, *Penicillium oxalicum*, *Aspergillus fumigatus*, entre outros), exo-PG (toranja, cenoura, *A. niger*, *Coriolus versicolor*, entre outros), endo-PAL (*Bacillus polymyxa*, *Erwinia sp.*, *Pseudomonas sp.*), exo-PAL (*Erwinia sp.*, *Clostridium sp.*, *Bacillus tequilensis*), endo-PL (*A. niger*, *Erwinia sp.*) e endo-PMG (*A. niger*) (Pilnik; Voragen, 1996).

**Tabela 6.2** – Características de pectinases obtidas de diferentes fontes

| Enzima/fonte | Massa molar (kD) | pI | Atividade (U/mg) | $pH_{ótimo}$ |
|---|---|---|---|---|
| PE/Laranja | 36 | 10,0 | 694 | 7,6 |
| PE/*A. niger* | 39 | 3,9 | 406 | 4,5 |
| PG/tomate | 100 | 8,6 | – | 4,5 |
| PG/*A. aculeatus* | 47 | 4,7 – 4,8 | 67 | 4,0 – 5,0 |
| PL/*A. niger* | 35,4 | 3,7 | 17 | 6,0 |
| PAL/*B. subtilis* | 33 | 9,9 | – | 8,5 |

### 6.4.1.1 Pectinesterase (PE)

As PE de vegetais atuam hidrolisando ligações éster a partir da extremidade não redutora da substância péctica. Elas são altamente específicas para hidrolisar ligações metil éster do ácido galacturônico, sendo, por isso, denominadas, muitas vezes, de *pectinametilesterases*. Ao contrário das PE de origem vegetal, as de origem fúngica atuam de forma aleatória ao longo da cadeia poligalacturônica. Como essas pectinases só atuam sobre as ligações éster, deixando intacta a cadeia polimérica, não reduzem a viscosidade da solução aquosa da substância péctica – ao contrário, a viscosidade pode até aumentar se íons cálcio estiverem presentes, uma vez que eles promovem a formação de ligações iônicas cruzadas entre as cadeias poliméricas, por meio das unidades não esterificadas do ácido galacturônico.

### 6.4.1.2 Poligalacturonases (PG)

As PG atuam com atividade hidrolítica significativa somente sobre substâncias pécticas com grau de esterificação inferior a 50%, podendo hidrolisar as ligações osídicas das cadeias poliméricas tanto de modo aleatório (endo-PG) como a partir da extremidade não redutora da cadeia (exo-PG). Ressalta-se que a exo-PG reduz a viscosidade da solução aquosa mais lentamente do que a endo-PG.

Conforme a origem da endo-PG, ela pode hidrolisar ao acaso ligações osídicas de uma mesma cadeia (endo-PG de *Kluyveromyces fragilis*, por exemplo) ou hidrolisar ao acaso ligações osídicas pertencentes a cadeias poliméricas distintas (Por exemplo, endo-PG de *Colletotrichum lindemuthianum*) (Pilnik; Voragen, 1996).

#### 6.4.1.3 Pectinoliase (PL)

A PL possui alta atividade hidrolítica em pH $\geq$ 7,0 sobre substâncias pécticas com grau de esterificação acima de 70%, e, em pH < 7,0, sobre substâncias pécticas com menor grau de esterificação. Uma despolimerização da ordem de 5% com a endo-PL reduz a viscosidade da solução em 50%. Além disso, a presença de íons cálcio estimula a atividade despolimerizante.

#### 6.4.1.4 Pectatoliase (PAL)

A endo-PAL atua sobre substâncias pécticas esterificadas não só com metilas como naquelas esterificadas com outros tipos de radicais. No entanto, atuam preferencialmente sobre substratos com baixo grau de esterificação (máximo de 30%) e requerem íons cálcio como cofator.

#### 6.4.1.5 Ramnogalacturonase

Essa enzima é encontrada na espécie *Aspergillus aculeatus* e hidrolisa substâncias pécticas com baixo grau de esterificação em pH ácido (3,0 – 4,0). Tem como característica hidrolisar as ligações osídicas entre a ramnose e o ácido galacturônico nos pontos de ramificação do polímero (Grassin; Fauquembergue, 1996).

#### 6.4.1.6 Arabanases (ARA)

As arabanases tipo endo-ARA hidrolisam aleatoriamente ligações osídicas α-1,5, enquanto as exo-ARA hidrolisam ligações osídicas α-1,2, α-1,3 e α-1,5 de arabanas, arabinoxilanas e arabinogalactanas. Essas atividades estão presentes em preparados pectinolíticos obtidos de *Aspergillus sp.* A ação destas enzimas é importante para reduzir a turbidez de sucos concentrados de maçã e pera.

#### 6.4.1.7 Métodos de dosagem da atividade pectinolítica

Os métodos de dosagem variam conforme o tipo de pectinase.

A unidade de atividade pectinesterásica (PE) corresponde à quantidade de enzima que libera 1 μmol de grupos carboxila ou metanol por minuto sob condições de ensaio especificadas. Os grupos carboxila são determinados por titulação, enquanto o metanol é medido por métodos cromatográficos (CG, HPLC, por exemplo).

As liases (PL e PAL) têm suas atividades medidas mediante o aumento de absorção da luz UV ($\lambda$ = 232 nm) devido à formação de produtos com duplas ligações, sendo que a unidade de atividade equivale a 1 μmol de produtos insaturados liberados por minuto sob condições definidas de ensaio (McMillan; Phaff, 1966).

As poligalacturonases (PG e PMG) têm sua atividade medida mediante a formação de grupos redutores, usando o reativo de Somogyi-Nelson. Uma unidade de atividade corresponde a 1 μmol de grupos redutores liberados por minuto sob condições definidas de ensaio (Spiro, 1966).

### 6.4.2 HEMICELULASES

Existem várias enzimas diferentes com o nome genérico de hemicelulase. As mais importantes são as galactanases (hidrolisam a arabino-1,4-β-D-galactanas e a arabino-1,3-1,6-β-D-galactanas), xilanases (hidrolisam as ligações osídicas β-1,4 das xilanas), xiloglicanases e mananases (hidrolisam as ligações osídicas β-1,4 das mananas, galactomananas e glicomananas).

### 6.4.3 CELULASES

São sistemas multienzimáticos obtidos de cepas de *Trichoderma sp.*, que atuam sinergisticamente na hidrólise da celulose. As enzimas constituintes são: endoglucanase (Cx) (hidrolisa ligações osídicas β-1,4 ao acaso); exoglucanase (hidrolisa ligações β-1,4 a partir da extremidade redutora da cadeia do polissacarídeo); celobiohidrolase (CBH) (atua após a ação da Cx, hidrolisando as ligações a partir da extremidade não redutora da cadeia, resultando a celobiose) e celobiase (também chamada de β-glicosidase; hidrolisa a celobiose em glicose).

### 6.4.4 AMILASES

São usadas para evitar a turvação do produto pela precipitação do amido naturalmente presente na fruta, sobretudo não madura. Em geral, utilizam-se a amiloglicosidase ($pH_{ótimo}$ = 4,3 e temperatura entre 55 e 60 °C) e a α-amilase ácida ($pH_{ótimo}$ entre 3,0 e 4,0; temperatura entre 70 °C e 75 °C).

## 6.5 PROCESSAMENTO DE FRUTAS PARA OBTENÇÃO DE SUCOS

O termo *suco de frutas* engloba uma variedade heterogênea de produtos provenientes do processamento das frutas, a saber, sucos límpidos, sucos com variados graus de turbidez, sucos em pó e polpas de diferentes consistências (néctar). Cada um desses derivados requer tipos e quantidades diferentes de enzimas específicas, além de condições particulares de processo. As enzimas utilizadas, quase sempre em combinação, são as pectinases, hemicelulases, celulases e amilases (quando frutos não totalmente amadurecidos ou ricos em amido são processados). Na Figura 6.4, apresenta-se o fluxograma de uma planta genérica para processamento de frutas. Acrescenta-se que o processo de clarificação é bifásico, no qual a hidrólise de substâncias pécticas pela pectinase e a aglutinação eletrostática das micelas desarranjadas constituem a primeira e a segunda fases, respectivamente (Figura 6.5).

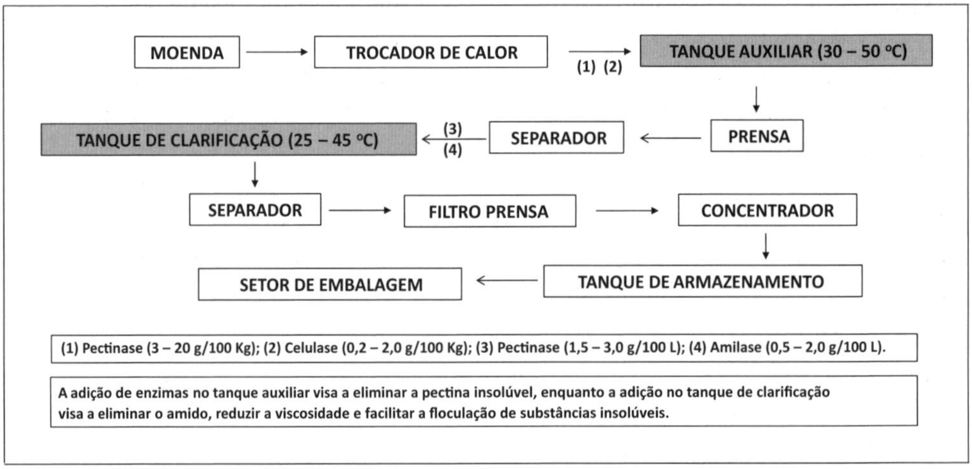


**Figura 6.4 –** Esquema genérico de uma planta para a produção de sucos de fruta.

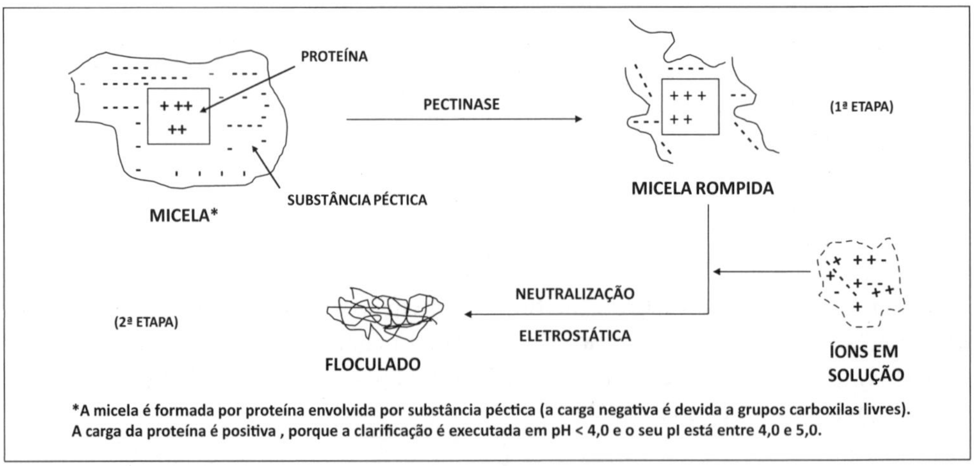


**Figura 6.5 –** Mecanismo bifásico do processo de clarificação de sucos de fruta.

Atualmente, a indústria de sucos de frutas movimenta cifras da ordem de bilhões de dólares – o Brasil, por exemplo, no período 2010-2020, exportou sucos de frutas a um valor médio anual de US$ 2,5 bilhões –, comercializando sucos de ampla variedade de frutas em quantidades da ordem de milhões de toneladas (Mt). Citam-se como exemplos, considerando-se o ano de 2020, os sucos de banana (120 Mt), maçã (87 Mt), uva (78 Mt), laranja (76 Mt) e abacaxi (28 Mt). A seguir, serão descritos sumariamente, a título de exemplo, os processamentos de maçã, uva, abacaxi e banana.

### 6.5.1 PROCESSAMENTO DO SUCO DE MAÇÃ

A tradição milenar do consumo da maçã in natura e a comercialização de derivados processados da fruta (sobretudo néctar e suco turvo ou claro) a partir dos anos 1930 levaram à crença de que várias enfermidades – osteoporose pós-menopausa, desordens respiratórias (como asma), câncer, diabetes, nível de colesterol, obesidade e, até mesmo, Alzheimer – poderiam ser evitadas ou pelo menos mitigadas. Tais propriedades medicinais poderiam advir do teor de polifenóis presente na fruta (ácido hidroxicinâmico, dihidrochalconas, flavonoides, procianidina B2, entre outros). No entanto, os estudos clínicos realizados até o momento apontam para efeitos positivos sobre alguns marcadores (perfis lipídico, glicídico, proteico, hormonal e hematológico, entre outros) vinculados ao risco de possíveis doenças, como câncer, disfunções cardiovasculares e neurodegenerativas (Marcotte *et al.*, 2022).

Em consequência do antigo hábito humano de ingerir maçã e de atribuir-lhe efeitos benéficos à saúde, macieiras proliferaram mundo afora, tornando-se uma valiosa commodity no comércio mundial, alcançando em 2020 a produção total da ordem de 90 milhões de toneladas. Considerando-se os derivados processados da maçã (sobretudo néctar e suco), as cifras referentes ao ano de 2020 giraram em torno de US$ 14,6 bilhões, estimando-se um crescimento anual de 6% até 2027. Apesar dos números relevantes desse mercado, a taxa de crescimento será desacelerada devido, principalmente, às incertezas dos benefícios à saúde, à curta vida de prateleira do suco (que obriga o fabricante de suco a adicionar conservantes) e ao teor de açúcar.

Ressalvadas as peculiaridades de cada processadora de maçãs para a obtenção dos vários tipos de sucos comercializados (néctar de maçã, suco concentrado límpido, suco não concentrado turvo ou límpido), pode-se considerar, para fins didáticos, três esquemas básicos para o processamento industrial de maçãs: processo para se obter suco concentrado límpido (Figura 6.6), suco concentrado límpido por maceração total da polpa (Figura 6.7) e suco concentrado límpido associado à liquefação do resíduo da prensagem (Figura 6.8).

Aparentemente, o cerne do processamento dessa fruta está no rendimento da etapa de maceração da polpa, a qual depende da ação de enzimas (pectinases, hemicelulases e celulases, principalmente). O tipo, a combinação, o tempo de ação e a quantidade de enzimas estão intimamente relacionadas com o tipo de maçã (gala, red, fuji e verde, só para citar os mais comuns no Brasil), a sazonalidade do cultivo e o grau de maturação. Verificou-se que maçãs recém-colhidas exigem menos enzimas na maceração da polpa do que maçãs armazenadas em baixa temperatura e sob atmosfera controlada por longo período. Durante o armazenamento, uma série de eventos ocorrem na fruta, como a paulatina mudança das interações entre as substâncias pécticas, hemiceluloses e celulose, o estreitamento da interação da celulose cristalina hidratada com a lignina e, devido à ação de pectinases endógenas, a gradual conversão da protopectina em pectina, a diminuição da massa molar e do grau de metilação da pectina. Essas transformações acabam por reduzir a elasticidade e a coesão entre as células, além de a estrutura da polpa do fruto ficar mais rígida. Esses efeitos vão ser notados no volume de suco obtido após a prensagem. O ideal seria processar a fruta tão logo colhida; porém, devido à alta produção, o armazenamento torna-se obrigatório para balancear a capacidade de processamento da planta industrial com os períodos de safra e entressafra da produção agrícola. Na tentativa de otimizar o processamento em termos do volume de suco obtido, as empresas costumam misturar quantidades diferentes de maçãs frescas e pós-armazenadas (por exemplo, 60% e 40% respectivamente), além do uso alternado de tipos diferentes de prensas (horizontal e de esteiras duplas). Devido aos aspectos citados, é muito difícil prever, a priori, a quantidade de enzimas necessárias, sobretudo na fase da maceração da polpa, devendo-se proceder a reajustes frequentes.

A outra etapa importante do processamento da maçã é a clarificação do suco, na qual são utilizadas pectinases (contendo 0,1% – 0,5% de gelatina) e α-amilase fúngica. Esta é usada para hidrolisar o amido no suco, uma vez que a maçã, a depender do grau de maturação tem em média 15% de amido em peso. Aquelas visam a promover a floculação das moléculas de alta massa molar e do complexo gelatina-polifenóis. O tempo de clarificação é inversamente proporcional à quantidade de pectinase, enquanto a redução da viscosidade depende da temperatura, pH, do mix de pectinases usado e das correspondentes concentrações. Os critérios para a escolha do mix de pectinases (PL, PG, PMG, PAL e/ou PE) levam em conta o tempo de clarificação, turbidez do suco, pH (entre 3,0 e 4,0) e velocidade da filtração.

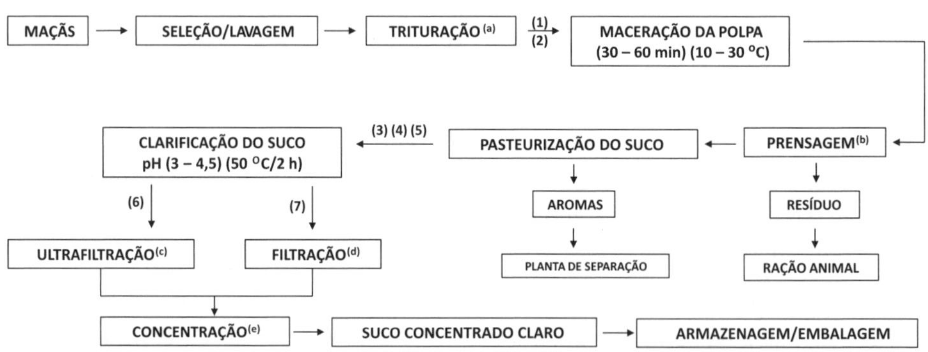


(a) MOINHO DE FACAS OU MARTELOS; (b) PRENSA HORIZONTAL OU DUPLA-ESTEIRA (PRESSÃO ENTRE 2 E 12 $Kg/cm^2$); (c) *CUT OFF* DA MEMBRANA ENTRE 20 E 50 kDa. PODE SER MEMBRANA DE MICROFILTRAÇÃO; (d) FILTRO PRENSA OU RORATÓRIO A VÁCUO; (e) ATÉ 70° BRIX.
(1) ÁGUA; (2) 40 – 200 g DE ENZIMA POR tonelada DE MAÇÃ [RAMNOGALACTURONASE, CELULASE E PECTINASES (PL, PE, PG); (3) PECTINASES (PL, PAL, PE, PG); (4) AMILASE FÚNGICA E GLICOAMILASE; (5) GELATINA (0,1% p/p) PARA REMOVER POLIFENÓIS; (6) ENZIMAS PARA EVITAR O ENTUPIMENTO DA MEMBRANA [CELULASE, PROTEASE FÚNGICA E HEMICELULASES]; (7) AUXILIARES DE FILTRAÇÃO.

**Figura 6.6 –** Esquema para a produção de suco clarificado e concentrado de maçã.

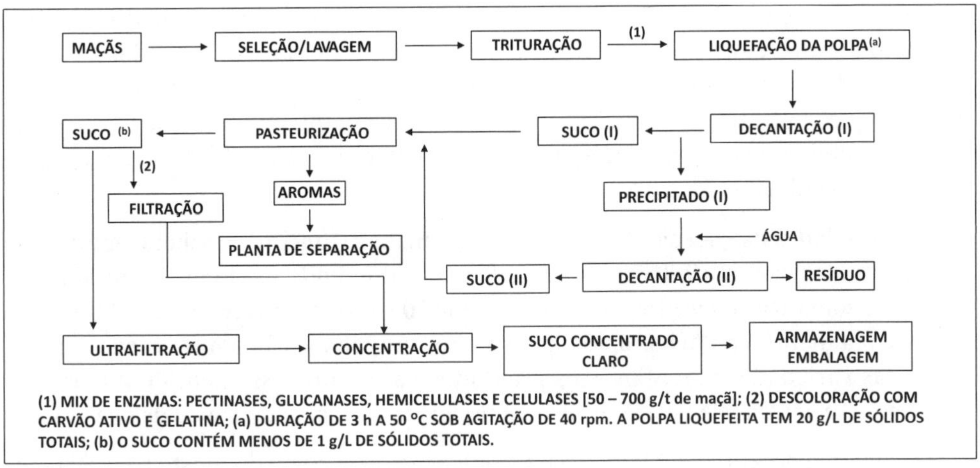


**Figura 6.7** – Esquema de produção de suco concentrado claro de maçã com a liquefação completa da polpa.

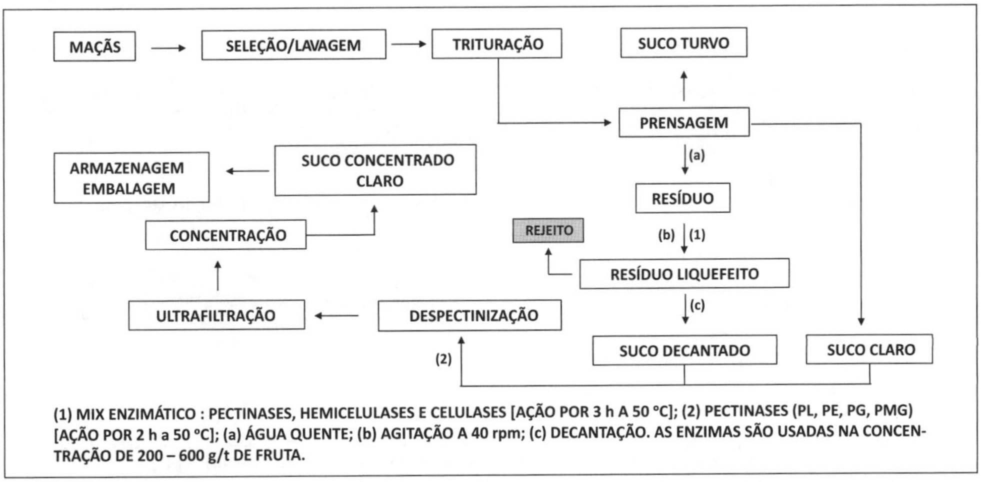


**Figura 6.8** – Esquema de produção de suco concentrado claro de maçã por prensagem e liquefação completa do resíduo.

## 6.5.2 PROCESSAMENTO DO SUCO DE UVA

A uva é uma fruta consumida in natura, na forma de suco (concentrado ou diluído e nos tipos natural, orgânico, integral, formulado e néctar), na forma desidratada (uva-passa) e na forma fermentada (vinhos, principalmente). O suco de uva formulado é um produto não gaseificado, não fermentado, sendo o suco, a polpa ou o extrato de uva diluídos em água potável e acrescidos de açúcar. Embora o teor de fruta varie entre 2% e 10%, a legislação não obriga a adição da fruta natural.

Há muitas variedades de uvas cultivadas ao redor do mundo (estimam-se mais de 50 mil, considerando-se espécies e clones), sendo a maioria usada na fabricação de vinhos. As variedades de uvas se distinguem pelo modo de cultivo (tipo de solo e clima), sabor, cor, aroma e tamanho. As uvas se destacam por possuírem antioxidantes (flavonoides e resveratrol, principalmente), os quais têm ação benéfica sobre o organismo, uma vez que neutralizam os radicais livres, ajudam a manter a pressão arterial, reduzem a possibilidade de coagulação do sangue e protegem as células contra o estresse oxidativo (Bendaali *et al.*, 2022).

As variedades da espécie *Vitis labrusca*, chamadas Concord e Isabel Comum, são as mais usadas para a produção do suco de uva tinto, sendo os clones (resultantes de mutações somáticas da videira) Concord Clone 30 e o Isabel Precoce – que têm como vantagem a maturação mais rápida; pelo menos quinze dias a menos do que a maturação das variedades parentais – os preferidos para o processamento industrial ou artesanal. A variedade Niágara Branca é a preferida para produzir suco de uva branco.

O principal desafio tecnológico para a obtenção do suco ou do mosto para fermentação é a maceração dos bagos, uma vez que são ricos em substâncias pécticas. As Figuras 6.9 e 6.10 mostram as etapas envolvidas na fabricação dos sucos de uva branco e tinto, respectivamente.

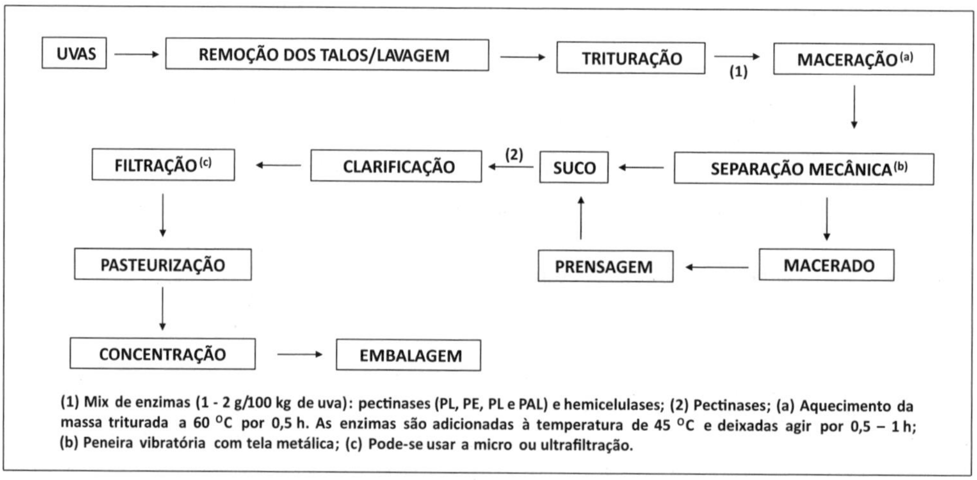


**Figura 6.9 –** Esquema para a produção de suco de uva branco.

Dados os atributos nutricionais do suco de uva, a demanda – que, em 2021, movimentou cifra da ordem de US$ 4,52 bilhões, com estimativa de crescimento anual de 5,73% até 2026 – tende a crescer devido ao melhoramento genético dos cultivares (fruta com baixo teor de açúcar) e ao modo de cultivo focado na sustentabilidade do cultivar (fruta cultivada com baixa quantidade de pesticidas e o suco fabricado sem preservativos), de modo a permitir o rótulo de produto *orgânico*, categoria de produto muito bem aceita pelos consumidores ciosos por ingerirem alimentos benéficos à saúde (Vigar *et al.*, 2020).

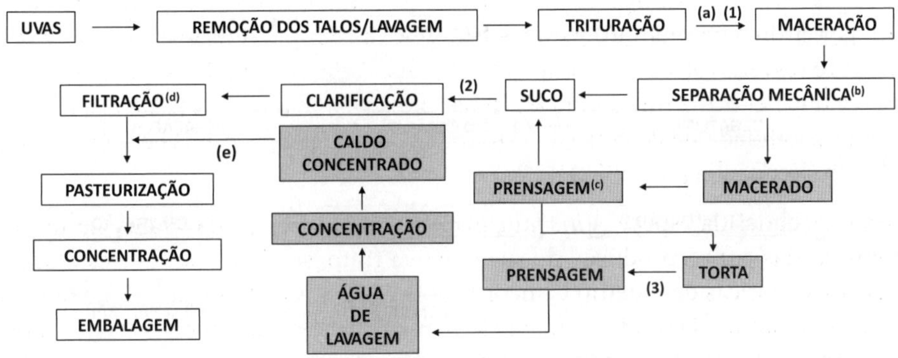


(a) Aquecimento por 0,5 h a 85 °C; resfriamento a 65 °C seguido da adição das enzimas (1 – 2 g/100 kg de uva); ação enzimática por até 1 h; (b) Peneira vibratória com tela metálica; (c) Kieselgur (10 kg/1.000 kg de fruta); (d) Pode-se usar micro ou ultrafiltração ; (e) Coloração do suco final; (1) Mix de enzimas: pectinases (PL, PAL, PG e PE) e hemicelulases; (2) Pectinases; (3) Água quente.

**Figura 6.10 –** Esquema para a produção de suco de uva tinto.

## 6.5.3 PROCESSAMENTO DO SUCO DE ABACAXI

O abacaxi (*Ananas comosus*) é uma fruta tropical altamente apreciada por seus aromas, sabor e índice de dulçor característicos. Constitui-se em fonte rica de substâncias bioativas, como fibras, minerais, enzimas (bromelina, por exemplo) e vitaminas (vitamina C, por exemplo), componentes benéficos para a saúde dos consumidores. Os efeitos benéficos mais notórios do abacaxi para a saúde são a ação anti-inflamatória, as atividades antioxidante e antimicrobiana, a ação moderadora sobre os sistemas nervoso, cardíaco e digestório (interfere nos movimentos peristálticos do intestino e na digestão de alimentos), a redução do risco de diabetes e de doenças vasculares cerebrais (Ali *et al.*, 2020).

Os produtos da industrialização do abacaxi são a fruta em calda (em fatias ou pedaços), o abacaxi em pó, as geleias, o mix de sucos – por exemplo, abacaxi, cenoura e laranja, nas proporções 80:10:10, 60:10:30 ou 50:20:30 (Awsi; Masih, 2012) – e suco pasteurizado (concentrado ou não). A escolha da variedade de abacaxi a ser processada deve considerar o destino do produto, se para consumo in natura ou insumo para a indústria. As variedades brasileiras de abacaxi são Pérola, *Smooth Cayenne* e Jupi.

O suco de abacaxi pode ser produzido do esmagamento direto do fruto descascado (Figura 6.11) ou dos retalhos resultantes da fabricação de abacaxi em calda (enlatado) (Figura 6.12).

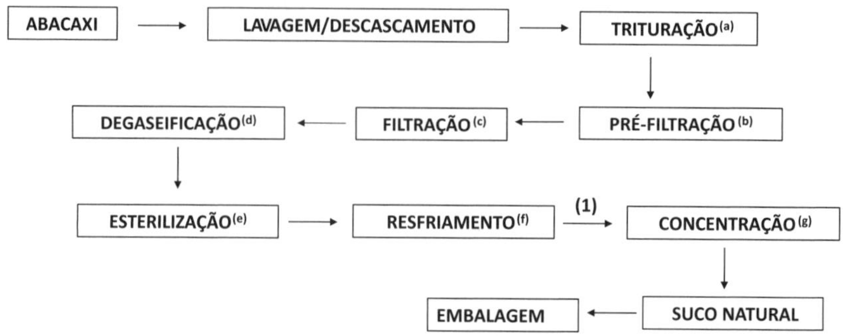


(a) Esmagador (tipo parafuso sem fim); (b) Filtro com pás (*scraper filter*): remoção de sólidos; (c) Filtro centrífugo horizontal: remoção de partículas em suspensão; (d) Sob vácuo (75 kPa); (e) Aquecimento a 95 °C por 30 s; (f) Trocador de calor em contracorrente (45 °C); (g) A pressão reduzida; (1) Benzoato de sódio.

**Figura 6.11 –** Esquema para a produção de suco natural de abacaxi.

Empresas de avaliação de mercado, tomando por base o ano de 2021, estimam que o mercado mundial para o suco de abacaxi e derivados passará de US$ 2,54 bilhões a US$ 4,10 bilhões no período 2021-2028, com crescimento médio anual da ordem de 8%. Os fatores propulsores do crescimento desse mercado seriam a preferência por produtos benéficos à saúde e o aumento do poder aquisitivo das populações de países emergentes.

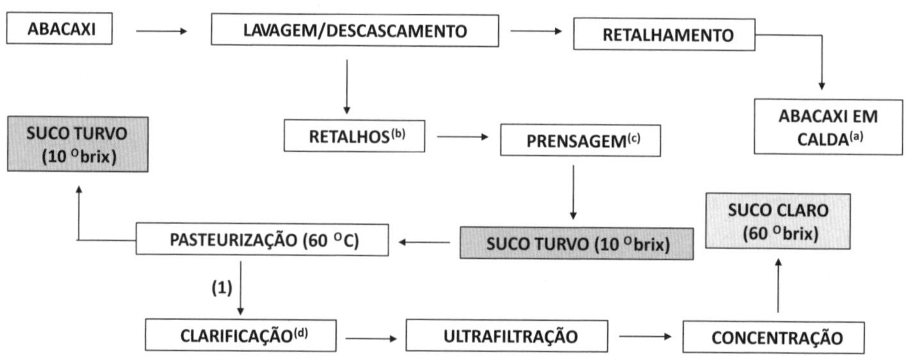


(a) FATIAS OU PEDAÇOS; (b) CASCA, PEDAÇOS DE POLPA ETC.; (c) PRENSA DO TIPO PARAFUSO SEM FIM (*SCREW PRESS*); (d) CLARIFICAÇÃO FEITA A 50 °C POR 0,5 A 1 h; (1) MIX DE ENZIMAS (5 – 15 g/L DE SUCO): PECTINASES, XILANASE E GALACTURONASE.

**Figura 6.12 –** Esquema para a produção de suco de abacaxi (turvo ou claro).

## 6.5.4 PROCESSAMENTO DO SUCO DE BANANA

A banana (*Musa sp.*) é uma fruta originária da Ásia, trazida ao *Novo Mundo* pelos colonizadores europeus, sendo plantada atualmente em cerca de 65% dos países do mundo (localizados nas zonas tropical e subtropical da Terra). Há pelo mundo mais de mil tipos diferentes de banana, considerando-se as cultivadas e as selvagens, apresentando diversos tamanhos – desde a diminuta banana-ouro brasileira (*Musa sapientum*), com 10 cm de comprimento e 50 g de peso, até a banana-gigante da Nova Guiné (*Musa ingens*) com 50 cm de comprimento e 1 kg de peso. As variedades comuns no Brasil são banana-prata, banana-maçã, banana-d'água (ou Cavendish), banana-da-terra, banana-ouro e banana-nanica (Cavendish anã). As bananas são compostas em média por 74% de água, 4,5% de proteínas, lipídeos, fibras e cinzas, 23% de carboidratos (amido, na fruta imatura, e açúcares, como sacarose, glicose e frutose, após o amadurecimento), 0,47% de minerais (80% correspondente ao potássio) e vitaminas (A, E, C e complexo B). Além disso, a fruta contém dopamina (neurotransmissor cerebral), que, ao ser ingerida, atua como antioxidante, uma vez que ela não atravessa a barreira hematoencefálica e flavonoides antioxidantes (classe das catequinas). Estudos têm mostrado que o consumo de banana traz benefícios à saúde humana, sobretudo ao coração (devido ao alto teor de potássio na polpa), além de ajudar no controle da pressão arterial, e ao trato intestinal – neste caso, devido à presença de fibras dietéticas representadas pelo amido insolúvel (não é hidrolisado pela α-amilase pancreática) e a pectina. Essas fibras atuam como prebióticos, pois são convertidas por bactérias intestinais em ácido butírico, que ajuda a manter o intestino saudável (Leone; Alvarez-Leite, 2012; Ranjha *et al.*, 2022; D'Elia *et al.*, 2011).

A banana é uma fruta de amadurecimento rápido – a fruta verde amadurece em três ou quatro dias em temperatura ambiente (25 °C), ou em menor tempo a temperaturas mais altas – durante o qual polissacarídeos (amido, celulose, pectina e hemicelulose) são despolimerizados por enzimas endógenas. Além disso, a fruta escurece rapidamente devido à ação de polifenoloxidases, tornando-se um problema no processamento industrial, por causa do aumento significativo da turbidez do suco. Como as polifenoloxidases possuem estrutura quaternária tetramérica com sítio catalítico contendo quatro íons cobre, favorecem a ligação de compostos aromáticos (por exemplo, o-quinonas), os quais, na presença do oxigênio, polimerizam-se, originando polímeros altamente insaturados de coloração marrom-escura na polpa e na casca da fruta.

A produção mundial de banana é da ordem de 200 milhões de toneladas por ano (o Brasil é o quarto produtor mundial, com 7 milhões de toneladas anuais), sendo geradas, em média, 220 toneladas de biomassa residual por hectare plantado. A magnitude da produção de banana reflete o seu grande e diversificado uso como fonte de alimento in natura, produtos desidratados (chips e banana em pó), purê e suco. Além disso, a biomassa residual – contendo entre 4 e 5 $m^3$ de seiva por tonelada (localizada no pseudocaule) – constitui-se em substrato (mosto) para a produção de uma série de derivados obtidos por fermentação (etanol, proteína unicelular, enzimas (celulase e amilase, por exemplo), ácidos cítrico e láctico, vinagre e bebidas como cerveja e vinho); fonte de insumos para cosméticos; fibras (usadas para confeccionar produtos artesanais, sobretudo em países africanos); geração de energia elétrica (usada no campo); no tratamento da água potável (utiliza-se a casca para a absorção de nitritos); e outros como bioplásticos, biofilmes e papel (Rana *et al.*, 2018; Gupta *et al.*, 2019; Karmakar; Sirshendu, 2019).

O suco de banana pode resultar do processamento da fruta verde (Figura 6.13) ou madura (Figura 6.14). A polpa resultante do processamento da fruta verde pode ser usada tanto para obter suco concentrado claro como substrato para a produção de etanol (Handique *et al.*, 2019).

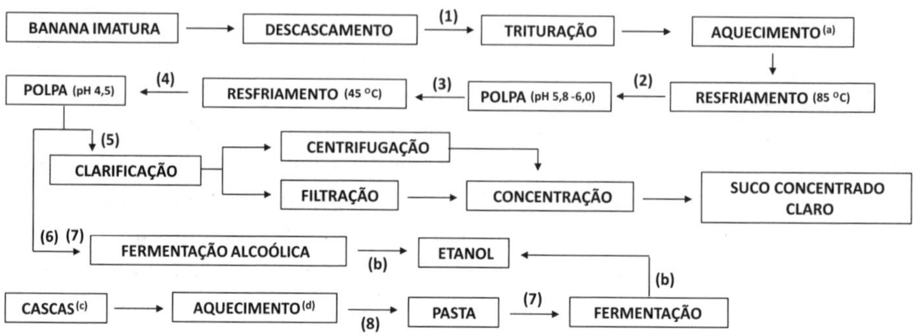


(a) Inativação das polifenoloxidases (100 °C/10 min); (b) Destilação; (c) Resíduos do descascamento; (d) Vapor de água pressurizado; (1) Água; (2) α-amilase bacteriana (0,2 g/kg de polpa): 85 °C por 30 min; (3) Ajuste do pH a 4,5 com ácido cítrico; (4) Mix de enzimas (pectinases, celulases e hemicelulases); (5) Mix de enzimas (pectinases e α-amilase fúngica); (6) Fosfato de amônio; (7) *Saccharomyces cerevisiae* (1 g/L); (8) Celulase.

**Figura 6.13 –** Esquema de conversão da banana imatura em suco concentrado claro e etanol.

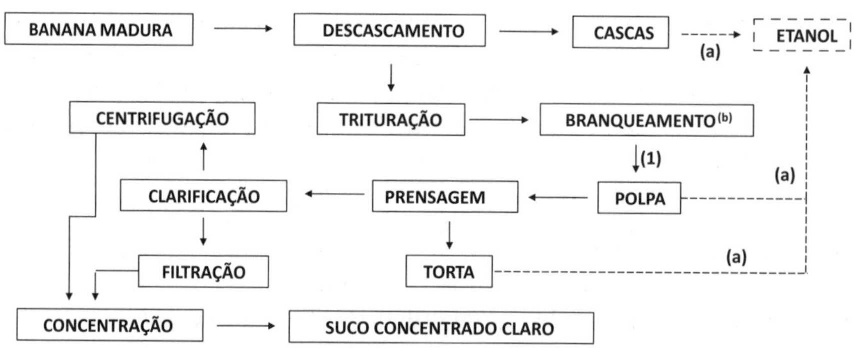


(a) Ver Figura 6.13; (b) Inativação das polifenoloxidases (85 °C por 5 – 10 min); (1) Mix de enzimas (100 g/1.000 kg de polpa): pectinases, celulases e hemicelulases (ação por 2 h a 45 °C).

**Figura 6.14 –** Esquema de conversão da banana madura em suco concentrado claro e etanol.

## 6.6 PERSPECTIVAS

O mercado mundial de sucos (compreendendo principalmente os sucos com 100% de fruta, néctares e sucos em pó) em 2021 foi da ordem de US$ 141 bilhões, estimando-se uma taxa anual de crescimento de 4,31% entre 2022 e 2027. O volume anual médio de suco comercializado mundialmente é da ordem de 51 bilhões de litros. A força propulsora desse mercado é devida à conscientização dos consumidores em substituir os refrigerantes e outras bebidas carbonatadas (produtos contendo alto teor de açúcar, corantes artificiais, ácido fosfórico, cafeína, gás dissolvido, adoçantes sintéticos etc.) por sucos de frutas naturais isentos de preservativos e de baixo teor calórico. Acrescenta-se a inclusão cada vez maior de países emergentes no mercado consumidor.

O mercado das enzimas pectinolíticas, por sua vez, cresce não apenas em função do mercado proporcionado pela indústria alimentícia (agente de geleificação, extração e clarificação de sucos de frutas; decomposição do revestimento mucilaginoso das cascas dos grãos de café, favorecendo a fermentação dos grãos; na produção de óleo de oliva, cujo rendimento da extração depende da redução de substâncias pécticas emulsionadas), mas também pelo seu uso crescente em vários segmentos industriais, como a indústria farmacêutica (em sistemas para a liberação controlada de fármacos, como por exemplo, comprimidos de curcumina revestidos de uma mistura de Eudragit S100, pectina e pectinase, que permite a liberação controlada do princípio ativo, que é usado para minimizar as dores causadas pela artrite, artrose e reumatismo), indústria têxtil (degomagem e maceração de fibras vegetais), indústria de papel e polpa (amolecimento da parede celular do substrato vegetal favorecendo sua maceração e branqueamento), ração animal (redução da viscosidade da ração) e indústria de bebidas (cervejas e vinhos) (Pathak; Jadhav, 2019; Fenfen *et al.*, 2019; Shet *et al.*, 2018; Murad; Azzaz, 2011, Ortiz *et al.*, 2017; Demir; Tari, 2016; John *et al.*, 2020).

Considerando-se o mercado global estimado para as enzimas usadas na indústria alimentícia, que, no período 2020–2031, variará entre US$ 1,9 e 4,13 bilhões (índice CAGR de 6,2% para a taxa de crescimento da demanda), e que 25% desse mercado corresponde às pectinases (Faiza *et al.*, 2019), então, espera-se para as pectinases cifras entre US$ 0,475 e 1,03 bilhão no período.

Diante desses números, o aumento da disponibilidade das pectinases comerciais é peremptório, o qual deve estar centrado no aprimoramento das fontes microbianas por meio das técnicas biotecnológicas e da adequação dos processos fermentativo e *downstream*, para garantir o aumento da produtividade destes catalisadores.

## 6.7 CONCLUSÃO

As pectinases, celulases e hemicelulases são catalisadores essenciais na produção industrial de sucos de frutas e derivados e de bebidas alcoólicas (cervejas e vinhos). As pectinases, em particular, estão sendo requeridas por outros segmentos industriais (ração animal, têxtil, papel e polpa, extração de óleos e farmacêutico). Devido à alta demanda, os fabricantes dessas enzimas devem dispor de microrganismos altamente produtores melhorados geneticamente pela aplicação das técnicas biotecnológicas disponíveis, além do aumento de produtividade dos processos fermentativos e dos protocolos de *downstream*.

## REFERÊNCIAS


ADAPA, V.; RAMYA, L. N.; PULICHERLA, K. K.; RAO, K. R. S. S. Cold active pectinases: advancing the food industry to the next generation. *Applied Biochemistry and Biotechnology*, Berlin, v. 172, p. 2324-2337, 2014.

ALI, M. M.; HASHIM, N.; AZIZ, S. A.; LASEKAN, O. Pineapple (*Ananas comosus*): a comprehensive review of nutritional values, volatile compounds, health benefits, and potential food products. *Food Research International*, Amsterdam, v. 137, 2020. DOI: https://doi.org/10.1016/j.foodres.2020.109675

AWSI, J.; MASIH, D. Development and quality evaluation of pineapple juice blend with carrot and orange juice. *International Journal of Scientific and Research Publications*, Nova Delhi, v. 2, n. 8, p. 1-8, 2012.

BENDAALI, Y.; VAQUERO, C.; GONZÁLES, C.; MORATA, A. Elaboration of an organic beverage based on grape juice with positive nutritional properties. *Food Science Nutrition*, London, v. 21, p. 1-12, 2022.

D'ELIA, L.; BARBA, G.; CAPPUCCIO, F. P.; STRAZZULLO, P. Potassium-intake, stroke, and cardiovascular disease: a meta-analysis of prospective studies. *Journal of the American College of Cardiology*, New York, v.57, n.10, p. 1210-1219, 2011.

DEMIR, H.; TARI, C. Effect of physicochemical parameters on the polygalacturonase of an *Aspergillus sojae* mutant using wheat bran, an agro-industrial waste, via solid-state fermentation. *Journal of the Science of Food and Agriculture*, Toronto, v. 96, p. 3575-3582, 2016.

FAIZA, A.; BHATTI, H. N.; BILAL, M. Recent advances in the production strategies of microbial pectinases: a review. *International Journal of Biological Macromolecules*, Amsterdam, v. 122, p. 1017-1026, 2019.

FENFEN, G.; XUEZHI, L.; JIAN, Z.; GUANXI, L.; PEIKE, G.; XIALONG, H. Optimizing culture conditions by statistical approach to enhance production of pectinase from *Bacillus sp.* Y1. *Biomedical Research International*, Nova Deli, v. 2, p. 1-10, 2019.

GRASSIN, G.; FAUQUEMBERGUE, P. Fruit juices. *In:* GODFREY, T.; WEST, S. (Coord.). *Industrial Enzymology*. New York: Stockton Press, 1996. p. 227-260.

GUPTA, G.; BARANWAL, M.; SAXENA, S.; REDDY, M. S. Utilization of banana stem juice as a feedstock material for bioethanol production. *Clean Soil Air Water*, London, v. 47, n. 9, p. 182-202, 2019.

HANDIQUE, J.; BORA, S. J.; SIT, N. Optimization of banana juice extraction using combination of enzymes. *Journal Food Science Technology*, Amsterdam, v. 56, n. 8, p. 3732-3743, 2019.

JAYANI, R. S.; SAXENA, S.; GUPTA, R. Microbial pectolytic enzymes: a review. *Process Biochemistry*, Oxford, v. 40, n. 9, p. 2931-2944, 2005.

JOHN, J.; KAIMAL, K. K. S.; SMITH, M. L.; RAHMAN, P. K.; CHELLAM, P. V. Advances in upstream and downstream strategies of pectinase bioprocessing: a review. *International Journal of Biological Macromolecules*, Amsterdam, v. 162, p. 1086-1099, 2020.

KARMAKAR, S.; SIRSHENDU, D. Pectin removal and clarification of juices. *In:* GALANAKIS, C. (Coord.). *Separation of functional molecules in food by membrane technology*, 2019. p. 155-194.

KAVUTHODI, B.; SEBASTIAN, D. Review on bacterial production of alkaline pectinase with special emphasis on *Bacillus* species. *Bioscience Biotechnology Research Communication*, Bhopal, v. 11, p. 18-30, 2018.

LANG, C.; DOWENBURG, H. Perspectives in the biological function and the technological application of polygalacturonases. *Applied Microbiology and Biotechnology*, Berlin, v. 53, n. 4, p. 366-375, 2000.

LEONE, A. J.; ALVAREZ-LEITE, J. I. Butyrate: implications for intestinal function. *Current Opinion in Clinical Nutrition and Metabolic Care*, London, v. 15, n. 5, p. 474-479, 2012.

MARCOTTE, B. V.; VERHEYDE, M.; POMERLEAU, S.; DAYEN, A.; COILLARD, C. Health benefits of apple juice consumption: a review of interventional trials on humans. *Nutrients, Basel*, v. 14, p. 821-842, 2022.

McMILLAN, J. D.; PHAFF, H. J. Exopolygalacturonate lyase from *Clostridium multifermentans*. *Methods in Enzymology*, New York, v. 8, p. 632-635, 1966.

MURAD, H. A.; AZZAZ, H. H. Microbial pectinases and ruminant nutrition. Research in Microbiology, Cambridge, v. 6, p. 246-269, 2011.

ORTIZ, G. E.; PONCE-MORA, D. G.; NOSEDA, G.; ALBERTÓ, E. O. Pectinase production by *Aspergillus giganteus* in solid-state fermentation: optimization, scale-up, biochemical characterization, and its application in olive-oil extraction. *Journal of Industrial Microbiology Biotechnology*, Oxford, v. 44, p. 197-211, 2017.

PATHAK, A. P.; JADHAV, S. R. Production and characterization of a thermos-pH stable pectinase from *Bacillus licheniformis* unp-1: a novel strain isolated from un a hot spring. *Indian Journal Geo-Marine Science*, Nova Deli, v. 48, p. 670-677, 2019.

PEDROLLI, D. B.; CARMONA, E. C. Purification and characterization of the exopolygalacturonase produced by *Aspergillus giganteus* in submerged cultures. *Journal of Industrial Microbiology Biotechnology*, Oxford, v. 37, n. 6, p. 567-573, 2010.

PILNIK, K.; VORAGEN, A.C.J. Pectic enzymes in fruit and vegetable juice manufacture. *In:* NAGODAWITHANA, T., REED, G. (Coord.). *Enzymes in Food Processing*. San Diego: Academic Press Inc., 1996. p. 363-399.

RANA, G. K.; SINGH, Y.; MISHRA, S. P.; RAHANGDALE, H. K. Potential use of banana ant its by-products: a review. *International Journal of Current Microbiology Applied Sciences*, Tamilnadu (India), v. 7, n. 6, p. 1827-1832, 2018.

RANJHA, M.; IRFAN, S.; NADEEM, M.; MAHMOOD, S. A. Comprehensive review on nutritional value, medicinal uses, and processing of bananas. *Food Reviews International*, Amsterdam, v. 38, n. 2, p. 199-225, 2022.

SELVENDRAN, R. R. *The chemistry of plant cell walls*. Londres: Applied Science Publishers, 1983.

SHET, A. R.; DESAI, S. V.; ACHAPPA, S. Pectinolytic enzymes: classification, production, purification and applications. *Research Journal of Life Sciences, Bioinformatics, Pharmaceutical and Chemical Sciences*, Pune (India), v. 4, p. 337-348, 2018.

SPIRO, R. G. Analysis of sugars found in glycoproteins. *Methods in Enzymology*, New York, v. 8, p. 3-26, 1966.

STRASSER, G. R.; AMADÓ, R. Pectic substances from red beet. *Carbohydrate Polymers*, Cambridge, v. 44, p. 63-70, 2001.

VIGAR, V.; MYERS, S.; OLIVER, C.; ARELLANO, J.; ROBINSON, S.; LEIFERT, C. A. A systematic review of organic versus conventional food consumption: is there a measurable benefit on human health? *Nutrients, Basel*, v. 12, n. 1, p. 7-22, 2020.

VITOLO, M. Enzymes in the production of juices and beverages. *World Journal of Pharmacy and Pharmaceutical Sciences*, Nagpur, v. 9, n. 3, p. 504-517, 2020.

# CAPÍTULO 7
# Uso de enzimas na indústria de bebidas


## RESUMO

A produção de etanol pelo homem, primeiramente em bebidas e, depois, como substância reagente (solvente), perde-se no tempo. Por isso, o etanol produzido atualmente deve ser classificado como potável (ingerido na forma de bebida) e não potável (usado como reagente e/ou solvente). O etanol potável é aquele obtido exclusivamente por fermentação (podendo ser destilado ou não), enquanto o não potável provém da síntese química (oxidação do eteno, síntese de Grignard, hidrólise do haleto de acetila, entre outras) ou fermentativa (a destilação é obrigatória).

As bebidas alcoólicas podem ser classificadas em fermentadas (vinho e cerveja), misturas (licores) e fermento-destiladas (caninha, rum e vodca, por exemplo). As bebidas obtidas de matérias-primas açucaradas, como a caninha, prescindem do uso de enzimas exógenas, porque a levedura já possui o aparato enzimático para formar o etanol. As bebidas obtidas de matérias-primas amiláceas, como o saquê e a vodca, requerem enzimas exógenas (carboidrases), para converter o amido em açúcares fermentescíveis. O vinho e a cerveja, por sua vez, requerem outras enzimas exógenas além das carboidrases.

Os principais agentes de hidrólise para produzir bebidas alcoólicas destiladas são o malte de cevada, o koji e as enzimas microbianas (α-amilase, β-amilase, glicoamilase e pululanase).

Em enologia, em razão do grande volume de produto requerido pelo mercado, são necessários diversos aditivos para acelerar a fermentação do mosto de uva e reduzir o tempo de maturação do vinho (período em que as propriedades organolépticas do produto se consolidam). Entre os aditivos usados, há as enzimas (pectinases, celulases, hemicelulases, glicosidases, glucanases, urease, lisozima e proteases).

A cerveja é um dos produtos biotecnológicos mais antigos produzidos. A receita básica para se produzir cerveja é constituída por água, malte de cevada, lúpulo e levedura. Há três tipos básicos de cerveja: *ales*, *lagers* e *lambic* (utilizam a fermentação espontânea). O grande volume de produto requerido para suprir o mercado mundial, as oscilações da disponibilidade de cevada e a redução dos custos de produção obrigam o mestre cervejeiro a usar uma série de adaptações no processo, como substituir a cevada por outros cereais (trigo, sorgo, arroz, milho, centeio, entre outros). Em consequência, torna-se obrigatória a adição de enzimas exógenas, como β-glucanases, celulases, xilanases, proteases, α-amilase, β-amilase, glicoamilase, papaína, pululanase e α-acetolactato descarboxilase. A importância das enzimas em cervejaria pode ser mensurada considerando-se que 17% das enzimas usadas atualmente na tecnologia de alimentos são destinados ao setor cervejeiro e que, no período entre 2022 e 2032, estima-se um crescimento anual de 6,4%. Esse cenário resulta da maior aceitação do produto pelos consumidores e do número crescente de microcervejarias no mundo.

## 7.1 INTRODUÇÃO

O início da produção de bebidas alcoólicas pode ser situado nos primórdios da civilização (talvez incluindo a pré-história), sendo quase certo que as primeiras bebidas eram produzidas simplesmente deixando-se as frutas, os macerados (sucos) de frutas ou restos vegetais misturados com água em recipientes abertos, e que, após um período de fermentação catalisada por microrganismos existentes no ar, originavam um líquido alcoólico. Acredita-se que todos os povos da Terra (homem pré-histórico, fenícios, assírios, babilônios, gregos, romanos etc.), ao longo dos milênios, desenvolveram e aperfeiçoaram suas bebidas alcoólicas.

Uma distinção clara deve ser feita entre o etanol reagente (dito não potável) e o etanol ingerível (dito potável). Aquele pode ser produzido tanto por síntese química (oxidação do eteno, síntese de Grignard, hidrólise do haleto de acetila, entre outras) quanto por fermentação (seguida de destilação obrigatória), enquanto este, somente por via fermentativa (seguida por destilação parcial ou não). Por conseguinte, pode-se classificar as bebidas alcoólicas em fermentadas (cerveja e vinho), por mistura (licores) e fermento-destiladas. Estas se subdividem em destiladas (caninha, rum, conhaque etc.) e destilo-retificadas (vodca, gim, aquavita etc.) (Aquarone; Moraes, 2021).

O uso de enzimas exógenas nos processos de produção de bebidas deve levar em conta o tipo da matéria-prima empregada. As bebidas obtidas de matérias-primas açucaradas (ricas em sacarose, principalmente), como o caldo ou o melaço de cana-de-açúcar, prescindem da adição de enzimas, uma vez que a levedura (*Saccharomyces sp.*) já possui o aparato enzimático (invertase extracitoplasmática) para converter a sacarose em álcool (Vitolo, 2019). No entanto, bebidas obtidas de matérias-primas amiláceas (aquavita, saquê, vodca, cerveja etc.) requerem enzimas exógenas (carboidrases) para converter o amido em açúcares fermentescíveis. Lembra-se que enzimas exógenas outras às carboidrases podem ser usadas em etapas específicas do processo de fabricação, como nos casos da cerveja e do vinho.

## 7.2 BEBIDAS ALCOÓLICAS DESTILADAS

A legislação estipula que todas as bebidas destiladas devem conter um teor alcoólico entre 38 °GL e 54 °GL, a não ser afirmação em contrário. Por exemplo, no Brasil, a caninha, cachaça ou aguardente de cana, obtida pela destilação do mosto fermentado de cana-de-açúcar, pode conter no máximo 6 g de açúcar por litro.

A industrialização dessas bebidas ganhou escala a partir do século passado, quando se descobriu que a cevada maltada (malte) permitia converter materiais amiláceos em etanol. Outro evento importante foi a popularização do processo Koji por Takamine, em 1890, do qual foi extraída a α-amilase fúngica. Essa foi a primeira enzima produzida em grande escala e comercializada com o nome Takadiastase®. Ressalta-se que esse evento representa o marco inicial da enzimologia industrial.

Os principais agentes de hidrólise do amido são o malte, o koji e as amilases.

### 7.2.1 AGENTES DE HIDRÓLISE DO AMIDO

#### 7.2.1.1 Malte

O malte verdadeiro provém da cevada germinada e seca (Figura 7.1), sendo constituído pelas enzimas α e β-amilases, proteases, fitases e hemicelulases (glucanase). Todavia, outros grãos de cereais podem ser submetidos ao processo de germinação, visando a obter sucedâneos do malte.

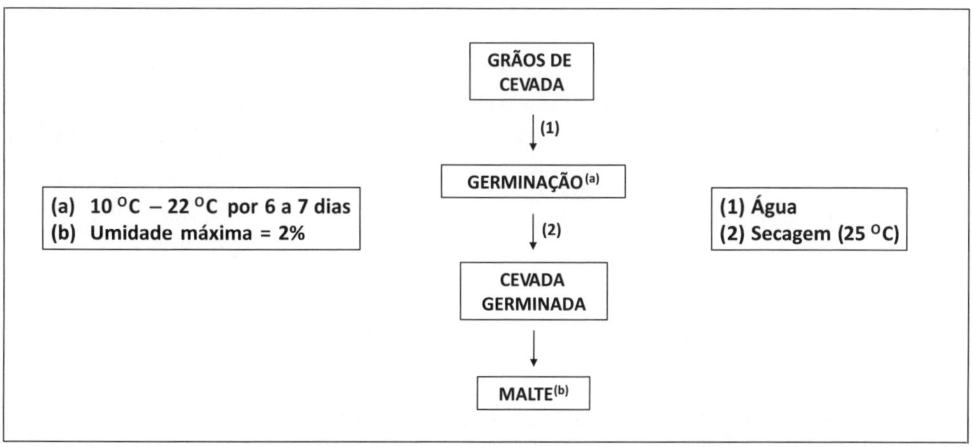


**Figura 7.1 –** Esquema do processo de germinação da cevada.

### 7.2.1.2 Koji

O princípio do processo está baseado no cozimento do arroz, seguido da semeadura com esporos de fungo (*Aspergillus oryzae*) e da fermentação por uma semana. A massa fermentada é seca e embalada (Figura 7.2).

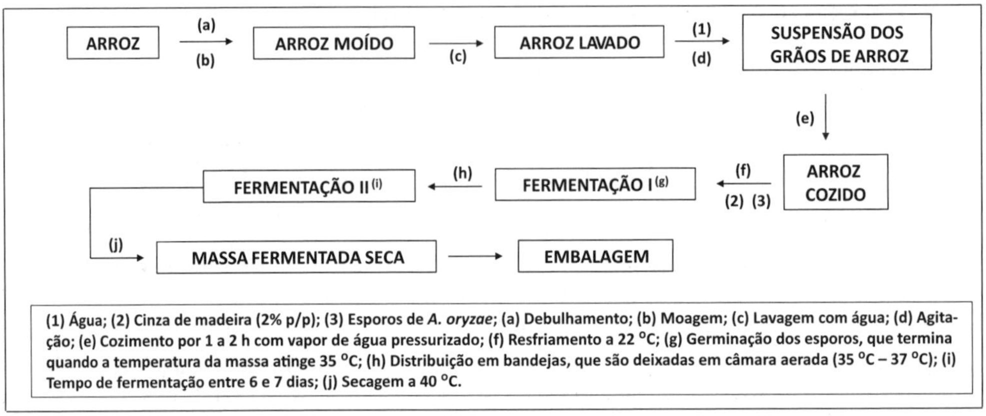


**Figura 7.2 –** Esquema do processo Koji.

### 7.2.1.3 Enzimas microbianas

Na produção de bebidas alcoólicas destiladas a partir de matérias-primas amiláceas, o uso de enzimas amilolíticas é peremptório, pelo fato de o amido – um polímero da glicose – não ser um carboidrato fermentescível. As enzimas utilizadas são a α-amilase, a β-amilase, a glicoamilase e enzimas desramificantes (pululanase, por exemplo), a depender da matéria-prima usada. Essas enzimas já foram descritas no Capítulo 6.

## 7.2.2 PRODUÇÃO DE BEBIDAS ALCOÓLICAS DESTILADAS

Os processos de fabricação de bebidas alcoólicas destiladas, embora possam ser sumarizados, conforme mostrado na Figura 7.3, podem ser executados de várias maneiras, dependendo do tipo de bebida destilada, do país produtor, das matérias-primas usadas, da legislação do país produtor etc. Em seguida, dois exemplos (Figuras 7.4 e 7.5).

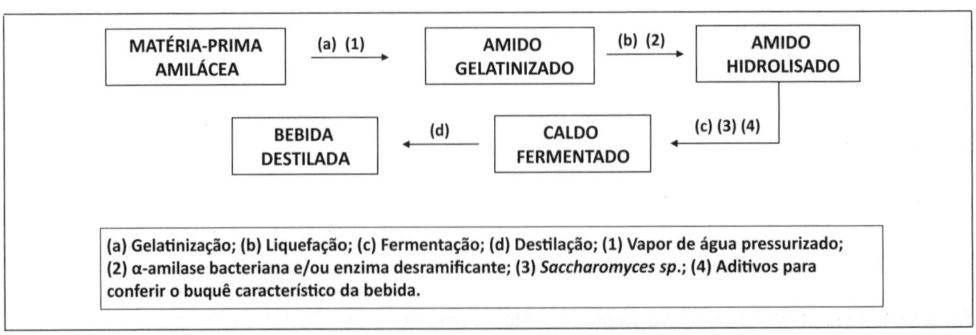


**Figura 7.3 –** Esquema genérico de obtenção de bebida alcoólica destilada.

Poder-se-á observar das Figuras 7.4 e 7.5 que os processos diferem em três aspectos, a saber: o material amiláceo é cozido sem ter sido previamente moído, não há adição de enzima na fase de cozimento, e a liquefação e a sacarificação ocorrem sequencialmente, no mesmo tanque, com a adição da α-amilase bacteriana, em temperatura entre 100 °C e 80 °C, e, após o tempo programado (20-30 min), a temperatura é reduzida para entre 50 °C e 60 °C, sendo adicionada a glicoamilase.

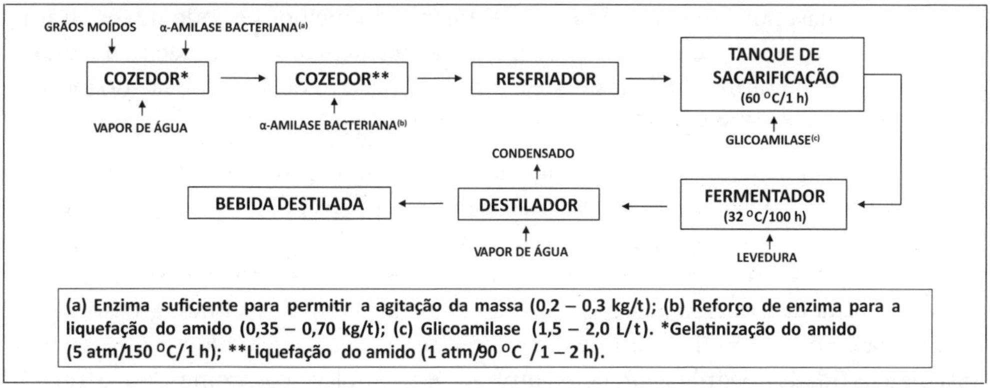


**Figura 7.4 –** Processo tipo batelada, com adição separada de enzimas para a produção de bebida alcoólica destilada.

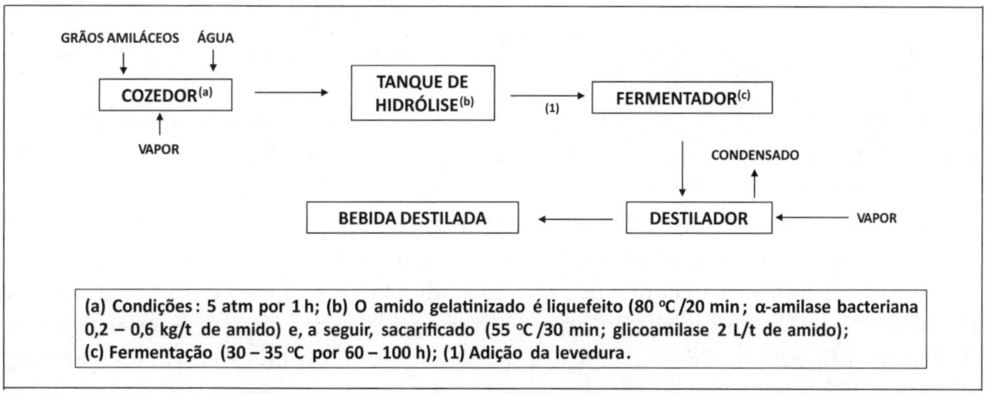


**Figura 7.5 –** Processo tipo batelada, com adição simultânea de enzimas para a produção de bebida alcoólica destilada.

## 7.2.3 VINHOS

A enologia é um processo biotecnológico que permite converter o macerado obtido de determinadas espécies de uvas (*Vitis sp.*) em uma bebida de composição complexa (vinho).

O processo de vinificação da uva macerada teve início há pelo menos cinco mil anos, sofrendo melhoramentos sucessivos por meio da seleção das espécies e variedades de uvas cultivadas, do adequado manejo da plantação, do estabelecimento do melhor período para a colheita (vindima), do aperfeiçoamento do processo de fermentação – em termos de equipamento, das condições operacionais e do tempo transcorrido entre o final da fermentação alcoólica e o início da fermentação malolática (conversão do ácido málico em ácido lático promovida por bactérias, entre elas a *Oenococcus oeni*) –, da seleção do microrganismo responsável pela fermentação (comumente o *Saccharomyces cerevisiae*), do uso de coadjuvantes exógenos (metabisulfito de sódio e enzimas, por exemplo), do estabelecimento do melhor período de maturação do vinho, das condições de maturação (tipo de recipiente – tonel de madeira ou tanque metálico –, temperatura, luminosidade e umidade relativa do ar ambiente do local de armazenagem) entre outros.

A enologia, por ser um processo multifatorial, permite produzir uma ampla variedade de vinhos, considerando-se a classe (vinho fino, leve, de mesa, espumante, frisante, gaseificado, licoroso e composto), a coloração (vinho tinto, rosê e branco) e o teor de açúcar (natural, *extra-brut*, *brut*, seco, meio seco, suave e doce). Além disso, do ponto de vista da preferência do consumidor por dado tipo de vinho, grosso modo, resulta da combinação de fatores extrínsecos (reputação, região e/ou propaganda) e intrínsecos (idade do vinho, cor, perfil químico e organoléptico, aroma e/ou safra) (De Castilhos; Del Bianchi, 2021).

A complexidade do vinho é o resultado da presença de uma variedade de substâncias provenientes tanto da variedade da uva processada quanto das características das fermentações alcoólica e malolática, a saber: a) ácidos (tartárico, málico, cítrico, D-glucônico, cumárico, cafeico, pirúvico, lático, succínico, acético, citramálico, oxaloacético e fumárico); b) álcoois e compostos voláteis (o etanol responde por 99,5% dos álcoois, sendo o restante constituído por metanol (se torna tóxico ao organismo em concentração acima de 0,35 g/L), glicerol (confere viscosidade ao vinho e pode afetar o seu sabor ao se transformar em acroleína, a qual se complexa com taninos), isobutanol, álcool feniletílico, álcool isoamílico, 2,3-butanodiol, eritritol, álcoois presentes em quantidades ínfimas (arabitol, manitol, sorbitol e mesoinositol). Outros compostos aromáticos encontrados são os ácidos graxos (oleico e linoleico, ambos provenientes da cera impermeável que recobre as bagas da uva) e os ésteres (acetato de etila e antranilato de metila. Os ésteres presentes no vinho são formados por via enzimática durante a fermentação etanol-malolática e por via química durante o período de maturação, sobretudo quando o vinho é acondicionado em tonéis de carvalho). Aldeídos, cetonas, acetais e lactonas, também, podem estar presentes; c) açúcares (sacarose, melibiose, maltose, lactose, rafinose e trealose. Esses açúcares podem influir na coloração e na volatilização de compostos aromáticos do vinho, por meio da reação de Maillard, que leva à formação de melanoidinas. Estas, por sua vez, dão origem aos furfuraldeídos (substâncias odoríferas), que, por reações químicas específicas (condensação e polimerização), formam os pigmentos marrons, que influirão na cor final do vinho); d) compostos fenólicos (originam-se da uva e/ou do contato do vinho com as paredes dos tonéis de carvalho durante a maturação. Sua presença afeta a aparência, o sabor, o corpo, o aroma e as propriedades antimicrobianas dos vinhos). O perfil fenólico do vinho é afetado pelo tipo de uva, condições de cultivo (solo, clima e modo de cultivo), reações químicas e enzimáticas que ocorrem ao longo das etapas de vinificação, maturação e envelhecimento. Em enologia, os compostos fenólicos são divididos em flavonoides (antocianinas, flavonóis e flavan-3-óis. Provém da película e sementes da uva) e não flavonoides (ácido benzoico, ácido cinâmico e estilbenos (resveratrol, por exemplo). São achados na polpa da uva). Certas variedades de uvas possuem na casca a quercitina, um flavonol, que pode causar o aparecimento de precipitado indesejável em vinhos como o Chianti e o Sangiovese. Para se contornar o problema, recomenda-se a adição na etapa de amadurecimento de um combinado pectinase-glicosidase; e) minerais e substâncias pécticas (a presença delas influi nas características sensoriais do vinho. Os minerais – potássio, sulfatos, cálcio, cloro, sódio, cobre e ferro – podem ser incorporados ao vinho durante a fase de vinificação, enquanto as substâncias pécticas provêm diretamente da uva. Estas podem causar turbidez indesejável ao vinho.) (De Castilhos; Del Bianchi, 2021; Vendramin *et al.*, 2022).

A fabricação do vinho manteve-se empírica desde os primórdios da humanidade até o século XIX, a partir do qual o processo de formação do etanol por fermentação microbiana começou a ser compreendido. Até então, o processo de fabricação consistia no esmagamento dos bagos de uva, geralmente com os pés – procedimento praticado em alguns lugares até hoje, em geral de cunho folclórico, visando à produção artesanal do vinho –, formando um macerado (o mosto) que, acrescido de água, era deixado em repouso para que os componentes naturalmente presentes na casca e na polpa dos bagos pudessem formar o etanol. Este, associado a compostos aromáticos e pigmentos extraídos das uvas, originava, no final, o vinho. Os componentes naturais responsáveis pela conversão do mosto de uva em vinho são as enzimas existentes na fruta (*Vitis vinífera)*, a saber: glicosidases, protopectinases, pectinometilesterases (PME), poligalacturonases (PG), pectinoliases (PL), proteases e peroxidases; e as enzimas de microrganismos que crescem na casca da fruta, a saber: fungos (*Botrytis cinerea*) (glicosidases, lacases, pectinases, celulases, fosfolipases, esterases e proteases), leveduras (*Saccharomyces cerevisiae*) (β-glicosidases, β-glucanases, proteases e pectinases) e bactérias ácido-lácticas (enzimas do ciclo metabólico malolático, esterases, lacases, tanases, proteases, xilanases e lipases, entre outras) (Claus; Mojsov, 2018).

No entanto, do século XX em diante, o mercado de vinho passou de local para mundial, estimulando o aparecimento de inúmeras vinícolas industriais, que passaram a produzir grandes volumes e variedades de vinho. Essa mudança de escala constituiu-se em formidável desafio ao produtor de vinho para fornecer aos consumidores, em geral de paladares exigentes, um produto de alta qualidade, com corantes e aromas extraídos da uva durante o processo de vinificação e formação de novos aromas durante a maturação. Para tanto, o enólogo deve lançar mão de equipamentos adequados e de uma série de aditivos para obter um vinho de qualidade e em curto período. Por conseguinte, a longa etapa de envelhecimento em tonéis especiais, atualmente, é reservada para vinhos de alto custo comercial e apreciados por seletos grupos de consumidores.

Entre os aditivos comumente usados, as enzimas exercem papel importante na enologia atual, sendo, por isso, tratadas a seguir.

### 7.2.3.1 Enzimas

Desde os anos 1950, preparados enzimáticos comerciais foram sendo gradativamente introduzidos na indústria do vinho. As enzimas propiciam vantagens como aceleração das fases de sedimentação e clarificação, obtenção de maior volume de suco e liberação de pigmentos naturais da uva (Quadro 7.1).

Várias enzimas comerciais usadas na fabricação do vinho, em geral coquetéis enzimáticos (glicosidases, glucanases, pectinases e proteases), são obtidas de fungos (*Aspergillus niger* e *Trichoderma sp.*), uma vez que, ao contrário das enzimas naturais da uva, resistem ao abaixamento do pH, à sulfitação (adição de bissulfito de sódio ao mosto) e à presença do etanol e compostos fenólicos (Claus; Mojsov, 2018).

**Quadro 7.1** – Enzimas usadas em enologia

| Aplicação/processo | Enzimas | Finalidade |
|---|---|---|
| Acelerar a filtração e clarificação do mosto | Pectinases | Hidrólise da pectina |
| Obtenção do mosto | Pectinase, celulase, hemicelulase | Desarranjo da parede celular e da casca, além da extração de pigmentos dos bagos |
| Fase final da fermentação | Glicosidases | Liberação de aromas a partir de carboidratos inodoros |
| Pré-maturação | Glucanases | Lise das leveduras para liberar mananoproteinas |
| Clarificação do mosto | Glucanases | Lise de exopolissacarídeos de microrganismos contaminantes |
| Pós-fermentação | Urease* | Hidrólise da ureia para evitar a formação de carbamato de etila |
| Mosto e pós-fermentação | Lisozima** | Evitar a proliferação microbiana |
| Mosto e pós-fermentação | Proteases | Evitar a turbidez do vinho |
| Envelhecimento | Pectinase e glicosidase | Hidrólise da quercetina (um flavonol) para evitar o aparecimento de precipitado no vinho. |

* Obtida de *Lactobacillus fermentum*.

** Obtida da clara do ovo.

#### *7.2.3.1.1 Pectinases*

As células da uva possuem parede celular composta por celulose, disposta em feixes de microfibrilas entremeadas com xiloglicana, manana, xilana e pectina, e o conjunto estabilizado por uma matriz proteica. Após a maceração da uva, a pectina liberada aumenta a viscosidade do macerado, impedindo a extração do suco, a clarificação e a filtração, além de impedir a difusão de compostos aromáticos para o mosto durante a fermentação.

A completa degradação da pectina requer a ação conjunta de várias pectinases, como poligalacturonase, pectinoliase, pectatoliase e pectinesterase. Os preparados pectinolíticos comerciais contêm entre 2% e 5% de enzimas misturadas com aditivos (açúcares, sais inorgânicos, conservantes, estabilizantes etc.). Estes atuam como estabilizantes e agentes padronizadores da atividade pectinolítica do preparado enzimático. O enólogo deve atentar para a possível redução da atividade pectinolítica causada pelo teor de etanol acima de 17% (v/v), de $SO_2$ acima de 500 mg/L e pelo eventual uso de bentonite na clarificação do suco, que tem a capacidade de adsorver proteínas em geral (Claus; Mojsov, 2018).

O uso de pectinases após o esmagamento dos bagos e antes da prensagem do macerado tem por objetivo aumentar os rendimentos das operações unitárias de extração do suco, clarificação (inclusive a borra depositada no fundo do tanque fica mais compactada) e filtração do clarificado (Figura 7.6). Além disso, o tratamento do macerado com pectinase aumenta o rendimento da extração de pigmentos – representados pelas antocianidinas (pelargonidina, cianidina, malvidina, entre outras) e flavonóis (quercetina e miricetina, principalmente) – localizados na casca da uva (Cosme; Jordão, 2014).

Alguns autores preconizam o uso de pectinase imobilizada, procurando aproveitar as vantagens proporcionadas pela técnica da imobilização (ver Capítulo 3). Há relato de que pectinase imobilizada em suporte de quitina-quitosana manteve 100% de sua atividade após vários ciclos de recuperação (Ramirez *et al.*, 2016). No entanto, é difícil vislumbrar aplicabilidade desse sistema em um meio tão complexo como o macerado de uva.

Pectinases obtidas de cepas de leveduras psicrófilas (*Cystofilobasidium capitatum* e *Rhodotorula mucilaginosa*), que atuam em pH 3,5 e em temperatura inferior a 10 °C, mostraram-se eficientes nas operações de extração e clarificação de mosto direcionado para fermentação realizada em temperaturas entre 15 °C e 20 °C na produção de certos tipos de vinhos (Claus, 2017; Mateo; Maicas, 2016; Merín; De Ambrosini, 2015).

#### *7.2.3.1.2 Lipases*

Os lipídeos porventura presentes no vinho provêm da uva e da autólise de microrganismos. Esses compostos podem sofrer modificações durante a vinificação, conferindo alguma propriedade positiva ou negativa ao vinho produzido. Uma discreta atividade lipolítica pode advir do metabolismo de *Lactobacillus sp.* naturalmente presente nos bagos. Por isso, teoricamente, a adição de lipases exógenas – enzimas que hidrolisam triglicérides em glicerol e ácidos graxos livres – poderia auxiliar na decomposição de lipídeos das paredes celulares (tanto das células vegetais quanto de microrganismos autolisados), contribuindo para melhorar a extração de pigmentos da parede dos bagos prensados (Claus; Mojsov, 2018; Hares Jr. *et al.*, 2019).

#### *7.2.3.1.3 Glucanases*

Os polissacarídeos presentes no mosto e no vinho provêm dos bagos (celulose, hemicelulose e pectinas) e da parede celular de células de levedura autolisadas (quitina e β-glucanas). Em particular, bactérias ácido-láticas e o fungo *Botrytis cinerea* liberam polissacarídeos (por autólise e/ou pelo metabolismo celular) que dificultam a filtração do vinho. Salienta-se que os polissacarídeos não podem ser removidos do vinho com floculantes, adsorventes ou por filtração, tornando peremptório o uso de glucanases (Dimopoulou *et al.*, 2017).

Em enologia, dois tipos de glucanases são relevantes: a) exo-β-1,3-glucanase, que hidrolisa o polissacarídeo a partir da extremidade não redutora da cadeia, liberando moléculas de glicose. Essa enzima é produzida por leveduras das espécies *Candida albicans*, *Pichia polymorpha* e *Wickerhamomyces anomalus AS*1, entre outras; b) endo-β-1,3-glucanase, que hidrolisa o polissacarídeo aleatoriamente, liberando oligossacarídeos. Essa enzima é produzida por leveduras das espécies *Kluyveromyces phaseolosporus*, *Schizosaccharomyces pombe* e *S. versatilis*, entre outras (Claus; Mojsov, 2018).

#### *7.2.3.1.4 Glicosidases*

As características organolépticas do vinho são determinadas por um *pool* de substâncias que provêm dos bagos (aroma) e/ou pela fermentação e pelo armazenamento (buquê). O sabor e o aroma do vinho devem-se à presença de compostos voláteis (ésteres, álcoois, tióis e/ou terpenos). Os terpenos, embora não interfiram no aroma, contribuem para o aparecimento do sabor no vinho.

A maioria dos compostos voláteis estão ligados covalentemente a mono e dissacarídeos (caso dos terpenoides linalool, nerol e geraniol, entre outros) e não apresentam atividade odorífica, porém, tornam-se aromáticos e flavorizantes após a remoção da molécula de açúcar, que pode ser feita usando-se glicosidases microbianas (β-D-glicosidase, β-D-xilosidase, α-L-arabino-furanosidase, α-L-rhamnosidase e carbono-sulfur-liase) (Quadro 7.2). Os preparados enzimáticos comerciais contêm glicosidases, pectinases e glucanases, sendo normalmente formulados para que o *mix* de enzimas resista ao baixo pH (3,2 – 4,0), a concentrações de açúcar acima de 20% (p/v) e de etanol acima de 15% (v/v), e à presença de sulfitos e cátions. Nesse contexto, deve-se ressaltar o papel das glicosidases no enriquecimento do vinho tinto com transresveratrol, polifenol agliconado que oferece benefícios ao sistema circulatório humano. Lembra-se que o preparado enzimático não deve ser contaminado com a cinamoil esterase (enzima que pode estar presente em preparados enzimáticos obtidos do *Aspergillus niger*), que, ao hidrolisar ésteres dos ácidos hidroxicarboxílicos e fenólicos, geram substâncias que tornam o vinho desagradável ao paladar (Maicas; Mateo, 2016; Hu *et al.*, 2016; Padilla; Manzanares, 2016; Claus; Mojsov, 2018).

**Quadro 7.2** – Leveduras produtoras de glicosidases

| Glicosidases | Fontes |
|---|---|
| **β-D-glicosidase** | *Aureobasidium pullulans, Debaryomyces castelli, Schizosaccharomyces pombe, Torulaspora asahii* |
| **α-L-arabino-furanosidase** | *Pichia anomala, Hanseniaspora uvarum, Wickerhamomyces anomalus* |
| **α-L-rhamnosidase** | *Candida guilliermondii, Hanseniaspora vineae, Pichia angusta* |
| **β-D-xilosidase** | *Candida utilis, Hanseniaspora osmophila, Metschnikowia pulcherrima* |
| **carbono-sulfur-liase** | *Pichia kluyveri, Kluyveromyces thermotolerans, Candida zemplinia* |

### *7.2.3.1.5 Proteases*

As proteínas que acabam entrando no processo de vinificação provêm das uvas, adição proposital de aditivos proteicos (enzimas, gelatina, ovoalbumina, entre outras) e de microrganismos (metabolismo e autólise celular). Embora a maior parte das proteínas presentes seja desnaturada durante a vinificação, algumas provenientes da uva – formadas por estrutura molecular compacta e de baixa massa molar – persistem até o final do processo, podendo causar turvação no vinho durante o armazenamento em baixa temperatura (Claus; Mojsov, 2018; Rizzi *et al.*, 2016). A remoção das proteínas residuais do vinho ($3,5 < pH < 4,0$) poderia ser feita pela adição de bentonite, que atua como um trocador catiônico, retendo as proteínas com ponto isoelétrico (pI) inferior a 3,5, mas não aquelas com $pI > 4,0$, além daquelas proteínas altamente glicosiladas produzidas pelo fungo *Botrytis cinerea* (que cresce sobre a casca e entre os pedículos dos bagos) (Jaeckels *et al.*, 2015). Por isso, as proteases podem servir de alternativa à bentonite.

O emprego de proteases para substituir a bentonite tem recebido muita atenção em enologia. Os pré-requisitos que as proteases devem possuir são a resistência às condições de vinificação (pH ácido, presença de etanol, sulfitos e fenóis) e, se possível, atuar em temperatura inferior a 15 °C e ter capacidade de hidrolisar proteínas com estrutura molecular compacta (ricas em pontes de sulfeto e alto grau de glicosilação).

Usar ou não proteases exógenas na produção do vinho ainda é uma questão em aberto, uma vez que efeitos proteolíticos podem ser obtidos usando-se cultura *starter* de microrganismos protease-positivos – como as leveduras *S. cerevisiae* (aspartase e proteinase A), *Candida apicola* (aspartase), *Kloeckera apiculata* (endopeptidase ácida) e *W. anomalus* (aspartase) – ou aproveitar o potencial proteolítico de fungos naturalmente encontrados nos bagos, como o *A. niger* (peptidase aspergiloglutâmica) e o *B. cinerea* (protease BcAp8). O procedimento mais apropriado depende das características do vinho desejado e da experiência do enólogo (por exemplo, saber conduzir a etapa da fermentação de tal modo que, durante um dado período do processo, o *S. cerevisiae* seja submetido a um estresse [limitação de nutriente, por exemplo], condição sob a qual passa a secretar a proteinase A) (Benucci *et al.*, 2014; Van Sluyter *et al.*, 2013; Younes *et al.*, 2013; Song *et al.*, 2017; Schlander *et al.*, 2017; Theron *et al.*, 2017; Claus; Mojsov, 2018).

#### 7.2.3.1.6 Fenoloxidases

A oxidação é catalisada ou não por enzimas e ocorre desde o esmagamento dos bagos (quando ocorre a liberação das fenoloxidases e dos substratos fenólicos) até a obtenção do vinho, cuja composição final em compostos fenólicos é afetada. Em vinhos tintos, a coloração final depende dos compostos fenólicos presentes.

Entre as fenoloxidases conhecidas, duas delas têm recebido atenção dos enólogos: a tirosinase (oxida mono em difenóis, e estes em ortoquinonas, que, por sua vez, formam polímeros de cor marrom) e a lacase (oxida compostos fenólicos em geral). A tirosinase se origina da uva, enquanto a lacase provém de fungos parasitas da uva, como o *B. cinerea*, sendo a ação da tirosinase mais desejada pelo enólogo do que a da lacase. Isso se deve ao fato de a tirosinase propiciar a formação de polímeros que dão a cor final dos vinhos tintos e derivados fenólicos (resveratrol, ácidos cafeínico, gálico, vanílico e ferúlico) tidos como benéficos para a saúde humana. Contudo, há evidências de que o controle da atividade da lacase pode colaborar na estabilização e até mesmo melhorar as qualidades sensoriais do vinho (Claus *et al.*, 2014; Fronk *et al.*, 2015; Riebel *et al.*, 2017).

#### 7.2.3.1.7 Urease

Durante a vinificação, pode haver acúmulo de ureia no meio de fermentação, resultante do metabolismo da levedura. A ureia pode reagir com o etanol, formando o etil carbamato, substância nociva à saúde humana. Essa substância também pode provir da citrulina e do carbamil fosfato formados durante a fermentação malolática. Portanto, o enólogo deve tomar precauções para evitar o acúmulo do etil carbamato no vinho.

O controle da presença do etil carbamato no vinho pode ser conseguido com o uso de cultura *starter* de bactéria malolática não produtora de citrulina e de carbamil fosfato, ou pelo acréscimo de urease (decompõe a ureia em amônia e gás carbônico) obtida de *Lactobacillus fermentum*, nas quantidades de 50 mg/L e 25 mg/L para vinhos tinto e branco, respectivamente. Atualmente, o enólogo dispõe de métodos analíticos precisos para dosar a concentração de ureia – da ordem de 16 μM em volume de amostra de 20 μl – como o doseador tipo *flow-injection* contendo urease imobilizada (Vitolo, 2022; Claus; Mojsov, 2018; Lonvaud-Funel, 2016).

#### 7.2.3.1.8 Lisozima

Leveduras, bactérias ácido-láticas e bactérias ácido-acéticas têm significativa influência na qualidade do vinho produzido. O controle microbiano no mosto e no vinho é feito pela adição de dióxido de enxofre (sulfitação). No entanto, esse procedimento gera sulfitos dissolvidos no vinho, que podem causar ao consumidor problemas alérgicos e/ou gastrointestinais. Os antimicrobianos do tipo ácido ascórbico e dimetil carbonato são eficientes contra leveduras, mas ineficientes contra bactérias (König; Frölich, 2017; Campos *et al.*, 2016).

A capacidade antimicrobiana da lisozima torna-a uma importante ferramenta para o enólogo controlar a concentração microbiana durante a vinificação. A lisozima age hidrolisando a peptideoglicana – polímero que dá rigidez à parede celular do microrganismo, sendo formado por moléculas de N-acetil-D-glicosamina unidas por ligações β-1,4 ao ácido N-acetilmurâmico –, provocando a lise da parede celular e morte da célula por choque hipo-osmótico (Liburdi *et al.*, 2014).

A Organização Internacional de Viticultura e Enologia, em 2011, aprovou o uso da lisozima obtida da clara do ovo na fabricação do vinho na quantidade entre 250 e 500 mg/L. As aplicações previstas para a lisozima visam ao controle do início da fermentação malolática (100 - 150 mg/L), à inibição total da atividade bacteriana e da fermentação malolática (500 mg/L), à proteção do vinho durante a fermentação alcoólica lenta (250 - 300 mg/L) e à estabilização do vinho após a fermentação malolática (250 - 300 mg/L). A eliminação da atividade lisozímica pode ser feita usando-se ácido metatartárico (Sommer *et al.*, 2018; Claus; Mejsov, 2018).

Nos casos em que a lisozima não é eficiente para eliminar algumas espécies de bactérias (por exemplo, *Pediococcus sp.*, *Lactobacillus sp.* e *Oenococcus oeni*), devido às diferentes características das paredes celulares, descobriu-se que enzimas extracelulares de *Streptomyces sp.* poderiam substituir a lisozima da clara do ovo, uma vez que hidrolisam a parede celular de um amplo espectro de bactérias nas condições de vinificação (Blättel *et al.*, 2009). Entretanto, o enólogo deve atentar-se para o fato de que a lisozima no pH de vinificação pode hidrolisar também a quitina localizada no ponto de brotamento da gêmula do *Saccharomyces cerevisiae*, acarretando a diminuição do poder fermentativo da levedura (Sommer *et al.*, 2018).

### 7.2.3.2 Processo de vinificação

O processo de vinificação envolve uma série de etapas desde o recebimento da uva até a obtenção do vinho, podendo algumas delas ser simultâneas. A sequência ou a quantidade de etapas pode ser alterada pelo enólogo conforme as necessidades de momento (condições do lote de uvas recebido, por exemplo) ou para obter um vinho com características particulares. Contudo, para fins didáticos, as etapas relevantes são: a) recepção e análise da uva (determinação da acidez e do teor de açúcares e avaliação das condições sanitárias das uvas); b) separação dos bagos (remoção do ráquis, das folhas e demais impurezas vindas do cultivar); c) esmagamento dos bagos (liberar o suco da fruta, que serve de mosto para o início da fermentação alcoólica promovida pelas leveduras presentes na camada cerosa (pruína) que recobre os bagos); d) sulfitação (adição de metabisulfito de sódio no mosto para controlar a contaminação microbiana); e) fermentação alcoólica (o mosto é inoculado com cultura *starter* de *S. cerevisiae*, o qual converte os açúcares fermentescíveis em álcool e gás carbônico); f) remontagem (consiste na recirculação do mosto na dorna durante a fermentação);

g) maceração (feita concomitante à remontagem, visando promover a difusão de substâncias presentes no bagaço para o mosto); h) descuba (o vinho primário é separado do bagaço escoando-o pela parte inferior da dorna); i) prensagem (remoção do vinho retido no bagaço, para eventual adição ao volume de vinho primário. Essa operação unitária pode ser abolida pelo enólogo); j) trasfega (separação do vinho da borra [camada compacta de partículas sedimentadas]. Essa operação é repetida até três vezes ao longo do processo, sendo o volume da dorna reconstituído com porção de vinho do mesmo lote); k) clarificação (visa às estabilizações fenólica e proteica do vinho. Aquela é feita pela adição de preparado proteico [gelatina, caseína, entre outros], que proporciona a precipitação de parte dos compostos fenólicos, enquanto esta é feita com a adição de bentonite, que adsorve o excesso de proteínas, peptídeos e aminoácidos. O tipo de aditivo e a quantidade a serem usados depende da expertise do enólogo e do tipo de vinho desejado); l) filtração (pode ser abolida, dependendo da situação); m) fermentação malolática (consiste na descarboxilação do ácido málico em ácido lático pela ação de bactérias ácido-láticas como o *Oenococcus oeni*); n) estabilização pelo frio (o vinho é mantido a -5 °C por um dado período para favorecer a cristalização dos sais de bitartarato de potássio e cálcio); o) engarrafamento.

Há situações em que são introduzidas três etapas adicionais: correção do teor de açúcar fermentescível no mosto, pela adição da sacarose (chaptalização); corte (objetiva a harmonização das propriedades organolépticas do vinho pela mistura com outro ou mais vinhos provenientes do mesmo cultivar de uvas); e maturação em tonéis de carvalho (visa à estabilização química do vinho por meio da ocorrência controlada de reações de oxidorredução por meio da difusão lenta do oxigênio do ar pelos microporos da madeira. Além disso, taninos provenientes do carvalho se difundem lentamente para o vinho, conferindo-lhe características sensoriais únicas) (De Castilhos; Del Bianchi, 2021).

As etapas descritas referem-se à produção de vinho tinto, mas que, também, podem ser usadas na fabricação do vinho branco, ressalvadas a temperatura de fermentação (vinho tinto: 25 – 30 °C e vinho branco: 15 – 20 °C) e a ausência do bagaço durante a fermentação.

O uso de enzimas pode ser feito em diferentes fases do processo de vinificação (Figura 7.6). Na maceração – etapa na qual a coloração do vinho tinto é formada –, os usos de enzimas visam a acelerar o processo de extração dos corantes do bagaço. Na clarificação e filtração, evitam a turbidez e melhoram a eficiência da prensagem (por meio da redução do *splashing* do suco). Este, por sua vez, leva à extração de volume maior de mosto, que, no final, aumenta o rendimento do processo. No final da fermentação, forma-se no fundo da dorna uma borra – composta por ácido tartárico, matéria inorgânica e células microbianas –, que é deixada para maturar. Durante a maturação, as células se autolisam, liberando para o caldo fermentado compostos fundamentais para conferir o buquê final ao vinho, estabilizá-lo e, no caso dos vinhos espumantes, promover a espumação. As enzimas, nesse caso, reduzem o tempo de maturação da borra, e, em consequência, os riscos de contaminação microbiana e da ocorrência de reações de oxidação indesejadas.

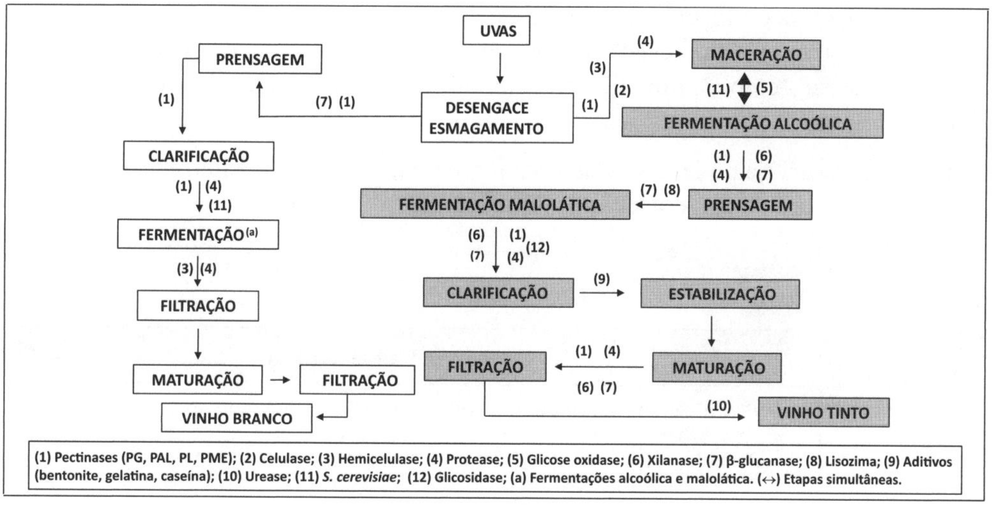


**Figura 7.6** – Produção de vinhos branco e tinto e as etapas nas quais as enzimas podem ser aplicadas.

## 7.2.4 CERVEJA

### 7.2.4.1 Introdução

A cerveja é uma bebida resultante da conversão do amido de cereais (cevada maltada, preferencialmente) em etanol pela ação fermentativa da levedura (*Saccharomyces sp.*). É um dos produtos biotecnológicos mais antigos produzidos pelo homem. Há relatos referentes à produção de cerveja na China (7.000 a.C.), na Mesopotâmia (5.000 a.C.) e no Egito (3.000 a.C.). Neste, a cerveja era produzida a partir da mistura de migalhas de pão, água, tâmaras moídas, mel e leveduras (espécies selvagens), recebendo o nome de *heqet* (em homenagem à deusa Heqet, representada por uma mulher com cabeça de rã, que vivia na água do rio Nilo e que periodicamente trazia o humus para as terras da região. Como a água era um ingrediente básico da cerveja, então, a associação com a deusa foi natural).

A produção da cerveja foi aperfeiçoada ao longo dos milênios, com realce para a contribuição dos monges, que, no século IX, acrescentaram o lúpulo à fórmula, culminando, na Idade Moderna (pós-Renascimento), na mistura de água, malte de cevada, lúpulo e levedura, basicamente usada até hoje.

A cerveja é um dos produtos fermentados mais apreciados pelos consumidores, sendo atualmente produzido no mundo um volume total da ordem de 180 bilhões de litros, cujo aumento anual cresce não menos que 5%. O Brasil, que é o terceiro maior produtor mundial de cerveja, superado apenas por China e Estados Unidos, produziu, em 2021, 14,3 bilhões de litros.

Em que pese a aparente simplicidade da fórmula para fabricar cerveja (água, malte, lúpulo e levedura), existem no planeta pelo menos 150 tipos diferentes (estilos), que se diferenciam por cor (clara, escura ou colorida), sabor, força (teor de extrato primitivo:

leve, comum, extra ou forte), ingredientes, método de produção (tipo de fermentação: espontânea, baixa ou alta), receita (proporção de malte de cevada: cerveja puro malte, cerveja ou cerveja com o nome do cereal predominante), teor alcoólico (com ou sem álcool) e origem.

Os tipos de cerveja podem ser classificados, para fins didáticos, em três classes: *ales*, *lagers* e as de fermentação espontânea (Quadro 7.3).

**Quadro 7.3 –** Classificação dos tipos básicos de cervejas

| Classe | Tipos | Características |
|---|---|---|
| ***LAGERS*** | *Pilsen* | Cor (dourada brilhante); lúpulo acentuado no aroma e sabor. |
| | *Dunkel* | Cor (tom avermelhado); ênfase no uso do malte. |
| | *Bock* | Cor (clara ou escura); aroma maltado; médio corpo; alto teor alcoólico. |
| | *Schwarzbier* | Cor escura; sabor torrado suave de malte; amargor moderado |
| | *Munich Helles* | Cor clara; sabor maltado, mas levemente amargo devido ao lúpulo; espuma branca e cremosa. |
| | *Vienna Lager* | Cor entre cobre e vermelho-claro; corpo médio; sabor adocicado de malte levemente tostado. |
| | *Rauchbier* | É preparada com maltes defumados. |
| | *Stout* | Cor escura; aroma com tênue perfil de chocolate; cremosa, amarga e a sua espuma pode ter a cor entre claro e marrom. |
| | *Weissbier* | Aparência clara e opaca; produzida com pelo menos 50% de trigo maltado. |
| **ALES** | *Altbier* | Cor âmbar a cobreada; sabor maltado amargo suave; fermentação é conduzida à temperatura entre 7 °C e 15 °C. |
| | *English Pale Ale* | Cor clara; sabor amargo; forma pouca espuma; há três variantes de acordo com o grau alcoólico (Ordinary Bitter, Best Bitter e Extra Strong Bitter). |
| | *India Pale Ale* | É um dos principais estilos de cerveja do mundo; a intensidade do amargor e o teor de álcool mudam conforme as variedades de estilos. |
| | *Porter* | Cor escura; produzida com malte torrado; traz notas que remetem a café, chocolate amargo, *toffee* e biscoitos. |
| | *Witbier* | Cor clara e turva; produzida com trigo não maltado e temperada com coentro e casca de laranja. |
| | *Belgian Pale Ale* | Cor entre âmbar e cobre; maltada, frutada, com leve amargor e ligeiramente picante. |

(*continua*)

**Quadro 7.3** – Classificação dos tipos básicos de cervejas (*continuação*)

| Classe | Tipos | Características |
|---|---|---|
| **LAMBIC (fermentação espontânea)** | *Sour* | Alta acidez; sabor e aroma de fermentação. |
| | *Fruit beer* | É fabricada com base em receitas comuns, porém são adicionadas de frutas que dão aroma e sabor peculiares. |

*Fonte:* BJCP, Clube do Malte e Del Bianchi; Schuina (2021).

### 7.2.4.2 Matérias-primas

As matérias-primas básicas na produção da cerveja são:

a) cevada – é uma gramínea originária do Oriente Médio cujo grão é constituído por casca/pericarpo (ricos em celulose, cuja função é proteger o grão, além de regular as trocas de líquidos e gases, influindo na dormência e germinação), endosperma (rico em amido), camada de aleurona (composta por fina camada de células ricas em proteínas, niacina, ácidos fítico e fosfórico; auxilia no processo de produção e liberação das enzimas do grão) e embrião (parte viva do grão, que, ao germinar, libera as enzimas necessárias para o desenvolvimento da planta);

b) malte/maltagem – a maltagem é a etapa da germinação na qual as enzimas são produzidas (glucanases, α-amilase, β-amilase e proteases), sendo fundamentais para a produção da cerveja. As etapas da maltagem são a maceração (embebimento dos grãos com água, para obterem umidade da ordem de 45%), a germinação (conversão do grão de cevada em uma nova planta, durante a qual se formam a radícula, a acrospira e as enzimas citadas). Na maltagem, é fundamental o controle da temperatura, do teor de umidade, da ventilação e do tempo de germinação. A adição de ácido giberélico, um hormônio vegetal produzido pelo embrião e que estimula a biossíntese das enzimas, pode ser adicionado durante a maltagem; e secagem (remoção da umidade do malte por meio de fluxo contínuo de ar. Com teor de umidade baixo [em torno de 3%], a atividade fisiológica é interrompida. Durante essa etapa, cor, sabor e aroma, características desejadas para o malte, são geradas). Os maltes podem ser divididos em maltes-base (presentes em maior quantidade na receita da cerveja, servindo como fontes das enzimas, açúcares fermentescíveis e aminoácidos. Entre outros tipos, tem-se: *Pilsner*, Viena e Munique) e maltes especiais (usados em pequena quantidade na formulação, propiciando características sensoriais específicas, relacionadas com a cor, sabor, viscosidade e aroma dos vários estilos de cerveja. Entre outros, podem ser citados os tipos *Crystal*, Defumado, Caramelo e *Biscuit*). Lembra-se que outros cereais (trigo, centeio e arroz, por exemplo) também, podem ser maltados;

c) lúpulo (*Humulus lupulus*) (Tabela 7.1): é uma planta trepadeira perene – cultivada em regiões do globo localizadas, sobretudo, nas latitudes entre 35 °N e 55 °N, sendo Alemanha, Estados Unidos, República Checa e China os maiores produtores mundiais –, que produz flores (chamadas cones) contendo, em base seca, 10 a 20% de resinas (responsáveis pelo amargor), 4 a 6% de polifenóis (antioxidantes) e 0,5 a 3% de óleos essenciais (conferem o aroma à cerveja). Além do amargor, aroma e capacidades antioxidante e antimicrobiana, os coloides do lúpulo estabilizam a espuma da cerveja. No início, o lúpulo era usado como medicamento, devido às propriedades antimicrobiana, anti-inflamatória e calmante. Com o tempo, descobriu-se que ele, por causa de sua atividade germicida, era um bom conservante da cerveja, sendo por isso adicionado à bebida logo após a fermentação. No entanto, a partir de 1516, o lúpulo passou a ser um componente obrigatório das receitas de cerveja, uma vez que sua adição na preparação do mosto confere à bebida propriedades organolépticas agradáveis ao paladar. Atualmente, cerca de 97% do lúpulo produzido é empregado em cervejaria. A combinação de variedades de lúpulo (*Challenger*, *Chinook*, *Columbus*, *Hallertau*, *Saaz*, entre outras) com as de malte e as diferentes técnicas de fabricação permitiram o surgimento de uma enorme variedade de tipos de cervejas (Quadro 7.3). O lúpulo usado em cervejaria é a sua inflorescência feminina não fertilizada rica em glândulas de lupulina, que produzem um pó amarelo, a lupulina, rico em resinas, polifenóis e óleos essenciais. As resinas são representadas por compostos orgânicos de caráter ácido (possuem duas hidroxilas ionizáveis), que são divididos em dois grupos: α-ácidos (humulonas) e β-ácidos (lupulonas), de acordo com a configuração molecular. O teor de α e β-ácidos muda conforme a variedade do lúpulo (Tabela 7.1). Os α-ácidos, após a isomerização (aquecimento do mosto a 100 °C por 60 minutos pelo menos; o rendimento da isomerização depende da variedade do lúpulo, concentração no mosto, tempo e temperatura de fervura, forma do lúpulo – a forma peletizada isomeriza com maior rendimento do que a flor – e pH entre 5,1 e 5,3), têm seu índice de amargor acentuado, enquanto os β-ácidos atuam principalmente como bacteriostáticos (inibem a contaminação microbiana do mosto). Os óleos essenciais (mirceno, humuleno, cariofileno, linalool, geraniol e farneseno, entre centenas de outros) conferem ao mosto e à cerveja o aroma típico do lúpulo;

d) água – constitui cerca de 89% a 98% da cerveja, sendo suas características fundamentais para a qualidade e caracterização do tipo de cerveja. Comumente as cervejarias estão localizadas próximo a fontes de água, cuja composição com alta ou baixa concentrações de cálcio e magnésio permitem classificá-la em água dura e mole, respectivamente. Outros minerais presentes são sódio, potássio, ferro, zinco, bicarbonato, sulfato e cloreto. Salienta-se que a água da região de Pilsen (República Checa), que é do tipo mole, deu origem às cervejas tipo *lagers*, enquanto a água da região de Burton (Reino Unido), que é do tipo dura, originou as cervejas tipo *ales*. Atualmente, é possível ajustar a composição em minerais da água pela simples adição dos sais necessários;

e) adjuntos – são todas as substâncias adicionadas ao mosto, visando à substituição parcial ou total do malte de cevada e, com isso, reduzir os custos de produção – tanto devido à escassez do malte de cevada no mercado como substituí-lo por outro cereal abundante no mercado local –, ou então, introduzir alguma característica especial na cerveja produzida (caso dos condimentos). Há dois tipos de adjuntos: amiláceos (trigo, milho, arroz, cevada não maltada entre outros) e açucarados (os mais comuns são o xarope de maltose, açúcar invertido e mel). Aqueles devem ser adicionados na etapa da mosturação e requerem atenção especial do cervejeiro ao planejar o perfil de aquecimento do mosto (*mashing*), porque a temperatura de gelatinização do amido depende do cereal usado. Estes podem ser adicionados nas etapas de fervura ou fermentação;

f) leveduras – na fermentação primária, utilizam-se leveduras do gênero *Saccharomyces* (por exemplo, as espécies *S. cerevisiae* e *S. carlsbergensis*), que podem ser do tipo alta fermentação (cerveja tipo *ale*; fermentam o mosto entre 18 °C e 22 °C por um tempo entre 3 e 5 dias; permanecem na superfície da dorna e conferem à cerveja sabor frutado) ou baixa fermentação (cerveja tipo *lager*; fermentam o mosto entre 7 °C e 15 °C por um tempo entre 7 e 10 dias, depositam-se no fundo da dorna e não conferem sabor acentuado à cerveja). Porém, nos últimos anos, o número de fabricantes de cervejas artesanais tem aumentado, fazendo com que gêneros selvagens de levedura (*Brettanomyces*, *Kluyveromyces*, *Candida* ou *Zygosaccharomyces*, por exemplo), normalmente associados à produção de cervejas de fermentação espontânea (tipo *lambic*) – nas quais as fermentações alcoólica e acética são desejadas – passassem a ser usados como inóculos do mosto para a etapa de fermentação, como sucedeu com a *Brettanomyces sp.*;

g) bactérias lácticas (*Lactobacillus brevis*; *L. rhamnosus*) – são usadas para acidificar o mosto na fabricação de cervejas tipo *sour*. Após a acidificação do mosto, as bactérias são inativadas termicamente, sendo o mosto inoculado com a levedura cervejeira própria para a fermentação alcoólica (Del Bianchi; Schuina, 2021).

**Tabela 7.1** – Teor de resinas e de óleos essenciais totais (OET) de alguns tipos de lúpulo usados em cervejaria

| Lúpulo | α-ácidos (%) | β-ácidos (%) | OET (mL/100g) |
|---|---|---|---|
| **Challenger** | 6,5 – 8,5 | 2,5 – 4,3 | 1,0 – 1,5 |
| **Chinook** | 12 – 14 | 3,0 – 4,0 | 1,7 – 2,7 |
| **Columbus** | 11 – 13 | 4,5 – 5,0 | 2,5 – 3,5 |
| **Hallertau** | 4,1 – 5,1 | 3,6 – 4,6 | 1,2 – 1,3 |
| **Saaz** | 5,0 – 9,0 | 8,0 – 11,0 | 0,8 – 1,0 |

### 7.2.4.3 Produção da cerveja

Em que pese as nuances de produção para cada variedade de cervejas comercializadas, pode-se dividir o processo nas etapas de moagem, mosturação, filtração, fervura, centrifugação, resfriamento, fermentação, maturação, clarificação (filtração), carbonatação, pasteurização (se necessária) e envase (Figura 7.7) (Del Bianchi; Schuina, 2021; Gomaa, 2018).

#### *7.2.4.3.1 Moagem*

O malte, ou a mistura malte/adjunto, deve ser moído, para facilitar a ação das enzimas e a extração de compostos para a elaboração do mosto. Os moinhos usados são do tipo rolos, martelos ou disco (este, muito usado nas cervejarias artesanais). A moagem pode ser feita com os grãos secos ou umedecidos a depender das características da cerveja.

#### *7.2.4.3.2 Mosturação*

A mosturação (*mashing*) é um processo indispensável na fabricação da cerveja, no qual os grãos moídos de malte (misturados ou não com outros cereais) são misturados com água e a suspensão é submetida ao aquecimento controlado, com o objetivo de ativar as enzimas endógenas do malte, originando um mosto com os ingredientes indispensáveis (açúcares fermentescíveis, sais, compostos nitrogenados etc.) para a etapa da fermentação pela levedura cervejeira.

O malte, sendo um derivado de organismo superior, possui inúmeras enzimas relacionadas às vias metabólicas necessárias à sua perpetuação na natureza. Porém, para a mosturação, o número de enzimas endógenas necessárias se resume a sete: β-glucanase, esterase ferúlica ácida, proteases, pululanase, α-amilase, β-amilase e β-glicana solubilase (Tabela 7.2).

Conforme se depreende da Tabela 7.2, o intervalo ótimo de temperatura, assim como a temperatura de desnaturação, varia para cada enzima referida, obrigando o mestre cervejeiro a estabelecer um programa de aquecimento da suspensão aquosa de malte baseado no binômio temperatura-tempo, que seja adequado para otimizar as atividades enzimáticas.

**Tabela 7.2** – Temperaturas de ativação e desnaturação das enzimas do malte

| Enzima | $T_{ótima}$ | $T_{Inat.}$ | substrato |
|---|---|---|---|
| **β-glucanase** | 45 °C – 50 °C | 60 °C | Glicana (polímero de D-glicose) |
| **Esterase ferúlica ácida** | 38 °C – 45 °C | 65 °C | Arabinoxilana esterificada com ácido ferúlico |

(*continua*)

**Tabela 7.2** – Temperaturas de ativação e desnaturação das enzimas do malte (*continuação*)

| Enzima | $T_{ótima}$ | $T_{Inat.}$ | substrato |
|---|---|---|---|
| **Proteases** | 45 °C – 55 °C | 73 °C | Proteínas e peptídeos |
| **Pululanase** | 55 °C – 60 °C | 63 °C | Amilopectina e α,β-dextrinas limite |
| **α-amilase** | 72 °C – 75 °C | 80 °C | Amilose e amilopectina |
| **β-amilase** | 60 °C – 65 °C | 70 °C | Amilose e amilopectina |
| **β-glicana solubilase** | 60 °C – 70 °C | 73 °C | β-glicanas |

### *7.2.4.3.3 Filtração*

Após concluída a mosturação do malte, a suspensão é transferida para uma tina (com fundo crivado) para separar o mosto rico em nutrientes do material não solubilizado. Neste caso, o material insolúvel serve de leito filtrante. A seguir, procede-se à lavagem com água do material insolúvel, que é misturada ao filtrado original, perfazendo a concentração de açúcares fermentescíveis próxima 1 g/100 mL de mosto. Para cada litro de cerveja, são gerados 200 g de bagaço de malte, que é, por sua vez, destinado à alimentação animal e usado como adubo em plantações.

### *7.2.4.3.4 Fervura*

O mosto é fervido à temperatura de ebulição por determinado tempo (1 a 2 h, a depender do tipo de cerveja) com os objetivos de inativar enzimas, extrair e isomerizar compostos derivados do lúpulo (adicionado em duas etapas, no início e nos minutos finais do processo), esterilizar o mosto, coagular material proteico, formar cor e sabor característicos, concentração do mosto (redução de até 8% do volume inicial do mosto) e evaporar compostos voláteis indesejáveis.

### *7.2.4.3.5 Centrifugação*

Após a fervura, o mosto é bombeado tangencialmente em uma centrífuga, visando à separação do mosto do material particulado que fica aderido às paredes do equipamento.

### *7.2.4.3.6 Resfriamento*

O mosto é resfriado até a temperatura da fermentação, por meio da passagem por um trocador de calor tipo placas. Antes da fermentação, o mosto pode ser aerado, com o objetivo de reduzir a fase *lag* do crescimento da levedura no início da fermentação.

#### *7.2.4.3.7 Fermentação*

Durante a fermentação – geralmente conduzida por processo descontínuo, embora possam ser utilizados os processos descontínuo-alimentado ou contínuo –, ocorrem as principais alterações químicas no mosto, como a formação de etanol e de diversos subprodutos do metabolismo da levedura, que, associados àqueles extraídos do lúpulo, conferirão as características organolépticas da cerveja.

Sendo a levedura um microrganismo anaeróbico facultativo, o oxigênio dissolvido no mosto facilita a adaptação da levedura ao meio, favorecendo o crescimento e a multiplicação celular com a formação de gás carbônico e água (respiração). Uma vez exaurido o oxigênio, a levedura passa à fase anaeróbica, durante a qual se formam etanol e gás carbônico. Ressalta-se que, durante o processo fermentativo, a levedura, através das vias metabólicas secundárias, excreta vários subprodutos (álcoois, ésteres, aminas, ácidos orgânicos e fenóis entre outros), cujos níveis devem ser controlados na cerveja.

A proporção de metabólitos presentes na cerveja dependerá de fatores como a cepa da levedura, a temperatura de incubação, a quantidade e o tipo do adjunto, o pH e a densidade do mosto.

Finalmente, a performance da fermentação é avaliada por meio dos rendimentos alcoólico (em base estequiométrica de 1 g de açúcar convertido em 0,511 g de etanol), do consumo de açúcares (crescimento celular e formação de metabólitos secundários) e acúmulo de açúcares não fermentescíveis (dextrinas que conferem corpo à cerveja).

#### *7.2.4.3.8 Maturação*

A maturação é o processo (livre de levedura) que consiste em manter a cerveja por um dado período à baixa temperatura, visando alterar o teor de compostos responsáveis por sabor e aroma da bebida, por meio da eliminação de cetonas como a 2,3-pentanodiona em *lagers*, ou favorecer sua formação em *ales*, redução dos compostos sulfurados (sulfeto de hidrogênio), aldeídos (acetaldeído), entre outros. Além disso, durante a maturação, poderão ser adicionadas substâncias para ajustar a cor da cerveja (corante caramelo) ou o amargor (adição de extrato de lúpulo ou de lúpulo pulverizado espaçadamente ao longo da maturação, processo denominado lupulagem a frio).

#### *7.2.4.3.9 Clarificação*

Operação a ser realizada nos casos em que compostos (proteínas e polifenóis) que causam turbidez na cerveja estejam presentes. Esses compostos são floculados durante a clarificação adicionando-se a eles aditivos como sílica gel, gelatina incolor, polivinilpolipirrolidona (PVPP), proteases ou bentonite.

#### *7.2.4.3.10 Carbonatação*

A presença de dióxido de carbono – injetado na linha de processo após a clarificação – é muito importante na cerveja, porque afeta a percepção sensorial e a formação de espuma (neste caso associado a proteínas).

#### *7.2.4.3.11 Pasteurização*

A pasteurização é um processo térmico – 60 °C/10 min (normal) ou 70 °C/10 s (tipo *flash*) – visando à eliminação de microrganismos. Esse processo pode ser realizado antes do envase (quando a bebida é acondicionada em barris) ou após o envase (quando acondicionada em latas ou garrafas). De qualquer forma, após a pasteurização, o produto deve ser resfriado o mais rápido possível. O aquecimento/resfriamento é realizado em trocadores de calor de placas.

#### *7.2.4.3.12 Envase*

A cerveja pode ser envasada em latas, barris e garrafas (preferencialmente de vidro âmbar) a depender da aceitação do consumidor e da magnitude do evento (Oktoberfest, por exemplo).

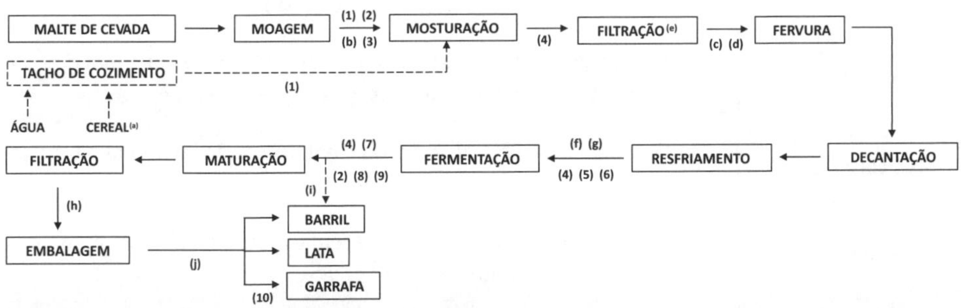


**(a) Cereal suplementar (opcional); (b) Água; (c) Lúpulo; (d) Xarope de açúcar; (e) Tina com fundo perfurado; (f) Oxigênio; (g) Levedura; (h) Gás carbônico; (i) Cerveja não maturada; (j) Pasteurização (não efetuada; feita antes ou após o envase). (1) α-amilase bacteriana; (2) β-glucanase; (3) protease; (4) Glicoamilase (pode ser adicionada, também, no final da fermentação para obter cerveja de baixa caloria, corresponde à chamada fermentação secundária); (5) Pululanase; (6) β-amilase; (7) α-acetolactato descarboxilase; (8) Papaína; (9) α-amilase fúngica; (10) Glicose oxidase.**

**Figura 7.7 –** Etapas do processo de produção de cerveja.

### 7.2.4.4 Enzimas

O papel das enzimas na fabricação da cerveja é fundamental, uma vez que elas permitem converter uma série de compostos presentes nos grãos de cereais em derivados úteis para a fermentação alcoólica e para conferir ao produto as características organolépticas apreciadas pelos consumidores. As enzimas têm participação relevante nas etapas de mosturação, fermentação e clarificação.

Em linhas gerais, pode-se considerar que, durante a mosturação, os carboidratos (β-glicana, fibras de celulose e hemicelulose) e as proteínas são os primeiros componentes dos grãos a serem hidrolisados pelas glucanases, celulases, xilanases e proteases, vindo, em seguida, o amido gelatinizado (amilose e amilopectina) pela α-amilase e β-amilase. Na fase de pré-fermentação, pode ser feito novo acréscimo de α-amilase e β-glucanase (formação adicional de açúcares fermentescíveis e remoção de polissacarídeos residuais), além de glicoamilase (para produzir cerveja de baixa caloria) e α-acetolactato descarboxilase (para reduzir o tempo de fermentação). Na fase de clarificação, pode-se adicionar papaína, a fim de reduzir ou evitar a turvação da cerveja à baixa temperatura.

As enzimas utilizadas poderão ser de origem endógena (presentes nos grãos germinados, sobretudo os da cevada) ou exógena (enzimas comercializadas obtidas, em geral, de fontes microbianas) (Tabela 7.3).

**Tabela 7.3 –** Enzimas usadas na fabricação da cerveja

| Enzima | Observações |
|---|---|
| **α-amilase** | Endógena no malte; **aplicação**: maltagem/mosturação; **ação**: hidrólise do amido. |
| **α-amilase bacteriana** | *B. subtilis*; **aplicação**: mosturação; **ação**: hidrólise do amido; [a]**dosagem**: 0,5 – 1,0 kg/t de mosto. |
| **α-amilase fúngica** | *A. oryzae*; **aplicação**: mosturação e fermentação; **ação**: aumenta o rendimento da fermentação; **dosagem**: 1,0 – 2,0 kg/t de mosto. |
| **Glicoamilase** | *A. niger*; **aplicação**: mosturação, fermentação; **ação**: aumenta o teor de glicose; **dosagem**: 0,1 – 0,3 kg/1.000 L de meio. |
| **β-amilase** | Endógena no malte; **aplicação**: maltagem e mosturação; **ação**: aumenta o rendimento da sacarificação e da fermentação. |
| **β-amilase bacteriana** | *B. licheniformis*; **aplicação**: maltagem e mosturação; **ação**: aumenta o rendimento da sacarificação e da fermentação. |
| **β-glucanase** | Endógena no malte; **aplicação**: maltagem, mosturação e fermentação; **ação**: redução da viscosidade do mosto, hidrólise da glicana, melhora da filtrabilidade do mosto. |
| **β-glucanase bacteriana** | *B. subtilis*; **aplicação**: maltagem, mosturação, fermentação; **ação**: redução da viscosidade do mosto, hidrólise da glicana, melhora da filtrabilidade do mosto; **dosagem**: 1,25 – 2,5 kg/t de mosto. |
| **β-glucanase fúngica** | *Trichoderma viride*; **aplicação**: maltagem, mosturação e fermentação; **ação:** redução da viscosidade do mosto, hidrólise da glicana, melhora da filtrabilidade do mosto; **dosagem:** 0,6 – 1,0 kg/t de mosto. |

(*continua*)

**Tabela 7.3** – Enzimas usadas na fabricação da cerveja (*continuação*)

| Enzima | Observações |
|---|---|
| **Protease** | Endógena no malte; **aplicação**: maltagem, mosturação e fermentação; **ação**: hidrólise de proteínas e peptídeos. |
| **Protease bacteriana** | *B. licheniformis*; **aplicação**: maltagem, mosturação, fermentação; **ação**: hidrólise de proteínas e peptídeos; **dosagem**: 0,8 – 1,5 kg/t de mosto. |
| **α-acetolactato descarboxilase** | *B. subtilis* recombinante; **aplicação**: fermentação; **ação**: reduz o tempo de fermentação e evita a formação do diacetil; **dosagem**: 1,0 – 5,0 g/100 L de meio (antes da fermentação) ou 0,4 – 1,0 g/100 L de meio (após a fermentação). |
| **Celulase** | *Trichoderma viride*; **aplicação**: mosturação; **ação**: hidrólise da celulose, evita a turbidez do produto e melhora a filtrabilidade do mosto; **dosagem**: 0,2 – 0,4 kg/t de mosto. |
| **Papaína** | *Carica papaya*; **aplicação**: antes da filtração e/ou tanque de armazenamento; **ação**: hidrólise de proteínas que turvam a cerveja à baixa temperatura; **dosagem**: 1,0 – 2,0 g/100 L de cerveja. |
| **Pululanase** | *Bacillus. Acidopullulans*; **aplicação**: fermentação; **ação**: hidrólise das ligações α-1,6 da amilopectina e dextrinas limite (α e β). |
| **Pentosanase**[(b)] | *A. niger*; **aplicação**: mosturação e fermentação; **ação**: hidrólise de pentosanas (análogas às hemiceluloses). |
| **Glicose oxidase**[(c)] | *A. niger*; **aplicação**: entre o final da maturação e a embalagem; **ação**: remoção do oxigênio para evitar reações de oxidação na cerveja. |

[(a)] Valores médios estimados; para as enzimas endógenas e as usadas em *mix* de enzimas comerciais não é possível estimar a dosagem a priori. [(b)] Pertence ao grupo das hemicelulases. [(c)] Em geral é substituída por ácido ascórbico ou metabisulfito de potássio.

O uso de malte de cevada de boa qualidade contendo carboidrases (β-glucanase, β-amilase e α-amilase, principalmente) e proteases (sobretudo carboxipeptidases) com plena atividade catalítica seria suficiente para obter cerveja de qualidade. Todavia, o malte de cevada adequado nem sempre está disponível no mercado quer pela ineficiência dos produtores de malte quer pela falta de cevada para dar conta da alta demanda mundial do produto, obrigando o mestre cervejeiro compor a massa para a mosturação com malte de baixa qualidade associado a grãos maltados ou não de outros cereais (trigo e arroz, por exemplo). Nessas condições, ele é obrigado a usar enzimas exógenas. Além disso, as enzimas endógenas têm limitações por atuarem apenas em certos intervalos de temperatura e pH, além da concentração poder estar aquém da necessária para que a catálise ocorra em um intervalo de tempo apropriado para a escala industrial.

O cervejeiro deve estar atento à ação de duas enzimas pouco lembradas, mas que estão naturalmente presentes no malte de cevada, a saber: esterase ferúlica ácida e β-glicana solubilase. Aquela atua na hidrólise da ligação éster entre o ácido ferúlico e a metoxila da arabinose (um dos monômeros do polissacarídeo arabinoxilana); o ácido ferúlico, durante a etapa de cozimento do mosto com o lúpulo, transforma-se em 4-vinil-guaiacol, composto volátil que confere à cerveja aroma e sabor de cravo da índia, o qual é indesejável em muitos tipos de cerveja. Esta, por sua vez, hidrolisa a cadeia da glicana a partir das extremidades, liberando oligossacarídeos contendo nove resíduos de glicose; a presença dessa enzima no malte se deve à presença de fungos na casca da cevada (Sammartino, 2015; Wilhelmi; Morgan, 2001).

As enzimas comerciais têm vantagens como alta disponibilidade no mercado, menos restrições de ação frente à temperatura e pH, maior poder catalítico e apresentar atividade enzimática colateral (devido à presença de enzimas contaminantes, dado que o preparado comercial é de baixo grau de pureza) útil ou não para o processo. Portanto, a adição de enzimas exógenas facilita a produção da cerveja, tornando-a mais rápida e eficiente. Para o mestre cervejeiro, o uso delas aumenta a flexibilidade para a escolha dos cereais no preparo do mosto. Além disso, permite diversificar as características do produto, evitar a formação de *off-flavors* (melhoramento da qualidade), aumentar o volume de mosto extraído da matéria-prima (aumento de rendimento), aproveitar matérias-primas locais (redução do custo de transporte) e usar cereais não maltados (elimina o processo de malteação, reduzindo custos). Esses procedimentos, em última instância, levam à economia de energia, a qual se traduz em redução da emissão de gás carbônico.

Com relação às enzimas comerciais para fins de cervejaria, merecem lembrança os seguintes aspectos:

a) preparados enzimáticos de origem microbiana podem representar misturas de enzimas com capacidade de atuar em pontos distintos de um substrato polimérico de alta massa molar. Um exemplo é o das β-glucanases comerciais obtidas de microrganismos como *Penicillium emersonii, P. funiculosum* ou *Trichoderma sp.*, constituídas por β-1,4 glucanase, β-1,4(1,3) glucanase, endo-β-1,4(1,3) glucanase, β-1,3 glucanase, β-glicosidase e β-xilanase (Rourke, 1996). A β-glucanase do malte de cevada corresponde ao tipo endo-β-1,4(1,3) glucanase, que atua muito bem na mosturação da cevada, mas que poderá não ser eficiente nos casos em que o cervejeiro, por qualquer razão, optou por usar cevada misturada com outros cereais para obter o mosto a ser fermentado (Gomaa, 2018);

b) a β-amilase é uma enzima eficiente para a hidrólise do amido, gerando maltose (açúcar fermentescível). Contudo, sua única fonte de interesse comercial é o extrato de malte, produto caro e nem sempre disponível no mercado. Por isso, na prática cervejeira, essa enzima é substituída pela α-amilase fúngica, que possui atividade catalítica análoga, baixo custo e disponibilidade plena;

c) redução ou eliminação da presença do diacetil na cerveja. Esse composto resulta do metabolismo da levedura, que, durante a fermentação, excreta o ácido α-acetoláctico, o qual, no meio de fermentação, transforma-se em diacetil, que confere *off-flavor* à cerveja. Em condições normais, a levedura reabsorve o diacetil, transforma-o em acetoína (cuja presença não promove *off-flavor* no produto), que é excretada para o meio. Se, por uma razão qualquer, tal não ocorre, então, o cervejeiro poderá adicionar ao meio de fermentação a enzima α-acetolactato descarboxilase, que converte o ácido α-acetoláctico em acetoína;

d) *mix* enzimáticos (pululanase, xilanase, celulase, protease e α-amilase) permitem ao mestre cervejeiro conduzir a mosturação de modo a maximizar a sacarificação, a hidrólise de proteínas, a liberação de volume maior de mosto com baixa viscosidade e alta filtrabilidade;

e) a disponibilidade das enzimas comerciais permitem ao mestre cervejeiro corrigir eventuais falhas que possam ocorrer durante a produção da cerveja. Entre elas, as mais corriqueiras são: amido pastoso e/ou retrogradado no tacho de mosturação (adição de α-amilase bacteriana); amido pouco hidrolisado no mosto pós-mosturação (adição de α-amilase bacteriana); alto teor de glicana no mosto reduzindo a filtrabilidade (adição de β-glucanase fúngica); baixo teor de compostos nitrogenados no mosto pós-mosturação (adição de protease); baixa conversão de adjunto não maltado no mosto pós-mosturação (adição de β-glucanase fúngica e/ou pentosanase); mosto com baixo grau de fermentabilidade e/ou com amido não totalmente hidrolisado (adição de α-amilase fúngica); meio fermentado com baixo índice de dulçor (adição de glicoamilase) e/ou baixa filtrabilidade (β-glucanase fúngica, pentosanase e/ou α-amilase-fúngica); e cerveja com alta turbidez (adição de papaína, α-amilase fúngica, β-glucanase fúngica e/ou pentosanase).

## 7.3 PERSPECTIVAS

A intensidade de uso das enzimas exógenas ao longo do tempo diferirá conforme o tipo de bebida alcoólica considerado, ou seja, bebidas alcoólicas destiladas, vinhos e cerveja. No caso das bebidas alcoólicas destiladas que requerem basicamente agentes de hidrólise (cevada, koji e as enzimas microbianas α-amilase, β-amilase, glicoamilase e pululanase), espera-se algum avanço no aumento da disponibilidade das enzimas citadas para fazer frente ao aumento de consumo. Em enologia, cujo mercado é crescente, a aceleração da fermentação e a redução do tempo de maturação são procedimentos que requerem diversas enzimas (pectinases, celulases, hemicelulases, glicosidases, glucanases, urease, lisozima e proteases), as quais devem ser disponibilizadas em grande quantidade, com alta atividade catalítica e a custos decrescentes.

A importância das enzimas em cervejaria pode ser mensurada pelo fato de o volume de venda corresponder a 17% do total das enzimas comercializadas para alimentos em 2021. Para o período de 2022 a 2032, estima-se que o mercado de enzimas para cervejaria deverá crescer 6,4% ao ano. Esse crescimento será puxado pela crescente aceitação da cerveja pelos consumidores, estimulando o aparecimento de microcervejarias ao redor do mundo. O avanço do emprego de enzimas em cervejaria repousa no aparecimento de papaína imobilizada – que permitiria remover as proteínas que causam turvação, quando o produto é resfriado, durante a transferência da cerveja do fermentador para o tanque de maturação (Tacias-Pascacio *et al.*, 2021) –, proteases e glucanases termoestáveis e de leveduras modificadas geneticamente, com capacidade fermentativa aumentada e capazes de produzir glicoamilase para a obtenção de cerveja de baixa caloria.

## 7.4 CONCLUSÃO

As bebidas alcoólicas de origem amilácea requerem basicamente enzimas amilolíticas (α-amilase, β-amilase, glicoamilase e enzimas desramificantes), enquanto os vinhos e cervejas requerem maior diversidade de enzimas hidrolíticas (pectinases, proteases e carboidrases) para decomporem polímeros como pectinas, celulose, proteínas, peptídeos, amido e hemicelulose, entre outros. A demanda futura de enzimas para cervejaria repousa na disponibilidade de papaína imobilizada (a ser aplicada na etapa de transferência do mosto fermentado para o tanque de maturação) e de proteases e glucanases termoestáveis. Em enologia, as enzimas disponíveis são suficientes para satisfazer as necessidades do processo de vinificação. Porém, tanto na enologia quanto em cervejaria, há grande interesse em se aprimorar a etapa de fermentação usando leveduras modificadas geneticamente. Na fabricação do vinho, o uso de levedura capaz de formar pectinase permitiria acoplar a clarificação com a fermentação, reduzindo o tempo total da vinificação. Em cervejaria, levedura com alta capacidade fermentativa e capaz de sintetizar glicoamilase durante a fermentação permitiria obter-se cerveja com baixa caloria, produto de grande apelo comercial.

## REFERÊNCIAS

AQUARONE, E.; MORAES, I. O. Generalidades sobre bebidas alcoólicas. *In:* IRACEMA, I.O. (Coord.). 2. ed. *Biotecnologia Industrial: Biotecnologia na Produção de Alimentos.* São Paulo: Blucher, 2021. p. 19-36.

BJCP. *Beer Judge Certification Program (BJCP).* Disponível em: www.bjcp.org.

BENUCCI, I.; ESTI, M.; LIBURDI, K. Effect of free and immobilized stem bromelain on protein haze in white wine. *Australian Journal on Grape Wine Research*, Sidney, v. 20, p. 347-352, 2014.

BLÄTTEL, V.; WITH, K.; CLAUS, H. *et al.* A lytic enzyme cocktail from *Streptomyces sp.* B578 for the control of lactic and acid bacteria in wine. *Applied Microbiology and Biotechnology*, New York, v.83, p. 839-848, 2009.

CAMPOS, F. M.; COUTO, J. A.; HOGG, T. Utilization of natural and by-products to improve wine safety. *In:* MORENA-ARRIBAS, M.V.; SUALDEA, B. (Coord.). *Wine Safety, Consumer Preference, and Human Health.* Cham: Springer International Publishing, 2016. p. 27-49.

CLAUS, H. Microbial enzymes: relevance for winemaking. *In:* KÖNIG, H.; UNDEN, G.; FRÖLICH, J. (Coord.). 2. ed. *Biology of Microorganisms on Grapes, in Must and in Wine.* Cham: Springer International Publishing, 2017. p. 315-338.

CLAUS, H.; MOJSOV, K. Enzymes for wine fermentation: current and perspective applications. *Fermentation*, Basel, v. 4, p. 52-71, 2018.

CLAUS, H.; SABEL, A.; KÖNIG, H. Wine phenols and laccase: an ambivalent relationship. *In:* El RAYESS, Y. (Coord.). *Wine – Phenolic Composition, Clarification and Health Benefits*. New York: Nova Publishers, 2014. p. 155-185.

CLUBE DO MALTE. *Guia de estilo de cervejas*. Disponível em: www.clubedomalte.com.br/blog.

COSME, F.; JORDÃO, A. M. Grape phenolic composition and antioxidant capacity. *In:* El RAYESS, Y. (Coord.). *Wine – Phenolic Composition, Clarification and Health Benefits*. New York: Nova Publishers, 2014. p. 1-40.

DE CASTILHOS, M. B. M.; DEL BIANCHI, V. L. Vinhos. *In:* IRACEMA, I.O. (Coord.). 2. ed. *Biotecnologia Industrial: Biotecnologia na Produção de Alimentos*. São Paulo: Blucher, 2021. p. 37-76.

DEL BIANCHI, V. L.; SCHUINA, G. L. Cervejas. *In:* IRACEMA, I. O. (Coord.). 2. ed. *Biotecnologia Industrial: Biotecnologia na Produção de Alimentos*. São Paulo: Blucher, 2021. p. 101-132.

DIMOPOULOU, M.; LONVAUD-FUNEL, A.; LAFARGUE, M. Polysaccharide production by grapes must and wine microorganisms. *In:* KÖNIG, H.; UNDEN, G.; FRÖLICH, J. (Coord.). 2. ed. *Biology of Microorganisms on Grapes, in Must and in Wine*. Cham: Springer International Publishing, 2017. p. 241-258.

FRONK, P.; HARTMANN, H.; BAUER, M. *et al*. Polyphenoloxidase from Riesling and Dornfelder wine grapes (*Vitis vinifera*) is a tyrosinase. *Food Chemistry*, Amsterdam, v. 183, p. 49-57, 2015.

GOMAA, A. M. Application of enzymes in brewing. *Journal of Nutrition and Food Science Forecast*, Centreville (VA, USA), v. 1, n. 1, p. 1001-1007, 2018.

HARES JR., S. J.; RACT, J. N. R.; GIOIELLI, L. A.; VITOLO, M. Medium oleic sunflower oil hydrolysis by microbial lipase in a fed-batch bioreactor. *World Journal of Pharmacy and Pharmaceutical Sciences*, Nagpur, v. 8, n. 12, p. 94-108, 2019.

HU, K.; ZHU, X. L.; TAO, Y. S. A novel extracellular glicosidase activity from *Rhodotorula mucilaginosa*: its application potential in wine aroma enhancement. *Letters in Applied Microbiology*, Oxford, v. 62, p. 169-176, 2016.

JAECKELS, N.; TENZER, S.; ROSCH, A.; SCHOLTEN, G.; DECKER, H.; FRONK, P. β-glucosidase removal due to bentonite fining during winemaking. *European Food Research and Technology*, New York, v. 241, p. 253-262, 2015.

KÖNIG, H.; FRÖLICH, J. Lactic acid bacteria. *In:* KÖNIG, H.; UNDEN, G.; FRÖLICH, J. (Coord.). 2. ed. *Biology of Microorganisms on Grapes, in Must and in Wine*. Cham: Springer International Publishing, 2017. p. 115-138.

LIBURDI, K.; BENUCCI, I.; ESTI, M. Lysozyme in wine: an overview for current and future applications. *Comprehensive Reviews in Food Science and Food Safety*, Chicago, v. 13, p. 1062-1073, 2014.

LONVAUD-FUNEL, A. Undesirable compounds and spoilage microorganisms in wine. *In:* MORENA-ARRIBAS, M.V.; SUALDEA, B. (Coord.). *Wine Safety, Consumer Preference, and Human Health.* Cham: Springer International Publishing, 2016. p. 3-26.

MAICAS, S.; MATEO, J. J. Microbial glicosidases for wine production. *Beverages*, Basel, v. 2, p. 20-27, 2016.

MATEO, J. J.; MAICAS, S. Application of non-*Saccharomyces* yeasts to winemaking process. *Fermentation*, Basel, v. 2, p. 14-24, 2016.

MERÍN, M. G.; De AMBROSINI, V. I. M. Highly cold-active pectinases under wine--like conditions from non-*Saccharomyces* yeasts for enzymatic production during winemaking. *Letters in Applied Microbiology*, Oxford, v. 60, p. 467-474, 2015.

PADILHA, B.; GIL, J. V.; MANZANARES, P. Past and future of non-*Saccharomyces* yeasts: from spoilage microorganisms to biotechnological tools for improving wine aroma complexity. *Frontier in Microbiology*, Lausanne, v. 7, p. 111-122, 2016.

RAMIREZ, H. L.; BRIZUELA, G. L.; BRIONES, P. A. I. Pectinase immobilization on a chitosan-coated chitin support. *Journal of Food Process Engineering*, New Jersey, v. 39, p. 97-104, 2016.

RIEBEL, M.; SABEL, A.; CLAUS, H. *et al.* Antioxidant capacity of phenolic compounds on human cell lines as affected by grape-tyrosinase and Botrytis-laccase oxidation. *Food chemistry*, Amsterdam, v. 229, p. 779-789, 2017.

RIZZI, C.; MAINENTE, F.; PASINI, G.; SIMONATO, B. Hidden exogenous proteins in wine: problems, methods of delection and related legislation – a review. *Czech Journal of Food Science*, Praga, v. 34, p. 93-104, 2016.

ROURKE, T.O. Brewing. *In:* GODFREY, T.; WEST, S. (Coord.). *Industrial Enzymology*, 2. ed. New York: Stockton Press, 1996. p. 105-131.

SAMMARTINO, M. Enzymes in brewing. *Master Brewers Association of the Americas*, Chicago, v. 52, n. 3, p. 156-164, 2015.

SCHLANDER, M.; DISTLER, U.; TENZER, S.; THINES, E.; CLAUS, H. Purification and properties of yeast proteases secreted by *Wickerhamomyces anomalus 227 and Metschnikovia pulcherrima* 446 during growth in a white grape juice. *Fermentation*, Basel, v. 3, p. 2-11, 2017.

SOMMER, S.; WEGMANN-HERR, P.; WOCKER, M.; FISCHER, U. Influence of lysozyme addition on hydroxycinnamic acids and volatile phenols during wine fermentation. *Fermentation*, Basel, v. 4, p. 5-12, 2018.

SONG, L.; CHEN, Y.; DU, Y. *et al. Saccharomyces cerevisiae* proteinase A excretion and winemaking. *World Journal of Microbiology and Biotechnology*, New York, v. 33, p. 210-220, 2017.

TACIAS-PASCACIO, V. G.; STERLING, R. M.; VALBUENA, D. C. *et al.* Immobilization of papain: a review. *International Journal of Biological Macromolecules*, Amsterdam, v. 188, p. 94-113, 2021.

THERON, L. W.; BELY, M.; DIVOL, B. Characterization of the enzymatic properties of MpAPr1, an aspartic protease secreted by the wine yeast *Metschnikovia pulcherrima*. *Journal of Science and Food Agriculture*, London, v. 97, p. 3584-3593, 2017.

VAN SLUYTER, S. C.; WARNOCK, N. I.; SCHMIDT, S. *et al.* Aspartic acid protease from *Botrytis cinerea* removes haze-forming proteins during white winemaking. *Journal of Agricultural and Food Chemistry*, Washington, v. 61, p. 9705-9711, 2013.

VENDRAMIN, V.; PIZZINATO, D.; SPARROW, C.; PAGNI, D. Prevention of quercetin precipitation in red wines: a promising enzymatic solution. *Oeno-One*, Reggio Emilia (Italy), v. 56, n. 1, p. 41-55, 2022.

VITOLO, M. Invertase activity of intact *Saccharomyces cerevisiae* cells cultured in sugar molasses by batch fermentation process. *World Journal of Pharmacy and Pharmaceutical Sciences*, Nagpur, v. 8, n. 3, p. 126-137, 2019.

VITOLO, M. Notes on urea hydrolysis by urease. *World Journal of Pharmacy and Pharmaceutical Sciences*, Nagpur, v. 11, n. 3, p. 96-135, 2022.

WILHELMI, C.; MORGAN, K. The hydrolysis of barley beta-glucana by the cellulase E. C. 3.2.1.4 under dilute condition is identical to that of barley solubilase. *Carbohydrate Research*, Amsterdam, v. 330, v. 3, p. 373-380, 2001.

YOUNES, B.; CILINDRE, C.; JEANDET, P.; VASSEROT, Y. Enzymatic hydrolysis of thermos-sensitive grape proteins by yeast protease as revealed by a proteomic approach. *Food Research International*, Amsterdam, v. 54, p. 1298-1301, 2013.

# CAPÍTULO 8
# Modificação enzimática de proteínas


## RESUMO

A hidrólise de matérias-primas proteicas com proteases leva à produção de derivados amplamente usados nas indústrias de alimentos, química, químico-farmacêutica, farmacêutica e de cosméticos.

O objetivo da modificação proteica baseia-se na alteração de alguma propriedade funcional da proteína, como viscosidade, solubilidade no pI, capacidades emulsificante e espumante. O aproveitamento de resíduos ricos em proteínas, como sangue animal, ossos de animais abatidos e levedura cervejeira, também, estimulam o uso da proteólise. Destes, resultam uma série de produtos, como globina descolorida, realçadores de sabor, suplementos para rações, meios de cultura para microbiologia, colágeno e gelatinas.

Embora a modificação de proteínas animais domine os processos proteolíticos, merece destaque entre as proteínas vegetais a de soja, que é convertida em concentrados líquidos e pós para fins alimentares e dietéticos (na alimentação enteral e parenteral, por exemplo).

Há diferentes tipos de proteases, conforme o mecanismo de ação – endopeptidases (pepsina e papaína) e exopeptidases (aminopeptidases e carboxipeptidases) – e a constituição do sítio catalítico (sulfidrílicas, serínicas, metaloproteases e ácidas). Essas enzimas atuam em amplas faixas de pH (2,0 - 10,0) e temperatura (25 °C - 90 °C). A ampla variedade de proteases torna possível hidrolisar controladamente qualquer tipo de proteína, obtendo derivados com grau de hidrólise entre 2% e 70%.

A importância mercadológica das proteases pode ser mensurada pelo fato de representar uma fatia da ordem de 20% do mercado global de enzimas para alimentos. Segundo as empresas do ramo de prospecção de mercados, o mercado global de proteases foi de US$ 3,46 bilhões em 2020, sendo estimado em US$ 5,77 bilhões para 2030, perfazendo crescimento anual CAGR de 5,4%.

O mercado de proteases sustenta-se na diversidade de matérias-primas proteicas e na ampla aceitação de seus derivados. Espera-se aumento da disponibilidade de queratinase (para hidrolisar as proteínas das penas residuais do abate de aves), colagenase (para diversificar a conversão do colágeno residual), proteases ácidas (aproveitamento da proteína residual de efluentes da indústria de alimentos) e mesmo das proteases de uso já consagrado a fim de fazer frente à demanda proporcionada pela produção industrial da carne de laboratório, que exigirá muita protease para torná-la mastigável e digerível para humanos e *pets*.

## 8.1 INTRODUÇÃO

A modificação enzimática de proteínas – polímeros de aminoácidos naturalmente presentes nas matérias-primas para alimentos – é um processo biotecnológico realizado pelo homem há milhares de anos, como a produção do couro a partir da pele de animais, de alimentos (tofu, queijo, molhos e pastas de carne e peixe) e o amaciamento da carne.

As proteases, enzimas responsáveis pela proteólise, podem provir da própria matéria-prima alimentícia (usadas na maturação natural de carnes, autólise de peixes para fazer molhos e autólise de leveduras na fabricação do condimento Marmite®, muito apreciado pelos britânicos), de microrganismos presentes na matéria-prima ou de preparados proteolíticos comerciais. Na fabricação de queijos, por exemplo, a proteólise é promovida por proteases comerciais (coalhos), associadas às excretadas por bactérias lácticas do leite.

A modificação de proteínas objetiva basicamente o aproveitamento de resíduos industriais ricos em proteínas (resíduos da indústria pesqueira e de abatedouros, por exemplo), a produção de alimentos específicos (queijos, pães, bebidas alcoólicas não destiladas, entre outros) e o aumento do valor agregado da proteína animal e vegetal. Nesse caso, objetiva-se modificar a funcionalidade da proteína – em termos de solubilidade, estabilidade, acentuação do sabor, eliminação de *off-flavor*, aumento da digestibilidade e redução da alergenicidade – a fim de incorporá-la às inúmeras formulações de alimentos para humanos e animais.

## 8.2 PROTEASES

As proteases constituem um importante grupo de enzimas hidrolíticas, amplamente usadas na tecnologia de alimentos, representando uma fatia da ordem de 20% do mercado global de enzimas para alimentos. Segundo as empresas do ramo de prospecção de mercados, o mercado global de proteases foi de US$ 3,46 bilhões em 2020, sendo estimado em US$ 5,77 bilhões para 2030, perfazendo crescimento anual CAGR de 5,4% (Tabela 8.1).

**Tabela 8.1** – Mercado estimado de proteases no período 2020 – 2030, em US$ bilhões

| Protease (origem) | Ano | |
|---|---|---|
| | **2020** | **2030** |
| **Microbiana** | 2,17 | 3,67 |
| **Animal** | 0,75 | 1,22 |
| **Vegetal** | 0,54 | 0,88 |

## 8.2.1 PROTEÍNAS

A proteína é um polímero linear de aminoácidos (AA) unidos pela ligação amida (ligação péptica) (Figura 8.1). A ligação amida é rígida e plana, podendo as cadeias polipeptídicas dobrar-se em estruturas regulares na forma de α-hélice ou folha pregueada-β. Os polipeptídeos naturais, frequentemente, apresentam trechos em α-hélice, seguidos ou alternados com trechos em folha pregueada-β ou, ainda, trechos desprovidos de qualquer tipo de padrão estrutural.

A α-hélice tem a forma de um bastão. É estabilizada por ligações de hidrogênio (ligações de H) estabelecidas entre o C=O de um aminoácido com o grupo NH do 4º aminoácido à frente na sequência linear da cadeia peptídica. Assim, todos os grupos NH e C=O da cadeia principal estão ligados por ligações de H. O sentido de rotação da α-hélice pode ser horário (padrão mais comum) ou anti-horário.

A folha pregueada-β tem a forma de uma folha quase distendida. É estabilizada por ligações de H entre grupos NH e C=O localizados em cadeias polipeptídicas distintas. Cadeias adjacentes na folha pregueada-β podem correr na mesma direção (folhas β paralelas) ou em direções opostas (folhas β antiparalelas).

As ligações de H que estabilizam os padrões α-hélice e folha pregueada-β também, se formam entre os grupos das cadeias laterais dos AA (cadeias R), as quais, associadas a outras ligações fracas, como força de Van der Walls, ligações de sulfeto, interações hidrofóbicas (caracterizadas pela expulsão de moléculas de água devido à atração entre as cadeias R alifáticas e/ou aromáticas) e ligações eletrostáticas provocam o enovelamento da cadeia polipeptídica. As cadeias R podem ter grupos polares (hidrossolúveis), como os AA carboxílicos (ácidos aspártico e glutâmico) ou apolares (hidrofóbicos), como os AA triptofano (cadeia R aromática) e isoleucina (cadeia R alifática). O grau de hidrofobicidade dos AA ($\Delta f_t$) varia conforme o tipo dos grupos constituintes das suas cadeias R. Por exemplo, $\Delta f_t = 0$ para glicina, asparagina, glutamina e ácido aspártico – todos possuindo grupos ionizáveis nas cadeias R –, enquanto os AA com cadeias

R alifáticas – valina ($\Delta f_t$ = 1,5 Kcal/mol), isoleucina ($\Delta f_t$ = 2,95 Kcal/mol) e prolina ($\Delta f_t$ = 2,6 Kcal/mol) – e aromáticas – fenilalanina ($\Delta f_t$ = 2,5 Kcal/mol), tirosina ($\Delta f_t$ = 2,3 Kcal/mol) e triptofano ($\Delta f_t$ = 3,4 Kcal/mol) – apresentam hidrofobicidade mensurável (Adler-Nissen, 1993). Todas as proteínas são formadas pelos vinte AA conhecidos, porém em proporções diferentes. Dependendo da relação $AA_{hidrofóbicos}/AA_{hidrossolúveis}$, as proteínas apresentam diferentes graus de solubilidade em água.

Na arquitetura das proteínas, são distinguíveis quatro padrões estruturais: estrutura primária (sequência de aminoácidos e a localização das ligações sulfeto, caso existam), estrutura secundária (arranjo espacial das cadeias R dos AA, que estão próximos uns aos outros na sequência linear, formando os padrões α-hélice e folha pregueada-β), estrutura terciária (arranjo espacial dos AA, que estão muito distanciados na sequência linear e que interagem por meio de forças químicas fracas como força de Van der Walls, interação hidrofóbica, força eletrostática, ligações de H, entre outras) e estrutura quaternária (arranjo espacial e da natureza dos contatos das cadeias polipeptídicas , quando a proteína possui, pelo menos, duas dessas cadeias). Além dos citados, há dois outros níveis de organização molecular: estrutura supersecundária (aglomerados de estruturas secundárias) e os domínios (enovelamentos compactos, em geral formados por uma centena de AA, localizados em alguns pontos da estrutura proteica. Os sítios ativos das enzimas são exemplos de domínios). Muitas proteínas, para exercerem suas funções biológicas – catálise de reações químicas (enzimas), transporte de substâncias (hemoglobina, mioglobina e transferrina), armazenamento (ferritina), movimento coordenado (proteínas contráteis como actina e miosina), sustentação mecânica (colágeno), proteção imunológica (anticorpos), controle do crescimento e da diferenciação (hormônios) e geração e transmissão de impulsos nervosos – têm em suas estruturas carboidratos (açúcares ou polissacarídeos), lipídeos (fosforados ou não) ou outros compostos. Em resumo, pode-se dizer que a essência da ação das proteínas repousa em dois aspectos: na ligação específica com um efetor químico e na transmissão intramolecular de mudanças conformacionais (Figura 8.1).

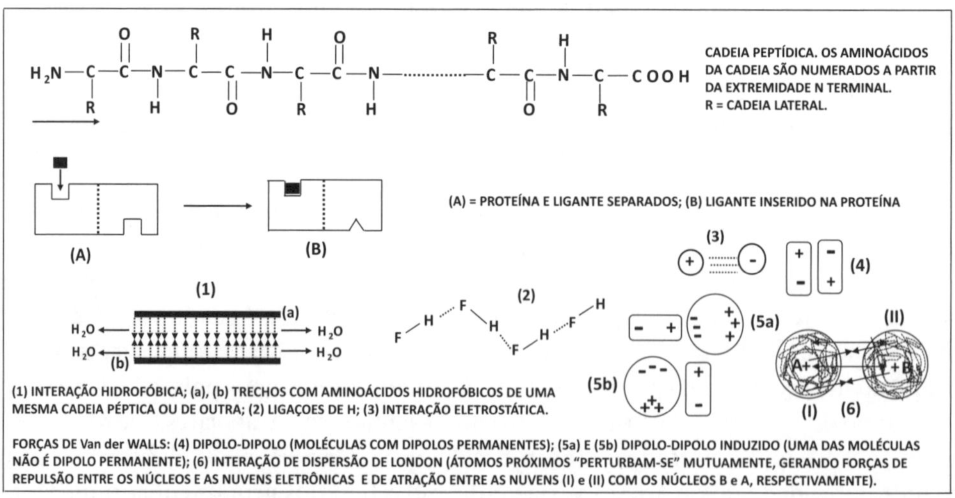


**Figura 8.1** – Estrutura primaria de uma proteína, mudança conformacional durante ação da proteína e as principais ligações químicas fracas (< 10 Kcal/mol) que estabilizam as estruturas secundária, terciária e quaternária das proteínas.

Um aspecto a ser considerado no caso das proteínas relaciona-se com o mecanismo da desnaturação, que leva à perda da funcionalidade biológica da proteína. A desnaturação pode ser reversível (quando as ligações intramoleculares desfeitas podem ser refeitas após cessado o efeito desnaturante, como a variação da temperatura e/ou pH do meio em que a proteína se encontra) ou irreversível (casos em que as ligações de sulfeto desfeitas são parcialmente refeitas, rompimento da cadeia peptídica em pontos nos quais as ligações amidas são fracas, como naquelas em que o ácido aspártico participa [neste caso, a ruptura ocorre sob condições fracas de acidez], ou agregação de dois ou mais peptídeos, ou de trechos de uma mesma cadeia peptídica por meio de interações hidrofóbicas inadequadas em porções alifáticas ou aromáticas das macromoléculas). No caso da proteólise, além da possível desnaturação do agente catalítico (protease), há a possibilidade de o substrato (proteína) se desnaturar. Nesse caso, o grau de hidrólise proteica final poderá não ser o planejado.

Os aspectos salientados referem-se a informações sobre proteínas sob a ótica da bioquímica, que as estuda como entes isolados e, depois, procura entender suas funções nas vias metabólicas e na fisiologia celular das quais participam. No entanto, os alimentos contêm misturas de diferentes proteínas, as quais serão submetidas em conjunto à proteólise para se obter o produto desejado. Esse fato torna impraticável considerar uma proteína como substrato principal das proteases. Por isso, na ciência dos alimentos e nutrição, expressa-se *proteína alimentícia* (PA) como teor proteico, que é avaliado por meio do método de Kjeldahl, sendo expresso como nitrogênio total (N) (Rocha-Filho; Vitolo, 2017). Para calcular o teor proteico do alimento, basta multiplicar o valor de N por um fator ($f_N$), que varia entre 5,55 (gelatina) e 6,38 (caseína), sendo comumente usado o valor médio de 6,25 (Adler-Nissen, 1993, Godfrey, 1996). Atualmente, é possível determinar a composição em aminoácidos das proteínas (por meio do analisador de aminoácidos, um equipamento automatizado que permite calcular duas grandezas importantes para a proteólise: hidrofobicidade molecular média [$H_\Phi$] e o número de ligações pépticas por grama de proteína [$h_{tot}$]). O $H_\Phi$ é expresso em (Kcal/mol) e o $h_{tot}$ em (meq/g de proteína). Ressalta-se que o $H_\Phi$ e o $h_{tot}$ permitem estimar o grau de amargor causado pela presença de peptídeos hidrofóbicos no hidrolisado e o grau de hidrólise (GH) (Equação 8.3), respectivamente. Entre as proteínas, o $h_{tot}$ varia entre 7,7 e 11,1 meq/g de proteína. Porém, salvo condição particular, assume-se $h_{tot}$ = 8,0 meq/g de proteína (Adler-Nissen, 1993).

$$H_\Phi = \Sigma(x \,.\, \Delta f_t)_i \qquad (8.1)$$

Em que x = fração molar de um aminoácido; $(\Delta f_t)_i$ = hidrofobicidade do aminoácido (Kcal/mol).

$$h_{tot} = \Sigma\, C_i \qquad (8.2)$$

Em que $C_i$ = concentração de cada aminoácido (mmol/g de proteína).

Como regra geral, todos os processos industriais requerem meios adequados para se avaliarem sua eficiência e sua produtividade. No caso dos hidrolisados proteicos, há uma série de parâmetros de controle (emulsificação, geleificação, espumação, solubilidade e palatabilidade) para aquilatar sua adequabilidade aos fins almejados (componente de dietas enterais e parenterais, de formulações alimentícias hodiernas etc.), os quais variam entre as empresas do setor. A não uniformidade de critérios deve-se ao fato de que os referidos parâmetros são avaliados e padronizados sob condições específicas e de interesse de cada fabricante. Por conseguinte, as metodologias para o controle do processo e da qualidade do produto não são de aceitação universal. No entanto, há dois métodos amplamente usados na indústria de hidrolisados proteicos, embora com nuances relacionadas a cada fabricante: a determinação do grau de hidrólise (GH) e a razão nitrogênio solúvel ($N_s$)/nitrogênio total ($N_t$).

A determinação do grau de hidrólise consiste na titulação da acidez do hidrolisado com solução fatorada de hidróxido de sódio e a aplicação da fórmula (Godfrey, 1996):

$$GH = V_b \text{ x } N_b \text{ x } (1/a) \text{ x } (1/M) \text{ x } (1/h_{tot}) \text{ x } 100 \qquad (8.3)$$

Em que $V_b$ = volume de solução de NaOH gasto (mL); $N_b$ = normalidade da solução de NaOH; (1/a) = fator de dissociação dos aminoácidos (igual a 1,1 em pH 8,0 e 2,2 em pH 7,0); M = massa de proteína (g) [M = $f_N$ x (g de N determinado pelo método de Kjeldahl)]; $h_{tot}$ = número de ligações pépticas por grama de proteína (meq/g de proteína).

O método, uma vez padronizado em função das características do hidrolisado desejado, se resume a uma simples titulação ácido/base, embora não forneça informação sobre as características físico-químicas do produto. Tem como vantagem permitir ao operador do reator de proteólise fazer ajustes de plano no processo, segundo a metodologia estabelecida pelos laboratórios de desenvolvimento de processos e de controle de qualidade da empresa.

O resultado efetivo da reação hidrolítica é a liberação simultânea de um grupo amino e um carboxila, provenientes da ruptura de uma ligação péptica. Conforme o pH da solução os referidos grupos podem estar mais ou menos ionizados. A 25 °C os pKs dos grupos carboxila e amino estão nas faixas 3,1 – 3,6 e 7,5 – 7,8, respectivamente. Isso demonstra que a hidrólise proteica é acompanhada pela liberação ou captação de íons hidrônios. Se a hidrólise for monitorada em tempo real por titulação ácido/base, o pH do meio fica constante, e o consumo do agente titulante pode ser associado quantitativamente ao número de ligações pépticas rompidas. Esse procedimento é a base do método pH-stat, desenvolvido pelo Laboratório Carlsberg nos anos 1950 e adaptado para monitorar a hidrólise de PA (Adler-Nissen, 1993).

A razão $N_s/N_t$ descreve a extensão da proteólise, embora não seja de medida rápida – porque a dosagem do $N_t$ pelo método de Kjeldahl requer aparelhagem especial e dura mais de 1 h –, o que inviabiliza seu uso no chão de fábrica. Seu valor varia entre

0,05 (hidrólise incipiente) e 0,9 (hidrólise intensa), sendo de até 0,35, 0,60 e 0,90 para as proteases de origem vegetal, animal e microbiana, respectivamente.

### 8.2.2 CLASSIFICAÇÃO

As proteases podem ser classificadas quanto à origem, ao modo de ação, à natureza do sítio ativo e ao pH de máxima atividade. Os critérios para a escolha da protease adequada para um processo devem considerar a especificidade, necessidade ou não de cofator, estabilidade frente ao pH e à temperatura e o pH de atividade ótima (Vitolo, 2020).

#### 8.2.2.1 Quanto à origem

As proteases podem ser obtidas de plantas (papaína do mamão, ficina do figo e bromelina do abacaxi, por exemplo), animais (quimosina, quimotripsina, tripsina, pepsina e pancreatina, por exemplo) e microrganismos (protease bacteriana neutra, protease bacteriana alcalina e protease fúngica) (Tabela 8.2).

#### 8.2.2.2 Quanto ao modo de ação

São divididas em dois grupos: endopeptidases (rompem ligações situadas dentro da cadeia polipeptídica; compreendem as proteases serínicas, proteases sulfidrílicas, proteases ácidas e metaloproteases) e exopeptidases (rompem as ligações pépticas a partir das extremidades da cadeia peptídica, sendo subdivididas em carboxipeptidases e aminopeptidases, conforme a sequência da hidrólise ocorre a partir da extremidade C-terminal e N-terminal, respectivamente).

O uso de inibidores específicos para cada tipo de endopeptidase, permite classificar novas proteases obtidas a partir de microrganismos recém-identificados ou modificados geneticamente. Além disso, o comportamento de cada endopeptidase diante do pH constitui-se em característica da enzima. Assim, as proteases serínicas têm maior atividade em pH >7,0, as ácidas, em pH < 5,5, as sulfidrílicas, em 5,0 < pH < 9,0 e as metaloproteases, em 6,5 < pH < 7,5.

As aminopeptidases – por serem enzimas intracelulares ou ligadas a membranas – são achadas em associação com outras proteases em preparados proteolíticos comerciais, como no *mix* enzimático Pronase® obtido do *Streptomyces griseus*, constituído por endopeptidase e carboxipeptidase (Adler-Nissen, 1993).

#### 8.2.2.3 Quanto ao pH de máxima atividade

Neste caso, são classificadas em protease ácida (4,0 < pH < 6,8), protease neutra (6,9 < pH < 7,3), protease alcalina (7,4 < pH < 8,5) e protease superalcalina (pH > 8,5).

**Tabela 8.2** – Proteases comerciais usadas na hidrólise de proteínas alimentícias

| Enzima | [a]Tipo | Fonte | pI | [b]pH | [c]T (°C) | [d]Especificidade |
|---|---|---|---|---|---|---|
| Bacteriana alcalina | Serínica | *B. subtilis* | 9,3 | 7-12 | 60-78 | Gln-His; Ser-His; Leu-Tyr. (7)* |
| Bacteriana neutra | Metalo** | *B. subtilis* | – | 5-8 | 40-55 | His-Leu; Ser-His; Ala-Leu; Gly--Phe; Arg-Gly. (6)* |
| Bromelina | Cisteínica | Abacaxi | 9,6 | 5-8 | 45-60 | Lys-Arg; Tyr-Phe |
| Fúngica alcalina | Ácida | *A. oryzae* | 7-8 | 4-8 | 35-50 | Leu-Tyr; Phe-Tyr. (5)* |
| Fúngica ácida | Ácida | *A. niger* | – | 3-6 | 40-55 | His-Leu; Gly-Phe; Phe-Phe. (9)* |
| Papaína | Cisteínica | *C. papya* | 8,8 | 5-8 | 55-90 | Asn-Glu; Glu-Ala; Leu-Val; Phe--Tyr. (9)* |
| Pepsina | Ácida | Boi, porco | 2,5 | 1-4 | 40-60 | Leu-Val; Phe-Tyr. (5)* |
| Pancreatina | Mista | Boi, porco | – | 7-9 | 40-60 | Ampla |
| Quimosina | Ácida | Bezerros | – | 4-6 | 30-45 | Glu-Ala; Leu-Val. (2)* |
| Subtilisina | Serínica | *B. licheniformis* | 9,4 | 6-10 | 55-70 | Ampla |
| Termolisina | Metalo** | *B. thermoproteolyticus* | 5,6 | 7-9 | 60-87 | Ileu-Phe; Leu-Val. |
| Tripsina | Serínica | Boi, porco | 10,1 | 7-9 | 50-60 | Lys-Ala; Arg-Gly. (2)* |

[a] Natureza do sítio ativo; [b] Intervalo de estabilidade frente ao pH ($pH_{ótimo}$ incluso); [c] Temperatura de estabilidade, incluindo o $T_{ótimo}$ (tempo entre 1h e 2h); [d] Tipos de ligações pépticas rompidas preferencialmente;

* Número de ligações rompidas mediante a cadeia β da insulina oxidada (proteína padrão) (Godfrey, 1996).

** Metaloproteases.

Ressalta-se que, na prática, o pH de atividade das proteases não se restringe a valores situados próximos ao pH ótimo indicado. Por exemplo, a metaloprotease de *B. amyloliquefaciens* (Neutrase®) classificada como protease neutra atua muito bem na faixa de pH entre 6,0 e 8,0, enquanto a protease alcalina de *B. licheniformis* (Alcalase®) atua entre pH 6,0 e 10,0. Ou seja, variações de 1 a 2 unidades de pH fora dos limites estabelecidos para classificar a protease são comuns. Por isso, recomenda-se elaborar curvas de atividade *versus* pH toda a vez que se desejar operar com proteases, inclusive usando substratos proteicos que compõem a PA a ser hidrolisada. Elaborar a curva pH-estabilidade para a protease que se deseja usar também oferece informações práticas úteis. Pode-se individualizar um valor de pH no qual a enzima é inativa, mas estável, como no caso da tripsina, que é estável em pH 3,0, porém, inativa. Sucede que a tripsina em pH 3,0 assume uma conformação incompatível com sua atividade catalítica; a conformação ativa original, no entanto, restabelece-se em pH > 7,0.

#### 8.2.2.4 Quanto à natureza do sítio ativo

Quanto à natureza do sítio ativo, são divididas em serínica (possui o aminoácido serina em seu sítio ativo, como a tripsina e a quimotripsina), sulfidrílica (possui o aminoácido cisteína no sítio ativo como a papaína, bromelina e ficina), metaloprotease (possui íon metálico [$Mg^{2+}$, $Mn^{2+}$, $Zn^{2+}$, $Co^{2+}$, entre outros], como a carboxipeptidase A) e ácida ou aspártico protease (possui pelo menos um grupo carboxila no sítio ativo como a pepsina). As carboxipeptidases também podem ser, de acordo com a natureza do sítio ativo, serínicas, metalocarboxipeptidases e sulfidrílicas. Em mamíferos, as metalocarboxipeptidases são secretadas junto com as proteases serínicas do trato digestivo, sendo encontradas no comércio no *mix* enzimático denominado pancreatina.

Entre as proteases serínicas, destacam-se a tripsina, quimotripsina e subtilisina.

A tripsina é formada no trato digestivo a partir do precursor tripsinogênio, por meio de um processo autocatalítico conduzido pela própria tripsina. É extraída a partir do pâncreas de bovinos e suínos. Atua nas faixas de pH entre 7,0 e 9,0 e de temperatura entre 50 °C e 60 °C, sendo estabilizada mediante a autólise pelo $Ca^{2+}$ (a tripsina bovina é mais susceptível à proteção pelos íons cálcio do que a suína). Ressaltam-se que a tripsina em pH ácido é inativa, porém estável mediante a autólise (pode ser armazenada por semanas sem perda da atividade) e que, em presença de *mix* de proteínas (como ocorre quando se hidrolisam as proteínas de alimentos), o processo autolítico é bastante reduzido. A ação da tripsina se dá preferencialmente pela hidrólise de ligações pépticas formadas por lisina e arginina.

A quimotripsina inclui um grupo de isoenzimas formadas a partir dos correspondentes zimogênios durante sua excreção do pâncreas. As ligeiras diferenças nas atividades das isoenzimas não afetam seu uso na hidrólise de proteínas. Exceto para fins bioquímicos, a quimotripsina não é usada na forma purificada, mas, sim, no preparado bruto de pâncreas bovino ou suíno (pancreatina).

A subtilisina é produzida a partir de várias espécies de *Bacillus* sobretudo do *B. licheniformis*, sendo a protease microbiana mais produzida desde os anos 1960 devido ao seu amplo uso em detergentes (Alcalase®). Além disso, é muito usada na produção do leite de soja e na recuperação da proteína do sangue residual de abatedouros. A hidrólise parcial da proteína da soja permite obter hidrolisados com excelentes capacidades emulsificante e espumante. Ela hidrolisa preferencialmente as ligações pépticas nas quais o grupo carbonila provém de AA hidrofóbicos. Atua nas faixas de pH entre 8,0 e 9,0 e de temperatura entre 55 °C e 70 °C.

Entre as proteases sulfidrílicas (cisteínicas) estão a papaína, a bromelina e a ficina.

A papaína é obtida do látex do mamão (*Carica papaya*), sendo encontrada nas formas em pó e solução aquosa. Dependendo do grau de purificação, poderá estar misturada com lisozima e quimopapaína. Hidrolisa as mais variadas ligações pépticas, atuando no intervalo de pH entre 5,0 e 9,0. Apesar da resistência à temperatura, é sensível a agentes oxidantes e à exposição ao ar, devido ao grupo SH da cisteína facilmente oxidável. A papaína é usada no amaciamento de carnes, na clarificação da cerveja, na produção de hidrolisados com alto GH, na obtenção da plasteína e na solubilização da proteína de peixe não comestível ou de retalhos da indústria pesqueira.

A bromelina e a ficina são obtidas, respectivamente, do abacaxi e do látex do figo. Ambas se assemelham à papaína em termos de especificidade e perfil de atividade mediante o pH, porém, são mais termolábeis. Os usos preconizados são similares aos da papaína, mas com menor intensidade.

Entre as proteases ácidas (aspártico proteases), temos pepsina, quimosina, *rennets* (análogos microbianos da quimosina) e proteases de *Aspergillus sp.*

A pepsina é formada por autólise do pepsinogênio, precursor achado na mucosa estomacal de animais de corte, sendo usada, embora limitadamente, na produção de hidrolisados proteicos com alto GH. No entanto, o uso mais comum é em associação com a quimosina na fabricação de queijos. O pH de atividade ótima é 2,0, porém, autolisa-se nesse mesmo pH. Resiste à temperatura de até 60 °C.

A quimosina provém do zimogênio proquimosina, abundante no 4º estômago de bezerros lactentes. Se assemelha à pepsina em termos de estrutura terciária e possui 50% de homologia na estrutura primária. É amplamente usada na produção de queijos.

Os *rennets* são obtidos de microrganismos do gênero *Mucor* (*Mucor miehei e M. pusillus*), sendo usados na produção de queijos. Atuam em pH ácido (4,0) e são menos termolábeis que a quimosina.

As proteases de *Aspergillus sp* (notoriamente a protease de *A. oryzae*), em geral, são um *mix* de três proteases – protease serínica ($pH_{ot}$ 8,0), metaloprotease ($pH_{ot}$ 6,8) e aspártico protease ($pH_{ot}$ 4,5) –, que conferem ao preparado atividade em ampla faixa de pH (4,5 - 8,0). Essas proteases são usadas no processo Koji.

Entre as metaloproteases, há a termolisina e a protease microbiana neutra.

A termolisina obtida de *Bacillus stearothermophilus* é a protease termoestável de uso industrial. Na presença de íons cálcio, resiste a temperaturas da ordem de 80 °C, e seu pH ótimo situa-se entre 7,0 e 9,0. Como qualquer outra metaloprotease, é inibida por EDTA, citratos e fosfatos. Essa enzima hidrolisa preferencialmente ligações pépticas nas quais o grupo amino provém de AA hidrofóbicos.

A protease microbiana neutra é obtida do *Bacillus amyloliquefaciens*, e sua especificidade é similar à da termolisina, exceto o pH de atividade ótima entre 6,0 e 8,0. Desnatura-se a 50 °C, o que é uma vantagem, já que sua atividade pode ser rapidamente zerada no ponto de GH desejado para uma proteína, cuja hidrólise transcorre entre 35 °C e 40 °C. Graças a essas características, essa protease é muito usada em produtos de panificação (*crackers* e biscoitos), em cervejaria (no *mashing*, para aumentar o teor de nitrogênio solúvel do mosto) e na produção de gelatina.

### 8.2.3 PROTEÓLISE

A hidrólise da proteína pode ser parcial (caso da precipitação da k-caseína na fabricação do queijo), semi-intensiva (quando se deseja alterar alguma propriedade funcional da proteína como viscosidade, capacidade emulsificante ou estabilizante) ou completa (produção do leite de soja).

A proteólise pode ser controlada pela dosagem da proteína total da matéria-prima (métodos do biureto, Lowry, Bradford ou Kjeldahl) e grau de hidrólise (GH). O GH é determinado por meio da titulação dos aminoácidos formados com solução padronizada de hidróxido de sódio, sendo o volume de álcali consumido correlacionado com o GH (calculado por meio da Equação 8.3). Quando a composição de aminoácidos da proteína é conhecida (como a cadeia β da insulina oxidada), torna-se possível determinar o percentual de ligações pépticas rompidas (Godfrey, 1996; Rocha-Filho; Vitolo, 2017).

Os hidrolisados proteicos – cujo GH e a especificidade da protease influenciam o afloramento de cadeias R de AA hidrofóbicos (devido à desestruturação das estruturas terciária e quaternária das proteínas), a concentração e o comprimento da cadeia dos peptídeos hidrofóbicos – podem apresentar sabor amargo devido à presença de peptídeos ricos em aminoácidos hidrofóbicos, que, uma vez liberados, interagem com os receptores das papilas linguais relacionadas ao sabor amargo. Constatou-se que a maior hidrofobicidade dos peptídeos intensifica o amargor, e que aminoácidos hidrofóbicos localizados próximo às extremidades da cadeia e/ou a prolina localizada próximo ao centro da cadeia acentuam o amargor do peptídeo resultante da proteólise. Esse aminoácido altera a conformação da estrutura secundária da proteína a ponto de desacoplar os sítios de ligação e estimulação da molécula após a hidrólise, formando peptídeos de baixa massa molar capazes de estimular os receptores das papilas linguais vinculados à sensação do sabor amargo (Vitolo, 2020). Há quatro maneiras práticas para suavizar ou eliminar o sabor amargo de hidrolisados proteicos: mascaramento (pela adição de flavorizantes no hidrolisado ou na formulação do produto alimentício como glutamato monossódico, ácido cítrico, ácido málico, polifosfatos ou gelatina), extração (tratar o hidrolisado com carvão ativo), centrifugação do hidrolisado após ajustar o pH do hidrolisado ao pI dos peptídeos hidrofóbicos, e hidrólise controlada (pelo uso de uma mistura balanceada de endo e exopeptidases, a ponto de evitar o acúmulo de peptídeos hidrofóbicos, sem interferir com as propriedades comuns às proteínas como o poder de emulsificação e/ou de espumação). A princípio, a eliminação completa do sabor amargo pode ser obtida. Contudo, na prática, o grau do amargor do hidrolisado final deverá resultar do balanceamento de fatores como custo do método empregado para a remoção dos peptídeos hidrofóbicos, a manutenção das funcionalidades físico-químicas do hidrolisado e o grau de amargor do produto tolerado pelo consumidor.

Como salientado, as proteases, quanto à atividade catalítica, podem ser divididas em endopeptidases e exopeptidases. No entanto, o mecanismo de catálise é bem complexo, sobretudo quando se trata da hidrólise de PA, complexos formados por diferentes proteínas com as moléculas fortemente entrelaçadas. Para efeitos didáticos, poder-se-ia representar a ação da endopeptidase conforme indicado na Figura 8.2.

$$E + S \underset{k_{-1}}{\overset{k_{+1}}{\rightleftharpoons}} ES \underset{k_{-2}}{\overset{k_{+2}}{\rightleftharpoons}} EP + H\text{-}P_1 + H_2O \xrightarrow{k_{+3}} E + P\text{-}OH + H\text{-}P_1 \qquad (I)$$

**Onde:** E = protease; S = proteína; ES = complexo intermediário protease-proteína; EP = complexo intermediário protease-peptídeo; $H\text{-}P_1$ = peptídeo N terminal livre; P-OH = peptídeo C terminal livre; constantes de velocidade de 1ª ordem ($k_{-1}$, $k_{+2}$, $k_{-2}$, $k_{+3}$); $k_{+1}$ = constante de velocidade de 2ª ordem. Em meio reacional com $A_w > 0{,}2$ a reação EP ⇢ ES não ocorre. A reação segue o modelo de Michaelis-Menten, onde $K_M = k_{-1}/k_{+1}$ e $k_{cat} \approx k_{+2}$.

$$\text{PROTEÍNA} \underset{k'}{\overset{k}{\rightleftharpoons}} \text{PROTEÍNA DESNATURADA} \xrightarrow{E} \text{INTERMEDIÁRIO}^{(a)} \xrightarrow{E} \text{PEPTÍDEOS}^{(b)} \qquad (II)$$

$$K_O = (k'/k) \qquad (III) \qquad\qquad v_0 = (v_{+0} - v_{-0}) \qquad (IV)$$

(a) Peptídeo de alta massa molar; (b) Peptídeos de baixa massa molar; $K_0$ = Constante de equilíbrio para a reação reversível de desnaturação; k = Constante de desnaturação (1ª ordem); k' = constante de renaturação (1ª ordem); $v_0$ = velocidade efetiva da reação de desnaturação; $v_{+0}$ = velocidade de desnaturação; $v_{-0}$ = velocidade de renaturação.

**Figura 8.2 –** Esquema de proteólise referente à ruptura da ligação amida (I) sem e (II) com desnaturação prévia da proteína.

Salienta-se que a sequência de reações mostradas na Figura 8.2 só vale quando o substrato da protease é uma proteína natural, e não um substrato sintético, como ésteres de aminoácidos. Neste caso, $k_{+2}$ não é desprezível; logo $K_M = (k_{-1} + k_{+2})/(k_{+1}) \neq (k_{-1}/k_{+1})$.

Na hidrólise da PA, a velocidade de reação resultante do número total de ligações pépticas rompidas por unidade de tempo é o somatório de dezenas de reações ocorrendo simultaneamente, que envolvem as hidrólises das proteínas presentes, assim como dos peptídeos de massas molares diferentes derivados das proteínas originais. Esse fato é contornado, na prática, pela elaboração de curvas GH *versus* tempo para diferentes proteases diante de um mesmo substrato e de uma mesma protease mediante diferentes proteínas. No entanto, em escala industrial, a cinética da hidrólise de PA é do tipo inibição competitiva, na qual os inibidores são os diferentes peptídeos de diversas massas molares continua e sucessivamente formados durante a proteólise.

Proteínas previamente desnaturadas pelo calor têm sua susceptibilidade à hidrólise aumentada. Sucede que o calor, ao desarranjar as estruturas terciária e quaternária (se houver), faz com que muitas ligações pépticas, antes escondidas dentro do envelope macromolecular, fiquem expostas à ação da protease. As proteínas globulares, em particular, só são adequadamente hidrolisadas se forem submetidas à desnaturação térmica prévia. O esquema simplificado da proteólise com desnaturação prévia do substrato, considerando-se o não acúmulo do peptídeo intermediário, está mostrado na Figura 8.2. Portanto, esse esquema assume que cada molécula de proteína da PA é convertida nos peptídeos correspondentes, daí a primeira etapa do processo (desnaturação) ser limitante. Mas, como na PA as diversas proteínas não se encontram no mesmo grau de desnaturação simultaneamente, logo um percentual maior de ligações pépticas pode estar disponível à hidrólise, fazendo com que o intermediário se acumule, tornando a etapa da desnaturação não limitante. Ressalta-se que, desse desbalanceamento, podem resultar hidrolisados proteicos com alta capacidade emulsificante, que são de grande interesse na composição de fórmulas para alimentos industrializados.

Verificou-se que hidrolisados proteicos com alto teor de peptídeos de cadeias medianas e longas têm sua capacidade emulsificante aumentada.

Lembra-se que a modificação química da proteína pode levar à formação de intermediário estável, como a autólise dos zimogênios da tripsina e pepsina, que, ao terem algumas ligações pépticas rompidas a partir da extremidade N terminal da cadeia com subsequente rearranjo conformacional da molécula, tornam-se catalisadores ativos.

Quando a protease é colocada em meio com baixa $A_w$ ela catalisa a formação da ligação amida (atividade transferásica) conforme a reação:

$$\text{Bz-Tyr-NH}_2 + \text{Gly-NH}_2 \leftrightarrows \text{Bz-Tyr-Gly-NH}_2 + \text{NH}_3$$

Essa reação é usada na síntese do adoçante aspartame, o qual é um dipeptídeo de ácido L-aspártico e L-fenilalanina.

A hidrólise parcial de uma proteína com protease, seguida pela concentração do hidrolisado e de nova adição de protease – a protease da hidrólise inicial é desnaturada pelo calor durante o processo de concentração –, resulta em um gel proteico chamado *plasteína*. Após a reação de transpeptização – variante da atividade transferásica que leva à insolubilização de peptídeos hidrofóbicos –, o gel é separado do meio reacional por precipitação com etanol ou acetona (Vitolo, 2020). A transpeptização é uma reação largamente usada, entre outros, para esterificar proteínas como a PA, o precursor da insulina, ou ligar cadeia de poliglutamato no nylon (Eom; Kim, 2018; Ai *et al.*, 2019; Liu *et al.*, 2014; Yazawa; Numata, 2016).

## 8.2.4 APLICAÇÃO DAS PROTEASES

As proteases são selecionadas conforme especificidade, necessidade ou não de cofatores, termoestabilidade, pH de maior atividade e estabilidade.

### 8.2.4.1 Proteases comerciais

As proteases comerciais são encontradas tanto na forma de pó como em solução. O emprego de protease com alto grau de pureza é evitado por várias razões, como alto custo, sua não estabilidade por períodos longos de armazenamento, provocando variação da atividade de modo imprevisível, e sua propensão a causar problemas de saúde nos manipuladores.

A atividade proteolítica deveria ser expressa em unidades internacionais (UI), sendo 1 UI definida como o microequivalente de ligações pépticas rompidas por minuto. Expressando-se a atividade desse modo, ter-se-ia uma correlação com o GH. Contudo, na prática comercial, a definição da unidade de atividade proteolítica segue os ditames dos produtores, cada qual com seus métodos analíticos próprios. Como resultado, tem-se uma série de unidades arbitrárias, como NU (ensaio colorimétrico de Northrop;

1NU = quantidade de enzima que hidrolisa 40% de uma solução padrão de caseína), MDU (*Miles Detergent Unit*; 1 MDU = quantidade de enzima que libera 10 moles de tirosina por minuto), HU (*Hemoglobin Unit*; 1 HU = quantidade de enzima que libera 67,08 mg de nitrogênio), NPU (*Neutral Protease Unit*; 1 NPU = quantidade de enzima que forma 1 μmol de tirosina por minuto), NFPU (*National Formulary Papain Unit*; quantidade de papaína que forma 1 μg de tirosina por hora) e AU (*Anson Unit*; a hemoglobina desnaturada é hidrolisada pela protease em pH 7,5 e 25 °C por 10 min. A reação é bloqueada com TCA, recolhendo-se o sobrenadante, no qual os aminoácidos e peptídeos de baixa massa molar solúveis são determinados com o reagente de Folin-Ciocalteau. 1 AU é a quantidade de protease que hidrolisa a hemoglobina, liberando produtos solúveis em TCA, que, após a adição do reagente de Folin-Ciocalteau, resulta uma intensidade de cor equivalente a 1 mmol de tirosina).

As proteases industriais são rotuladas em termos de atividade catalítica específica (atividade declarada garantida pelo fornecedor), por exemplo AU/kg, a qual deve ser usada para calcular a quantidade de enzima a ser usada no processo de hidrólise. A atividade catalítica real medida em uma amostra da protease comercial, em geral, é 10% superior à declarada. Isso se deve ao fato de o fabricante adicionar um pouco mais de enzima ao preparado para compensar as imprecisões da determinação analítica e a possível perda de atividade durante o armazenamento.

A reação de hidrólise proteica pode ser descrita por meio de vários índices, os quais são importantes para o desenvolvimento de experimentos de bancada prévios ao uso no reator industrial. Os índices são agrupados em termos de condições iniciais (pH, temperatura, concentração de substrato e razão enzima/substrato) e relacionados à reação e à composição do hidrolisado (GH, PSI, PCL e TCA index) (Adler-Nissen, 1993).

A concentração de substrato na mistura de reação (S) é calculada em peso. A concentração molar de substrato não tem significado quando se usa PA, cujo teor proteico é determinado pelo método de Kjeldahl. A razão E/S é expressa como unidade de atividade/kg de substrato. Sabendo S, E/S e a massa da mistura a ser processada, calcula-se a atividade enzimática total, que juntamente com a atividade declarada do preparado enzimático, leva à determinação da quantidade de preparado enzimático a ser adicionado no reator de hidrólise.

O grau de hidrólise (GH), já mencionado, que representa o percentual de ligações pépticas rompidas, está intimamente relacionado com as propriedades do hidrolisado obtido. Normalmente, o GH é pré-fixado, e, tão logo alcançado, a reação é interrompida. O uso do GH no lugar do tempo de reação como parâmetro de controle da hidrólise se deve ao fato de as propriedades do hidrolisado dependerem só do GH, e não do tempo de reação, S, E/S e da temperatura. O pH, por sua vez, pode afetar as características do hidrolisado, embora em baixa intensidade. Por conseguinte, uma vez escolhidos o substrato e a enzima, o GH é a principal variável a ser otimizada.

O índice de solubilidade proteica (PSI em inglês) é definido como a massa de proteína solúvel relativa à massa total de proteína no meio de reação (Figura 8.3).

O PCL (sigla inglesa para *peptide chain length*) corresponde ao número médio de resíduos de aminoácidos por molécula de peptídeo na fase solúvel (Adler-Nissen, 1979). Demonstra-se que o PCL, PSI e GH estão relacionados pela Equação:

$$PCL = (PSI) \times 100/GH \tag{8.4}$$

Em que: PCL = *peptide chain length*; PSI = *protein solubility index* e GH = grau de hidrólise (expresso em percentagem).

O PCL pode ser considerado um indicador das propriedades do hidrolisado (capacidades emulsificante e espumante, por exemplo), uma vez que PCL baixo indica hidrolisado solubilizado, mas sem capacidades de emulsificação e espumação (Adler-Nissen, 1986).

O TCA é um índice relacionado à porcentagem de peptídeos solúveis em TCA na fração em que o pH é igual ao pI. Os peptídeos solúveis no pI, mas insolúveis no TCA, em geral, possuem cadeias longas, as quais podem conferir ao peptídeo propriedades físico-químicas e funcionais de interesse (emulsificante, espumante, coloidal, entre outras). Por conseguinte, o PCL e o TCA se complementam na avaliação das propriedades funcionais dos hidrolisados proteicos.

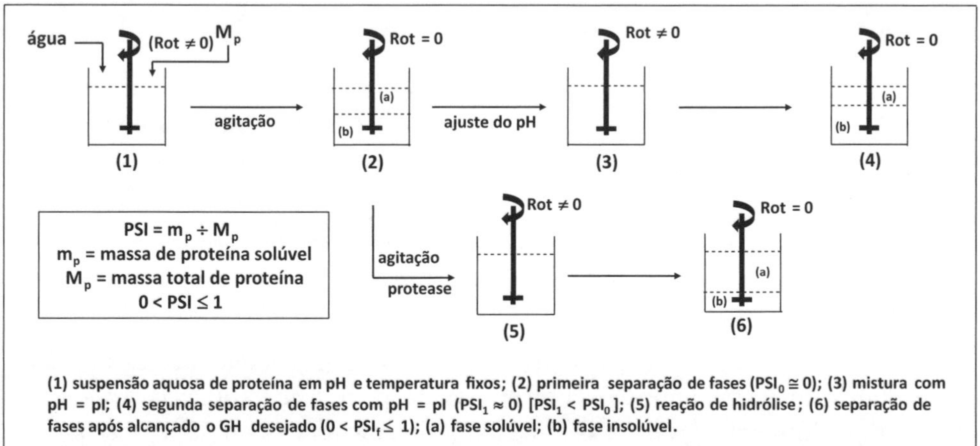


**Figura 8.3 –** Esquema para a determinação do índice de solubilidade proteica.

Em decorrência do mecanismo hidrolítico mostrado na Figura 8.2, ou seja, os peptídeos formados no início da reação competem pelo sítio ativo da protease com as proteínas intactas, demonstra-se que o PSI e o TCA aumentam, e o PCL, diminui à medida que o GH aumenta. Esse comportamento cria dificuldades para o fabricante de hidrolisados proteicos no tocante a escolher a protease mais adequada para o processo, uma vez que tem interesse em obter hidrolisado com PSI e PCL elevados. Como é impossível alcançar esse objetivo, então, o balanceamento entre os referidos índices deve ser estabelecido. Cada protease tem seus índices (GH, PSI e PCL) particularmente correlacionados por meio da Equação (8.4). No caso, o procedimento consiste em elaborar um gráfico tipo PSI *versus* PCL, usando diferentes proteases para obter hidrolisados com o mesmo GH. O gráfico PSI *versus* PCL não aponta para a concentração de protease mais adequada para a reação, dado que hidrolisados com igual GH podem ser obtidos usando-se baixa concentração de enzima e alto tempo de reação, ou vice-versa. Como regra geral, o tempo de reação, catalisada por uma enzima, em meio homogêneo, é inversamente proporcional a E/S. Todavia, em meio heterogêneo – quando o substrato tem baixa solubilidade –, os fenômenos de adsorção e difusão fazem com que o tempo de reação seja inversamente proporcional a $(E/S)^n$, em que $n < 1$ (Adler-Nissen, 1986).

Diante do exposto, o fabricante do hidrolisado só pode se decidir pela enzima mais adequada ao seu processo, reproduzindo-o em escala laboratorial, e determinar os vários índices citados. No entanto, os grandes produtores de enzimas proteolíticas têm condições de oferecer suporte técnico para indicar a protease mais adequada e na dose correta para otimizar o processo de hidrólise, desde que o usuário repasse as condições do processo de hidrólise que executa. Ou seja, a relação usuário da enzima e fornecedor deve ser biunívoca.

## 8.2.5 PROCESSOS PARA A MODIFICAÇÃO DE PROTEÍNAS

### 8.2.5.1 Uso de proteases no aproveitamento de resíduos de abatedouros

Na industrialização da carne animal, o uso de proteases é importante no aproveitamento de resíduos de abatedouros (vísceras, ossos e sangue) e no amaciamento da carne.

As vísceras residuais do abate de animais de corte podem ser misturadas e trituradas na presença de papaína e/ou proteases microbianas. O macerado desidratado é adicionado em formulações alimentícias para *pets* e animais de interesse comercial.

Mesmo nos abatedouros mais eficientes, os ossos residuais retêm cerca de 5% da carne total do animal. A remoção da carne residual pode ser executada moendo-se os ossos em água contendo protease alcalina (0,3% do peso total dos ossos), deixando-se, em seguida, a suspensão sob agitação moderada por 4 – 5 h, a 60 °C. Em seguida, deixa-se a suspensão decantar, e o sobrenadante é separado e mantido a 98 °C por 20 – 30 min. O produto é usado em alimentos cárneos enlatados (por exemplo, feijoada). O material decantado é desidratado, podendo ser usado na produção de gelatinas.

O sangue pode ser tratado diretamente com protease ou centrifugado, para se separarem as hemácias do plasma (Figura 8.4). O plasma é um produto *per se*, sendo usado como agente emulsificante e gelificante em formulações alimentícias. As hemácias (contêm cerca de 70% das proteínas sanguíneas) podem ser tratadas com proteases para se hidrolisar a hemoglobina e descolorir o macerado proteico resultante. Este pode ser usado como suplemento proteico em formulações alimentícias, enquanto o pigmento vermelho residual pode ser usado como corante.

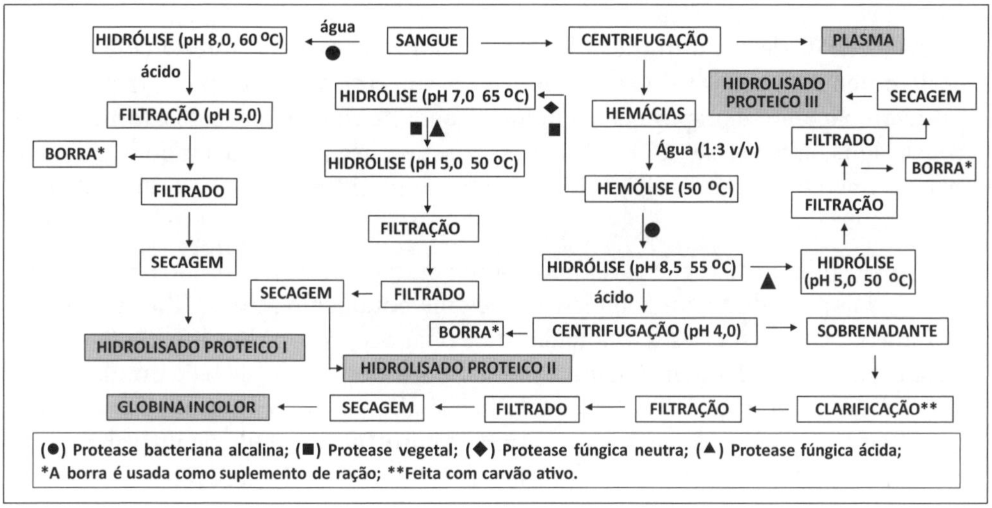


**Figura 8.4** – Tratamento enzimático do sangue residual de abatedouros e produtos derivados.

A primeira etapa do processamento do sangue consiste em diluí-lo com água e estimular a hemólise (liberação da hemoglobina localizada no estroma das hemácias). No final do processo, obtém-se uma borra (rica em compostos insolúveis de cor vermelho-escura; pode ser usada em ração animal), globina descolorida e três tipos diferentes de hidrolisados, que são usados em formulações alimentares para humanos e animais, visando a suplementação proteica e o realce do sabor do produto (Figura 8.4).

### 8.2.5.2 Amaciamento da carne

A carne de animais de corte é um produto muito usado na alimentação humana e de *pets* como fonte primária de proteínas. Após o abate do animal, os músculos sofrem um processo de enrijecimento devido ao encurtamento das fibras musculares, denominado *rigor mortis*. Esse evento torna a carne dura para a mastigação. Como maciez, cor, umectância, facilidade de cocção e textura são parâmetros associados à boa qualidade da carne para consumo, as indústrias de cárneos lançam mão de variados métodos para amaciar (tenderizar) esta matéria-prima, como o enzimático (papaína, bromelina, ficina, protease do gengibre (*Zingiber officinale Roscoe*; atua sobre o colágeno à temperatura de 60 °C) e actinidina (actinidain) de kiwi maduro e proteases microbianas: *B. subtilis, A. oryzae* e *Pseudoalteromonas sp.* Essa bactéria psicrófila isolada do mar profundo produz uma colagenase, a protease MCP-01, que atua entre 0 e 30 °C e é inativada a 50 °C, sendo eficiente para amaciar a carne. Seu emprego generalizado é inibido pelo fato de a sua fonte não ser ainda reconhecida como GRAS); vinha-d'alhos (conhecida também como marinada, com referência à imersão da carne em um molho constituído por vinagre, suco de limão, vinho, molho de soja e especiarias. Esse método é usado em pequena escala, sobretudo em restaurantes e lojas de produtos cárneos estilo Swift®); estimulação elétrica (torna-se útil no processo de amaciamento quando aplicada no animal momentos antes do abate, uma vez que tem a capacidade de desestruturar as fibras musculares da carne. A intensidade do *rigor mortis* é atenuada, reduzindo-se o tempo de envelhecimento em câmaras frigoríficas); e ultrassom (como se propaga bem em meio aquoso e como o músculo é formado por 75% de água, então fissuras se formam na massa muscular, encurtando o tempo de envelhecimento em câmara frigorífica) (Habtu *et al.*, 2019; Zhao *et al.*, 2012; Woinue *et al.*, 2019).

O amaciamento da carne para fins de alimentação humana tem sido realizado por meio de dois procedimentos complementares: melhoramento genético do animal, pelo cruzamento entre espécies selecionadas ou clonagem; e o envelhecimento (a carne é deixada por 10 a 14 dias em câmaras aeradas, mantidas a 2 °C e 84% de umidade relativa. Nessas condições, sistemas metabólicos endógenos do músculo são ativados [calpainas, catepsinas lisossômicas e complexo proteolítico multicatalítico], promovendo-se a tenderização natural da carne, que consiste na degradação das proteínas do citoesqueleto e das miofibrilas) (Nowak, 2011; Ting *et al.*, 2013).

O amaciamento da carne é um processo complexo que depende de múltiplos fatores, como composição proteica (proteínas miofibrilares, que atuam na capacidade de o músculo reter água, e proteínas do sarcoplasma encerradas em organelas como mitocôndrias e lisossomas, ou livres como hemoglobina e mioglobina. As enzimas encerradas nas organelas, ao serem liberadas, contribuem no processo de amaciamento), temperatura de cozimento, anéis de aquecimento (*heat ring*; resulta da velocidade de resfriamento diferenciada entre a superfície do músculo [carcaça] e o interior após o abate. Esses anéis são as manchas escuras visíveis na superfície da carne), teor de umidade (que é função direta do pH da peça de carne; ou seja, baixo pH, baixa retenção de umidade) e *timing* do abate (período transcorrido entre o animal na fila pré-abate e o abate, durante o qual o animal deve ser submetido ao menor estresse possível, a fim de se permitir uma diminuição gradual do pH do músculo de 7,0 para 5,5, condição que levará à obtenção de carne de boa qualidade. Diminuição abrupta ou ligeira do pH faz com que a carne resultante seja de cor esquálida, mole e com excesso de exsudato ou escura, dura e seca, respectivamente. A queda abrupta do pH é atribuída ao estresse sofrido pelo animal no pré-abate, enquanto a ligeira diminuição do pH se deve ao longo período de inanição do animal).

Os nativos da América Central desenvolveram a técnica de amaciamento da carne – visando a melhorar a mastigabilidade (minimização do *rigor mortis* do músculo) e a digestibilidade, atributos essenciais para o adequado aproveitamento dessa matéria-prima como alimento – baseada na imersão de cortes de músculos em solução aquosa de papaína, bromelina, papaína-bromelina ou envolvendo-os em folhas de mamoeiro. Após algumas horas de tratamento, a carne era cozida.

A partir dos anos 1940, quando as proteases se tornaram disponíveis no mercado, o amaciamento enzimático da carne industrializada consolidou-se.

As enzimas proteolíticas comerciais (sobretudo papaína e bromelina) usadas na tenderização da carne são obtidas de fontes reconhecidamente seguras há milênios (papaia e abacaxi), sendo, por isso, de uso livre na tecnologia de alimentos. Há algumas proteases de origem microbiana, as obtidas de *Bacillus subtilis* e *Aspergillus oryzae* – microrganismos rotulados como GRAS –, reconhecidas como seguras para o amaciamento da carne.

Comumente, uma solução aquosa de papaína e bromelina é injetada na jugular do animal no mínimo 20 minutos antes do abate, de tal sorte que elas podem se espalhar por todo o corpo através da via sanguínea. A concentração de enzimas varia de acordo com idade (animais velhos requerem o dobro de enzimas do que os mais novos), peso, modo de criação e sexo do animal. As enzimas introduzidas permanecem inativas até o momento do cozimento do músculo. Ambas as proteases atuam diretamente sobre os tecidos musculares. A papaína atua nas fibras musculares e tecidos conectivos (colágeno e elastina), e a bromelina, que não atua sobre as fibras, hidrolisa preferencialmente o colágeno e, em menor grau, a elastina.

Existem outras maneiras de se promover o contato entre as enzimas e o músculo, que são espalhar as enzimas em pó sobre a carne, imergir a carne na solução aquosa de enzimas, borrifar a solução proteolítica sobre as peças de carne e injetar por meio de agulhas a solução enzimática no interior do músculo. Entretanto, esses métodos são de uso limitado no amaciamento industrial da carne, devido à distribuição não uniforme nos tecidos da peça de carne, uma vez que a ação das enzimas se dá por difusão, que depende do tempo, nível salino e da concentração de enzima.

#### *8.2.5.2.1 Carne de laboratório*

A grande atenção dada às condições climáticas do planeta na atualidade convergiu, além da atividade industrial à base de petróleo e carvão, para a criação de animais de interesse econômico (Vitolo, 2022). Constatou-se que entre 15% e 18% das emissões totais de gases responsáveis pelo efeito estufa ($CO_2$, $CH_4$ e $NO_2$) resultam de excrementos dos animais. Estimativas indicam que a emissão de gases do efeito estufa, consumo de energia e de água diminuiriam 96%, 45% e 90%, respectivamente com a substituição da carne tradicional pela de laboratório.

A ideia básica é a obtenção da carne em locais confinados e controlados, por meio da transformação de células-tronco de animais selecionados geneticamente em derivados comestíveis de carne. O procedimento básico é: isolar células-tronco adultas ou embrionárias do animal (porco, boi ou frango). A seguir, colocá-las em meio com soro de crescimento à base de vegetais, induzindo as células-tronco adultas a se multiplicarem continuamente, e as embrionárias, a se converterem em células musculares. Após obter quantidade apreciável de células, a massa celular é espalhada sobre placas especiais, nas quais se pode aplicar tensão elétrica e em que se agregam em fibras musculares. As camadas finas de carne são recolhidas e compactadas, de forma a se obter carne moída, linguiça ou hambúrguer (Guo *et al.*, 2022; Singh *et al.*, 2020). No entanto, para que a carne de laboratório possa se aproximar do produto natural, é necessário conferir-lhe características de corte desejadas, cuja tecnologia, ainda em desenvolvimento, consiste em proliferar as células-tronco em materiais bioassimiláveis tridimensionais (celulose digerível, por exemplo), obtidos por meio de impressão 3D.

Atualmente, Cingapura é o único país a permitir a comercialização de produtos de proteína alternativa (animal e vegetal). A maioria dos processos disponíveis ainda está sendo escrutinizada pelas agências reguladoras de dezenas de países. O Brasil deve começar a produzir e comercializar carne cultivada em laboratório a partir de 2025.

### 8.2.5.3 Uso de proteases na indústria pesqueira

A indústria da pesca manipula toneladas de peixes provenientes de rios, lagos, do mar e da piscicultura, gerando resíduos ricos em proteína, os quais, após processamento adequado, podem ser usados na ração animal. Acrescenta-se, também, a enorme quantidade de peixes sem interesse comercial capturados durante a pesca. O processamento desse material consiste na maceração em água (proporção 1:1), seguido do ajuste do pH a 6,5 e da adição de protease na proporção 1:150 de proteína total. A suspensão é deixada sob agitação de 400 – 500 rpm a 30 °C por 1 h (GH = 5%). O pH é ajustado a 3,0 pela adição de ácido sulfúrico, seguido da adição de 10% de hexametafosfato de sódio. O precipitado fosfoproteico é separado por centrifugação, lavado profusamente com água, sendo, em seguida, tratado com isopropanol. O precipitado fosfoproteico desengordurado é resuspendido em água, sendo, depois, seco por *spray-drying* (Figura 8.5).

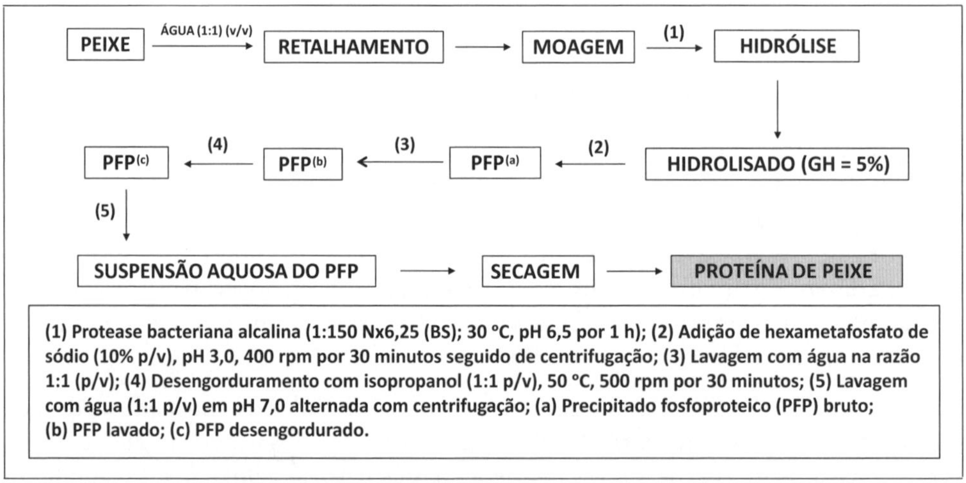


**Figura 8.5 –** Obtenção de hidrolisado proteico de peixe enriquecido com fósforo.

### 8.2.5.4 Modificação do colágeno

O colágeno é uma proteína estrutural existente na pele e nos ossos dos animais, que pode ser convertido em gelatina (Figura 8.6), produto amplamente usado em formulações alimentícias, filmes fotográficos e em cápsulas gelatinosas para veicular fármacos. Acrescenta-se que o colágeno tratado e purificado *per se* é um composto amplamente usado nas indústrias cosmética e farmacêutica. O colágeno para essas finalidades deve sofrer modificações estruturais mínimas, ao contrário daquele destinado à produção de gelatinas com viscosidades específicas para fins alimentícios (gelatina em folha ou em pó), farmacêutico (cápsulas gelatinosas) e fotográfico (filmes e chapas fotográficas para gravação de imagens para fins diagnósticos). Nesses casos, procura-se modificar controladamente as estruturas secundária, terciária e quaternária da molécula de colágeno, visando a preservar ao máximo os trechos ricos em α-hélices, que têm papel relevante sobre a viscosidade da gelatina produzida. Por conseguinte, a conversão industrial do colágeno (independentemente da origem, se de animais terrestres ou aquáticos) consiste em transformá-lo em gelatina de alta viscosidade, a partir da qual as várias gelatinas são preparadas.

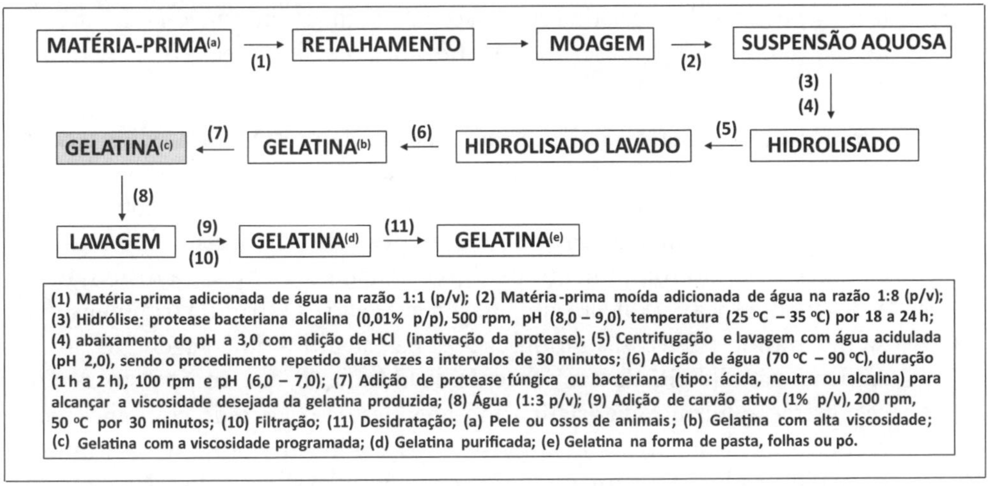


**Figura 8.6 –** Obtenção de gelatina a partir de ossos e pele de animais residuais de abatedouros.

Há seis métodos para a gelatinização do colágeno:

a) ácido – a proteína é tratada com ácido sulfúrico ou clorídrico, que ao romper as ligações iônicas e não covalentes (ligações de H, interações hidrofóbicas, entre outras) desestruturam a organização intramolecular (estruturas terciária, quaternária, e, em menor grau a secundária) e/ou intermolecular (entre moléculas de proteínas). Após o tratamento, o colágeno entumece e torna-se permeável à água quente, facilitando a extração da gelatina. O tempo de ação e a concentração do ácido devem ser bem controlados, a fim de preservar o máximo a estrutura secundária da proteína. Esses parâmetros devem levar em conta as características do colágeno a ser processado, cuja estrutura depende de idade, raça e status nutricional (gado crescido no pasto ou em confinamento) do animal;

b) alcalino – a proteína é tratada com hidróxido de sódio ou potássio, sofrendo modificações análogas às descritas para o tratamento ácido. Acrescenta-se que o tratamento alcalino pode hidrolisar trechos ricos em pirrolidinas, causando a obtenção de gelatina com baixa viscosidade (quase liquefeita);

c) ácido-salino – utiliza uma mistura de ácido e sulfato de sódio, visando à desestruturação mais controlada do colágeno. A adição do sal aumenta a pressão osmótica da solução, reduzindo a penetração do ácido na matéria-prima;

d) álcali-salino – utiliza uma mistura de álcali com o sulfato de sódio, visando a um objetivo análogo ao do ácido-salino;

e) enzimático – consiste na transformação do colágeno mediante o uso de uma protease (ácida, neutra ou alcalina). A grande vantagem desse método reside na possibilidade de usar proteases com diferentes especificidades, permitindo a hidrólise controlada da matéria-prima, com foco na preservação dos trechos helicoidais da molécula e no rompimento, sobretudo, das ligações cruzadas intra- (trechos de folhas pregueadas-β e os desprovidos de padrão estrutural) e intermoleculares (folhas pregueadas-β). Do colágeno modificado com protease, é possível obter gelatina com viscosidade alta ou intermediária, a depender do tipo de protease (serínica, sulfidrílica, metaloprotease ou ácida), pH, razão E/S e tempo de hidrólise;

f) pressurização – o emprego da tecnologia de alta pressão na modificação de proteínas vem aumentando nas últimas décadas, uma vez que permite desarranjar as macromoléculas sem causar hidrólise das cadeias polipeptídicas, ou seja, o procedimento é focado na redução dos níveis de organização terciário e quaternário, no rompimento de ligações não covalentes, na distensão da cadeia polimérica e no afrouxamento generalizado da estrutura tridimensional da macromolécula. Essas modificações na estrutura do colágeno levam ao aumento da solubilidade e ao aumento da hidratação, que, como visto, favorece a extração térmica da gelatina. A depender da origem do colágeno, recomenda-se utilizar pressão entre 250 Mpa e 400 Mpa por 5 a 10 minutos, podendo-se adicionar entre 0,1 e 1,0% (v/v) de 50 mM de ácido acético ou clorídrico (Nan *et al.*, 2018) (Liu *et al.*, 2015).

### 8.2.5.5 Uso de proteases na obtenção de extrato de levedura

A levedura *per se* ou enriquecida com micronutrientes (cromo, selênio ou zinco) por meio de processo fermentativo específico é um produto comercial, que, na forma desidratada, é usado em formulações para ração animal, medicamentos e alimentos, por exemplo.

A levedura usada como matéria-prima para se obterem os extratos pode provir das células residuais das indústrias cervejeira e de panificação, ou ser produzida especialmente para esse propósito (neste caso, podem ser usadas leveduras dos gêneros *Saccharomyces, Kluyveromyces* e *Candida*). Esta é direcionada para se obter extrato a ser usado em formulações de meios de cultura microbiológicos, como flavorizante (sendo o VEGEMITE® e o MARMITE® dois dos patês mais famosos à base de extrato de levedura) e suplemento alimentar em produtos alimentícios (para humanos e *pets*) e em cosméticos (como umectante), enquanto as leveduras residuais são direcionadas, sobretudo, para se obterem extratos usados em ração animal ou piscicultura. Há evidências de que o consumo desse extrato por humanos traz benefícios à saúde, uma vez que é rico em vitaminas do complexo B (componentes indispensáveis para o funcionamento adequado de várias vias metabólicas, sobretudo como cofatores enzimáticos), β-glicanas (estimuladoras do sistema imune), biotina, trealose, fosfato de cálcio e proteínas (suplemento importante em alimentos veganos). Deve-se ressaltar a diferença entre o glutamato monossódico e o extrato de levedura no que tange à ação flavorizante, porque aquele é desprovido de sabor (ele só realça sabores em geral), ao contrário deste.

Define-se extrato de levedura como "concentrado de substâncias solúveis resultantes da plasmólise-autólise e/ou hidrólise de células de levedura" (Godfrey, 1996). Na Tabela 8.3, é mostrada a composição média dos extratos obtidos das leveduras de panificação e cervejeira (Kelly, 1983). Observa-se que os extratos são ricos em vitaminas do complexo B e possuem todos os aminoácidos essenciais, ressalvando o baixo teor de metionina e triptofano. Merece destaque o fato de que o principal objetivo do uso de extratos de levedura em alimentos, se deve à capacidade de realçar os sabores salgado e umami (devido à existência nas papilas linguais de receptores específicos para o ácido glutâmico) em lanches, sopas, tortas de carne, pastas de peixe, patês e produtos contendo proteína vegetal. A capacidade flavorizante do extrato de levedura depende da espécie de levedura, da presença de impurezas (por exemplo, o extrato obtido da levedura de panificação previamente lavada com água tem sabor menos acentuado do que aquele obtido a partir da levedura não lavada), das condições de processo (*Kluyveromyces fragilis* cultivado em soro de leite confere sabor cárneo suave, porém pode ser acentuado caso melaço seja adicionado à suspensão antes da etapa de autólise), da concentração de sais e da duração da desagregação celular (autólise e/ou hidrólise).

**Tabela 8.3 –** Composição média de compostos encontrados nas leveduras cervejeira e de panificação

| Parâmetros | Levedura cervejeira | Levedura de panificação |
|---|---|---|
| **Umidade**[a] | 27 | 28 |
| **Proteína (Nx6,25)**[a] | 44 | 37 |
| **Cloreto de sódio**[a] | 10 | 11 |
| **Cinzas**[a] | 13 | 7 |
| **Carboidratos**[a] | 6 | 17 |
| **Complexo B**[b] | 611,5[c] | 503[c] |
| **Tiamina** | 45 | 15 |
| **Riboflavina** | 77,5 | 75 |
| **Piridoxina** | 14 | 13 |
| **Niacina** | 475 | 400 |

[a] Valores expressos em percentagem; [b] Valores expressos em mg/g de extrato; [c] Concentração média total das vitaminas do complexo B.

O processo para se obter o extrato de levedura, embora envolto em segredo pelas indústrias produtoras (sobretudo relacionado aos parâmetros pH, temperatura, condições das etapas plasmólise-autólise e tempo de processo), pode ser dividido em cinco etapas: plasmólise, autólise, pasteurização, clarificação e concentração do extrato (Figura 8.7).

O processo de extração se inicia com a plasmólise das células, as quais são submetidas à temperatura suficiente para inativar a levedura (40 °C) sem desnaturar as enzimas intracelulares. Acrescentam-se à suspensão celular sal (contribui no aumento da pressão osmótica da suspensão aquosa, além da acentuação do sabor do extrato) e/ou solventes (acetato de etila ou isopropanol), visando a inibir a contaminação microbiana; evitar o aumento da viscosidade do extrato, a dificuldade de filtração e a perda da capacidade flavorizante. A segunda etapa consiste na autólise (autodigestão das células pela ação de enzimas endógenas) seguida ou não de hidrólise pela adição de protease exógena (reduz o tempo de processo). Na prática, a plasmólise e a autólise ocorrem quase simultaneamente. A terceira etapa consiste na pasteurização, na qual há a inativação de microrganismos patogênicos e desenvolvimento do caráter flavorizante do extrato devido às reações entre açúcares e aminoácidos formados nas etapas anteriores. A quarta e a quinta etapas consistem na clarificação (remoção de fragmentos celulares, polissacarídeos e proteínas não hidrolisadas) e concentração (realizada sob vácuo a 55 °C durante a qual o aroma é intensificado) do extrato de levedura, respectivamente.

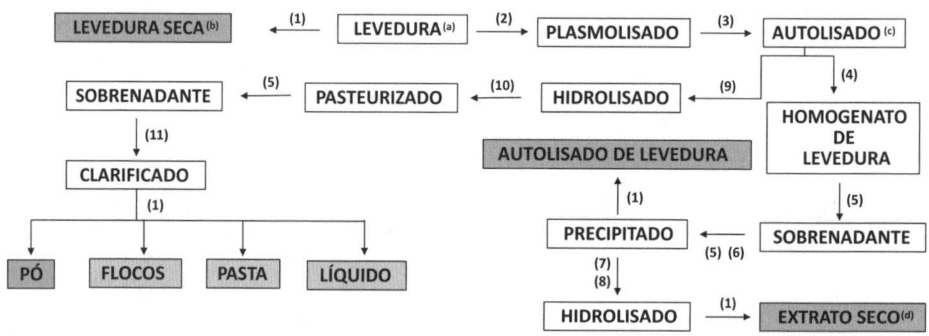


(1) Secagem; (2) Plasmólise: levedura adicionada de água (1:1 p/v), sal, isopropanol, 300 rpm, pH 5,0, 40 °C por 24 h; (3) Autólise: 300 rpm, pH 5,0, 55 °C por 6 h; (4) Homogeneização: 300 rpm, pH 9,0, 30 °C por 1 h; (5) Centrifugação ; (6) Condições de tratamento: pH 6,0, 200 rpm, 70 °C por 5 minutos; (7) Hidrólise : precipitado adicionado de água (1:5 p/v), protease alcalina, pH 8,0, 50 °C por 30 minutos; (8) Inativação térmica: pH 7,0, 90 °C por 5 minutos; (9) Hidrólise : Papaína e protease fúngica (neutra ou alcalina) (0,02% p/p), 200 rpm, pH 5,0, 55 °C por 8 h; (10) Pasteurização : 70 °C por 25 minutos; (11) clarificação ; (a) Levedura residual ou proveniente de fermentação específica; (b) Produto direcionado para ração animal e as áreas farmacêutica e alimentícia; (c) Autolisado bruto; (d) Proteína funcional de levedura.

**Figura 8.7 –** Esquema para a produção de derivados de levedura.

O mercado mundial de extratos de levedura (nas formas pó, flocos, pasta e líquida) foi da ordem de US$ 1,3 bilhão em 2019, estimando-se crescimento anual (CAGR) de 5,9% até 2027. A demanda consubstancia-se no aumento de levedura residual disponível – puxado pelo aumento global do consumo de cerveja e produtos de panificação –, na inexistência de contraindicações legais (ou seja, sem restrições de uso), no fato de ser um flavorizante natural como as especiarias e as ervas – plenamente aceito como ingrediente em alimentos veganos, kosher e *halal* –, na proveniência de microrganismo não modificado geneticamente e por não conter glúten (em relação a este item, atenção deve ser dada quando o extrato de levedura provém de leveduras residuais de cervejaria mal-lavadas). Além disso, esse produto satisfaz o afã dos consumidores por produtos naturais, pouco processados e saudáveis.

### 8.2.5.6 Uso de proteases na obtenção do leite de soja

As dietas saudáveis requerem adequada ingestão de proteínas. Entre elas, as de origem vegetal estão ganhando importância, uma vez que os consumidores em geral e os vegetarianos/veganos, em particular, estão cada vez mais avessos aos derivados cárneos, tradicionais fontes de proteína alimentar.

Entre os cereais, a maior fonte de proteína é a soja, perfazendo 70% do total das proteínas vegetais comercializadas. Parte da soja é consumida como alimento integral, e parte é usada para produzir óleo de cozinha, biodiesel, farelo e farinha. A proteína é extraída tanto do farelo quanto da farinha, sendo apresentada na forma de concentrados ou isolados líquidos após submissão a vários graus de hidrólise (GH), ou seja, baixo (2% < GH < 5%; por exemplo, proteína solúvel no pI, modificações nas capacidades antioxidante, espumante e emulsificante), médio (5% < GH < 10%; por exemplo, proteína com viscosidade adequada para uso em dietas enterais e parenterais administradas via sondas nasoenteral, GTT ou endovenosa) e alto (GH > 10%; por exemplo, o leite de soja). Os diferentes graus de hidrólise podem ser obtidos por processo físico, químico, físico-químico ou enzimático, sendo este o mais comum. A grande vantagem do uso de proteases reside no fato de que, tendo especificidades catalíticas diferentes, é possível hidrolisar a proteína de soja em diferentes graus com precisão para atender à mudança da funcionalidade desejada (Oliveira *et al.*, 2015; Jung *et al.*, 2004; Barac *et al.*, 2004).

Recentemente foi preconizado o uso sequencial das proteases comerciais Flavourzyme® (concentração = 16,09 U/g, pH = 7,02, 45,8 °C e proporção farelo/água de 1:3) e Alcalase® (concentração = 28,01 U/g, pH = 7,2, 56,5 °C e proporção farelo/água de 1:4,6) para produzir hidrolisado de soja para uso enteral e parenteral (Anh *et al.*, 2020). Nas Figuras 8.8 e 8.9, são apresentados os processos para se obter hidrolisado proteico funcional e leite de soja, respectivamente.

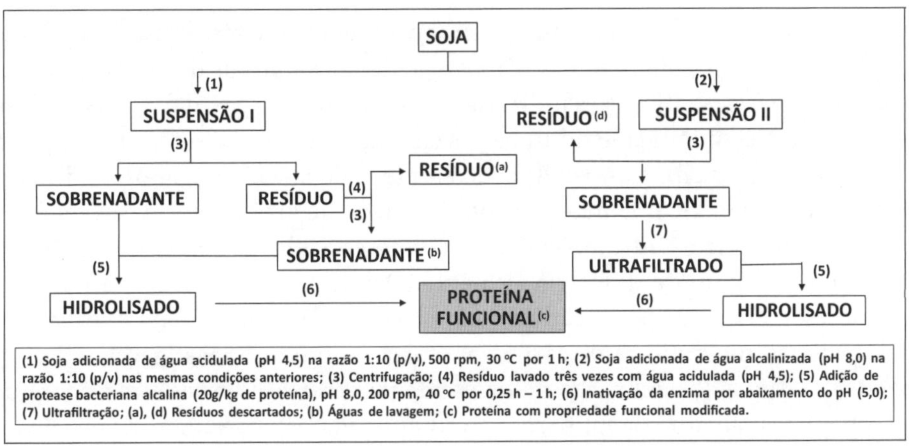


**Figura 8.8 –** Esquema para a produção de proteínas funcionais de soja.

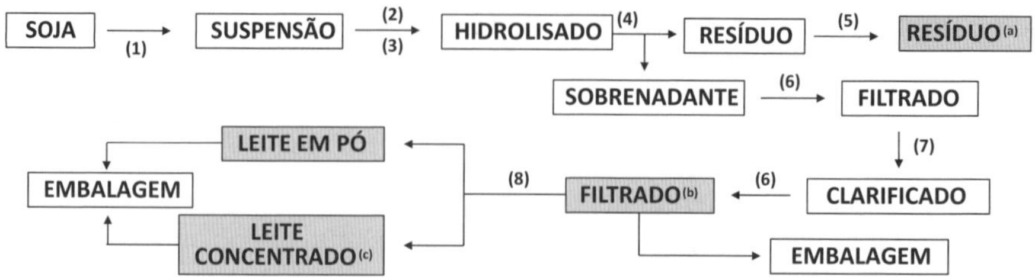


**(1) Soja moída adicionada de água na razão 1:50 (p/v), 600 rpm, 55 °C por 1 h; (2) Hidrólise: protease bacteriana alcalina, (S) = 8 – 10%, E/(S) = 0,05, pH 8,0, 600 rpm, 55 °C por 2 h; (3) Adição de ácido cítrico para inativar a protease (pH 4,0 – 4,2); (4) Centrifugação; (5) Lavagem com água; (6) Filtração; (7) Clarificação: adição de carvão ativo (0,15 % p/p), 50 °C por 0,5 h – 1,0 h; (8) Desidratação/secagem; (a) Proteínas não hidrolisadas e outros materiais insolúveis. Resíduo usado na suplementação de ração animal; (b) GH > 15% (leite de soja); (c) Usado como suplemento em dietas enterais e parenterais.**

**Figura 8.9 –** Esquema para obtenção de hidrolisado solúvel de soja.

O mercado global para a proteína de soja comercializada em 2020 foi da ordem de US$ 18 bilhões, prevendo-se crescimento anual (CAGR) de 7,0% até 2027, perfazendo o total de US$ 29 bilhões, dos quais 45,5% para o leite de soja e 54,5%, para os derivados proteicos funcionais. As proteínas da soja são usadas em produtos de panificação e confeitaria (55%), alimentos funcionais (24%), medicamentos (5%), aditivos (4%), ração (7%) e outros (5%).

## 8.3. PERSPECTIVAS

As perspectivas de desenvolvimento do uso de enzimas nesse setor são promissoras, já que a diversidade de matérias-primas proteicas é ampla, e os produtos resultantes são de grande interesse comercial. Considerando-se a grande disponibilidade de resíduos proteicos (pelos e penas, por exemplo), espera-se maior interesse pela queratinase, que pode substituir vantajosamente o método disponível para o tratamento de materiais ricos em queratina, qual seja, o tratamento térmico a altas pressões. A ampliação de fontes microbianas não patogênicas produtoras de queratinase e colagenase (enzima específica para hidrolisar o colágeno) é um passo fundamental para o aumento da disponibilidade de ambas as enzimas. Provavelmente, a produção em grande escala dessas enzimas resultará do emprego de microrganismos modificados por engenharia genética. A maior disponibilidade de aminopeptidases (evitam a formação de peptídeos hidrofóbicos) e de proteases ácidas que atuam em pH < 4,0 (comum em efluentes da indústria alimentícia), também, representariam avanços promissores. A crescente produção da carne de laboratório demandará o aumento do uso de enzimas amaciadoras de carne para tornar o produto mastigável e digerível. Além disso, espera-se o aumento da demanda por proteases específicas, sobretudo das exopeptidases (carboxipeptidases e aminopeptidases), para modificar a textura da carne de laboratório.

## 8.4 CONCLUSÃO

A modificação de proteínas por proteases leva à obtenção de uma série de produtos utilizados na indústria alimentícia, farmacêutica, química e de cosméticos. O uso de proteases possibilita a hidrólise controlada da proteína, levando a proteínas ligeiramente (2% < GH < 5%), medianamente (5% < GH < 10%) ou totalmente (GH > 10%) modificadas. No primeiro caso, em geral, são obtidas proteínas com mudança nas propriedades funcionais (solubilidade no pI, cadeias pépticas com massas molares distintas, capacidades antioxidante, emulsificante e espumante); no segundo, mudança na viscosidade em solução aquosa (uso preponderante em dietas enteral e parenteral); e no último, a hidrólise completa (leite de soja).

Os diferentes tipos de proteases são obtidos de plantas (papaína, bromelina e ficina), animais (pepsina, tripsina, quimotripsina, entre outras) e microrganismos (bactérias, leveduras e fungos). As proteases têm diferentes mecanismos de ação (endopeptidases e exopeptidases) e sítios catalíticos (serínicas, cisteínicas, ácidas e metaloproteases).

Há vários processos industriais dos quais as proteases participam como agentes de modificação proteica, como o amaciamento de carnes, a descoloração do sangue residual de abatedouros e a fabricação da carne de laboratório, do leite de soja, de proteínas funcionais e do extrato de levedura.

## REFERÊNCIAS

ADLER-NISSEN, J. Determination of degree of hydrolysis of food protein hydrolysates by trinitrobenzenesulfonic acid. *Journal Agriculture Food Chemistry*, New York, v. 27, p. 1256-1262, 1979.

ADLER-NISSEN, J. *Enzymic Hydrolysis of Food Proteins*. Londres: Elsevier Applied Science, 1986.

ADLER-NISSEN, J. Proteases. *In:* NAGODAWITHANA, T.; REED, G. (Coord.). *Enzymes in Food Processing*. 3. ed. New York: Academic Press, Inc., 1993. p.159-203.

AI, M.; TANG, T.; ZHOU, L. *et al.* Effect of different proteases on the emulsifying capacity, rheological and structure characteristics of preserved egg white hydrolysates. *Food Hydrocolloids*, Amsterdam, v. 87, p. 933-942, 2019.

ANH, T.; HOA, N. T. Q.; NGUYEN, P. D. T. *et al.* Soybean protein extraction by alcalase and Flavourzyme, combining thermal pretreatment for enteral feeding product. *Catalysts*, Beijing, v. 10, p. 829-845, 2020.

BARAC, M. B.; STANOJEVIC, S.; JOVANOVIC, S.; PESIC, M. Soy protein modification: a review. *Acta Periodica Technologica*, Belgrado, v. 35, p. 1-16, 2004.

EOM, G.; KIM, S. Identification of nucleophilic probes for protease-mediated transpeptidation. *Molecules*, London, v. 23, n. 9, p. 2109-2120, 2018.

GODFREY, T. Protein modification. *In:* GODFREY, T., WEST, S. (Coord.), 2. ed. *Industrial Enzymology*. New York: Stockton Press, 1996. p. 303-325.

GUO, Y.; DING, S. J. *et al.* Effects of selected flavonoids on cell proliferation and differentiation of porcine muscle stem cells for cultured meat production. *Food Research International*, Amsterdam, v. 160, 2022. DOI: https://doi.org/10.1016/j.foodres.2022.111459

HABTU, E.; FETACEW, B.; WUBE, A. *et al.* Review on meat tenderization and challenging factors. *World Journal of Dairy and Food Sciences*, Sharjah (UAE), v. 14, n. 1, p. 40-51, 2019.

JACOB, F. F. STRIEGEL, L.; RYCHLIK, M. *et al.* Yeast extract production using spent yeast from beer manufacture: influence of industrially applicable disruption methods on selected substance groups with biotechnological relevance. *European Food Research and Technology*, Berlin, v. 245, p. 1169-1182, 2019.

JUNG, S.; ROUSSEL-PHILIPPE, C.; BRIGGS, J. L.; MURPHY, P. A.; JOHNSON, A. L. Limited hydrolysis of soy proteins with endo- and exoproteases. *Journal of The American Oil Chemists' Society*, Urbana (IL), v. 81, p. 953-960, 2004.

KELLY, M. Yeast extract. *In:* GODFREY, T.; REICHELT, J. (Coord.). Industrial Enzymology: *The application of Enzymes in Industry.* Surrey: MacMillan Publishers Ltd., 1983. p. 457-465.

LIU, H.; ZHOU, X.; TIAN, S. *et al.* Two-step transpeptidation of the insulin precursor expressed in *Pichia pastoris* to insulin ester via trypsin-catalyzed cleavage and coupling. *Biotechnology Applied Biochemistry*, Hoboken (NJ), v. 6, n. 14, p. 408-417, 2014.

LIU, D.; NIKOO, M.; BORAN, G. Collagen and gelatin. *Annual Review of Food Science and Technology*, New York, v. 6, n. 1, p. 527-557, 2015.

NAN, J.; ZOU, M.; WANG, H. *et al.* Effect of ultra-high pressure on molecular structure and properties of bullfrog skin collagen. *International Journal of Biological Macromolecules*, Amsterdam, v. 111, p. 200-207, 2018.

NOWAK, D. Enzymes in tenderization of meat – the system of calpains a nd other systems – a review. *Polish Journal of Food and Nutrition Sciences*, Varsovia, v. 61, n. 4, p. 231-237, 2011.

OLIVEIRA, C.F.; CORRÊA, A.P.F.; COLETTO, D. *et al.* Soy protein hydrolysates with microbial protease to improve antioxidant and functional properties. *Journal of Food Science and Technology*, New York, v. 52, p. 2668-2678, 2015.

ROCHA-FILHO, J.A.; VITOLO, M. *Guia para aulas práticas de biotecnologia de enzimas e fermentação.* São Paulo: Blucher, 2017. p. 32-37.

SINGH, A.; VERMA, V.; KUMAR, M. Stem-cells-derived in vitro meat: from petri dish to dinner plate. *Critical Reviews in food Science and Nutrition*, London, v. 62, n. 1, 2020. DOI: 10.1080/10408398.2020.1856036. Disponível em: https://pubmed.ncbi.nlm.nih.gov/33291952/.

TEIMORI, I.; AHRANJANI, R. N.; BABAEI, K. Yeast extracts: production, properties and application. *In:* 6[th] *National Conference on Strategic Research in Chemistry and Chemical Engineering with an Emphasis on Indigenous Technology in Iran.* Teerã, Agosto, 2020.

TING, L.; WANG, L.; LIU, Y. A new insight into the role of calpains in post-mortem meat tenderization in domestic animals: a review. *Asian-Australian Journal Animal Science*, Sidney, v. 26, n. 3, p. 443-454, 2013.

VITOLO, M. Some aspects on protein modification by enzymes. *World Journal of Pharmaceutical Research*, Nagpur, v. 9, n. 4, p. 53-63, 2020.

VITOLO, M. Impacts and risks of the industrial activity. *World Journal of Pharmaceutical Research*, Nagpur, v. 11, n. 10, p. 60-93, 2022.

WOINUE, Y.; AYELE, A.; CHAURASÍYA, R. S. Comparison of different meat tenderization methods: a review. *Food Research*, Amsterdam, v. 4, n. 3, p. 571-577, 2019.

YAZAWA, K.; NUMATA, K. Papain-catalyzed synthesis of polyglutamate containing a nylon monomer unit. *Polymers*, Basel, v. 8, n. 5, p. 194-205, 2016.

ZHAO, G.M.; ZHOU, X.; CHEN, B.; XIE, X. Tenderization effect of cold-adapted collagenolytic protease MCP-01 on beef meat at low temperature and its mechanism. *Food Chemistry*, Amsterdam, v. 134, p. 1738-1744, 2012.

# CAPÍTULO 9
# Uso de enzimas em laticínios


## RESUMO

O leite é a matéria-prima básica na indústria de laticínios, sendo consumido in natura ou em derivados processados (entre eles, os queijos). O queijo é um produto fabricado há milênios, resultante da coagulação da k-caseína do leite. O processo de coagulação é constituído de duas etapas. Na primeira, ocorre a conversão da k-caseína em p-k-caseína, e, na segunda, a coagulação da p-k-caseína na presença de íons cálcio. Os primeiros agentes coagulantes eram enzimas vegetais (ficina e papaína); depois, vieram os extratos brutos de tecidos do sistema digestório animal (quimosina e pepsina). Atualmente, são usadas a catalase (remoção de água oxigenada), coalhos (quimosina e os de origem microbiana promovem a coagulação da k-caseína), lipases e esterases – ambas responsáveis pelo aparecimento das características organolépticas dos queijos durante a etapa de maturação –, proteases microbianas (catalisam a formação de peptídeos e de aminoácidos no interior da massa do queijo, contribuindo, também, para o aroma e sabor dos queijos), aminopeptidases (reduzem a formação de peptídeos hidrofóbicos, responsáveis pelo aparecimento do sabor amargo), lisozima (antimicrobiano) e lactase (decomposição da lactose em glicose e galactose, permitindo o uso de produtos lácteos por pessoas lactase-deficientes, além do uso do leite integral e soro de leite em formulações alimentícias, nas quais a cristalização da lactose não é desejada, como em sorvetes e leite condensado). O mercado atual de enzimas para a indústria de laticínios é da ordem de US$ 25,5 bilhões, cabendo aos coalhos 90% do total. As exigências alimentares de parcela dos consumidores (veganos, vegetarianos e os adeptos dos alimentos kosher e *halal*), que não aceitam ingerir carnes e quaisquer de seus derivados (mesmo os do tipo indireto, como o queijo feito com a quimosina obtida de organismos geneticamente modificados com gene de origem animal) estão levando à reintrodução de coalhos vegetais em queijaria, suplantados pelos de origem animal a partir do século XIX.

## 9.1 INTRODUÇÃO

O leite é a matéria-prima a ser transformada na indústria de laticínios, sendo um produto altamente nutritivo constituído por proteínas (entre elas, enzimas como α-amilase, fosfatase alcalina, catalase, lipase e fosfatase ácida [Tabela 9.1]), gorduras, carboidratos, vitaminas e sais minerais. É obtido pela ordenha das glândulas mamárias de fêmeas parturientes de mamíferos, tornando-se um produto comercializável quinze dias após o parto, quando deixa de ser colostro – uma emulsão rica em compostos bioativos (imunoglobulinas, proteínas, carboidratos, leucócitos, entre outros), formada pouco antes do parto e secretada profusamente nos três dias pós-parto, conferindo proteção ao filhote contra o meio externo. O colostro deve estar ausente do leite a ser consumido in natura, ou transformado industrialmente.

**Tabela 9.1** – Principais enzimas presentes no leite

| Enzima* (nome) | Leite de vaca | | Leite humano |
|---|---|---|---|
| | Fresco | Pasteurizado | Fresco |
| **α-amilase** | 11.800 | 950 | 59.900 |
| **Catalase** | 30.000 | – | 3,2 |
| **Lipase** | 109 | – | 275 |
| **Peroxidase** | 22.100 | 5.400 | 757 |
| **Fosfatase alcalina** | 160 | – | 3,3 |
| **Fosfatase ácida** | 72 | 32 | 108 |
| **p-diamina-oxidase** | 3.180 | 1.330 | 257 |
| **Xantina-oxidase** | 175 | 145 | – |

* Unidades expressas em UI (1 UI = μmol de substrato consumido/min.L).

O leite utilizado pode provir de diversas fontes animais (humana, bovina, caprina, ovina, equina e búfala), tendo composição variável conforme a espécie, a raça e variações individuais, além do tipo de alimentação, das condições climáticas, do período de lactação, da intensidade da ordenha e da condição sanitária do animal (Tabela 9.2).

Os constituintes básicos do leite são:

a) *proteínas* – caseína (perfaz em média 80% do total de proteínas lácteas), albuminas (lactoalbumina e seroalbumina) e lactoglobulina;

b) *gorduras* – encontram-se na forma de glóbulos emulsionados, com diâmetro médio de 5μ, podendo ser separados por centrifugação ou deixando o leite em repouso a temperatura inferior a 5 °C. Os principais ácidos graxos encontrados na gordura láctea são os ácidos butírico (3,0 – 4,5%), caproico (1,3 – 2,3%), caprílico (0,8 – 2,4%), cáprico (1,8 – 3,7%), láurico (2,0 – 5,0%), mirístico (7,0 – 11,1%), palmítico (25,0 – 29,0%), esteárico (7,0 – 13,0%), oleico (30,0 – 40,0%) e linoleico (3,0%) (Madrid *et al.*, 1996);

c) *carboidratos* – o principal açúcar do leite é a lactose, cuja concentração média é 45 g/L, sendo encontrados em menor concentração polissacarídeos (2%) e glicídios combinados (0,5%). Algumas propriedades da lactose são a conversão em ácido lático por bactérias lácticas, praticamente só encontradas no leite; alta solubilidade em água, cristalização à baixa temperatura em solução concentrada, leve sabor adocicado, participa da reação de Maillard e degrada-se à temperatura de 150 °C;

d) *sais minerais* – os mais comuns são os sais de cálcio, sódio, potássio e magnésio;

e) *vitaminas* – vitamina A (0,7 – $38x10^{-3}$ mg/100g de leite), $B_1$ ($40x10^{-3}$ mg/100g de leite) e C (3,2 – 10 mg/100g de leite).

**Tabela 9.2 –** Composição centesimal de leites de espécies animais diferentes

| Espécie | Proteína* | Gordura* | Lactose* | Cinzas* | Água* | Calorias** |
|---|---|---|---|---|---|---|
| **Humana** | 1,5 | 3,5 | 7,0 | 0,2 | 87,8 | 76 |
| **Bovina** | 3,5 | 3,8 | 5,0 | 0,7 | 87,0 | 68 |
| **Caprina** | 4,0 | 3,0 | 4,8 | 0,8 | 87,4 | 75 |
| **Ovina** | 5,4 | 8,2 | 4,8 | 0,9 | 80,7 | 104 |
| **Equina** | 2,6 | 1,6 | 6,1 | 0,4 | 89,3 | 47 |
| **Camela** | 3,4 | 4,2 | 4,4 | 0,8 | 87,2 | 66 |

* Expressas em percentagem.

** Cal/100g.

*Fonte:* Ribeiro (2021) e Madrid *et al.* (1996).

O leite é industrializado segundo operações unitárias baseadas em métodos biotecnológicos e tecnológicos, sendo aqueles representados pela fabricação de queijos, soro deslactosado e leites fermentados (iogurte, leite fermentado ou cultivado, leite acidófilo, coalhada, *kefir* e *kumys*), enquanto estes são representados pelos demais derivados (nata, manteiga e leite evaporado, em pó, pasteurizado, esterilizado [longa vida], concentrado e condensado, entre outros).

## 9.2 QUEIJOS

O queijo é um produto biotecnológico produzido pelo homem há pelo menos seis mil anos. Pode-se afirmar que esse laticínio é produzido em todos os mais de 190 países do mundo, existindo incontável número de tipos diferentes de queijos.

O queijo pode ser definido como um derivado sólido do leite obtido por meio da coagulação da k-caseína com enzima ou ácido lático. Devido à diversidade de tipos de queijos, o meio mais simples de classificá-los é levando-se em conta o teor de umidade. Por conseguinte, há os tipos *mole* (minas frescal, *cottage*, *cream cheese*; umidade superior a 50%), *semiduro* ou *firme* (prato, *gouda*; umidade entre 40% e 50%), *duro* (cheddar, gruyère; umidade entre 37% e 40%) e *muito duro* (parmesão; umidade inferior a 37%) (Ribeiro, 2021).

Os ingredientes para a fabricação do queijo são:

a) leite: o mais usado é o de vaca, embora leites de outros animais possam ser usados, sobretudo para se produzirem queijos específicos como *roquefort* (ovelha), muçarela de búfala (búfala) e *petit fromage* (cabra), por exemplo;

b) fermentos: são os primeiros ingredientes adicionados ao leite, constituídos por microrganismos conversores de lactose em ácido lático como *Lactococcus lactis subsp. lactis* (queijos prato e cheddar), *Streptococcus thermophilus* ou *Propionibacterium sp* (queijo suíço), *Lactobacillus helveticus* (queijos parmesão, romano, provolone e muçarela), *Penicillium roqueforti* (queijos *roquefort*, gorgonzola e *stilton*) e *Penicillium camemberti* (queijo *camembert*). A acidificação do leite é uma etapa essencial na fabricação do queijo, uma vez que auxilia na etapa da coagulação da k-caseína por enzima coagulante – a acidez promove a dissociação do fosfato de cálcio coloidal presente na micela de caseína, causando sua aglutinação. Os parâmetros quantidade e taxa de formação do ácido láctico são importantes na produção de queijos específicos. Os microrganismos ácido-láticos produzem fatores antimicrobianos, que eliminam eventuais patógenos presentes no meio, além de participarem do processo de cura de muitos tipos de queijos;

c) coagulantes: representados pelas enzimas proteolíticas (quimosina e pepsina), responsáveis pela coagulação da k-caseína, que formará o corpo do queijo;

d) cloreto de cálcio: adicionado ao leite (20 g de $CaCl_2$/100 L de leite) antes do agente coagulante, tendo por finalidade reduzir o tempo de coagulação, aumentar a firmeza da massa e auxiliar na expulsão do soro;

e) corante: para conferir a cor amarela ao queijo prato, por exemplo, adicionam-se 5 a 10 mL de solução de urucum em 100 L de leite antes da coagulação;

f) sal: usado para intensificar o sabor, melhorar a textura da massa coagulada, controlar a acidez do meio, inibir a contaminação microbiana e auxiliar na expulsão do soro da massa (Ribeiro, 2021).

O período transcorrido entre a coleta do leite e a obtenção do queijo a ser comercializado pode ser de dias ou meses, a depender do tipo de queijo. Contudo, focando na obtenção da massa básica do produto, as operações unitárias empregadas transcorrem entre 4 h e 5 h. Em que pese as particularidades de cada tipo de queijo produzido, pode-se considerar como etapas básicas de produção: padronização do leite, pasteurização, coagulação, cozimento, dessoragem, moldagem, prensagem, salga e maturação (Figura 9.1) (Ribeiro, 2021).

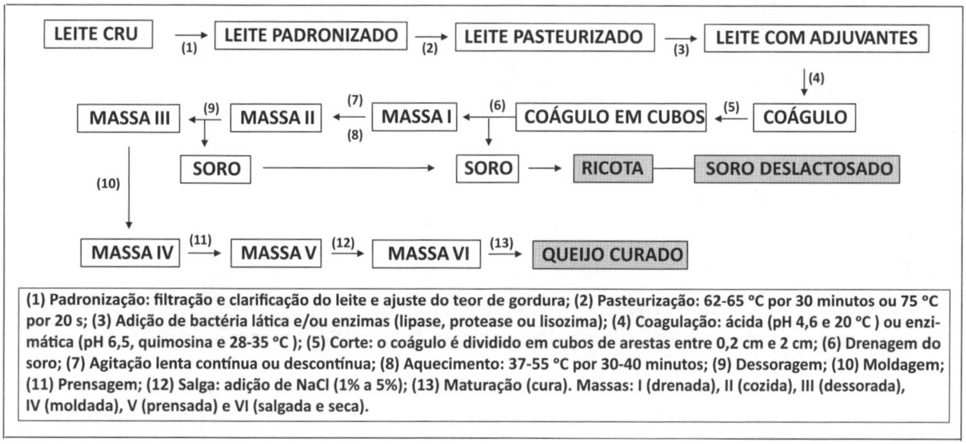


**Figura 9.1 –** Fluxograma das etapas básicas para a produção de queijo.

## 9.3 ENZIMAS

### 9.3.1 CATALASE

Thénard, em 1818, evidenciou a atividade da catalase por meio da decomposição da água oxigenada pelo sangue, cabendo a Loew classificá-la como enzima em 1901. A catalase pode ser considerada a primeira enzima antioxidante descoberta. A combinação dos estudos desenvolvidos por Warburg (1923) e Stern (1937) levaram à descoberta da presença do grupo protoporfirínico férrico (heme) no sítio ativo da catalase, seguindo-se a purificação e cristalização da enzima por Sumner e Dounce, em 1937 (Glorieux; Calderon, 2017).

Catalase (*hydrogen peroxide oxidoreductase*, EC.1.11.1.6) é encontrada em todos os microrganismos aeróbicos, plantas e animais. Há diversas isoenzimas da catalase distribuídas entre os organismos aeróbicos, que são classificadas em três grupos: catalases verdadeiras, catalase-peroxidases (encontradas em fungos, arqueas e bactérias, tendo massa molar entre 120 e 340 kDa) e magnésio-catalases (encontradas somente em bactérias e que têm massa molar entre 170 e 210 kDa). As catalases verdadeiras são homotetrâmeros (200 – 340 kDa) contendo quatro grupos ferri-protoporfirínicos, sendo divididas em três subfamílias: subfamília I (massa molar entre 55 – 69 kDa, sendo encontradas em bactérias, algas e plantas), subfamília II (massa molar entre 75 – 84 kDa, tendo um domínio com flavodoxina, sendo encontradas em algumas espécies de bactérias e fungos) e a subfamília III (massa molar acima de 100 kDa, sendo encontrada em arqueas, fungos, protistas, plantas e animais). A catalase humana pertence à subfamília III, tendo massa molar de 248 kDa (quatro unidades de 62 kDa) e requer NADPH como cofator (Glorieux; Calderon, 2017).

A catalase atua principalmente na decomposição da água oxigenada em oxigênio e água, conforme a reação I (atividade catalásica). Sob condições particulares, sobretudo *in vivo*, ela pode oxidar álcoois de baixa massa molar usando-se a água oxigenada proveniente de uma reação catalisada por oxidases aeróbicas (por exemplo, glicose oxidase e xantina oxidase). Essa atividade é denominada *atividade peroxidásica* (reação II). A ação da catalase associada a outras enzimas é observada em diferentes processos, quer no metabolismo celular, quer na indústria.

$$2\,H_2O_2 \rightarrow 2\,H_2O + O_2 \qquad \text{(reação I)}$$

$$RH_2 + H_2O_2 \rightarrow H_2O + R \qquad \text{(reação II)}$$

Em que: $RH_2$ pode ser fenóis, ácido fórmico, formaldeído ou álcoois.

Na natureza, as reações I e II ocorrem em organelas celulares (peroxissomos e mitocôndrias) e em eritrócitos. Nos mamíferos, a atividade catalásica é pronunciada nos tecidos hepático e renal; e baixa, nos tecidos conectivos. Além disso, a catalase associada à enzima superóxido dismutase desempenha papel fundamental na eliminação dos radicais livres ($O_2^-$, $O_2^{-2}$ e $HO^-$) gerados pela incompleta oxidação do oxigênio nas células dos seres aeróbicos (Vitolo, 2019). Demonstrou-se, também, que a catalase pode estar ancorada na membrana citoplasmática de células tumorais, podendo exercer alguma função no desencadeamento do câncer (Vitolo, 2019).

O mecanismo aceito para a ação da catalase ($E\text{-}Fe^{+3}$) é:

$$H_2O_2 + E\text{-}Fe^{+3} \rightarrow H_2O + O = Fe^{+4} - E \qquad \text{(1ª etapa)}$$

$$H_2O_2 + O = Fe^{+4}\text{–}E \rightarrow H_2O + O_2 + E\text{-}Fe^{+3} \qquad \text{(2ª etapa)}$$

O mecanismo exposto mostra a $H_2O_2$ atuando simultaneamente como agente oxidante (na 1ª etapa o número de oxidação [$N_{ox}$] do oxigênio da $H_2O_2$ varia de -1 a -2, ao passo que o íon ferro da catalase tem seu $N_{ox}$ variado de +3 a +4) e como agente redutor (na 2ª etapa o $N_{ox}$ do oxigênio na $H_2O_2$ varia de -1 a 0, enquanto o íon ferro, na forma intermediária da enzima, [$O = Fe^{+4} - E$] tem seu $N_{ox}$ variado de +4 para +3). Dependendo da concentração da água oxigenada e do tempo de reação, a atividade catalásica pode diminuir devido à formação da espécie intermediária inativa [$E\text{–}(Fe^{+2}\text{–}O_2)$] (Glorieux; Calderon, 2017).

Há catalases em que o grupo heme do sítio ativo é substituído por dois íons manganês, atuando na decomposição da água oxigenada segundo o mecanismo:

$$H_2O_2 + E - [Mn^{+2}–Mn^{+2}(2H^+)] \rightarrow 2\ H_2O + E - [Mn^{+3}–Mn^{+3}] \quad \text{(1ª etapa)}$$

$$H_2O_2 + E - [Mn^{+3}–Mn^{+3}] \rightarrow O_2 + E - [Mn^{+2} - Mn^{+2}(2H^+)] \quad \text{(2ª etapa)}$$

A catalase comercial é obtida a partir de fígado bovino, fungos filamentosos (*Aspergillus niger* e *Penicillium vitale*), levedura (*Saccharomyces cerevisiae*) e bactérias (*Micrococcus lysodeikticus, Micrococcus luteus* e *Escherichia coli*).

A catalase é usada na indústria para remover: a) a água oxigenada adicionada ao leite cru após a ordenha (1 mL de $H_2O_2$ 33% /L de leite), visando a evitar a contaminação microbiana durante o transporte até a usina beneficiadora; b) a água oxigenada usada no processo de branqueamento das fibras de algodão; c) a água oxigenada residual em efluentes gerados pelas indústrias têxtil e de papel e celulose. Além disso, na indústria de alimentos, o sistema $H_2O_2$/glicose oxidase/catalase é usado para eliminar a glicose de claras de ovos, ovo integral e da gema direcionadas na forma seca e pulverizada para a fabricação de massas (macarrão, por exemplo), enquanto o sistema glicose oxidase/catalase é usado na desoxigenação de bebidas (vinho e refrigerantes) (Szalkucki, 1993); d) a água oxigenada usada para pasteurizar o leite a ser usado na fabricação de queijos curados, os quais requerem a preservação das bactérias lácteas e das enzimas naturalmente presentes no leite (Tabela 9.1), que seriam inativadas na pasteurização térmica convencional. Uma catalase comercial, a CATALASE L® (pH de atividade entre 6,5 e 7,5 e temperatura entre 5 °C e 45 °C; inativada a 60 °C), pode ser usada na produção dos queijos curados, segundo o esquema: 5 mL de $H_2O_2$ 5%/L é adicionada ao leite, que é mantido por 20 min, a 30 °C, sendo, a seguir, tratado com 70 mL de catalase (diluída seis vezes) por 1.000 L de leite. Deixa-se a mistura sob agitação lenta pelo tempo necessário (em geral, entre 20 e 30 min), para que toda a $H_2O_2$ adicionada tenha sido eliminada.

A catalase também é usada em análises clínicas – associada à aldeído desidrogenase para a dosagem do ácido úrico nos fluidos biológicos –; em medicina, para o tratamento do estresse oxidativo e de inflamações, além de servir de alvo para inibidores no combate a cânceres, dada a sua localização na superfície das células cancerosas; e em cosméticos como ingrediente de dentifrícios e enxaguatórios bucais e associada à superóxido dismutase na diminuição do envelhecimento da pele (Glorieux; Calderon, 2017; Bon *et al.*, 2008).

A catalase em termos de mercado global movimentou a cifra de US$ 475 milhões em 2021, estimando-se um crescimento de 2,8% ao ano, alcançando em 2028 US$ 575 milhões. De toda a catalase produzida, cerca de 30% são destinados para fins alimentícios. O restante, cerca de 50%, é usado na indústria têxtil (desodorização e remoção de manchas de graxa dos tecidos), no tratamento de efluentes industriais (15%) e eletrônica (5%).

## 9.3.2. ENZIMAS COAGULANTES

A enzima coagulante típica é a *quimosina* (protease ácida que rompe especificamente a ligação péptica formada entre a fenilalanina e a metionina, a partir da extremidade N-terminal da k-caseína) obtida do 4º estômago de bezerros lactentes. Ela é formada a partir de um precursor (proquimosina), que é convertido em quimosina. O precursor é estável na faixa de pH entre 5,3 e 9,0, enquanto a faixa de pH para a quimosina é mais estreita (5,3 – 6,3).

A coagulação do leite pode ser dividida em duas fases. Na primeira, as micelas contendo k-caseína associada a fosfato são atacadas pela quimosina, resultando na liberação de um octopeptídeo, a desestabilização da emulsão e a formação de para-k--caseína. Na segunda etapa, as moléculas de para-k-caseína se aglutinam em torno de íons cálcio formando o precipitado (para-caseinato de cálcio), que constituirá a massa para a fabricação do queijo (Figura 9.2).

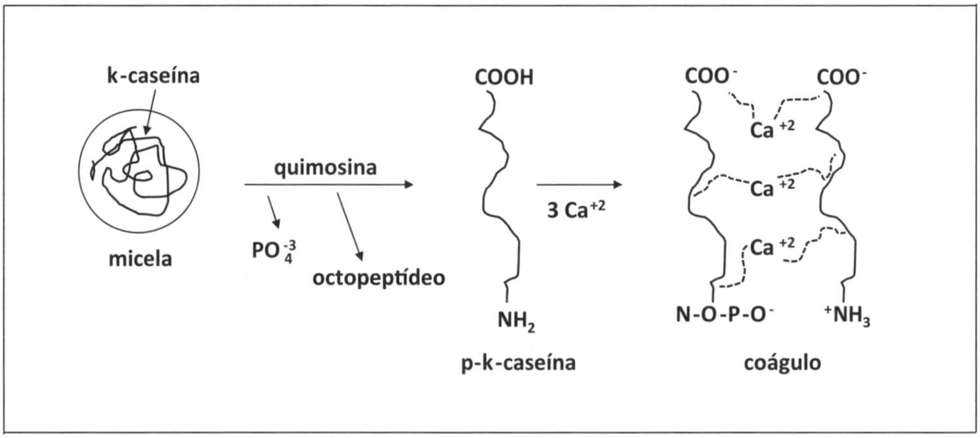


**Figura 9.2 –** Esquema da coagulação da k-caseína do leite pela quimosina.

Os principais fatores que afetam a coagulação são:

a) quantidade de quimosina (depende do tipo de queijo; no cheddar, usam-se entre 22 a 25 mL de quimosina (15.000 RU/mL) por 100 L de leite; no *cottage* usam-se 5 mL de quimosina (15.000 RU/mL) por 100 L de leite);

b) temperatura, que influi nas características do coágulo, pois, entre 20 °C e 25 °C, será macio e pouco consistente; entre 30 °C e 35 °C, será firme e de bom corte; e acima de 40 °C, será duro e borrachento, além de reter soro em seu interior;

c) pH (o pH entre 5,8 e 6,5 permite que se obtenha um coágulo não granuloso, elástico e contráctil, enquanto em pH mais ácido ($pH = pH_i = 4,6$) o coágulo obtido é granuloso e inelástico);

d) concentração do íon cálcio;

e) temperatura de armazenamento do leite (não é recomendável conservar o leite à baixa temperatura por longos períodos, pois a estabilidade da emulsão óleo/água (a real natureza do leite) pode ser comprometida, dificultando a coagulação);

f) teor de gordura do leite;

g) interações da k-caseína com aminoácidos e/ou ácidos graxos livres no leite provenientes de proteólises e lipólises inespecíficas;

h) tempo de coagulação (varia entre 30 e 90 min, dependendo do tipo de queijo);

i) origem da enzima;

j) alto teor proteico: o excesso de proteína no leite pode interferir nas características físicas da massa coagulada, uma vez que elas podem ficar retidas nos interstícios do coágulo.

Define-se a atividade coagulante da quimosina (renina), expressa em *Rennet Unit* (RU), como o volume de leite (mL) que pode ser coagulado com 1 mL do coalho em 40 min, a 35º C. O substrato é o leite em pó desnatado dissolvido em $CaCl_2$ 0,01M. No entanto, na prática queijeira, costuma-se considerar a *força do coalho*, que consiste na ação do coalho sob condições padronizadas sobre uma solução de leite em pó desnatado ao qual se adiciona cloreto de cálcio. O tempo transcorrido entre a adição do coalho e a precipitação da caseína é cronometrado e é comparado ao tempo de coagulação de um coalho-padrão (por exemplo, a Rennilase®). O tempo de coagulação é inversamente proporcional à quantidade de enzima presente.

No entanto, para predizer a intensidade da coagulação, o sabor característico e a textura final do queijo, utiliza-se a relação entre atividade coagulante (AC) e a atividade proteolítica (AP), onde a AC se refere à ação específica da enzima sobre a k-caseína e a AP se refere à hidrólise da α-, β- e k caseínas. A razão AC/AP de um agente coagulante é comparada à da quimosina padrão (Kumar *et al.*, 2010; Harboe *et al.*, 2010; Nicosia *et al.*, 2022; Nitu *et al.*, 2021).

Ao longo do tempo, a indústria queijeira vem se expandindo à taxa superior à disponibilidade de quimosina no mercado. Para se enfrentar o problema, surgiram no mercado misturas em diferentes proporções de pepsina e quimosina (Vitolo, 2020; Vitolo, 2021a). Além disso, o mercado de queijos passou a considerar consumidores seletivos com os alimentos que ingerem (muçulmanos, judeus, vegetarianos e veganos), que não se sentem à vontade em consumir queijos produzidos à base de coalho animal. Por isso, há alguns anos surgiram no mercado coalhos de origem microbiana, como de:

a) *Rhizomucor miehei* e *R. pusillus*: produzem proteases ácidas e específicas para romper ligações amida $Phe_{105}$-$Met_{106}$. São chamadas de mucorpepsinas (EC.3.4.23.23) e são formadas a partir de precursores. Assim a mucorpepsina do *R. pusillus* provém de um precursor formado por 437 aminoácidos, sendo 22 do peptídeo de sinalização, 44 do propeptídeo e os restantes 361 aminoácidos constituem a protease ativa, enquanto a de *R. miehei* provém de precursor formado por 430 aminoácidos, dos quais 22 pertencentes ao peptídeo de sinalização, 47 ao propeptídeo, e os demais 361, à protease ativa (Aktayeva *et al.*, 2018);

b) *Cryphonectria parasitica*: a protease é chamada de *endothia pepsina* (EC.3.4.23.22), sendo o precursor formado por 419 aminoácidos, dos quais 20 compõem o peptídeo sinalizador; 69, o propeptídeo; e os restantes 330, a protease ativa. A *endothia pepsina* é específica para hidrolisar a ligação $Ser_{104}$-$Phe_{105}$ (Feijoo--Siota *et al.*, 2014);

c) *Bacillus cereus, B. mesentericus, B. polymixa, Endothia parasitica.* As principais vantagens dos coalhos microbianos residem no baixo custo de produção e na aceitação por parte dos consumidores seletivos. Contudo, a maior termoestabilidade e a menor razão AC/AP comparada à quimosina (situação que leva à formação de maior teor de peptídeos hidrofóbicos promotores do sabor amargo) constituem-se possíveis desvantagens a se considerar (Lebdev *et al.*, 2016).

Lembra-se que, na atualidade, há grande disponibilidade no mercado de quimosina produzida por engenharia genética. Usa-se a técnica da transcriptase reversa, pela qual o mRNA da quimosina animal é transferido ao cDNA, que, por sua vez, é inserido no DNA de um microrganismo (GRAS) como *E. coli, B. subtilis e Lactococcus lactis*. Por conseguinte, a quimosina passa a ser produzida por processo fermentativo convencional. A grande vantagem desse processo é a possibilidade de se obter quimosina pura, fato dificilmente conseguido quando a fonte de origem é o abomaso de bezerro lactente, a partir da qual se obtêm misturas constituídas por 80% de quimosina e 20% de pepsina (Vallejo *et al.*, 2012). O grande problema da quimosina obtida por GMO é sua aceitação pelas legislações dos diferentes países. Por exemplo, na Alemanha, na Holanda e na França, seu uso não é permitido, enquanto, nos Estados Unidos e no Reino Unido, é amplamente aceita (Liu *et al.*, 2021; Nicosia *et al.*, 2022).

Nas últimas duas décadas, a literatura referente ao uso de coalhos de origem vegetal na produção de queijos é bastante prolífica. São enzimas proteolíticas localizadas nas diferentes partes da planta (caule, folhas, sementes e flores), capazes de hidrolisar a k-caseína a diferentes pH e temperaturas (Tabela 9.3) (Shah *et al.*, 2014; Nicosia *et al.*, 2022; Harboe *et al.*, 2010). Parece que o uso de coalhos vegetais antecedeu ao do coalho animal, conforme se depreende de escritos antigos como *A Ilíada*, de Homero, e os escritos de Hipócrates e Aristóteles, os quais mencionam o uso do suco (látex) do figo como coagulante do leite. Inclusive, o sábio romano Lucius Columella, que escreveu um tratado sobre agricultura datado do século I a.C., descreveu um coagulante extraído do *Carthamus tinctorius*. No entanto, no século XIX, o uso de coagulantes de origem animal passou a predominar na indústria queijeira, deixando os de origem vegetal em segundo plano. Porém, a expansão atual e futura da produção de queijo associada ao crescente número de consumidores seletivos (veganos, vegetarianos etc.) está ressuscitando o interesse pelos coalhos vegetais (Nicosia *et al.*, 2022).

As proteases vegetais coaguladoras da k-caseína podem ser do tipo ácidas, cisteínicas e serínicas. Até o momento, não foram encontradas metaloproteases vegetais para esse fim. À semelhança da quimosina, há coalhos vegetais que hidrolisam a ligação $Phe_{105}$-$Met_{106}$, porém, há aqueles que hidrolisam ligações amida em outras posições da estrutura primária da k-caseína. Por exemplo, os coalhos obtidos das plantas *Solanum dubium, Actinidia chinensis, Zingiber officinale* e *Cynanchum otophyllum Schneid* hidrolisam, respectivamente, as ligações ($Ser_{104}$-$Phe_{105}$), ($Arg_{97}$-$His_{98}$ e $Lys_{111}$-$Lys_{112}$), ($Ala_{90}$-$Glu_{91}$ e $His_{102}$-$Leu_{103}$) e ($Ser_{132}$-$Thr_{133}$) (Nicosia *et al.*, 2022, Jadhav *et al.*, 2018, Luo *et al.*, 2018).

A ruptura da cadeia peptídica em pontos distintos não afeta a capacidade coagulante da k-caseína. No entanto, pontos diferentes de hidrólise nas caseínas α e β provocam a liberação de peptídeos de baixa massa molar capazes de influir na textura e nas propriedades organolépticas do queijo (Zhang *et al.*, 2019). Por exemplo, a cardosina A (obtida da *Cynara cardunculus*) atua sobre a α-caseína hidrolisando as ligações $Phe_{24}$-$Phe_{25}$, $Arg_{100}$-$Leu_{101}$, $Phe_{153}$-$Tyr_{154}$, $Trp_{164}$-$Tyr_{165}$, e $Tyr_{165}$-$Tyr_{166}$ e na β-caseína $Leu_{127}$-$Thr_{128}$, $Leu_{165}$-$Ser_{166}$ e $Leu_{192}$-$Tyr_{193}$ (Nicosia *el al.*, 2022). A cardosina A (obtida da *Salpichroa origanifolia*) hidrolisa as ligações $Phe_{23}$-$Phe_{24}$ e $Trp_{164}$-$Tyr_{165}$ da α-caseína e a ligação $Leu_{192}$-$Tyr_{193}$ da β-caseína (Rocha *et al.*, 2021).

**Tabela 9.3 –** Propriedades de alguns coalhos de origem vegetal

| Espécie | Órgão | Tipo[a] | (AC/AP)[b] | T (°C) | pH[c] |
|---|---|---|---|---|---|
| *Actinidia chinensis* | Fruto | PC | 5,0 | 40 | 5,5 |
| *Balanites aegyptiaca* | Fruto | PA, PS | 0,5 | 50 | 5,0-8,0 |
| *Bromelia pinguin* | Fruto | PC, PS | 1,3 | 45 | 2,5-7,5 |
| *Calotropis gigantea* | Caule, flor e folhas | PC, PS | 5,2 | 37 | 5,5 |
| *Cynara scolymus* | Flor | PA | 27 | 40-60 | 4,0 |
| *Ficus johannis* | Látex | PC | 65 | 60 | 6,5 |
| *Morinda citrifolia* | Fruto | PC | 27 | 50 | 6,0-7,0 |
| *Solanum elaeagnifolium* | Fruto | – | 3.343 | 45 | 6,0 |
| *Vallesia glabra* | Semente, fruto e folhas | PA, PC, PS | 1,0 | 65-70 | 4,0 |
| *Zingiber officinale* | Rizoma | PC | 1.653 | 60 | 5,5 |

[a] PA = protease ácida; PC = protease cisteínica; e PS = protease serínica; [b] AC (atividade coagulante) /AP (atividade proteolítica). (AC/PA) igual a 243,2 e 51,31, que se referem, respectivamente, à quimosina-padrão animal e de *R. miehei*, comumente tomadas como valores de referência; [c] Valores para as diferentes proteases.

*Fonte:* Nicosia *et al.* (2022) e Harboe *et al.* (2010).

As ações das proteases sobre diferentes ligações amida da estrutura primária das α e β caseínas podem levar à formação de peptídeos com atividades funcionais peculiares, como anti-hipertensiva, imunomoduladora e antitrombótica (Almeida; Simões, 2018). A hidrólise generalizada das caseínas se reflete no parâmetro AP da razão AC/AP.

Alto valor do AP, em geral, prenuncia o aparecimento de sabor amargo e problemas na textura do queijo a partir do início da etapa de maturação. A intensidade desses efeitos depende do tipo de coagulante e da qualidade e atividade da cultura *starter* (que pode produzir aminopeptidases capazes de hidrolisar os peptídeos hidrofóbicos causadores dos problemas apontados) (Nicosia *et al.*, 2022; Amira *et al.*, 2017).

Atualmente, o uso de coalhos vegetais está restrito à fabricação de queijos regionais, artesanais e de comercialização restrita, como os queijos feitos com leite de ovelha (Serra da Estrela, Serpa, Los Pedroches, La serena e a Torta del Casar) e o coalho obtido da *Cynara cardunculus*, ou o queijo Dangke (da Indonésia), feito com leite de búfala e papaína como agente coagulante (Nicosia *et al.*, 2022). No momento, os coalhos vegetais só são efetivos na fabricação de queijos não curados do tipo macio ou cremoso.

A amplificação do uso dos coalhos vegetais em queijaria passa pela redução da heterogeneidade dos extratos, com a consequente padronização das suas atividades coagulantes. É fato que a localização, a distribuição e a composição das proteases pelos tecidos da planta não é uniforme. Por exemplo, as cardosinas A e B encontradas na flor da *C. cardunculus* têm localização diferente dentro do órgão. Aquela está situada em vacúolos da parte superior do pistilo, enquanto esta se encontra na parede celular da parte inferior do pistilo (Nicosia *et al.*, 2022).

O fato de a maioria dos coalhos vegetais apresentar razão AC/AP baixa (Tabela 9.3) pode ser contornado por meio de vários recursos, como usar culturas *starter* com alta atividade aminopeptidásica (por exemplo, *Lactobacillus lactis* e *L. helveticus*), usar de leite de vaca ultrafiltrado (Ribeiro, 2021), proceder à salga com salmoura a 22 °C por 40 h, ou aplicar alta pressão (600 Mpa à temperatura de 40 °C por 35 min) sobre o coágulo para inativar o coalho (Nicosia *et al.*, 2022).

Na atualidade, o mercado global para enzimas de origem vegetal (coalhos incluídos) – que, em 2021, foi da ordem de US$ 11,82 milhões, estimando-se taxa anual de crescimento de 7,8% e atingindo o valor de US$ 21,6 milhões em 2029 – é irrisório quando comparado ao de coalhos de origem animal e microbiana (nas formas líquida, pulverizada e pastilhas), o qual foi de US$ 24,3 bilhões em 2021, estimando-se o valor de US$ 33,5 bilhões para 2028 com taxa anual de crescimento de 4,7%.

### 9.3.3 PROTEASES

Quando se trata da produção de queijos, a atividade proteolítica ocorre sobretudo nas etapas da coagulação e da maturação (caso de queijos curados). Nesta, a ação proteolítica é devida à fração do coalho não inativada presente na massa III (ver Figura 9.1) – que, por sua vez, depende da razão AC/AP do coalho – e às proteases liberadas pela cultura *starter* (sobretudo aminopeptidases). Raramente se utilizam proteases exógenas não coagulantes, visando-se a ação durante a maturação. O sucesso dessa etapa resulta do balanceamento entre a concentração do inóculo e a espécie da cultura *starter* e a concentração de coalho, associado aos tempos de duração das etapas de aquecimento (pós-coagulação), dessoragem e de maturação (nesse caso, as condições de armazenamento – arejamento, umidade relativa e temperatura da câmara de maturação – são importantes também). A concentração de sal na operação de salga, também, pode ser associada aos procedimentos anteriores para balancear a proteólise durante a cura. A proteólise, em suma, visa a promover e consolidar as propriedades organolépticas (aroma, textura, cor e sabor) de tipos particulares de queijos (provolone, romano, parmesão etc.). Por exemplo, nos queijos duros, procura-se não hidrolisar mais do que 30% da proteína insolúvel remanescente no coágulo, enquanto nos queijos macios (brie e *camembert*, por exemplo) objetiva-se hidrolisar 80% da proteína insolúvel. O aparecimento do sabor amargo pode ser controlado, criando-se condições para a cultura *starter* produzir aminopeptidases à taxa maior do que à de acúmulo dos peptídeos hidrofóbicos na massa do queijo.

### 9.3.4 LIPASES E ESTERASES

As lipases hidrolisam triglicérides em diglicérides, monoglicérides e ácidos graxos. Dependendo do tempo de duração da hidrólise, os diglicérides são convertidos em monoglicérides e ácido graxo. A diferença entre a lipase e a esterase está no fato de que aquela atua sobre triglicérides emulsionados – aliás, o mecanismo de ação da lipase envolve a interação do sítio ativo da enzima com a interface óleo/água da micela (Hares *et al.*, 2019) – enquanto esta atua em ésteres de ácidos graxos não emulsionados (inclusive monoglicérides) e com boa solubilidade em água.

As lipases e esterases são de origem animal, havendo alguns preparados comerciais de origem microbiana (*Aspergillus niger* e *Rhizomucor miehei*).

O uso dessas enzimas na fabricação de queijos visa basicamente a interferir no sabor e aroma do produto. Por exemplo, o queijo provolone feito sem adição de lipase/esterase não adquire o aroma e sabor característicos mesmo após 370 dias de cura, enquanto a adição de pasta de cabrito (lipase/esterase) na fase da pré-coagulação promove a formação das características desejadas no produto (Richardson, 1975).

### 9.3.5 LISOZIMA

A lisozima é uma proteína de ocorrência natural nos seres vivos. Em mamíferos, ela é encontrada sobretudo em secreções (saliva, lágrima, leite e urina). Em aves, é encontrada na clara do ovo (perfaz 0,3% p/p do albúmen), que é a principal fonte de lisozima industrial (Figura 9.3) (Ercan; Demirci, 2016; Ghielmetti; Trinchera, 1970).

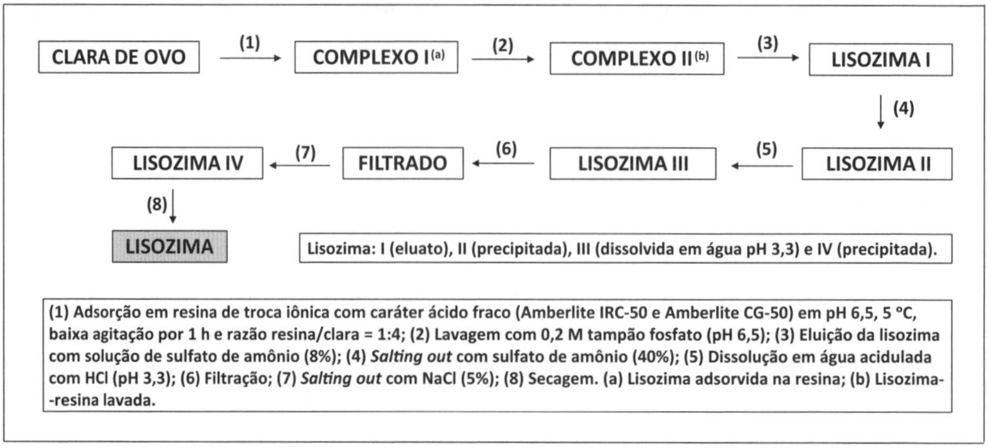


**Figura 9.3 –** Esquema para a obtenção de lisozima purificada.

A lisozima foi descoberta por Alexander Fleming, em 1921, sendo identificada como potente antimicrobiano natural. Sua alta potência bacteriolítica, bacteriostática e bactericida estimulou seu uso em diversos produtos, como queijo, cerveja, vinho, colírios, colutórios, dentifrícios, entre outros. É uma proteína desprovida de nível estrutural quaternário, formada por 129 aminoácidos (massa molar 14,4 kDa), capaz de se ligar por meio do sítio ativo a seis resíduos do ácido N-acetilmurâmico (Mur2Ac) e N-acetil-D-glicosamina (GlcNAc), unidos por ligações osídicas β,1-4, que se alternam nas peptideoglicanas constituintes da parede celular das bactérias gram-positivas. As ligações β,1-4 são rompidas por mecanismo clássico do tipo SN2, ou seja, a Asp52 da enzima ataca o carbono anomérico do Mur2Ac, promovendo a liberação do par de elétrons do carbono da GlcNAc, que, por sua vez, liga-se a um átomo de hidrogênio cedido pela Glu35 da enzima. Com isso, a ligação osídica é rompida, e a GlcNAc (junto com o resto da peptideoglicana ligada a ela) é liberada, enquanto a lisozima permanece ligada ao Mur2Ac. Em seguida, uma molécula de água cede -OH ao Mur2Ac e um H para a Glu35, restaurando a configuração da enzima e liberando o restante da peptideoglicana (Purich, 2010; Garret; Grisham, 1995).

A lisozima possui $pH_i$ igual a 11,35, o que a torna uma proteína com carga elétrica efetiva positiva em qualquer meio com pH $\leq$ 11. Por conseguinte, ela se liga à parede celular microbiana por vários pontos sobre os quais atua hidrolisando ligações β,1-4, conforme mecanismo acima. A ruptura de algumas ligações β,1-4 é suficiente para enfraquecer a estrutura da parede (mesmo porque o $k_{cat}$ da enzima sendo igual a 0,5 $s^{-1}$ não é tão alto para propiciar a ruptura de muitas ligações osídicas. Além disso, com $K_M$ = 0,006 mM sua atividade máxima é alcançada com concentração de substrato igual a 0,6 mM), tornando a célula microbiana extremamente sensível às variações de pressão osmótica entre o citoplasma e o meio circundante, que leva ao rompimento e à morte da célula. A estabilidade da lisozima depende do pH do meio, sendo bastante estável em meio ácido, inclusive mantendo cerca de 70% de sua atividade quando submetida a 100 °C por 5 – 10 min, em pH 5,0. Observou-se que a associação do EDTA com a lisozima é capaz de matar bactérias gram-negativas, uma vez que o EDTA desarranja a camada de lipopolissacarídeos (constituinte mais externo do revestimento celular), facilitando a ligação da enzima com as peptideoglicanas das camadas mais internas da parede celular. Estudos recentes indicam que a lisozima pode apresentar atividade também contra vírus e fungos (Khorshidian *et al.*, 2022).

Na área de alimentos, a lisozima é usada para aumentar a vida de prateleira e evitar ou reduzir a deterioração dos produtos, neste caso atuando como preservativo nas embalagens de frutas frescas, pescado, vegetais, macarrão, sushi, carnes frescas ou processadas, entre outros. Porém, o uso da lisozima em queijaria é o seu sucesso mais vistoso. O queijo é susceptível à deterioração microbiana porque microrganismos na forma vegetativa ou esporulada – oriundos da higiene inadequada durante a coleta do leite – podem acabar no meio da massa, apesar da prévia pasteurização do leite e do aquecimento pós-coagulação (MASSA VI; Figura 9.1). No entanto, os mais resilientes são os esporos de *Clostridium tyrobutyricum*, provindos da silagem usada para alimentar o gado, que resistem aos tratamentos térmicos pré-cura e acabam eclodindo como células vegetativas devido às condições favoráveis de temperatura e umidade reinantes dentro da câmara de maturação. Essa bactéria atua na conversão do lactato em ácido butírico, ácido acético, hidrogênio e gás carbônico. Os ácidos conferem ao produto gosto e aroma desagradáveis, enquanto os gases provocam fissuras de diferentes tamanhos e formas, podendo, no limite, explodir a massa (daí a expressão inglesa *late blowing* para o fenômeno) (Wu *et al.*, 2019).

A lisozima adicionada na fase de pré-coagulação resiste aos tratamentos posteriores até a fase de maturação, porque ela se liga à p-k-caseína do coágulo por meio da atração eletrostática resultante das cargas elétricas efetivas contrárias da lisozima (positiva) e da p-k-caseína (negativa). A atividade protetora propiciada pela lisozima é observada nos mais variados tipos de queijos (*Grana Padano*, *Edam*, *gouda*, Manchego, cheddar, brie, *camembert*, *emental*, provolone, romano, entre outros). Atualmente, o uso de lisozima perfaz 99% e 85% da produção do *Grana Padano* e dos queijos duros franceses, respectivamente.

O uso da lisozima na indústria queijeira está completamente legalizado, uma vez que, em 1998, recebeu o status G.R.A.S. pelo FDA, a aprovação como aditivo em queijos curados e produtos pela Comissão Regulatória da EU (2011) e pelo Canadá (2000), por meio do Ato 1122 para Alimentos e Drogas, entre outras legislações. A aceitação do pleno uso da lisozima em alimentos é realçado pelo seu mercado global, que foi de US$ 453 milhões em 2021, prevendo-se o valor de US$ 664 milhões em 2028 com taxa anual de crescimento de 5,6%.

A lisozima é encontrada na forma de pó, granular ou líquida com grau de pureza entre 95% e 100%. A atividade é medida em unidades Shugar, tendo os preparados comerciais atividade entre 19.000 e 20.000 U/mg. A enzima é dissolvida em água (50 g/L) e adicionada ao leite pasteurizado ou na etapa de pré-coagulação, perfazendo a concentração entre 25 mg e 35 mg por litro de leite. No entanto, a quantidade de lisozima usada deve ser calibrada conforme o grau de contaminação da matéria-prima e/ou do processo de fabricação empregado (por exemplo, leite submetido à bactofugação, realizada em centrífuga especial com rotação de até 5.000*xg*) (Wigley, 1996).

### 9.3.6 LACTASE (β-GALACTOSIDASE)

A lactose é um dissacarídeo formado por uma unidade de glicose e uma de galactose unidas por ligação β-1,4, sendo o principal açúcar do leite. Em termos de sólidos totais, a lactose corresponde a 40% no leite integral, 50% no leite desnatado e 75% no soro de leite. No entanto, esse açúcar não é metabolicamente tolerado por parcela considerável de pessoas, que, quando o ingerem, sofrem de dor estomacal, inchaço do corpo, flatulência, náusea e diarreia. Essas pessoas, por conseguinte, deixam de ingerir leite e derivados, alimentos ricos em proteínas. Há duas maneiras para se contornar esse problema: pela ingestão de lactase (nesse caso, a enzima seria um medicamento) ou de leite e derivados deslactosados. Em geral, as pessoas com essa limitação lançam mão de ambos os recursos.

A lactose pode ser hidrolisada por via ácida ou enzimática. A vantagem da hidrólise enzimática reside no fato de que a reação se processa a temperatura relativamente baixa (ao redor de 40 °C), permitindo uma maior economia energética, além de não se formarem produtos colaterais (como os resultantes da reação de Maillard).

A lactase (EC.3.2.1.23) decompõe a lactose em glicose e galactose, ressalvando-se que a galactose inibe reversivelmente a enzima (Vitolo, 2021b). Essa enzima é encontrada no intestino de mamíferos jovens, em plantas, fungos, leveduras e bactérias. Nos anos 1950, as primeiras lactases microbianas foram identificadas, e seu uso na deslactosação do leite e do soro de leite, preconizado a partir dos anos 1970 (Jones *et al.*, 2017). A importância da lactase na indústria de laticínios pode ser aquilatada pelo mercado global, o qual foi de US$ 220 milhões em 2022, estimando-se crescimento anual de 4,8% e valor de US$ 352 milhões para 2032.

A importância da deslactosação do leite integral reside em poder ser usado em diferentes situações: a) ingestão pelos consumidores lactase-deficientes; b) redução do tempo de processo de produtos lácteos fermentados, como o iogurte; c) impedimento da cristalização da lactose em sorvetes e leite condensado. Lembra-se que a lactose na concentração da ordem de 12% em relação aos sólidos totais do leite (por exemplo, desnatado) cristaliza com facilidade. Ao se reduzir em 50% o teor de lactose do leite desnatado, este pode ser usado em maior quantidade nas formulações, possibilitando a redução na quantidade de estabilizantes a serem adicionados, já que essa função pode ser desempenhada pelas proteínas do próprio leite. Além disso, estando a lactose hidrolisada, o número de moléculas livres no leite aumenta, o que colabora no abaixamento crioscópico da solução, condição favorável para uso em formulações de sorvetes. O soro de leite deslactosado, por sua vez, pode ser usado em:

a) produtos de padaria – uma mistura de soro e água na proporção 50:50 substitui 20% do ovo integral na formulação;

b) confeitos – substitui total ou parcialmente o leite condensado na confecção de caramelos (incluído o tipo *toffee*);

c) sorvetes e sobremesas – pode substituir parte do leite desnatado e do açúcar na fabricação de sorvetes e *frozen-yogurts*;

d) produtos adocicados e agridoces – substituição parcial ou total de clara e gema de ovos;

e) alimentos semilíquidos para *pets* – usado como umectante nesses produtos;

f) xarope com 70-75% de sólidos totais – uso em formulações alimentícias em geral.

As lactases industriais são de origem microbiana, sobretudo de leveduras (*Kluyveromyces fragilis, K. lactis*) e fungos (*Aspergillus niger, A. oryzae*). As lactases dessas fontes diferem basicamente no pH de atividade ótima, já que a de levedura tem pH ótimo entre 6,0 e 7,0, enquanto as de fungos, entre 4,0 e 5,0. Por isso, recomenda-se usar a lactase de levedura para deslactosar o leite (pH 6,8), enquanto, para deslactosar o soro residual da produção de caseína ou queijos, cujos pH variam em torno de 4,6, a lactase fúngica é a mais adequada. Lembra-se que, em queijaria, é comum o uso de culturas *starter* com atividade lactásica.

As lactases são inativadas por metais pesados ($Cu^{+2}$, $Zn^{+2}$ e $Hg^{+2}$), e as de levedura, em particular, são inibidas por $Na^{+}$ e $Ca^{+2}$. Por outro lado, $K^{+}$, $Mg^{+2}$ e $Mn^{+2}$ são ativadores nas concentrações, respectivamente, de $10^{-2}$ a $10^{-1}$ M; $10^{-3}$ a $10^{-4}$ M; e $10^{-4}$ a $10^{-5}$ M.

A unidade lactásica é definida como a quantidade de enzima que libera 1 μmol de glicose por minuto sob condições definidas de reação. Caso se utilize o substrato sintético orto-nitrofenol-β-D-galactopiranosídeo (ONPG), então, uma unidade seria a quantidade de enzima que hidrolisa 1 μmol de ONPG por minuto.

O maior uso da lactase em escala industrial ocorre na deslactosação do leite integral (Figura 9.4) e do soro residual da fabricação de queijos (Figura 9.5).

Os processos podem ser realizados em reator descontínuo (incluído o tipo descontínuo-alimentado) ou contínuo. Neste, a lactase deve estar na forma imobilizada, e, naquele, a enzima pode estar na forma solúvel ou imobilizada. A escolha do tipo de processo deve levar em conta as características da solução substrato a ser deslactosada (leite integral ou soro de leite) e os custos envolvidos.

A deslactosação do soro de leite, a isomerização da glicose, a obtenção do 6-APA e a separação de racemados de aminoácidos conduzidos, respectivamente, com lactase, glicose isomerase, penicilina amidase e aminoacilase imobilizadas, são exemplos do sucesso do emprego da técnica de imobilização em processos industriais.

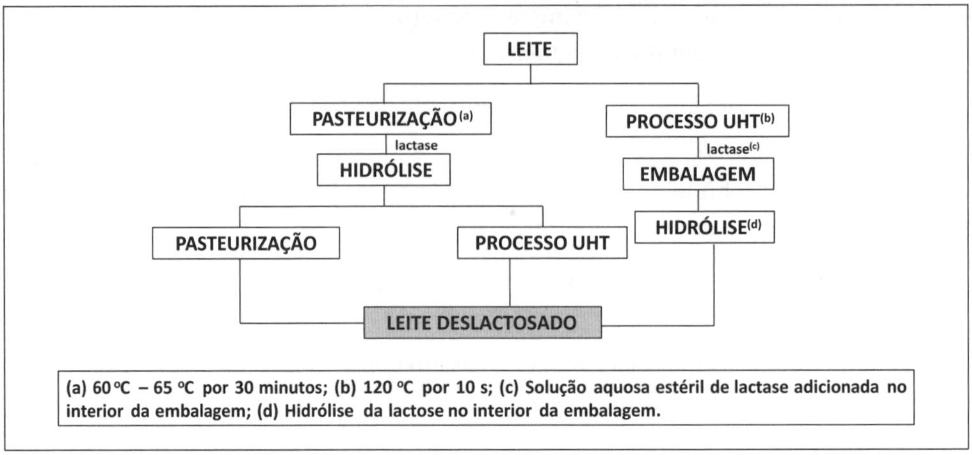


**Figura 9.4 –** Processo descontínuo de deslactosação do leite integral.

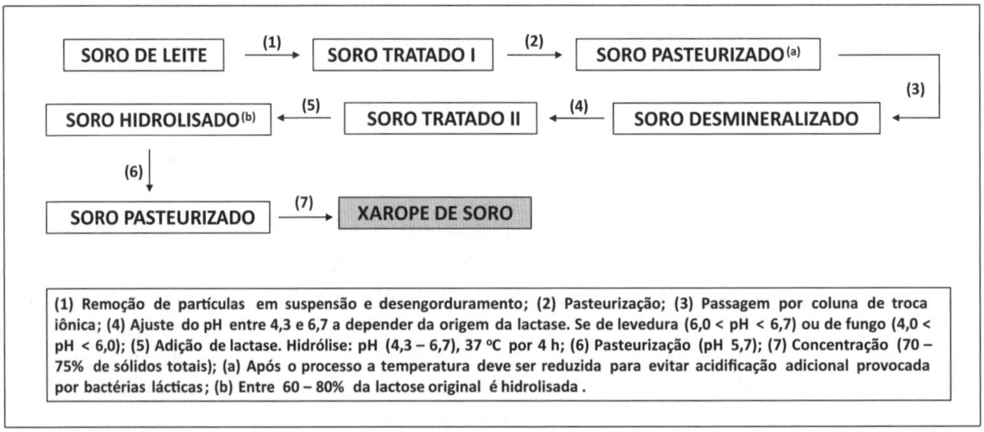


**Figura 9.5 –** Processo descontínuo para a deslactosação do soro de leite.

Weetall *et al.* (1974) imobilizaram a lactase de *A. niger* em partículas porosas de $SiO_2$ (30/45 mesh e 370 angstrons de diâmetro) para deslactosar soro de leite. O coeficiente de imobilização foi da ordem de 80%, tendo cada grama de suporte imobilizado 620 U de atividade lactásica total. O pH ótimo da lactase imobilizada era de 4,5, enquanto o da enzima solúvel era 6,0, permitindo hidrolisar a lactose com maior eficiência, uma vez que o pH do soro situa-se entre 4,0 e 5,0. Ressalta-se que a lactase solúvel apresentava $K_M$ = 0,11 M e $K_i$ = 0,67mM, enquanto a imobilizada, $K_M$ = 0,071 M e $K_i$ = 3,27 mM, corroborando com a maior eficiência do sistema imobilizado. Os autores propuseram uma ampliação de escala para processar 5.000 kg de lactose por dia durante 70 dias em reator tipo pistonado a 35 °C carregado com 300 U/g de lactase-$SiO_2$.

Atualmente, existem lactases imobilizadas por diferentes métodos em inúmeros suportes. Como exemplo, menciona-se a imobilização da lactase em discos de criogel feitos de metacrilato polimerizado contendo íons ferro quelados, que servem de ponte para a ligação com aminoácidos da enzima. O sistema criogel-ferro-lactase usado em reator descontínuo permitiu conduzir a deslactosação total do soro de leite por 70 dias, sendo o sistema imobilizado reutilizado 25 vezes (Inanan, 2022).

## 9.4 PERSPECTIVAS

As características das enzimas e da sua produção para uso na fabricação de laticínios devem acompanhar as exigências crescentes do mercado, sobretudo o aumento de consumidores específicos (judeus, muçulmanos, vegetarianos e veganos), que exigem manter uma alimentação que julgam saudável. Para tanto, o emprego da técnica do DNA recombinante deverá contribuir para a diversificação das fontes das enzimas de uso tradicional nessa área, assim como para o aumento da disponibilidade dos coalhos de origem vegetal. Considerando-se a modificação genética de animais de grande porte, seria possível obter leite de vaca (ou de outro mamífero) enriquecido em lactase (passaria a ser uma enzima endógena), tornando desnecessária a adição da mesma durante o processo de fabricação do queijo. A técnica da imobilização, que já é realidade na deslactosação do soro de leite, poderia ser estendida à imobilização da quimosina, para executar a coagulação da k-caseína de modo contínuo, uma vez que a primeira etapa pode ser efetuada a temperaturas entre 5 °C e 15 °C (conversão da caseína em p-k-caseína), e a segunda, entre 30 °C e 35 °C (formação do coágulo com adição de $Ca^{+2}$). Ainda na linha da imobilização, lipases e/ou esterases poderiam ser inseridas em lipossomos, que, adicionados na etapa de pré-coagulação, passariam a atuar na fase de cura do queijo.

## 9.5 CONCLUSÃO

O leite é industrializado usando-se operações unitárias biotecnológicas (com a intervenção de material biológico em pelo menos uma das etapas do processamento) e tecnológicas. Apesar do leite ser um produto *per se,* serve, também, como matéria-prima para inúmeros derivados (leite em pó, leite desnatado, leite deslactosado, leite condensado, queijos, nata, manteiga, entre outros). Os processos biotecnológicos são baseados no uso de culturas *starter* de microrganismos (*Lactococcus lactis*, *Lactobacillus helveticus*, entre outros) e enzimas (catalase, coalhos, proteases, lipases, esterases, lisozima e lactase). A catalase é usada em todos os procedimentos nos quais a água oxigenada deve ser removida. Os coalhos são indispensáveis na coagulação da k-caseína para se obter a massa básica para a fabricação de queijos. A partir do século XIX, o emprego dos coalhos de origem animal (quimosina e pepsina) passaram a dominar a fabricação de queijos, deixando em segundo plano os coalhos de origem vegetal (ficina, papaína e proteases de plantas do gênero *Cynara*). Contudo, a partir dos anos 1970 do século XX a disponibilidade de animais lactentes para o abate com a finalidade de extrair a quimosina formada no quarto estômago diminuiu bruscamente, porque os criadores passaram a comercializar gado adulto. Daquela época em diante, a taxa de crescimento da produção de queijos e da demanda por alimentos especiais (kosher, *halal*, veganos e vegetarianos) aumenta continuamente, provocando a carência de coalhos animais no mercado. Para suprir a demanda por coalhos, proteases com atividades semelhantes foram obtidas a partir de microrganismos (*Rhizomucor sp.)*. Os coalhos de origem vegetal voltaram à baila, embora com intensidade incipiente. Progresso enorme foi alcançado com o aparecimento no mercado de quimosina animal obtida de organismos geneticamente modificados (OGM). Os coalhos vegetais – extraídos de várias espécies de plantas são usados como substitutos da quimosina animal em produtos kosher e *halal*, além daqueles apreciados por veganos e vegetarianos – têm sido usados na fabricação de queijos artesanais não curados, do tipo macio ou cremoso. A lisozima é usada na indústria de laticínios como conservante, devido às suas propriedades bacteriolítica, bacteriostática e bactericida. É fundamental na eliminação das células vegetativas do *Clostridium tyrobutyricum*, cujos esporos, provenientes da silagem usada para alimentar os animais leiteiros, resistem às condições da fabricação do queijo, eclodindo na forma vegetativa durante a etapa de maturação. A lactase, por sua vez, é fundamental na fabricação de leite e derivados deslactosados (inclusive usados como matérias-primas para a produção de iogurte, probióticos fermentados, leite condensado e sorvetes, entre outros), tornando-os ingeríveis por pessoas lactase-deficientes. A indústria de laticínios está intimamente vinculada ao uso das enzimas citadas, como se depreende do valor de mercado desses catalisadores biológicos, que, segundo as empresas especializadas, foi da ordem de US$ 25,5 bilhões no biênio 2021-2022, estimando-se taxa anual média de crescimento da ordem de 4%.

## REFERÊNCIAS

AKTAYEVA, S.; AKISHEV, Z.; KHASSENOV, B. Proteolytic enzymes in cheese making. *Applied Environmental Biotechnology*, Singapore, v. 1, p. 10-16, 2018.

ALMEIDA, C. M.; SIMÕES, I. Cardoom-based rennets for cheese production. *Applied Microbiology and Biotechnology*, Berlin, v. 102, p. 4675-4686, 2018.

AMIRA, A. B.; BESBEC, S.; ATTIA, H.; BLECKER, C. Milk-clotting properties of plant rennets and their enzymatic, rheological, and sensory role in cheesemaking: a review. *International Journal of Food Properties*, London, v. 20, p. 576-593, 2017.

BON, E. P. S.; FERRARA, M. A.; CORVO, M. L. *Enzimas em Biotecnologia*. Rio de Janeiro: Editora Interciência, 2008.

ERCAN, D.; DEMIRCI, A. Recent advances for the production and recovery methods of lysozyme. *Critical Reviews in Biotechnology*, London, v. 36, n. 6, p. 1078-1088, 2016.

FEIJOO-SIOTA, L.; BLASCO, L.; RODRIGUEZ-RAWA, J. L. *et al*. Recent patentes on microbial proteases for the dairy industry. Recent Advances in DNA Gene Sequences, Sharjah (UAE), v. 8, p. 44-45, 2014.

GARRETT, R. H.; GRISHAM, C. M. *Biochemistry*. New York: Saunders College Publishing, 1995.

GHIELMETTI, G.; TRINCHERA, C. *US Patent Office n. 3,515,643* (02 jun. 1970).

GLORIEUX, C.; CALDERON, P. B. Catalase, a remarkable enzyme: targeting the oldest antioxidant enzyme to find a new cancer treatment approach. *Journal of Biological Chemistry*, Amsterdam, v. 398, n. 10, p. 1095-1108, 2017.

HARBOE, M.; BROE, M. L.; QVIST, K. B. The production, action and application of rennet and coagulants. *In:* LAW, B. A.; TAMIME, A. Y. (Coord.). 2. ed. *Technology of Cheesemaking*. Hoboken (NJ, USA): Blackwell Publishing Ltd, 2010. p. 98-129.

HARES-JR, S. J.; RACT, J. N. R.; GIOIELLI, L. A.; VITOLO, M. Medium oleic sunflower oil hydrolysis by microbial lipase in a fed-batch bioreactor. *World Journal of Pharmacy and Pharmaceutical Sciences*, Nagpur, v. 8, n. 12, p. 94-108, 2019.

INANAN, T. Cryogel disks for lactase immobilization and lactose-free milk production. *Food Science and Technology*, Amsterdam, v. 154, p. 1-9, 2022.

JADHAV, S.; PATIL, V. N.; NAIK, P.; KADAM, R. M. studies on chemical quality of ginger milk shake. *Asian Journal of Dairy and Food Research*, Haryana (India), v. 37, p. 13-17, 2018.

JONES, K. G.; HOO, Y.; LEE, K. Production technology of lactase and its application in food industry. *The Journal of Science of Food and Agriculture*, London, v. 1, n. 1, p. 4-6, 2017.

KHORSHIDIAN, N.; KHANNIRI, E.; KOUSHKI, M. R. *et al.* An overview of antimicrobial activity of lysozyme and its functionality in cheese. *Frontiers in Nutrition*, 2022. DOI: 10.3389/fnut.2022.833618. Disponível em: https://pubmed.ncbi.nlm.nih.gov/35356735/.

KUMAR, A.; GROVER, S.; SHARMA, J. Chymosin and other milk coagulants: sources and biotechnological interventions. *Critical Reviews in Biotechnology*, London, v. 30, p. 243-258, 2010.

LEBDEV, L. R.; KOSOGOVA, T. A.; TEPLYAKOVA, T. V. *et al.* Study of technological properties of milk-clotting enzyme from *Irpex lacteus*. *Foods and Raw Materials*, Kemerovo (Russia), v. 4, p. 58-65, 2016.

LIU, X.; WU, Y.; GUAN, R.; JIA, G. *et al.* Advances in research on calf rennet substitutes and their effects on cheese quality. *Food Research International*, Amsterdam, v. 149, p. 110-122, 2021.

LUO, J.; XIAO, C.; ZHANG, H.; REN, F. *et al.* Characterization and milk coagulating properties of Cynanchum otophyllum. *Journal of Dairy Science*, Amsterdam, v. 101, p. 2842-2850, 2018.

MADRID, A. V.; CENZANO, I.; VICENTE, J.M. *Manual de Indústria dos Alimentos*. São Paulo: Livraria Varella LTDA, 1996.

NICOSIA, F. D.; PUGLISI, I.; PINO, A.; RANDAZZO, C. L. Plant milk-clotting enzymes for cheesemaking. *Foods*, Beijing, v. 11, n. 6, p. 871-884, 2022.

NITU, S.; GEICU-CRISTEA, M.; MATEI, F. Milk-cloatting enzymes obtained from plants in cheesemaking – A review. *Scientific Bulletin Series F. Biotechnologies*, Bucharest, v. 25, p. 66-75, 2021.

PURICH, D. L. *Enzyme kinetics*. Amsterdam: Elsevier, 2010.

RIBEIRO, E. P. Queijos. *In:* MORAES, I. O (Coord.). *Biotecnologia Industrial: Biotecnologia na Produção de Alimentos*. São Paulo: Blucher, 2021. p. 265-290.

RICHARDSON, G. H. Dairy industry. *In:* REED, G. (Coord.). 2. ed. *Enzymes in Food Processing*. New York: Academic Press, 1975. p. 362-391.

ROCHA, G. F.; COTABARREN, J.; OBREGÓN, W. D. *et al.* Milk-clotting and hydrolytic activities of aspartic protease from Salpichroa origanifolia fruits on individual caseins. *International Journal of Biological Macromolecules*, Amsterdam, v. 192, p. 931-938, 2021.

SHAH, M. A.; MIR, S. A.; PARAY, M. A. Plant proteases as milk-clotting enzymes in cheesemaking: a review. *Dairy Science Technology*, Stuttgart, v. 94, p. 5-16, 2014.

SZALKUCKI, T. Applications of oxidoreductases. *In:* NAGODAWITHANA, T.; REED, G. (Coord.). *Enzymes in Food Processing*. San Diego: Academic Press Inc., 1993. p. 279-291.

VALLEJO, J. A.; AGEITOS, J. M.; POZA, M.; VILLA, T. G. A. A comparative analysis of recombinant chymosin. *Journal of Dairy Science*, Amsterdam, v. 95, p. 609-613, 2012.

VITOLO, M. Overview on the biological role of free radicals. *World Journal of Pharmaceutical Research*, Nagpur, v. 8, n. 13, p. 23-46, 2019.

VITOLO, M. Some aspects on protein modification by enzymes. *World Journal of Pharmaceutical Research*, Nagpur, v. 9, n. 4, p. 53-63, 2020.

VITOLO, M. Aplicações de enzimas na tecnologia de alimentos. *In:* MORAES, I. O. (Coord.). *Biotecnologia Industrial: Biotecnologia na produção de Alimentos*. São Paulo: Blucher, 2021a. p. 441-481.

VITOLO, M. Uso de enzimas em reatores. *In:* SCHMIDELL, W. (Coord.). 2. ed. *Biotecnologia Industrial: Engenharia Bioquímica*. São Paulo: Blucher, 2021b. p. 455-489.

WEETALL, H. H.; PITCHER, W. H.; FORD, J. R. The preparation, characterization and scale-up of a lactase system immobilized to inorganic supports for the hydrolysis of acid whey. *Biotechnology and Bioengineering*, New York, v. 16, n. 3, p. 295-313, 1974.

WIGLEY, R. C. Cheese and whey. *In:* GODFREY, T.; WEST, S. (Coord.). 2. ed. *Industrial Enzymology*. New York: Stockton Press LTD, 1996. p. 135-153.

WU, T.; JIANG, Q.; WU, D. *et al.* What is new in lysozyme research and its application in food industry? A review. *Food Chemistry*, Amsterdam, v. 274, p. 698-709, 2019.

ZHANG, Y.; XIA, Y.; LIU, X. *et al.* High-level expression and substrate-binding region modification of a novel BL312 milk-clotting enzyme to enhance the ratio of milk--clotting activity to proteolytic activity. *Journal of Agriculture Food Chemistry*, Washington, v. 67, p. 13684-13693, 2019.

# CAPÍTULO 10

# Aplicações diversas de enzimas


## RESUMO

Neste capítulo, apresentou-se o uso de enzimas em aspectos particulares da tecnologia de alimentos e que não se enquadram nas aplicações discutidas em capítulos anteriores. Descreveu-se o uso de enzimas na solubilização dos sólidos do chá (hidrólise de taninos com a tanase), remoção de tioglicosídeos (mirosinase na produção de molho de mostarda), processamento do açúcar de beterraba (hidrólise da rafinose com a rafinase), *peeling* e remoção do exoesqueleto do camarão (uso da ficina e α-amilase), remoção do dextrânio do açúcar de cana (com dextranase), adocicamento de frutas (extrato bruto de *Aspergillus niger*), desengorduramento de ossos destinados à produção de colágeno (lipases), formação de sabor e aroma por via enzimática, óleos comestíveis (celulase e pectinase), ração animal (com referência ao uso da fitase) e hidrólise da sacarose (invertase). Discutiram-se os usos da glicose oxidase em biossensores, na tecnologia de alimentos (agente antioxidante, remoção da glicose, entre outros), na higiene oral, na indústria têxtil e na fabricação do ácido glicônico (reagente multiuso em vários segmentos industriais).


## 10.1 INTRODUÇÃO

Atualmente, são conhecidas em torno de três mil enzimas diferentes. Considerando-se a diversidade das fontes animal, vegetal e microbiana, incluindo-se aquelas modificadas por técnicas biotecnológicas modernas (DNA recombinante e CRISPR-Cas9, por exemplo), o número de catalisadores enzimáticos disponíveis com características diferenciadas é extremamente elevado. Em decorrência, as possíveis aplicações aumentam.

Nos capítulos anteriores foram explorados os usos mais exitosos das enzimas na indústria alimentícia. A seguir, serão discutidas outras possibilidades de emprego de enzimas nessa área.

## 10.2 SOLUBILIZAÇÃO DE SÓLIDOS DO CHÁ

Quando se deseja produzir chá de dissolução instantânea, é comum a ocorrência de turbidez devido à presença de taninos, os quais podem ser removidos pela tanase obtida do *Aspergillus niger*. O fungo é crescido em meio Czapek contendo 2% de ácido tânico e 0,2% de hidrolisado de caseína. A suspensão é filtrada, o micélio é recolhido e lavado com acetona, sendo, em seguida, seco e pulverizado.

O meio de reação é constituído pela mistura de 3 g de pó tanásico com 1L de extrato de chá. A suspensão (pH 5,5) é mantida sob agitação lenta a 30 °C por 70 minutos. A tanase é inativada pelo aumento da temperatura a 90 °C e, logo depois, a suspensão é filtrada para remover o pó tanásico. Nessas condições, o extrato de chá conterá 1,35% de sólidos totais. Caso não fosse feito o tratamento, ter-se-iam 7,5% de sólidos totais (Vitolo, 2021a).

## 10.3 REMOÇÃO DE TIOGLICOSÍDEOS

As sementes de mostarda possuem uma enzima chamada *mirosinase*, que atua sobre tioglicosídeos, liberando alilisotiocianato. O procedimento é o seguinte: deixa-se uma dada quantidade de sementes de mostarda (*Brassica juncea*) a 100 °C, por 2 horas, moendo-a a seguir. A esse pó, adicionam-se sementes de mostarda moídas e frescas (a mirosinase está ativa) e água suficiente para se obter umidade em torno de 16%. A pasta é mantida a 50 °C, por 45 min, aumentando-se, em seguida, a temperatura para 115 °C, por 30 min, com o objetivo de cozer a pasta, inativar a enzima, romper as membranas celulares para liberar o óleo, reduzir o teor de umidade e remover o alilisotiocianato. O produto resultante, que, em condições normais, conteria 0,5% do referido composto, contém apenas 0,04%.

## 10.4 PROCESSAMENTO DO AÇÚCAR DE BETERRABA

Durante a produção do açúcar a partir da beterraba, há um acúmulo de rafinose no liquor-mãe, a qual, ao atingir concentração de 8%, cristaliza, contaminando o produto. Por isso, preconiza-se a eliminação desse trissacarídeo com a rafinase (melibiase ou α-galactosidase) obtida do fungo *Mortierella vinacea*, o qual é deixado para crescer na forma de péletes, dentro dos quais a enzima se localiza. Os péletes são usados em reator adequado para a conversão da rafinose. O reator consiste em um tonel disposto verticalmente, tendo seu interior dividido em vários compartimentos (câmaras), separados entre si por uma tela, que retém os *pellets* no interior de cada um.

As câmaras permitem agitação para manter os *pellets* em suspensão. O melaço (liquor-mãe) é passado de uma câmara para a outra, resultando em xarope isento ou com baixo teor em rafinose.

A dimensão do problema pode ser sentida caso se considere que uma planta comum para a produção de açúcar da beterraba processe 3 mil toneladas de beterraba por dia, obtendo-se 600 toneladas de sacarose e cerca de 5 toneladas de rafinose. A remoção da rafinose aumenta o rendimento global do processo.

A melibiase é uma enzima adaptativa, requerendo na sua produção uma fonte de carbono adequada (lactose, rafinose ou melibiose). Milhocina, farelo de arroz, milho ou malte são ingredientes importantes no mosto de fermentação para se obter essa enzima.

A atividade α-galactosidásica é determinada pela adição de 1 mL da suspensão micelial, 0,5 mL de melibiose 0,06M e 0,5 mL de tampão fosfato 0,1M (pH = 5,2). Deixa-se a mistura reagir por 2 h, a 40 °C. A reação é bloqueada, deixando-se o tubo imerso em água fervente por 5 min. Em seguida, adicionam-se 5 mL da solução $ZnSO_4$-$Ba(OH)_2$, centrifuga-se e determina-se a galactose no sobrenadante. Uma unidade α-galactosidásica é a quantidade de enzima que libera 1 μg de galactose nas condições de ensaio definidas.

Para se conseguirem 80% de hidrólise da rafinose no liquor-mãe, usam-se 70.000 U/g de pó rafinásico em cada câmara do reator, operado nas condições: tempo de residência = 2 h, pH = 5,2 e 45 °C (Vitolo, 2021a).

## 10.5 *PEELING* E REMOÇÃO DA CARCAÇA DO CAMARÃO

A indústria pesqueira processadora de crustáceos frequentemente comercializa o produto na forma desprovida de exoesqueleto. Para tanto, um processo típico seria: 2 kg de camarão sem cabeça são misturados com água, 7,6 g de ficina, 15,2 g de α-amilase e 7,0 g de bicarbonato de sódio. O pH é ajustado a 7,8, e a temperatura é mantida a 52 °C por 30 min. Recolhe-se o camarão, que é lavado com jatos de água, seguidos de jatos de ar. Com isso, todos os fragmentos da carcaça são removidos. No final do processo obtém-se 1,2 kg de camarão limpo, perfazendo um rendimento de *peeling* de 60% (Vitolo, 2021a).

## 10.6 REMOÇÃO DO DEXTRÂNIO DO AÇÚCAR DE CANA

### 10.6.1 DEXTRÂNIO

O dextrânio é um polissacarídeo de glicose cujas moléculas estão majoritariamente unidas por ligações osídicas α-1,6. A depender da origem do dextrânio, além das ligações α-1,6, são observadas também ligações α-1,2, α-1,3 e α-1,4. Organismos presentes no meio ambiente sintetizam esse polissacarídeo a partir da sacarose pela ação da enzima dextransucrase (EC 2.4.1.5), sendo, em seguida, excretado pelas células. O dextrânio é um polímero biológico natural e renovável, apresentando excelente biocompatibilidade e biodegradabilidade, podendo ser moldado nas formas de nanopartículas, nanogel, microesferas e micelas, para uso como veículo de dispensação de drogas *in vivo* (Chen *et al.*, 2020).

Há amplo mercado para o dextrânio e os derivados de menor massa molar, uma vez que podem ser usados em diferentes segmentos industriais (alimentício, farmacêutico, cosmético e analítico – como gel de separação em processos cromatográficos) como crioprotetores, estabilizantes e componentes para formulações de vacinas e medicamentos. O mercado para o dextrânio é promissor, uma vez que é estimado crescimento anual da ordem de 4,9% entre 2021 (US$ 204 milhões) e 2028 (US$ 285 milhões).

No entanto, a sua formação pela atividade metabólica do *Leuconostoc mesenteroides* durante o processamento do caldo de cana para a produção do açúcar é indesejável. Esse microrganismo é amplamente encontrado nos solos de canaviais e chega à planta industrial por meio de danos físicos sofridos pela cana durante a colheita, ou quando o tempo até o processamento pós-colheita é prolongado. A presença do dextrânio é indesejável por várias razões: a) reduz o teor de sacarose no açúcar comercial; b) aumenta a viscosidade do caldo a partir do qual a sacarose é separada. Esse fato, causa problemas em várias operações unitárias usadas na produção do açúcar, a saber: clarificação (as taxas de floculação e flotação dos coágulos diminuem), filtração (aumento da pressão a ser aplicada no equipamento, elevando o seu desgaste), evaporação (diminuição da velocidade de remoção da água), cristalização (formação de cristais de sacarose disformes) e centrifugação (os cristais deformados separam-se a diferentes velocidades, aumentando o tempo da operação e formando mel como sobrenadante. Acrescenta-se o uso de maior volume de água para a limpeza do equipamento); c) interfere na análise do teor de sacarose, comumente feito por polarimetria. A dextrana por ser dextrogira como a sacarose conduz a valores polarimétricos superestimados; d) interfere na qualidade dos produtos que requerem açúcar nas formulações, uma vez que formam alcoolatos insolúveis (bebidas), promovem viscosidade e turbidez indesejáveis (bebidas e refrigerantes) e reduzem a consistência de gelatinas, geleias e caramelos. Acrescenta-se que o teor de dextrana é um parâmetro de controle de qualidade do açúcar produzido. Daí a importância de se evitar sua presença no processo de fabricação do açúcar (Sufiate *et al.*, 2022).

### 10.6.2 DEXTRANASE

A maneira de reduzir a presença de dextrana no açúcar comercial consiste na adição de dextranase (endo-α-1,6-glucanase, EC.3.2.1.11), obtida de *Penicillium funiculosum* ou um *mix* de dextranases (DextraMax®L), no caldo de cana.

A dextranase hidrolisa ligações osídicas α-1,6 do dextrânio, liberando oligossacarídeos de diferentes massas molares. Quanto ao mecanismo de ação, distinguem-se dois tipos de dextranase: exodextranase (hidrolisa o dextrânio a partir da extremidade da cadeia) e endodextranase (hidrolisa o polímero a partir de pontos situados no interior da cadeia, ou seja, de modo aleatório). A ação da exodextranase sobre o dextrânio gera glicose, isomaltose ou isomaltotriose, enquanto a endodextranase gera isomalto-oligossacarídeos, isomaltose, isomaltotriose e glicose. No sítio ativo das dextranases, existem dois aminoácidos fundamentais para a catálise, sendo um deles responsável pelo ataque nucleofílico ao substrato, e o outro, por atuar como ácido ou base fraca. Se, durante a catálise, o aminoácido nucleofílico se localiza perto do oxigênio da ligação α-1,6, então, o C1 da glicose envolvida na ligação mantém a configuração α após a ruptura; caso contrário, a configuração passa à forma anomérica β (devido ao encaixe de moléculas de água no espaço entre o aminoácido nucleofílico e o oxigênio da ligação α-1,6). Quanto ao formato do sítio ativo, tem-se que o das exodextranases é do tipo cavidade (*pocket*) e o das endodextranases é do tipo fenda (*groove*) (Hu *et al.*, 2023).

As dextranases são encontradas em muitas espécies de organismos, sendo as de emprego industrial obtidas de microrganismos (*Talaromyces sp.*, *Chaetomium spirale, Chaetomium erraticum*, *Chaetomium globosum*, *Penicillium funiculosum*, *Aspergillus allahabadii*, *P. aculeatum*, *P. cyclopium*, *Spicaria violacea*, entre outros). De acordo com a espécie microbiana, as dextranases diferem na massa molar (45 – 66 kDa), $pH_{ótimo}$ (4,5 – 7,5), $T_{ótima}$ (37 °C – 60 °C; por 1 h), estabilidade frente ao pH (3,5 – 10,0) e à temperatura (20 °C – 70 °C; por 1 h) e quanto à ativação ou à desativação em presença de íons ($Ca^{+2}$, $Fe^{+2}$, $Mg^{+2}$, $Ni^{+2}$, $Co^{+2}$ e $Fe^{+3}$). Por exemplo, a dextranase de *P. funiculosum* é ativada por $Ca^{+2}$ (10 mM), e a de *Chaetomium erraticum* o é pelo íon $Co^{+2}$ (1 mM) (Virgen-Ortiz *et al.*, 2015; Savic *et al.*, 2022; Ebaya *et al.*, 2020; Barzkar *et al.*, 2022).

A determinação da atividade dextranásica, em geral, pode ser feita por meio da medida espectrofotométrica dos açúcares redutores formados, usando-se o método de Somogyi-Nelson. Ressalta-se que, ao se ajustar o método de determinação, deve-se considerar os seguintes aspectos: a) selecionar dextrânio de massa molar definida como substrato; b) a concentração inicial de substrato deve ser entre 0,5% e 2,0% (p/v); c) dissolver o dextrânio em tampão de concentração entre 0,1 M e 0,5 M; d) selecionar o tampão em função do pH desejado (que variará conforme a origem da enzima); e) o tempo de ensaio deve se situar entre 10 min e 30 min; f) a temperatura da reação dependerá da origem da enzima (Zohra *et al.*, 2013; Rocha Filho; Vitolo, 2017).

O grau de pureza da dextranase dependerá do uso que se fará dela ou dos produtos da reação por ela catalisada. A dextranase *per se* pode ser usada na indústria do açúcar (nesse caso, com baixo grau de pureza, para não impactar o custo global do processo) e como componente de formulações de dentifrícios e colutórios (para evitar a formação ou ajudar na remoção de biofilmes causadores de cáries), ou como reagente para a hidrólise parcial do dextrânio, resultando em derivados usados em medicina (dextrânio de massa molar específica para uso como agente antitrombótico, por exemplo) e como prebiótico (isomalto-oligossacarídeos) em dietas especiais (Hu *et al.*, 2023).

No caso da dextranase usada na indústria do açúcar, o processo fermentativo para se obtê-la consiste em inocular o meio de cultura contendo 2% (p/v) de dextrânio e 3% (v/v) de milhocina com *P. funiculosum* (5% p/v), sendo as condições de fermentação 30 °C, pH 5,5 por 72 h. Findo esse período, o caldo fermentado é separado do micélio fúngico, e o extrato é usado na remoção do dextrânio formado durante a fabricação do açúcar (Vitolo, 2021a).

## 10.7 ADOCICAMENTO DE FRUTAS (*CANDIED FRUITS*)

Várias frutas, para uso em confeitaria, por exemplo, devem ter seu teor em açúcar aumentado. O problema é que vários tipos de frutos, quando em contato com xaropes concentrados, perdem a forma devido à perda de água por osmose. Assim, o adocicamento não enzimático, em geral, dura várias semanas, pois a fruta deve ser deixada em contato com o xarope em concentrações crescentes por vários dias.

O tratamento enzimático, por sua vez, reduz o tempo global de processo para, no máximo, quatro dias. Para tanto, procede-se deste modo: o *Aspergillus niger* é preparado pelo processo Koji (20 g de farelo de trigo por 5 dias a 20 °C); em seguida, a massa fermentada é extraída com água, e o extrato resultante é precipitado com etanol. O precipitado (mix de pectinases, celulases e proteases) é separado e resuspendido em água (2 g/L), sendo essa solução usada para o adocicamento.

Morangos ou outras infrutescências, previamente tratados com sulfito e com cloreto de cálcio, são imersos na solução de enzima por 24 h e, depois, são transferidos para uma solução aquosa de eritrosina, onde são mantidos a 80 °C por 40 min. Findo esse período, adiciona-se ácido tartárico, e a mistura é deixada por mais 40 min, a 80 °C. Após esse tratamento, os frutos são transferidos sucessivamente para soluções de açúcar a 50%, 60% e 80%, sendo deixados imersos em cada uma delas por 24 h, a 50 °C. No final obtêm-se frutos com 72% de sacarose e com as formas características preservadas (Vitolo, 2021a).

## 10.8 DESENGORDURAMENTO DE OSSOS

Em linhas gerais, o processo de desengorduramento dos ossos seria: os ossos são moídos (partículas com diâmetro não superior a 16 mm) e lavados com água fervente para remover parte dos lipídeos presentes. Após a drenagem, a massa de ossos é resuspendida em água (1 L/kg), adicionando-se, a seguir, lipase (15.000 U/L) e cloreto de cálcio (3 a 10 g/L). A mistura é deixada sob agitação por 12 h a 37 °C e pH = 7,2. Findo esse período, a água é drenada, e a massa é lavada profusamente com água fervente. Após esse último tratamento, se desejado, pode-se repetir o tratamento lipolítico. Os ossos desengordurados servirão de matéria-prima para a produção de gelatina (Vitolo, 2021a).

## 10.9 FORMAÇÃO DE AROMA E SABOR POR VIA ENZIMÁTICA

Praticamente todos os tipos de alimentos industrializados ou não possuem aroma e sabor característicos. Por exemplo, sucos cítricos têm leve sabor amargo devido à presença da naringina e limonina, compostos situados na camada branca dos frutos.

Milhares de compostos voláteis pertencentes a diferentes classes de compostos orgânicos têm sido identificados nos alimentos (ésteres, aminas, álcoois, alcenos, terpenos, aldeídos e cetonas). O “aroma do alimento” resulta da mistura de dezenas ou centenas de compostos. Por exemplo, o aroma/sabor de maçã é constituído por, pelo menos, quinze substâncias diferentes (1-butanol, 2-metil-1-butanol, hexanal, 1-hexanol, furfural, entre outros).

Pesquisas de mercado têm indicado que os consumidores preferem matérias-primas alimentares rotuladas como "naturais". A percepção do "natural" como uma qualidade do alimento tem impelido para o emprego de compostos promotores de sabores e aromas passíveis de serem rotulados dessa forma. As plantas são as fontes naturais de substâncias aromáticas; porém, os compostos vegetais têm como desvantagens o pequeno número de fornecedores, custo elevado das substâncias, variabilidade da qualidade e do teor do composto devido à espécie vegetal, local da plantação, condições climáticas e de solo. Essas desvantagens têm estimulado a procura por fontes mais adequadas. Para esse fim, a biotecnologia – via fermentação ou catálise enzimática – colabora na produção tanto de substâncias aromáticas como de misturas conferidoras de aromas e sabores específicos de queijo, peixe e cárneo.

O aroma/sabor em alimentos pode ser gerado por via enzimática, microbiana, durante o processamento, cozimento e interações químicas (Schwendenwein *et al.*, 2016). Uma maneira conveniente para tratar do assunto seria classificar os agentes promotores de aroma/sabor em três grupos: a) termoderivados e os resultantes da reação de Maillard, quando o alimento é cozido ou termo processado como a formação dos aromas de carne e do café; b) compostos formados durante o aquecimento (via reação de Maillard) a partir de compostos não voláteis gerados por uma etapa fermentativa, como observado na confecção de pães e do chocolate; c) aromas ditos bioderivados (metabólitos secundários), gerados por fermentação, ação de enzimas endógenas, produtos finais de vias metabólicas de plantas ou adição de enzimas durante o processamento.

Focando na formação do aroma/sabor por via enzimática, podem ser considerados três aspectos: *in situ* – por exemplo, o sabor da cerveja é formado durante o cozimento do mosto com o lúpulo antes de a mistura ser submetida à fermentação com a levedura cervejeira –, reação enzimática para formar compostos específicos de aroma/sabor (por exemplo, o adoçante aspartame é sintetizado com termolisina a partir do ácido aspártico e do éster de fenilalanina) e alimentos modificados com enzimas, para a formação de aroma/sabor de carne, queijo e peixe.

A fabricação de queijo envolve os aspectos *in situ* e alimentos modificados com enzimas. O procedimento consiste em deixar a massa de queijo maturar por longos períodos em câmaras mantidas em condições definidas de umidade, temperatura etc., durante o qual o aroma/sabor característico do produto se forma. Isso é feito pelo uso de cultura microbiana *starter* (*Lactobacillus sp.*) associada às atividades proteolítica e lipolítica residuais resultantes da adição de protease e lipase na etapa de coagulação da p-k-caseína. O aspecto relacionado à modificação enzimática pode ser resumido como segue: retalhos de queijo (com 63% de sólidos totais) são misturados com água e emulsificante; a pasta resultante (com 45% de sólidos totais) é pasteurizada (72 °C, por 10 min) e resfriada a 50 °C. Enzimas (lipase de pâncreas suíno (LPS) ou lipase microbiana (LM) e protease fúngica) são adicionadas à pasta, a qual é deixada sob baixa agitação por 8 h, a 50 °C. Segue-se a pasteurização da pasta (72 °C por 25 - 35 min), e, finalmente, secagem por *spray-drying*. Em geral, a LM é preferida em relação à LPS porque: a) a LPS possui a tripsina como contaminante, o que provoca a formação de sabor amargo; b) a LPS não pode ser usada em produtos veganos, vegetarianos, kosher e *halal*; c) o temor da presença de vírus ou príon nos derivados de origem animal. A protease fúngica, por sua vez, não promove a formação de peptídeos hidrofóbicos, quer pela sua ação *per se*, quer pela presença de aminopeptidases contaminantes, cujo efeito colateral benéfico é a hidrólise de peptídeos hidrofóbicos.

A geração do sabor cárneo é um exemplo de reação catalisada por enzima, embora o mesmo possa ser obtido por meio da hidrólise ácida da proteína da soja (6 M HCl) a 180 °C e pressão de 6 atm (Godfrey; West, 1996). O sabor cárneo do hidrolisado proteico de soja deve-se à reação de Maillard, que ocorre nas condições citadas. O hidrolisado ácido de soja é usado em formulações de sopas, molhos, petiscos, tortas etc., apesar de apresentar as desvantagens: a) em muitos países, esse componente é considerado artificial em vez de natural; b) contém cloreto de sódio acima de 40% (devido à neutralização do ácido clorídrico usado na hidrólise); c) contém alto teor de glutamato, que é reprovado em vários países (como os Estados Unidos); d) contém baixo teor de mono- e dicloropropanol, potenciais cancerígenos. A efetiva substituição do HCl por protease é dificultada pelo maior custo da enzima. Mas, para os alimentos mais custosos, a substituição se torna viável. Além disso, com o aumento da consciência ecológica dos consumidores, os empresários desse setor são pressionados a tomar medidas que minimizem a contaminação ambiental, para a qual a substituição do ácido pela enzima é uma atitude importante. No entanto, uma alternativa seria a substituição do extrato de soja pelo extrato de levedura (previamente tratado com ribonuclease e deaminase) como reforçador do sabor cárneo do produto (Godfrey; West, 1996).

Finalmente, realçadores de sabor de origem microbiana como glutamato monossódico, inosina monofosfato e guanosina monofosfato merecem ser lembrados, porque contribuem para a obtenção de certos sabores (como o de carne), mesmo em presença de baixas concentrações de flavorizantes naturais (Godfrey; West, 1996).

## 10.10 ÓLEOS COMESTÍVEIS

A polpa e a semente de plantas oleaginosas (palma, oliva, soja, girassol, algodão, canola, colza etc.) são as matérias-primas para a produção de óleos comestíveis. Os óleos da polpa de frutos oleaginosos (oliva e palma) e de sementes (colza e algodão) são extraídos com água e solventes orgânicos, respectivamente.

Como os óleos comestíveis são produtos de custo baixo, o uso de enzimas tende a encarecê-los. Por isso, o uso de enzimas se justifica em alguns casos, como na produção do óleo de oliva puro, que tem alto preço de mercado, ou quando propicia aumento significativo no rendimento da produção (óleo de palma).

A produção do óleo de oliva consiste na moagem do fruto em presença de água, resultando em uma pasta de textura adequada para a prensagem. O prensado possui três fases: sólida (composta por 3-5% de óleo residual, 50% de água e 43-45% de sólidos), aquosa (composta por menos de 1% de óleo, 90-95% de água e 5-10% de sólidos) e oleosa (composta por 98-99% de óleo; água e sólidos da ordem de 1%). A adição de celulase e pectinase na prensagem reduz o teor de água na fase oleosa. Consequentemente, menos água se separará durante a fase de repouso do óleo (etapa obrigatória para a maturação do óleo de oliva). No final, o volume adicional de óleo produzido é da ordem de 1%. Esse valor, embora pequeno à primeira vista, torna-se significativo quando se considera a produção de milhares de metros cúbicos de óleo, na qual um incremento de 1% no volume de produto obtido corresponde a alguns metros cúbicos extras para engarrafamento e venda (Puri *et al.*, 2012).

Em sementes oleaginosas e peixes, o óleo encontra-se ligado a proteínas, requerendo o uso de protease para aumentar o rendimento da extração. No caso das sementes oleaginosas, é comum o óleo ficar contaminado com fosfolipídeos (lecitina, por exemplo) e/ou fosfatídeos, que conferem gomosidade ao produto. Embora a degomagem com fosfolipases seja viável, os fabricantes preferem remover essas substâncias com solventes orgânicos ou água aquecida por razões de custo.

Lipases microbianas podem ser usadas nos processos de interesterificação – como na conversão do óleo de palma (rico em ácido láurico, mas pobre em ácidos esteárico e palmítico) em manteiga de cacau (rica em ácidos esteárico e palmítico) – e na hidrólise de triglicérides (Hares Jr. *et al.*, 2019; Godfrey; West, 1996).

O uso de enzimas na indústria de óleos comestíveis, apesar dos custos, é promissor, uma vez que leva à redução do consumo de água durante o processamento e, em consequência, redução do volume de efluente a ser descartado. Portanto, o uso crescente de enzimas nesse setor está vinculado à consciência das pessoas com o meio ambiente.

## 10.11 RAÇÃO ANIMAL

As enzimas podem ser adicionadas na ração animal com o objetivo de melhorar a digestibilidade do alimento (amidos, proteínas, gorduras, fibras etc.) e reduzir a excreção para o ambiente de compostos nitrogenados e fosforados.

De acordo com o conteúdo em fibras, as rações para animais são classificadas em quatro grupos (Godfrey; West, 1996): grupo I – rações ricas em β-glucana, como cevada e aveia; grupo II – rações ricas em pentosanas e arabinoxilanas, como centeio e triticale; grupo III – rações com componentes insensíveis à ação de enzimas como sorgo e milho; grupo IV – rações contendo complexos fibroproteicos, nos quais a proporção de substâncias pépticas e galactossacarídeos é alta. Por conseguinte, os grupos I, II e IV são suscetíveis ao tratamento enzimático.

A lógica para o emprego de enzimas em ração animal repousa na premissa de que o catalisador degradará as fibras solúveis – que, em geral, têm efeito nutricional desfavorável – e/ou servirá de suplemento às enzimas digestivas naturais do animal. Por exemplo, o pâncreas de porcos lactentes é incapaz de produzir suco pancreático com atividades amilolítica e proteolítica adequadas à digestão eficiente de alimentos. Esse problema fisiológico pode durar até quatro semanas. Logo, a suplementação da ração com amilases e proteases exógenas é benéfica para o desenvolvimento animal durante esse período. Além disso, a suplementação enzimática na dieta de animais mais jovens é importante por permitir a hidrólise de polissacarídeos não amiláceos presentes em cereais e proteínas vegetais.

Rações para aves podem ser baseadas em cevada, milho, trigo e/ou proteínas vegetais. Alimento à base de soja é amplamente usado. Os galetos são negativamente afetados por dietas contendo mais do que 10% (p/p) de cevada devido a sua susceptibilidade ao teor alto de β-glucana existente nesse cereal. Portanto, a ração para os galetos precisa conter β-glucanases. No caso de dietas à base de trigo (ricas em pentosanas hidrossolúveis) a adição de pentosanases ou endo-xilanases melhorará a digestibilidade da dieta pelos galetos. Galinhas poedeiras e perus também são favorecidas pela presença das citadas enzimas em suas dietas. Galinhas poedeiras, quando alimentadas com dietas ricas em polissacarídeos não amiláceos (baseadas na cevada ou trigo), põem ovos com depósito de material fecal sobre a casca, dando-lhes aspecto desagradável. A adição de β-glucanases e xilanases minimizam esse problema. Além disso, quando se considera a composição total da dieta em termos nutricionais, os açúcares metabolizáveis oriundos da ação das enzimas conferem aumento extra ao valor energético da ração. Esse fato deve ser levado em conta ao se formular a dieta.

Dietas para porcos formuladas com cevada, trigo e resíduos agrícolas e de moagem de cereais requerem as mesmas enzimas que no caso das aves. No entanto, porcos e aves apresentam diferenças fisiológicas em relação à secreção de enzimas digestivas endógenas, implicando diferenças nas suas necessidades de enzimas exógenas. Os picos de atividade das enzimas amilase, lipase e proteases (pepsina e tripsina) no sistema digestório dos porcos são alcançados, respectivamente, em 33, 49 e 25 dias após o nascimento, enquanto nas aves (galetos em especial) os picos são alcançados em 5, 7 e 15 dias após o nascimento (Ojha *et al.*, 2019).

As enzimas para alimentação animal são aditivos que devem ser usados parcimoniosamente, considerando-se os conteúdos dos substratos nas matérias-primas usadas na ração, os quais variam com o local da cultura, estação e tempo de duração da colheita, espécie do cereal e condições de solo e climáticas. Por conseguinte, ampla variedade de preparados enzimáticos estão disponíveis no mercado. Por isso, o criador, para selecionar o preparado mais conveniente ao seu plantel, deve realizar testes alimentares prévios nos animais. O fornecedor das enzimas, por sua vez, deve garantir que o preparado enzimático seja resistente ao tratamento térmico (condições de processamento da ração: 90 °C/30 min) e ao meio digestivo do animal.

Atualmente, é dada uma grande atenção, em nível mundial, aos danos ambientais causados pelo acúmulo de dejetos de animais no campo. Inclusive, uma fração significativa da emissão de metano na atmosfera, que influi no efeito estufa, provém das fezes de animais de criação (Vitolo, 2022). A contaminação dos mananciais de água com compostos nitrogenados e fosforados oriundos do esterco é também um ponto de grande aflição ecológica em escala regional. A única maneira para minimizar esses problemas seria a otimização do aproveitamento do fósforo e do nitrogênio pelos animais, de tal sorte que somente uma pequena quantidade fosse liberada para o ambiente. Esse objetivo pode ser alcançado tanto pelo melhoramento da digestibilidade do alimento – usando-se uma combinação de enzimas formada por amilases, proteases, xilanases, β-glucanases e β – galactosidases – quanto pelo estímulo à ação da fitase endógena presente nos cereais usados como alimentos. Para melhorar esse último item, a adição de fitase exógena (obtida de *Aspergillus ficuum*) na ração é um procedimento valioso. A fitase é uma enzima que decompõe os sais de fitato nos quais o fósforo está ligado, liberando-o. O fósforo livre é prontamente absorvido pelo animal e devidamente metabolizado. No entanto, a fitase endógena é termolábil, sendo sua adição na ração um quesito obrigatório. Em consequência, grande quantidade de fitase deve estar disponível no mercado, para fazer frente ao acelerado crescimento da pecuária mundial. Talvez não seja exagero afirmar que a disponibilidade de fitase em grande quantidade é a maior expectativa do setor de produção de ração animal (Vitolo, 2021a; Romano; Kumar, 2018). Lembra-se que o mercado global de fitase corresponde a 50% do mercado global de enzimas para alimentação animal. Estima-se que no período 2022 e 2025 o mercado global para a fitase passará de US$ 825 milhões para US$ 1,0 bilhão, sendo a taxa anual de crescimento de 6,3%.

## 10.12 HIDRÓLISE DA SACAROSE

### 10.12.1 INTRODUÇÃO

A sacarose é o principal constituinte do açúcar comercial, disputando com o etanol combustível pelo caldo de cana-de-açúcar, que é a matéria-prima de partida para a produção de ambos. Dados os altos e baixos do mercado sucroalcooleiro, a sobra de sacarose na usina pode ser significativa, implicando o estoque de grande quantidade de açúcar, além da sua deterioração com o tempo, devido ao seu alto poder higroscópico. Por conseguinte, a conversão do excesso de sacarose em produtos de valor agregado equivalente ou até mesmo superior pode contribuir para minimizar as perdas ou dar lucro extra às usinas.

A sacarose pode ser modificada por processo químico – por exemplo, a esterificação das hidroxilas com ácidos graxos de cadeia longa forma um derivado oleoso, cuja viscosidade é da mesma ordem que a dos óleos comestíveis, com a vantagem de não ser absorvido no intestino humano – ou enzimático. Nesse último caso, o processo mais comum é a hidrólise pela invertase, resultando como produto um xarope contendo quantidades próximas de glicose e frutose. Esse xarope, por sua vez, pode ser tratado com a glicose oxidase, obtendo-se no final frutose e ácido glicônico – dois produtos de alto valor comercial (Vitolo, 2021a).

### 10.12.2 INVERTASE

A invertase (β-fructofuranosídeo-fructohidrolase, EC.3.2.1.26) catalisa a hidrólise da sacarose em frutose e glicose. A solução aquosa de frutose e glicose recebe o nome de açúcar invertido porque desvia a luz plano polarizada para a esquerda, enquanto a solução aquosa da sacarose desvia a luz para a direita. Além disso, o açúcar invertido possui índice de dulçor superior ao da sacarose, devido à presença da frutose.

A invertase foi a primeira carboidrase estudada na história da enzimologia. A atividade invertásica foi detectada em 1828, a partir da fermentação de solução de sacarose por levedura. Mais tarde, foi demonstrado que a levedura de panificação era capaz de hidrolisar a sacarose em condição não fermentativa, uma clara indicação de que a enzima não se encontrava dentro do citoplasma. Finalmente, Berthelot, em 1860, separou-a a partir de extrato aquoso de levedura – obtido pela maceração das células de levedo com areia umedecida – pela precipitação com etanol. Sem dúvida, a invertase estimulou o desenvolvimento da enzimologia industrial, não só por ter sido uma das duas enzimas já produzidas em 1900 – a outra era a α-amilase –, mas também por ter sido usada para desenvolver o primeiro modelo matemático para avaliar a atividade enzimática, resultado de estudo colaborativo das duplas Michaelis e Menten (1913) e Briggs e Haldane (1926).

As principais fontes de invertase são as leveduras do gênero *Saccharomyces*, como a espécie *S. cerevisiae*. Nessa levedura, há dois tipos de invertase: interna (massa molar de 135 kDa; dispersa no citoplasma) e externa (inserida na parede celular com massa molar de 270 kDa, estando ligada à manana). A invertase externa, que representa 95% de toda a invertase presente na levedura, está sujeita à repressão catabólica pela glicose, enquanto tal não ocorre com a invertase interna (Vitolo, 2019). Além disso, a invertase é encontrada em humanos e em plantas. Nas plantas, existem três isoformas da enzima – atuam no metabolismo e colaboram na osmoregulação, desenvolvimento e na defesa da planta – que diferem nas propriedades físico-químicas e na localização intracelular (Figura 10.1) (Fotopolous, 2005). Em humanos, a invertase é achada na saliva (como subproduto do metabolismo do *Streptococcus mutans*, localizado nas placas dentárias) e nos vilos das células do intestino delgado.

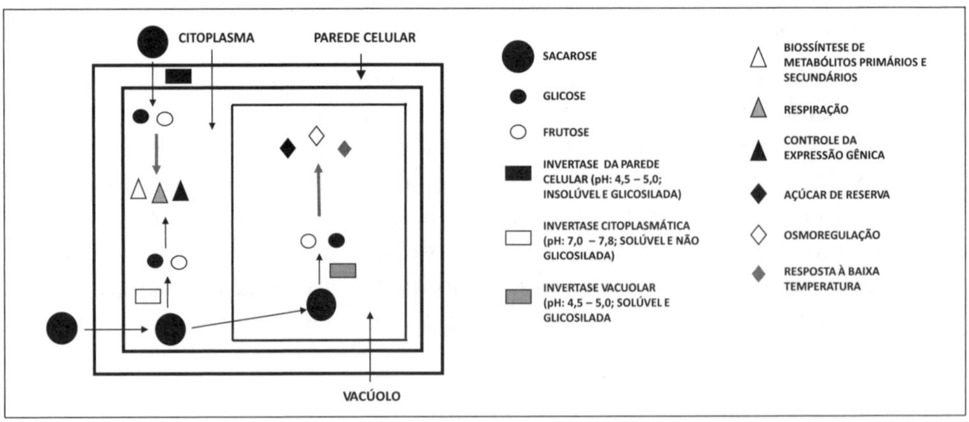


**Figura 10.1** – Diagrama da hidrólise da sacarose por três isoformas de invertase (□) e a destinação metabólica (◊Δ) da glicose ( ● ) e frutose ( O ) na célula vegetal.

### 10.12.2.1 Catálise

Os carboidratos passíveis de hidrólise pela invertase devem possuir pelo menos dois açúcares (glicose e frutose, por exemplo) unidos por ligações osídicas α (por parte da glicose) e β (por parte da frutose). Além da ligação α,β entre as hexoses, o grupo terminal D-fructofuranosil deve ter as hidroxilas livres. Nessas condições, a invertase pode hidrolisar outros carboidratos além da sacarose (substrato preferencial), como a rafinose ou qualquer outro que possua o grupo β-D-fructofuranosil não substituído na extremidade da cadeia. O mecanismo da catálise invertásica envolve três etapas (Figura 10.2). A sacarose em particular pode ser hidrolisada pela α-D-glicosidase, que rompe a ligação osídica α,β pelo lado da glicose (Figura 10.2).

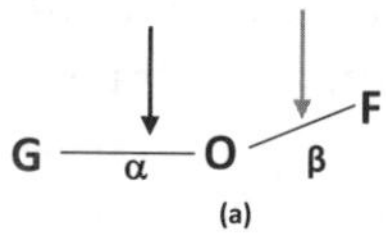


(a) Glicose (G) e frutose (F) ligadas por ligação osídica α, β na molécula de sacarose. São indicados os pontos nos quais a ligação osídica é rompida pela α-glicosidase (seta preta) e pela invertase (seta cinza).

**(1ª Etapa)** **EH + GOFOH → EFOH + GOH**

**(2ª Etapa)** **EFOH + HOH → EH + FOH + $HO^-$**

**(3ª Etapa)** **$H_3O^+ + HO^- \rightarrow H_2O$**

**(Atividade transferásica)** **EFOH + GOFOH → EH + GOFOF + $HO^-$**

EH = INVERTASE; GOFOH = SACAROSE; EFOH = INTERMEDIÁRIO INVERTASE/FRUTOSE; GOH = GLICOSE; HOH = ÁGUA; FOH = FRUTOSE; GOFOF = OLIGOSSACARÍDEO.

**Figura 10.2** – Mecanismo da reação catalisada pela invertase.

A atividade invertásica em solução aquosa aumenta até a concentração de sacarose alcançar 120 g/L, diminuindo a seguir. Observou-se também que a energia de ativação da reação passa de 4,8 kcal/mol ($A_w$ = 0,90, sendo a concentração inferior a 120 g/L, e a viscosidade inferior a 1,6 cP) para 15,7 kcal/mol ($A_w$ = 0,58, sendo a concentração de sacarose igual a 300 g/L, e a viscosidade igual a 2,4 cP). Esse efeito da concentração de sacarose se deve ao controle exercido pela difusão sobre a catálise em baixos valores de $A_w$ (Vitolo, 2021b). Ademais, observa-se acúmulo de trissacarídeos em valores baixos de $A_w$, indicando que a invertase estaria catalisando a síntese de ligações osídicas (Figura 10.2). Para isso, a invertase transfere um grupo D-fructosil da sacarose para grupos aldeídos livres de glicose e frutose originando di-, tri- e oligossacarídeos. O fenômeno da atividade transferásica, ligado à atividade de água ($A_w$) do meio de reação, é comum entre as hidrolases (proteases e amilases).

### 10.12.2.2 Produção

As fontes de invertase mais comuns são as leveduras de panificação (*S. cerevisiae*) e de cervejaria (*S. carlsbergensis*). A invertase pode ser produzida a partir da fermentação com a levedura de panificação ou extraída da levedura residual de cervejaria.

O processo de produção envolve cinco etapas: preparação do meio de cultura, preparação do inóculo, fermentação, extração e purificação. No processo a ser descrito, o meio de cultura consiste em melaço de cana-de-açúcar suplementado, e a fermentação, conduzida em regime descontínuo-alimentado segundo a lei de adição: $V_{ad} = t^2/16$; onde $V_{ad}$ = volume de meio adicionado no fermentador (L); t = tempo de adição (h) (Pessoa Jr. *et al.*, 2021, Rocha Filho; Vitolo, 2017).

As etapas são: a) preparação do meio de cultura – o melaço é misturado com água na razão 1:1 (v/v). A seguir, o meio é suplementado com $NaH_2PO_4.H_2O$ (2,25 g/L) e fervido por 30 min a 120 °C, seguindo repouso por 48 h (durante o qual produtos contaminantes no melaço precipitam). Findo esse período, o sobrenadante (meio clarificado) é separado por decantação. O meio clarificado é suplementado com $MgSO_4.7H_2O$ (0,075 g/L), $(NH_4)_2SO_4$ (5,1 g/L) e $Na_2HPO_4.12H_2O$ (2,4 g/L), o pH é ajustado a 7,0 e esterilizado a 120 °C por 30 min; b) preparo do inóculo – a partir de uma cultura pura de levedura (mantida em ágar nutriente e glicose nas concentrações de 23 g/L e 1,0 g/L, respectivamente) retira-se com uma alça de platina uma porção de células, que são inoculadas em 5,0 mL de uma solução contendo extrato de levedura (3,0 g/L), peptona (5,0 g/L) e glicose (10,0 g/L), seguida por incubação a 33 °C por 48 h. Após esse período, a suspensão é transferida para um frasco cônico contendo meio esterilizado (razão volumétrica de 1:20). O frasco é deixado sob agitação de 120 rpm por 22 h a 33 °C. A propagação do inóculo pode ser repetida em volumes crescentes de meio até alcançar o volume de inóculo adequado ao volume de meio a ser fermentado; c) fermentação – o meio de cultura e o inóculo (concentração celular > 1,0 g/L) na proporção 3:1 são introduzidos no fermentador. Em seguida, adiciona-se solução substrato com teor de açúcares redutores totais entre 6,0 e 10,0 g/L de acordo com uma lei de adição linear crescente até atingir o volume final de operação (60 – 80% do volume nominal do fermentador), segundo o tempo de adição preestabelecido (2 – 12 h). O processo pode ser conduzido sob agitação de 500 rpm, aeração de 1 L/L.min, pH 4,5 e 35 °C. Amostras são retiradas a cada 1 – 2 h para determinações analíticas (medida das concentrações de células e de açúcares redutores e da atividade invertásica das células). A concentração de açúcares redutores deve ser mantida abaixo de 0,5 g/L durante toda a fermentação. No final da fermentação, a dorna é esvaziada, e o caldo fermentado é centrifugado (3.000*xg*/15 min), recolhendo-se as células; d) extração da invertase – a massa celular é resuspendida em água e misturada com solução 0,154 M de $NaHCO_3$ na proporção de 1:40 e submetida à agitação de 200 rpm por 24 h, sendo a seguir centrifugada (3.000*xg*/30 min), recolhendo-se o sobrenadante. Uma solução de picrato de sódio (0,13 M) é adicionada ao sobrenadante na proporção 0,35:1, sendo o precipitado descartado após centrifugação (3.000*xg*/30 min). O sobrenadante é recolhido e adicionado de acetona na razão 1:3 (v/v). Após repouso de 4 h a invertase precipita, sendo separada por centrifugação (3.000*xg*/1 h). O precipitado é seco a baixa pressão (0,2 bar) a 30 °C por 5 h. Nesse ponto, a invertase já possui grau de pureza para as aplicações industriais comuns (Vitolo, 2021c); e) purificação da invertase – a invertase é dissolvida em 0,05 M tampão fosfato (pH 7,0), seguida de passagem em coluna de DEAE--celulose (100 mesh) previamente equilibrada com o mesmo tampão. A invertase é eluída com 0,1 M tampão TRIS-HCl (pH 7,0) contendo 0,5 M de NaCl. Finalmente, o eluato é coletado e dialisado contra 50 volumes de 0,1 M tampão TRIS-HCl (pH 7,0) por 16 h a 4 °C. Para aumentar a vida de prateleira da invertase purificada, o dialisado é liofilizado nas condições: velocidade de congelamento = 1,5 °C/min; temperatura dos pratos do liofilizador = 25 °C; pressão da câmara = 0,1 bar; e tempo de secagem = 20 h (Vitolo, 2020).

Naturalmente, nos países produtores de etanol e cerveja faz mais sentido extrair a invertase a partir da levedura residual, uma vez que três etapas são eliminadas no processo de produção. Além disso, subprodutos podem ser obtidos dos fragmentos celulares como ácidos nucleicos, outras enzimas e o extrato de levedura (importante insumo para a microbiologia).

### 10.12.2.3 Propriedades da invertase de levedura

A invertase localizada na parede celular da levedura tem massa molar de 270 kDa, constante de sedimentação de 10,4 Svedberg e 30 cadeias de manana (4,5 kDa cada) ligadas a asparaginas (proporção 1:1) da cadeia proteica da enzima.

O pH ótimo da invertase está entre 4,5 e 5,0 e a faixa de pH de estabilidade varia entre 3,5 e 5,0, enquanto a temperatura ótima é de 45 °C (para tempo de reação de 10 min), e a faixa de estabilidade mediante a temperatura varia entre 30 °C e 50 °C (a invertase é mantida a cada temperatura por 30 min) (Vitolo, 2012). Além disso, invertase mais estável frente ao pH (4,0 – 8,0) e de meia-vida mais longa pode ser obtida por meio do melhoramento genético da levedura e por engenharia proteica.

### 10.12.2.4 Determinação da atividade

A medida da atividade invertásica está baseada na determinação da glicose e frutose formadas. A atividade pode ser expressa como a quantidade de açúcares redutores totais (ART; glicose mais frutose) ou como a quantidade de cada hexose formada por minuto. O ART pode ser medido por titulação com o reagente de Fehling ou por espectrofotometria, pela cor formada na presença do reagente ácido dinitrosalicilico ou do reagente de Somogyi-Nelson. A glicose pode ser medida por meio das cromatografias a gás, líquida ou adsorção ou, ainda, de kit enzimático (composto de glicose oxidase, peroxidase e pirogalol ou o-dianisidina). Além disso, sendo a invertase muito usada na indústria de alimentos, a definição oficial da atividade é regulamentada pelo Food Chemicals Codex VIII (uma divisão da farmacopeia americana), que recomenda expressar a atividade invertásica em unidades Sumner (SU, na sigla inglesa). Assim, uma SU é a quantidade de enzima que converte 1 mg de sacarose em glicose e frutose em 5 minutos a 30 °C e pH 4,5. Quando a amostra contiver baixa atividade invertásica (como na saliva), é recomendado usar o Kit® (ab197005 da Abcam Plc Co., Cambridge, UK), que utiliza plataforma leitora de microplacas com sensibilidade de 20 μU (1U = 1 nmol de glicose formada/mL.min. A reação é conduzida a pH 4,5 e 37 °C por 1 – 20 min; a cor formada é lida em $\lambda$ = 570 nm).

A atividade invertásica pode ser determinada por meio do polarímetro, uma vez que a sacarose é dextrogira (+ 66,5°), e a mistura glicose e frutose é levogira (-20°), ou seja, aquela desvia a luz plano polarizada (LPP) para a direita, e esta, para a esquerda (Vitolo, 2021d).

Um exemplo de determinação da atividade invertásica aplicável tanto para a invertase solúvel quanto à presa na parede celular da levedura: em tubo de Folin-Wu, são misturados 5,0 mL de solução de sacarose P.A. (100 g/L em 0,010 M tampão acetato pH 4,6) e 1,0 mL de suspensão celular ou solução de invertase, sendo o tubo mergulhado em banho-maria a 37 °C. Após 5 min, a reação é interrompida pela adição de 1,0 mL do reagente de Somogyi-Nelson (mistura alcalino-cúprica; pH 11,0), seguida pela imediata imersão do tubo em banho-fervente por 10 min. Após resfriamento, adicionam-se 2,0 mL de uma solução arseno-molíbdica e deixa-se o tubo em repouso em temperatura ambiente. A cor desenvolvida é lida em espectrofotômetro ($\lambda$ = 540 nm) (Rocha Filho; Vitolo, 2017).

A invertase de *S. cerevisiae* possui nível de estrutura quaternária resultante da associação de dois, três ou quatro monômeros proteico-mananas. A associação dos monômeros é favorecida em pH entre 4,5 e 5,0 (Vitolo, 2020). Em solução aquosa, as quatro formas estão em equilíbrio [monômero $\leftrightarrows$ dímero $\leftrightarrows$ trímero $\leftrightarrows$ tetrâmero], e a atividade invertásica aumenta à medida que o número de monômeros agregados aumenta. Na parede celular da levedura, é provável que as moléculas de invertase estejam agrupadas em trímeros e tetrâmeros, o que pode explicar a alta atividade invertásica de células intactas de levedura (Figura 10.3). O empacotamento dos monômeros foi demonstrado indiretamente por meio da curva de desnaturação térmica em pH 4,6 da invertase solúvel (70 °C, por 16 min), que apresentou ponto de inflexão após 4 min de aquecimento. Esse ponto não foi observado quando se empregou invertase imobilizada em polietileno (70 °C, por 80 min) (Figura 10.4) (Vitolo, 2021d).

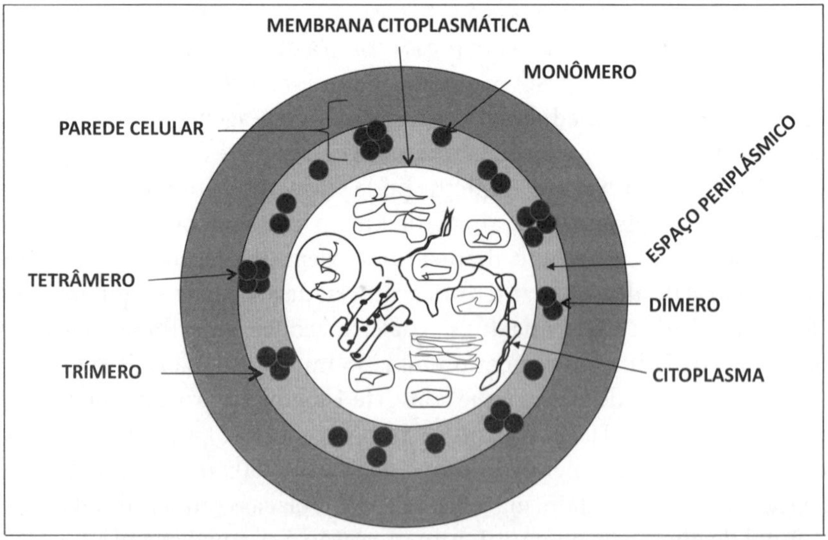


**Figura 10.3 –** Distribuição pictórica das moléculas de invertase no espaço periplásmico da levedura.

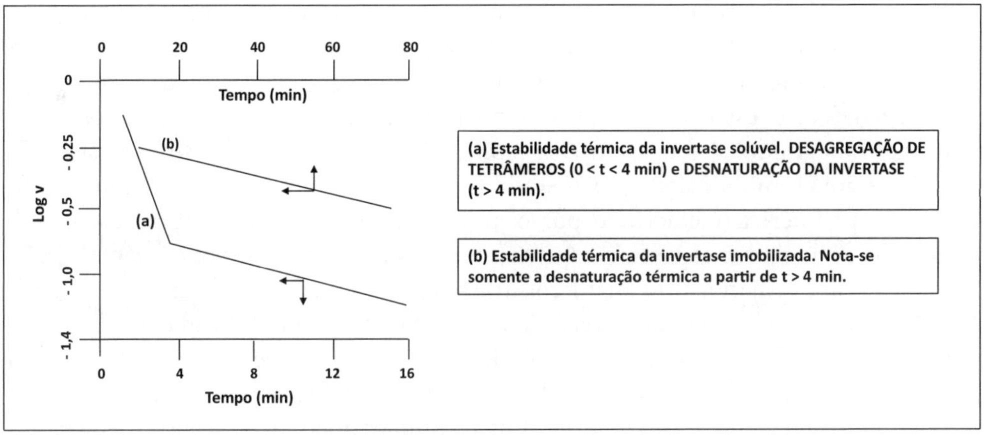


**Figura 10.4 –** Estabilidade térmica da invertase solúvel e imobilizada.

A invertase segue os modelos cinéticos propostos por Michaelis-Menten e Briggs--Haldane, os quais apontam para uma relação hiperbólica entre a velocidade da reação e a concentração do substrato (ver Capítulo 2). O $K_M$ e a $V_{max}$ da invertase de levedura variam, respectivamente, entre 18,7 e 28,2 mM e $250x10^{-4}$ e $292x10^{-4}$ U/mL. Pela literatura, a variação do $K_M$ situa-se entre 18,0 e 40,0 mM. A discrepância provavelmente resulta do método gráfico usado para o cálculo, do tipo de fonte (vegetal ou microbiana), da forma de apresentação comercial (pó ou solução) e das condições do método de medida da atividade (Vitolo, 2021d).

## 10.12.2.5 Aplicações

O principal emprego da invertase, desenvolvido desde o início do século passado, é na hidrólise da sacarose presente no caldo de cana e no melaço, visando à produção de etanol combustível, etanol medicinal e bebidas fermentadas.

Nas primeiras décadas do século passado, a invertase e o ácido clorídrico competiam como agentes de hidrólise da sacarose em escala industrial. A hidrólise da sacarose com HCl concentrado (reagente barato e abundante) era feita por processo contínuo em contracorrente em reator tubular mantido a 85 °C. Apesar da hidrólise ácida preceder a enzimática (conduzida em condições brandas de pH e temperatura), esta mostrou-se vantajosa em evitar a geração de subprodutos indesejados, como a formação de furfural e derivados que deviam ser removidos do açúcar invertido produzido, reduzir o consumo de energia, aumentar o rendimento da hidrólise (de 70% com HCl para 95% com a invertase), reduzir o potencial dano à saúde dos operadores e reduzir a formação de efluentes danosos ao meio ambiente. Além disso, a velocidade inicial de hidrólise da sacarose pela invertase é $2x10^{10}$ vezes superior à da hidrólise ácida.

Apesar das vantagens da invertase sobre o HCl na hidrólise da sacarose, a alta solubilidade da enzima limita seu uso em escala industrial. Por exemplo, somente reatores descontínuos podem ser operados com invertase solúvel, acarretando aumento dos custos do processo, uma vez que a enzima é descartada a cada lote. No entanto, a aplicabilidade da invertase foi bastante ampliada pelo seu uso na forma imobilizada (a partir do último quartel do século passado), uma vez que ela passou a ser recuperada no final do processo (se descontínuo) ou a ser usada em reatores contínuos (tipos leito fixo ou agitado). Como visto em capítulo precedente, há dois tipos básicos de imobilização: a) imobilização por método físico, que compreende o aprisionamento em matriz polimérica (metacrilato, por exemplo), e a retenção por membrana artificial. Esta pode ser do tipo encapsulamento, microencapsulamento e compartimentalização com membrana de nano, ultra ou microfiltração; b) imobilização por ligação (adsorção, ligação covalente e ligações cruzadas). A invertase tem sido imobilizada em diferentes suportes e por diferentes modos de imobilização. Os procedimentos mais efetivos são o encapsulamento em *pellets* de alginato, adsorção em resinas iônicas, aprisionamento em polímeros do ácido acrílico-acrilamida e compartimentalização por membranas de micro ou ultrafiltração nos reatores tipo membrana (Vitolo, 2021e).

Atualmente, várias outras aplicações são vislumbradas para a invertase (Figura 10.5).

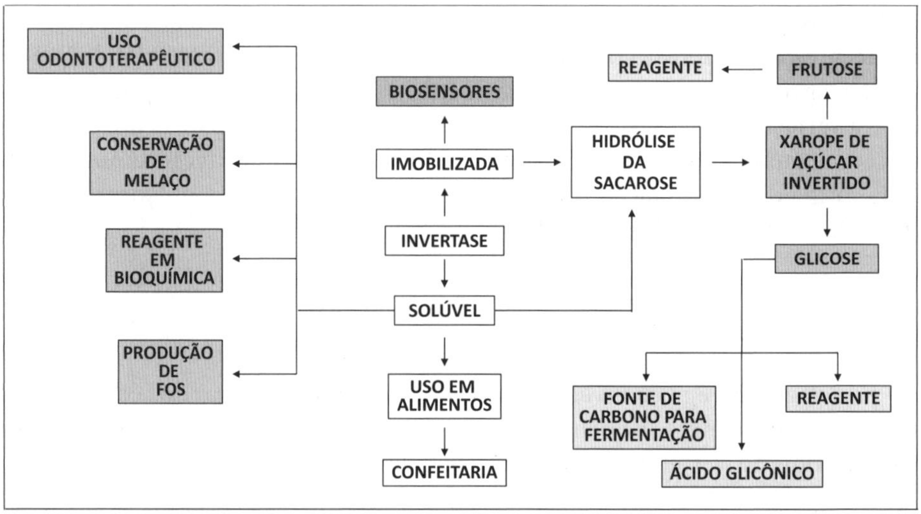


**Figura 10.5 –** Usos da invertase e produtos obtidos.

### *10.12.2.5.1 Invertase na hidrólise da sacarose*

O principal objetivo é a produção do xarope de açúcar invertido a partir do melaço e do caldo de cana-de-açúcar, matérias-primas abundantes em países tropicais e subtropicais. Esse xarope é usado como produto *per se* (adoçante em formulações alimentícias e como fonte de carbono em processos fermentativos ou cultivos microbiológicos) e como intermediário para a obtenção da glicose e frutose como reagentes PA para uso na química fina e em formulações de meios de culturas para microbiologia. Além disso, a frutose é usada como adoçante em produtos dietéticos, enquanto a glicose pode ser oxidada a ácido glicônico por via química (água de bromo) ou enzimática (glicose oxidase).

Na literatura, são descritas centenas de processos de produção do xarope de açúcar invertido. Por exemplo, a hidrólise completa da sacarose pode ser obtida usando-se reator com membrana – operado em regime contínuo nas condições: 100 rpm, 30 °C, pH 5,0, concentração de sacarose 2,5 mM e tempo de residência de 0,625 h – no qual a invertase pode estar na forma solúvel ou imobilizada (adsorvida em resina DOWEX-1X4-200; razão resina/invertase 1:60). No primeiro caso, usa-se membrana de ultrafiltração (corte molecular entre 10 e 150 kDa), e no segundo, membrana de microfiltração (diâmetro do poro = 5μm) (Di Addezio *et al.*, 2014). Um aspecto relevante a ser lembrado quando se usa invertase solúvel em reator com membrana é a dependência da velocidade do processo em relação ao corte molecular da membrana de ultrafiltração. Observou-se que a velocidade do processo diminui com o aumento do corte molecular da membrana (igual ou superior a 50 kDa). Isso seria devido ao fato de as moléculas de invertase serem adsorvidas e compactadas no interior dos espaços intersticiais da membrana, causando impedimento estérico para a entrada do substrato e saída dos produtos do sítio catalítico da invertase (Di Addezio *et al.*, 2014).

A invertase solúvel é usada nas situações: a) na fabricação de bombons com miolo amolecido ou liquefeito; b) como umectante em produtos de confeitaria, visando a aumentar a vida de prateleira; c) adição nos tanques de estocagem de melaço das destilarias para evitar a cristalização da sacarose e sua incrustação nas paredes dos tanques; para se evitar os referidos problemas, é suficiente hidrolisar 25 a 30% da sacarose; d) evitar a formação de camada de sacarose durante o armazenamento e uso das tâmaras; para tanto, é suficiente borrifar sobre os frutos uma solução diluída de invertase; e) usada (Maxinvert®) para reduzir a fase lag da fermentação de bebidas gaseificadas, de baixa caloria e com aroma de frutas (*hard seltzers*); f) usada na fabricação de mel artificial e agentes plasticizantes para uso em cosméticos (Walsh; Headon, 1994).

### *10.12.2.5.2 Usos diversos da invertase*

Além das aplicações citadas para a invertase, há outras que merecem ser lembradas: a) monitoramento da pasteurização da cerveja – a detecção de atividade invertásica na cerveja pasteurizada é indicador de falha no processo (Kulshrestha *et al.*, 2013); b) hidrólise de oligossacarídeos – a frutose e os dissacarídeos melibiose e gentiobiose podem ser obtidos pela ação da invertase sobre a inulina, rafinose e gentianose, respectivamente; c) atividade transferásica – a invertase em meio com baixa $A_w$ pode transferir o grupo fructosil para carboidrato com um resíduo de sacarose terminal na extremidade redutora da cadeia, resultando em sacarídeos com três, quatro e até cinco monômeros de hexose. Os sacarídeos enriquecidos com frutose são denominados *fruto-oligossacarídeos* (FOS), que têm aplicação em alimentos funcionais e em formulações farmacêuticas devido às propriedades prebióticas que apresentam (eles estimulam a microbiota do cólon). Além disso, melhoram a absorção de íons metálicos no intestino, participam do metabolismo de açúcares, colesterol e de lipídeos, estimulam o sistema imunológico e colaboram na prevenção do câncer de cólon e na constipação intestinal. Ressalta-se que o FOS tem índice de dulçor inferior ao da sacarose e menor teor calórico, tornando-o utilizável por pacientes diabéticos. Há centenas de patentes descrevendo processos de produção de FOS. Por exemplo, a 6-kestose (trissacarídeo com propriedades prebióticas reconhecidas) é produzida usando-se uma cepa de *S. cerevisiae* modificada geneticamente e capaz de produzir invertase com alta atividade transferásica. O processo que permite obter 6-kestose com 95% de rendimento é realizado em duas etapas. Na primeira, a levedura é cultivada em solução de sacarose 30% (p/p) a 30 °C, visando à expressão de invertase com alta capacidade transferásica, enquanto na segunda adiciona-se ao meio de cultura sacarose 60% (p/p), e a temperatura é aumentada a 50 °C. No final, obtém-se 6-kestose na concentração de 200 g/L (Domingues *et al.*, 2013; Marin-Navarro *et al.*, 2015; Manoochehri *et al.*, 2020); d) saúde humana – nessa área, a invertase presente no mel de abelha (complexa mistura de substâncias naturais possuindo alta atividade em invertase, amilase e glicose oxidase) colabora nas propriedades antimicrobiana e antioxidante do mel. A invertase hidrolisa a sacarose, e a glicose oxidase oxida a glicose em ácido glicônico e água oxigenada. É esta que possui efetiva atividade antimicrobiana e antioxidante (participa da eliminação de radicais livres). Existem preparados multienzimáticos comerciais (por exemplo, VeganZyme® e Digest Matrix®) que possuem invertase em suas formulações e que preconizam efeitos positivos na saúde humana, como melhora na digestão e estimulação do sistema imune; e) sistemas multienzimáticos – o uso combinado da invertase, catalase e glicose oxidase permite converter a sacarose em frutose e ácido glicônico, produtos com valor de mercado superior. Há processos promissores realizados em reatores com membrana (operados em regime contínuo) que permitem obter rendimento de conversão da ordem de 90%. A conversão sacarose / (frutose + ácido glicônico) pode ser feita em uma (as enzimas são usadas em conjunto) ou duas etapas (na primeira é feita a hidrólise da sacarose com a invertase e na segunda é feita a oxidação com a glicose oxidase e catalase). O processo monofásico pode ser feito nas seguintes condições: concentração de sacarose = 64 g/L; membrana de UF = 100 kDa; 100 rpm; velocidade de diluição = 3,0 $h^{-1}$; 37 °C, pH = 5,0; invertase (78 U), glicose oxidase (7.000 U) e catalase (236.000 U). O processo bifásico (usando membrana de UF com corte molecular de 100 kDa e as duas etapas realizadas em regime contínuo) pode ser realizado como segue: 1ª etapa (hidrólise da sacarose): invertase (24 U/mL), pH 5,5, 35 °C, 100 rpm, velocidade de diluição (2,0 $h^{-1}$) e sacarose (40 mM); 2ª etapa (oxidação da glicose): glicose oxidase (10 U/mL), catalase (400 U/mL), pH 5,5, 100 rpm, 30 °C, velocidade de diluição (3,0 $h^{-1}$) e glicose (20 mM) (Vitolo, 2021d); f) eletrodos enzimáticos – este tipo de dispositivo pode ser considerado uma das mais exitosas aplicações da técnica de imobilização, no qual estão associados os conceitos de eletroquímica e enzimologia e, mais recentemente, o de nanotecnologia. Em linhas gerais, esse dispositivo analítico acopla um sensor biológico (por exemplo, enzima) a um sistema de transdução de corrente elétrica. Suas vantagens são o tamanho pequeno (alta portabilidade), resposta de medida rápida, sensibilidade, seletividade e custo reduzido pela possibilidade de reutilização. A invertase vem sendo imobilizada em superfícies condutoras de corrente elétrica desde os anos 1990. Para esse fim, a imobilização da invertase – associada ou não a glicose oxidase e mutarotase – tem sido feita por meio do aprisionamento em matriz polimérica (poliacrilamida, polivinil, poliamida, entre outros materiais) aderida sobre superfícies condutoras de cobre ou platina. Devido ao desenvolvimento da nanotecnologia, ultramicroeletrodos de ouro, nanocubos de azul da Prússia, fibras de carbono e de grafite têm servido de suporte para a imobilização de enzimas, invertase inclusive. Embora o eletrodo de invertase seja destinado preponderantemente para a dosagem da sacarose, atualmente tem sido modificado para detectar e quantificar íons de metais pesados ($Hg^{+2}$, $Ag^{+}$, $Pb^{+2}$ e $Cd^{+2}$). Em síntese, o método é: uma mistura de glicose oxidase (GO), albumina bovina e glutaraldeído dissolvidos em tampão fosfato é colocada sobre uma superfície polida do eletrodo de platina e deixada secar à temperatura ambiente. A medida do teor do íon metálico é feita em duas etapas. Na primeira, a solução aquosa contendo invertase e sacarose é colocada em banho-maria a 37 °C por um dado tempo (por exemplo, 20 min). Uma alíquota é transferida para a cela contendo o eletrodo de platina imerso em tampão fosfato, no qual a glicose é convertida em ácido glicônico e água oxigenada pela GO. À cela, aplica-se um potencial constante de + 0,65 V para oxidar a água oxigenada e gerar um pico de corrente ($C_1$), que é função da concentração de água oxigenada e que, por sua vez, é uma função linear das concentrações de invertase e sacarose na reação de hidrólise. Na segunda etapa, uma alíquota da amostra contendo o $Hg^{+2}$, por exemplo, é colocada no meio da reação de hidrólise contendo a mesma concentração de invertase. A mistura invertase-$Hg^{+2}$ é colocada em banho-maria por um tempo fixo (10 min, por exemplo). Em seguida, solução contendo sacarose na mesma concentração anterior é adicionada, e faz-se o sistema reagir por 20 min, por exemplo. Uma alíquota do meio de hidrólise é retirada e introduzida na cela, como referido acima, medindo-se o pico da corrente gerada ($C_2$). Como o $Hg^{+2}$ é um inibidor da invertase, tem-se que $C_2 < C_1$. Finalmente, calcula-se o grau de inibição I, expresso como percentagem, por meio da Equação: $I = [(C_1 - C_2) \div C_1].100$ (Kurniaivan, 2015, Zhuang *et al.*, 2021; Kestwal *et al.*, 2008). Recentemente, um biosensor duplo-canal foi desenvolvido para medir a atividade da DNA metiltransferase (DNA-MTase), enzima que introduz radicais metila no DNA enovelado constituinte do arcabouço epigenético celular, cujo mau funcionamento provoca várias enfermidades em humanos. A detecção do funcionamento anormal da DNA-MTase pode ser usada como biomarcador preditivo de possíveis doenças além de alvo terapêutico para a cura delas. Em síntese, o método consiste em se mergulhar um eletrodo (constituído por um bioconjugado ligado a uma lâmina de ouro) em solução de sacarose. A glicose formada é medida por dois detetores associados, um medidor de glicose e um voltâmetro de pulso diferencial. O bioconjugado é composto de invertase, nanopartículas de ouro e sonda (5'-AGAAGTCTTA-$(CH_2)_6$-$NH_2$-3') montada sobre uma matriz organometálica (Chen *et al.*, 2019).

## 10.13 GLICOSE OXIDASES

### 10.13.1 INTRODUÇÃO

A glicose pode ser desidrogenada especificamente nos átomos de carbono C1 ao C5 pelas glicose oxidases (Tabela 10.1). Entre elas, apenas a glicose oxidase (EC.1.1.3.4) apresenta interesse industrial. As demais são úteis na síntese orgânica e em estudos bioquímicos.

**Tabela 10.1** – Exemplos de glicose oxidases

| Enzimas | EC | Átomo de C* |
|---|---|---|
| β-D-glicose: oxigênio 1-oxidoredutase<br>β-D-glicose + $O_2$ → $H_2O_2$ + D-glicono-δ-lactona | 1.1.3.4 | C1 |
| D-glicose: $NAD^+$ 1-oxidoredutase<br>D-glicose + $NAD^+$ → D-glicono-δ-lactona + NADH+$H^+$ | 1.1.1.118 | C1 |
| D-glicose: $NADP^+$ 1-oxidoredutase<br>D-glicose + $NADP^+$ → D-glicono-δ-lactona + NADP+$H^+$ | 1.1.1.119 | C1 |
| β-D-glicose: $NAD(P)^+$ 1-oxidoredutase<br>β-D-glicose + $NAD(P)^+$ → D-glicono-δ-lactona + NAD(P)H+$H^+$ | 1.1.1.47 | C1 |
| D-glicose; (pirrolquinolina-quinona) 1-oxidoredutase<br>D-glicose + Ubiquinona → D-glicono-δ-lactona + ubiquinol | 1.1.5.2 | C1 |
| Piranose: oxigênio 2-oxidoredutase<br>D-glicose + $O_2$ → 2-dehidro-D-glicose + $H_2O_2$ | 1.1.3.10 | C2 |
| D-glicosídeo 3-desidrogenase**<br>Sacarose + FAD → 3'-cetosacarose + $FADH_2$ | 1.1.99.13 | C3 |
| Frutose 5-desidrogenase***<br>D-glicose + $C_{12}H_7Cl_2NO_2$ → 5-dehidro-D-glicose + $C_{12}H_9Cl_2NO_2$ | 1.1.99.11 | C5 |

* Átomo de carbono desidrogenado.

** A enzima atua sobre a glicose com velocidade menor do que sobre a sacarose.

*** A enzima atua sobre a glicose com velocidade menor do que sobre a frutose. $C_{12}H_7Cl_2NO_2$ (2,6-dicloroindofenol).

## 10.13.2 GLICOSE OXIDASE (EC.1.1.3.4)

A glicose oxidase foi detectada por Maximov, em 1904, em extrato aquoso obtido pela maceração do *Aspergillus niger* com areia. Ele observou que o extrato era capaz de oxidar a glicose; por isso batizou o agente catalisador de glicose oxidase (GO). Por meio dos trabalhos colaborativos de Müller (isolou a GO do *A. niger*, em 1922) e de Molliard (identificou a formação de ácido glicônico, em 1928) foi possível estabelecer que a GO oxida a glicose na presença de oxigênio (receptor de elétrons), dando ácido glicônico e água oxigenada. A GO e a catalase são as oxidorredutases mais antigas descritas na literatura (Vitolo, 2021f).

A GO é uma proteína com nível estrutural quaternário, consistindo em duas cadeias polipeptídicas unidas por ligações sulfeto. Cada cadeia (80 kDa) tem um íon ferroso e uma flavina-adenina-dinucleotídeo (FAD) em sua estrutura.

A GO ocorre naturalmente na saliva de insetos (*Apis melífera*, *Helicoverpa zea*, *Helicoverpa armígera*, *Helicoverpa assulta*, *Spodoptera exigua*, *Mamestra configurata*, entre outras) e em micélios fúngicos (*Talaromyces flavus*, *Talaromyces stipitatus*, *Aspergillus niger*, *Penicillium amagasakiense*, *Penicillium canescens*, *P. notatum*,

*P. pinopilum, P. funiculosum, P. chrysogenum, P. adametzii, P. brunneum, P. diversum, Pleurotus ostreatus, Phanerochaete chrysosporium e Botrytis cinerea*). A principal função da GO nos organismos citados é antibiótica, embora nos basidiomicetes *P. ostreatus* e *P. chrysosporium* atue também na degradação da lignina.

A GO é usada nas indústrias de alimentos (remoção de glicose de ovos desidratados e remoção de oxigênio de sucos de frutas, bebidas enlatadas, maionese, entre outros), química e biotecnológica (produção de ácido glicônico e para determinar a concentração de glicose em processos fermentativos) e em biossensores (eletrodos enzimáticos e em dispositivos para determinação de glicose no sangue *in situ*). Acrescentam-se os empregos como preservativo contra patógenos alimentares (*Salmonella infantis, Staphylococcus aureus, Clostridium perfringens, Listeria monocytogenes*, entre outros), em produtos de higiene bucal (pastas de dente e colutórios) e como agente branqueador do algodão na indústria têxtil.

### 10.13.2.1 Mecanismo da reação

O mecanismo de reação da GO pode ser representado pelas Equações:

$$G + FAD\text{-}GO\text{-}Fe^{+2} \rightarrow AG + FADH_2\text{-}GO\text{-}Fe^{+2}$$

$$FADH_2\text{-}GO\text{-}Fe^{+2} + O_2 \rightarrow H_2O_2 + FAD\text{-}GO\text{-}Fe^{+2}$$

Em que: G = glicose (β-anômero); AG = ácido glicônico.

Reações catalisadas pela GO com duração acima de 1 h, caso dos processos industriais, leva ao acúmulo de água oxigenada que reage com o $FADH_2$-GO-$Fe^{+2}$:

$$\mathbf{FADH_2}\text{-}GO\text{-}Fe^{+2} + H_2O_2 \rightarrow H_2O + \mathbf{FADH_2}\text{-}GO\text{-}Fe^{+3} + \tfrac{1}{2}\, O_2$$

$$\mathbf{FADH_2}\text{-}GO\text{-}Fe^{+3} + O_2 \rightarrow H_2O_2 + \mathbf{FAD}\text{-}GO\text{-}Fe^{+3}$$

$$G + \mathbf{FAD}\text{-}GO\text{-}Fe^{+3} \rightarrow AG + \mathbf{FADH_2}\text{-}GO\text{-}Fe^{+3}$$

A forma férrica da GO é menos ativa que a forma ferrosa. Demonstrou-se que a água oxigenada atua como inibidor não competitivo em concentrações acima de 1,3 mM (Tomotani; Vitolo, 2007). Na indústria o efeito inibitório da água oxigenada é reduzido pelo uso da catalase (Vitolo, 2021f).

A GO oxida especificamente a β-D-(+)-glicose, que é a forma menos comum do que a α-D-(+)-glicose. Os anômeros diferem no ponto de fusão (146 °C e 150 °C para as formas α e β, respectivamente) e na rotação óptica específica ($[\alpha]_\alpha = +112^o$ e $[\alpha]_\beta = +19^o$). Porém, quando os cristais de cada anômero são dissolvidos em água, as rotações específicas das formas α e β mudam de +112° para +52,7° e de +19° para 52,7°, respectivamente. A mudança do poder rotatório específico em solução aquosa recebe o nome de mutarrotação (Figura 10.6).

Observou-se que a mutarrotação interfere no processo de cristalização da glicose, uma vez que tanto a mutarrotação quanto as velocidades de cristalização das três formas de glicose (α-D-glicose mono-hidratada, β-D-glicose anidra e α-D-glicose anidra) são altamente temperatura-dependentes. As temperaturas de transição das transições da α-D-glicose mono-hidratada para α-D-glicose anidra, e, desta para a β-D-glicose anidra, são 50 °C e 115 °C, respectivamente. No caso da GO, a mutarrotação não é um fator catalítico limitante, porque o *turnover number* ($k_{cat}$ = 270 $s^{-1}$) é superior à constante de primeira ordem da mutarrotação ($k_{mut}$= 14,7x$10^{-4}$ $s^{-1}$) (Vitolo, 2021g).

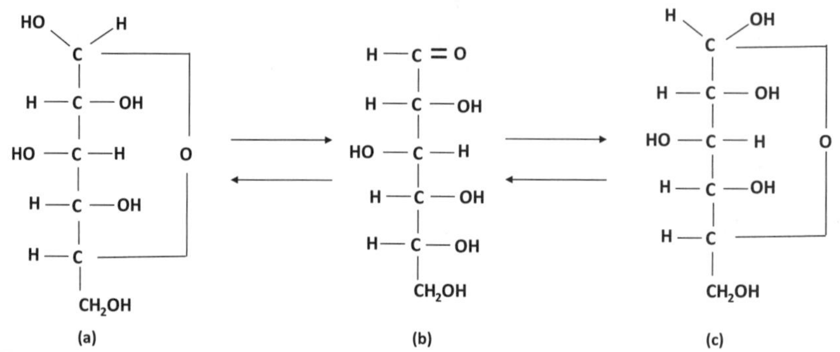

(a) β-D-(+)-glicose (66% ); (b) Cadeia aberta (1% ); (c) α-D-(+)-glicose (33% ). Os percentuais indicados referem-se às proporções no equilíbrio das três formas em que a D-(+)-glicose se encontra em meio aquoso. O equilíbrio pode ser deslocado para a esquerda na presença de íons hidroxila ou fosfato.

**Figura 10.6** – Mutarrotação entre as formas α e β da D-(+)-glicose em meio aquoso.

### 10.13.2.2 Medida da atividade

A medida da atividade da GO pode ser feita pela variação da pressão de oxigênio durante a reação determinada com o aparelho de Warburg (dispositivo com manômetro acoplado a um frasco cônico de volume conhecido dentro do qual a reação se desenrola; o frasco é constituído por um ramo lateral e um poço central), pelo consumo do oxigênio com eletrodo de oxigênio, consumo de glicose por espectrofotometria ou formação de ácido glicônico com eletrodo de pH ou por titulação (Vitolo, 2021g).

A atividade da GO pelo aparelho de Warburg pode ser medida como segue: misturam-se no frasco cônico 0,2 mL da solução de GO, 1,2 mL de tampão acetato (0,1 M; pH 5,6) e catalase; no ramo lateral introduz-se 0,2 mL da solução de glicose (20 % p/v) e no poço 0,2 mL de KOH (20% p/v). O sistema é deixado a 30 °C por 10 min. A reação é iniciada ao se juntar a solução de glicose à mistura com a GO, sendo a variação da pressão interna do sistema monitorada pelo manômetro.

A titulação do ácido glicônico formado é realizada como segue: em um frasco adicionam-se a solução de GO (10 U/mL) e 60 mM tampão acetato (pH 5,6) contendo 2% (p/v) de β-D-(+)-glicose na razão volumétrica 1:25. A mistura é deixada sob agitação (200 rpm), a 30 °C, por 1 h. A reação é interrompida pela adição de um volume de 0,1 M NaOH. A seguir, a mistura é titulada com HCl fatorado em presença de fenolftaleína. O teste branco é feito nas mesmas condições sem a presença da GO. A atividade da GO (v) é calculada através da Equação:

$$v = [(V_o - V) . N . 1.000] \div 60 \tag{10.1}$$

Em que: v = Atividade da GO (U/mL.min); N = concentração da solução de HCl (M); $V_o$ = volume de HCl consumido no branco (mL); V = volume de HCl consumido na amostra (mL).

Há na literatura um método de medida da atividade da GO em tempo real por meio da espectroscopia no infravermelho (baseada na transformada de Fourier) (Karmali *et al.*, 2004). A conversão da β-D-glicose em δ-glicono-1,5-lactona é acompanhada em tampão fosfato contendo água deuterada ($^2H_2O$). A intensidade da banda máxima de δ-glicono-1,5-lactona a 1212 $cm^{-1}$ (devido às vibrações das ligações C-O) é medida em função do tempo de reação. O correspondente coeficiente de extinção determinado para a δ-glicono-1,5-lactona é 1,28 $mM^{-1} . cm^{-1}$. A formação da lactona e o tempo de reação estão correlacionados linearmente.

A atividade da GO pode ser determinada pela medida do teor de água oxigenada formada como segue (Das Neves; Vitolo, 2020): as soluções 50 mM tampão acetato (pH 5,1) e 56 mM glicose são misturadas na proporção volumétrica de 25:1, seguida de agitação (50 rpm) a 37 °C, por 5 min. Em seguida, adiciona-se 0,5 – 1,0 mL de solução de glicose oxidase (1,0 mg/mL), deixando-se a reação ocorrer por 5 min, a qual é interrompida pela imersão do tubo em banho fervente por 2 min. Alíquota entre 0,1 e 0,5 mL é transferida para cubeta de espectrofotômetro (volume = 3,0 ml) contendo 2,4 mL de o-dianisidina (5 mM) e 0,05 mL de peroxidase (0,5 μg/mL). A cor desenvolvida é acompanhada em λ = 436 nm a 37 °C. A velocidade de registro é mantida em 30 mm/min, e a absorbância máxima, fixada em 0,500. A atividade é calculada pela Equação:

$$C = (1,36.a) \div m \tag{10.2}$$

Em que: C = atividade [(ΔA/min)/min . mg GO]; m = massa de GO (mg); a = variação da absorbância durante um minuto de reação (ΔA/min).

Caso a GO esteja contaminada com catalase, aconselha-se realizar a reação na presença de ureia (1 mM).

Se a GO estiver na forma imobilizada, o conteúdo do tubo de ensaio após o resfriamento e antes da medida espectrofotométrica deve ser centrifugado (5.000*xg*/5 min). A atividade da GO imobilizada é calculada através da Equação:

$$C_1 = (0,113 . a_1) \div m_p \tag{10.3}$$

Em que: $C_1$ = [(ΔA/min)/min.mg de polímero]; $a_1$ = variação da absorbância durante 1 min de reação (ΔA/min); $m_p$ = quantidade de polímero (mg).

A atividade da GO é expressa de duas maneiras: a) unidade manométrica - 1GOU (*glucose oxidase unit*) é a quantidade de enzima que promove o consumo de 10 $mm^3$ de $O_2$/min, sob condições padronizadas; b) unidade colorimétrica - 1 BU (*Boehringer unit*) é a quantidade de enzima que catalisa a conversão de 1 μmol de glicose por min. nas condições padrão. Em geral para a GO comercial (com baixo grau de pureza) a atividade é da ordem de 750-1500 GOU/mL ou g, enquanto a GO para fins analíticos tem atividade entre 60.000 – 120.000 GOU/mL ou g.

O código EC.1.1.3.4 refere-se à GO obtida de diferentes fontes. Apesar de as glicose oxidases conhecidas apresentarem diversas características comuns – alta especificidade, grupo prostético formado por FAD/$Fe^{+2}$, ligações sulfeto unindo as cadeias peptídicas, inibição por $Ag^+$ e $Hg^{+2}$, massa molar entre 150 kDa e 170 kDa e formação de ácido glicônico e água oxigenada entre outras – possuem diferenças referentes ao pH ótimo, temperatura, pI, estabilidade frente ao pH e $K_M$ (Tabela 10.2).

**Tabela 10.2 –** Propriedades de glicose oxidases obtidas de fontes diferentes

| Fontes | [a]pH | [b]pH | pI | [c]T | [d]T | [e]$K_M$ |
|---|---|---|---|---|---|---|
| *Aspergillus niger* | 5,6 | 4,0-6,5 | 4,3 | 35 | 20-50 | 33 |
| *Talaromyces flavus* | 5,0 | 3,0-7,0 | 4,6 | 25 | 25-50 | 100 |
| *Penicillium amagasakiense* | 6,0 | 5,0-7,0 | 4,2 | 35 | 25-45 | 3,1 |
| *Penicillium notatum* | 5,5 | 4,0-6,0 | 4,2 | 30 | 15-60 | 9,6 |
| *Penicillium adametzii* | 5,0 | 4,5-9,0 | - | 25 | 25-55 | 19 |
| *Pleurotus ostreatus* | 5,8 | 4,5-8,5 | 4,2 | 50 | 30-70 | 1,34 |
| *Phanerochaete chrysosporium* | 4,8 | 3,0-6,0 | - | 37 | 30-45 | 38 |
| Mel | 6,1 | 5,5-7,2 | 4,4 | 37 | 25-40 | 800* |
| *Botrytis cinerea* | 7,5 | 6,5-8,0 | 4,2 | 35 | 25-60 | - |

[a] pH ótimo; [b]Intervalo de estabilidade frente ao pH; [c] Temperatura ótima (t = 20 min) (°C); [d] Intervalo de estabilidade frente à temperatura por 1 h (°C); [e] $K_M$ expresso em mM;

* O $K_M$ foi calculado pelo consumo de oxigênio medido através do aparelho de Warburg.

*Fonte:* Vitolo (2021g).

### 10.13.2.3 Produção da glicose oxidase

A GO é comumente obtida de microrganismos dos gêneros *Aspergillus*, *Penicillium* e *Saccharomyces*. A GO de levedura é obtida a partir de *Saccharomyces* modificado geneticamente, pela inclusão do gene retirado dos fungos.

Industrialmente, a GO pode ser obtida tanto por fermentação quanto como subproduto da produção de ácido glicônico. Os principais fatores que afetam a obtenção da GO por fermentação estão sumarizados na Tabela 10.3. O rendimento da produção pode ser influenciado pelo modo como o fermentador é operado, a saber: regime descontínuo, descontínuo-alimentado ou contínuo. Por exemplo, na produção de GO a partir de cepa de *Saccharomyces cerevisiae* recombinante na qual a galactose foi adicionada de modo descontínuo-alimentado (segundo lei de adição constante), após a exaustão da glicose (substrato principal), foi proporcionado aumento da ordem de 62% no rendimento do processo, quando comparado à adição da galactose de uma só vez (modo descontínuo) (Vitolo, 2021g).

**Tabela 10.3** – Fatores que afetam a produção de GO por fermentação

| Fator | Observações |
|---|---|
| **Fonte de C** | Glicose, sacarose e melaço. O equivalente em glicose recomendado é 8% (p/v). |
| **Fonte de N** | Sais de amônio, nitratos, milhocina, peptona (0,2 – 3%). |
| **$CaCO_3$** | Indutor da formação da GO em concentração entre 2,5 e 4,0% (p/v). |
| **Estimulantes** | Óleo de soja (aumento da biomassa); n-dodecano ou n-hexadecano (estimula a biossíntese da GO); estimulantes inespecíficos (1 mM ortovanadato de sódio, 1 mM hematina, 40 mM colina e 0,1% (p/v) de Tween 80. |
| **pH** | 6,0 – 7,0 |
| **Temperatura** | 25 – 40 °C |
| **Oxigênio** | Suprido ao meio de cultivo por meio da aeração ($O_2$ puro ou ar) e disperso pela agitação mecânica. A agitação é indispensável para que o oxigênio rompa a barreira de difusão entre o meio e a parede do micélio durante o crescimento do fungo. Aumento da agitação implica melhor dispersão do $O_2$ no meio, acelerando o crescimento celular e a formação de GO. O uso de $O_2$ puro permite reduzir em até 8 h o tempo total da fermentação, dobrar o teor de GO e reduzir à metade a viscosidade do meio, resultando em micélio com parede celular fina e friável (facilita o rompimento mecânico do micélio). Como o fungo produz catalase, a adição de água oxigenada permite aumentar a disponibilidade de $O_2$ no meio de cultura. Se bem dosado o teor de água oxigenada, o gás gerado poderá permitir uma redução na intensidade da agitação mecânica (economia de energia). |

*Fonte:* Vitolo (2021g).

Existem muitos processos para a produção e purificação de GO a partir de fungos descritos na literatura. Como exemplo, será descrito o processo fermentativo para a produção da GO a partir do *Aspergillus niger*, sendo as condições experimentais sumarizadas na Tabela 10.4. As condições de processo indicadas levam à produção de 5 – 6 g de micélio/L (atividade específica da GO entre 900 e 1.100 U/mg de micélio) após cultivo de 12 h. O protocolo de purificação para produzir GO grau comercial e GO livre de sulfato está indicado na Figura 10.7. A remoção do sulfato residual é feita dissolvendo-se a enzima em água adicionada de 0,82 M $CaCl_2$ (precipitante I), e mantendo-se a mistura a 7 °C por 4 h. O sulfato de cálcio precipitado é removido por filtração, sendo o filtrado mantido em repouso por 24 h a 7 °C. Em seguida, adiciona-se 0,085 M de $BaCl_2 . 2H_2O$ (precipitante II), deixando-se a mistura em repouso por 15 h a 7 °C. Após a remoção do sulfato de bário por filtração, o filtrado é recolhido e liofilizado (Vitolo, 2021g).

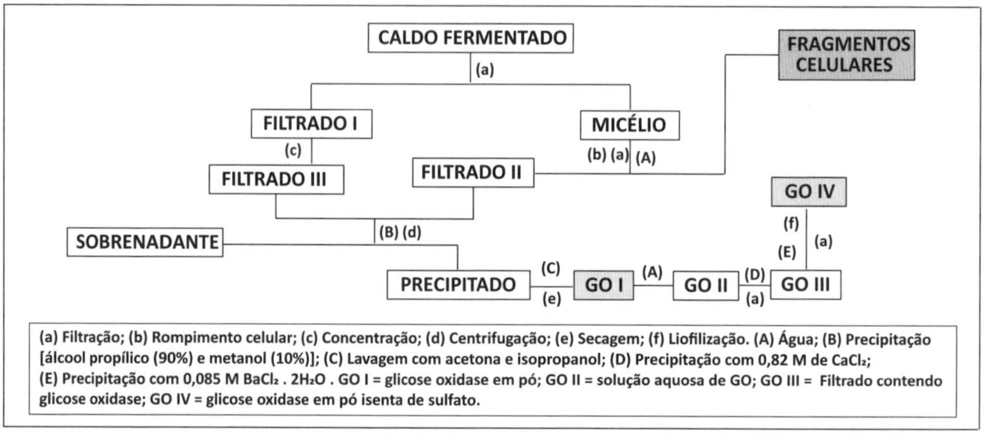


**Figura 10.7 –** Produção de glicose oxidase grau industrial e isenta de sulfato.

Os fungos, em geral, produzem além, da GO (pI: 4,0 – 5,0) a catalase (pI: 5,4 – 5,8). Alguns usos da GO implicam a ausência da catalase (análises químicas, biossensores e enzima imunoensaio), uma vez que, ao decompor-se a água oxigenada, leva-se a subestimar a capacidade oxidativa da GO. A solução de GO livre de sulfato (pH 5,3) é introduzida em uma coluna cromatográfica (razão altura: diâmetro interno de 9:1) carregada com resina trocadora de ânions (DOWEX-1X, DUOLITE A2 ou AMBERLITE IR-45). A coluna é equilibrada previamente com tampão-acetato (0,05 M, pH 4,5). A GO é eluída com tampão-acetato (0,1 M, pH 3,7) e, em seguida, liofilizada ou mantida em solução estabilizada com ditiotreitol e 2-mercaptoetanol, a depender do uso (Vitolo, 2021g).

**Tabela 10.4 –** Condições de processo para a produção de GO a partir de *A. niger*

| Parâmetro | Observações |
|---|---|
| **Microrganismo** | *Aspergillus niger.* |
| **Fermentador** | Dorna de aço inox de 5 L de capacidade nominal munida de agitação mecânica e de jaqueta para circulação de água (controle da temperatura). |
| **Aeração** | 1 vvm de ar sob pressão de 20 psig. |
| **Agitação** | 200 – 700 rpm (a depender da massa celular presente na dorna). |
| **pH** | 4,5 (controlado com solução 12,5 M de NaOH). |
| **Temperatura** | 30 – 35 °C |

(*continua*)

**Tabela 10.4 –** Condições de processo para a produção de GO a partir de *A. niger* (*continuação*)

| Parâmetro | Observações |
|---|---|
| **Esterilização** | 121 °C por 30 min. A dorna é esterilizada com vapor de água. |
| **Final do processo** | A fermentação é considerada concluída, quando o consumo de hidróxido de sódio cessa. |
| **Inóculo (composição)** | Glicose mono-hidratada (33,0 g/L), milhocina (0,33% v/v), sulfato de amônio (0,33 g/L), sulfato de magnésio (0,010 g/L) e fosfato de potássio (0,020 g/L). |
| **Volume de inóculo ($V_i$)** | $V_o$: $V_i$ = 10:1. Onde $V_o$ = volume de meio na dorna. |
| **Meio de cultura (composição)** | Glicose mono-hidratada (16,5 g/L), dextrina de milho (5,0 g/L), milhocina (0,42% v/v), nitrato de amônio (2,1 g/L), sulfato de magnésio mono-hidratado (0,055 g/L), fosfato monopotássio (0,055 g/L) e ácido cítrico (0,22 g/L). O equivalente em dextrose do meio é 80. |
| **Volume do meio** | V:$V_o$ = 2:1. Onde V = volume da dorna. |

## 10.13.2.4 Aplicações

A utilidade tecnológica da glicose oxidase foi evidenciada em 1943 na indústria da cerveja, quando foi observado que a adição da enzima no processo reduzia a oxidação do produto devido à diminuição do teor de oxigênio aprisionado dentro dos envases. Desde então, o uso da enzima se diversificou, encontrando aplicações em análises clínicas, em biotecnologia e nas indústrias química, farmacêutica, de alimentos e químico-farmacêutica. Como a enzima recebeu grau GRAS, então, seu uso na tecnologia de alimentos passou a ser plenamente aceito. O uso da GO visa à formação de água oxigenada e ácido glicônico e à remoção de glicose e de oxigênio. Apesar das diversas aplicações reconhecidas da GO, apenas poucas delas alcançaram os níveis requeridos nos processos industriais (Figura 10.8).

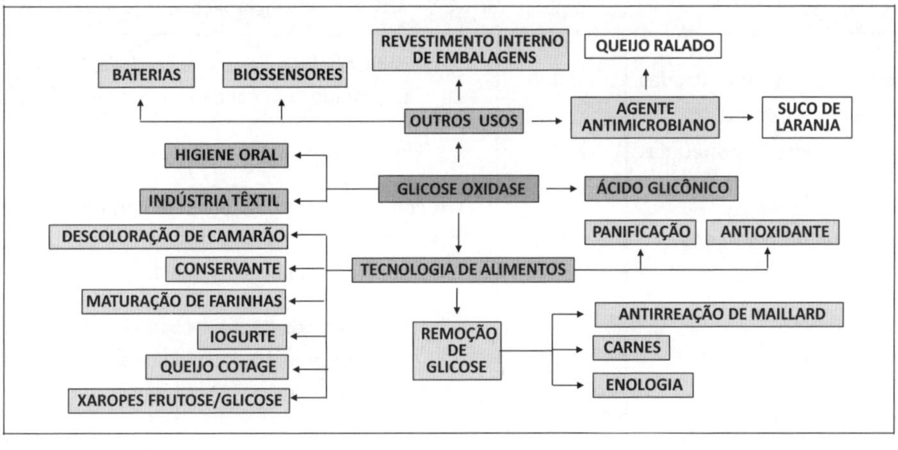


**Figura 10.8 –** Usos da glicose oxidase.

### *10.13.2.4.1 Biossensores*

O biosensor é um dispositivo composto de um biomaterial (enzima, oligonucleotídeos ou anticorpo monoclonal) acoplado a um material elétron-sensível e o conjunto é conectado a um circuito eletrônico (mede a corrente gerada). Esse dispositivo é a mais vistosa aplicação da técnica de imobilização (Vitolo, 2021e).

Provavelmente o biosensor mais usado seja o [(G) glicose/(GO) glicose oxidase/(GA) ácido glicônico], no qual ocorre a reação [G + $O_2$ + $H_2O$ + GO → $H_2O_2$ + GO + GA]. Esse biosensor pode ser modelado como eletrodo (usado para monitorar o teor de glicose durante a fermentação), fibra ótica (usado para medir o teor de glicose em refrigerantes, por exemplo), fita (usado para medir o teor de glicose no sangue em tempo real) e como sonda térmica miniaturizada (controle do teor de glicose no sangue de modo contínuo) (Bankar *et al.*, 2009).

### *10.13.2.4.2 Tecnologia de alimentos*

O objetivo precípuo do uso da GO na área de alimentos é o de remover ou reduzir o teor de glicose e/ou oxigênio durante o processamento ou no produto (prolongar a sua vida de prateleira). A GO pode ser associada com a catalase, visando evitar o acúmulo de água oxigenada no alimento processado ou gerar a formação de oxigênio *in situ* para reduzir o teor de glicose no ovo em pó (usado em pastifícios).

#### 10.13.2.4.2.1 Uso como antioxidante

As alterações na cor e no sabor em produtos alimentícios (durante o processamento e o armazenamento) devido à presença de oxigênio devem ser evitadas (Tabela 10.5).

**Tabela 10.5 –** Produtos nos quais a atividade antioxidante da GO pode ser explorada

| Produto | GO (U/L) | Observações |
|---|---|---|
| **Bebidas cítricas concentradas** | 40-200 | A turvação da bebida deve-se à celulose, cujo teor é controlado com celulase isenta de GO. |
| **Bebidas cítricas carbonatadas** | 20-90 | Uso de celulase isenta de GO. |
| **Refrigerantes enlatados**[a, b] | 30-250 | O oxigênio está tanto dissolvido no produto quanto preenchendo o espaço entre a tampa da lata e a superfície líquida. |
| **Vinhos e cervejas** | 10-70 | Além de evitar a oxidação, o sistema GO-catalase reduz o escurecimento da bebida e a alteração de sabor e aroma em vinhos brancos e rosê. |

(*continua*)

**Tabela 10.5** – Produtos nos quais a atividade antioxidante da GO pode ser explorada (*continuação*)

| Produto | GO (U/L) | Observações |
|---|---|---|
| **Maionese e temperos**[(b)] | 20-100 | A presença do oxigênio pode causar quebra da emulsão, cor e sabores indesejáveis. |
| **Alimentos desidratados**[(c)] | – | Inclusão de sache[(d)] com solução aquosa tamponada de GO. |

[(a)] Cola, framboesa, soda de laranja ou de uva e cerveja feita com raiz de sassafrás; [(b)] U/kg; [(c)] Café instantâneo, misturas para bolo, leite em pó, sopa desidratada, levedura em pó, entre outros; [(d)] O sachê consiste em uma bolsa de polietileno (impermeável ao vapor de água e permeável ao oxigênio) contendo glicose (50 – 250 mg) e GO (50 – 200 mg) dissolvidas em 5 mL de 1,0 M tampão acetato (pH 6,0).

*Fonte:* Vitolo (2021g).

### 10.13.2.4.2.2 Remoção da glicose

O uso da GO para remover a glicose durante o processamento do alimento visa a evitar a reação de Maillard (grupo aldeído dos açúcares reagindo com os aminogrupos de proteínas) à temperatura não inferior a 100 °C. A reação de Maillard é desejável para a produção de inúmeros alimentos assados (pães, bolos, cereais, batata frita, carne assada, entre outros), porém, indesejável em batatas desidratadas e em ovo em pó.

Para se evitar a reação de Maillard, é suficiente a remoção da glicose. Como exemplo, descreve-se a remoção da glicose no processamento do ovo integral, do albúmen (clara do ovo) e da gema (Figura 10.9). As condições para a remoção da glicose estão mostradas na Tabela 10.6.

O processo de redução/eliminação da glicose, usando-se o sistema GO-catalase, na produção de derivados de ovos (integral, clara e gema) teve início na década de 1950. Nesse processo, o ponto crítico é o de promover a difusão homogênea do oxigênio no interior da massa de ovos dentro do reator. Esse objetivo não pode ser alcançado da agitação mecânica e/ou injeção direta do ar (ou oxigênio) porque a formação de espuma seria tão intensa que o material extravasaria do reator. Esse problema é solucionado pela adição lenta e contínua de água oxigenada (35% em volume) no reator, controlando a formação de espuma e promovendo a difusão homogênea do oxigênio no interior da massa. A velocidade de adição da água oxigenada no primeiro terço do processo é 10 mL/min.kg, sendo diminuída para 2 mL/min.kg nos 2/3 finais do processo. A decomposição controlada da água oxigenada é devida à ação da catalase. No final do processo, o teor de glicose na massa deve ser inferior a 0,1% (em base seca). A remoção da glicose no processamento de outros produtos desidratados (por exemplo, cárneos, batatas e suco de uva usado em enologia) também é empregada.

**Tabela 10.6** – Condições para a remoção de glicose em ovo integral, gema e clara

| Matéria-prima[a] | T (°C) | pH[b] | $H_2O_2$ (35%)[c] | GO (U/Kg) | Tempo (h)[d] |
|---|---|---|---|---|---|
| **Clara de ovo** | 32 | 7,0-7,5 | 3,6-4,0 L/t | 200 | 8 |
| **Ovo integral** | 30 | – | 4,0 L/t | 350 | 3 |
| **Gema de ovo** | 31 | – | 4,0 L/t | 350 | 3 |

[a] Após a remoção da glicose, as concentrações da clara, ovo integral e gema aumentam oito, quatro e duas vezes, respectivamente; [b] O pH é ajustado com 5 a 10% de solução de ácido cítrico (1 kg/100 kg de clara); [c] É adicionada sob agitação lenta e contínua, sendo a velocidade de adição reduzida à metade após adição do sistema GO-catalase; [d] O tempo de consumo da glicose é inversamente proporcional à concentração de enzimas.

*Fonte:* Vitolo (2021g).

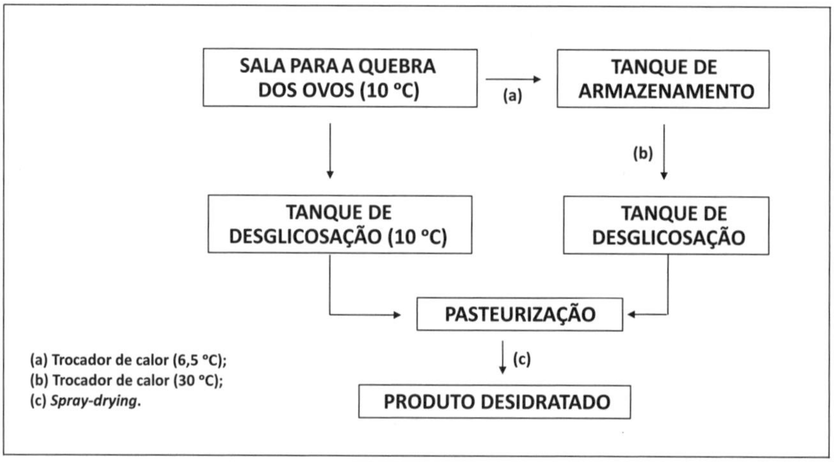


**Figura 10.9** – Processamento dos derivados de ovos pelos métodos convencional (30 °C) e a frio (10 °C).

### 10.13.2.4.2.3 Outras aplicações

Desde os anos 1940, as perspectivas do uso da GO em alimentos têm sido positivas. Contudo, à medida que o tempo foi passando, muitas delas não se mostraram exequíveis em escala industrial, e várias delas passaram a ter uso limitado, a saber: a) a GO isenta de catalase associada ao ácido ascórbico pode ser usada na maturação de farinhas (a água oxigenada formada oxida o ácido ascórbico em ácido dehidroascórbico), que substitui outros compostos oxidantes usados em panificação; b) a acidificação do leite desnatado para a fabricação do queijo *cottage* ou de iogurte pode ser obtida pelo uso de microrganismos acidificantes ou usando-se uma mistura de GO e lactase. O ácido glicônico formado promove a acidificação; c) controle da contaminação de macerados de fruta com GO e celulase. A celulase hidrolisa a celulose, sendo a glicose resultante transformada em ácido glicônico e água oxigenada. Esta atua como antimicrobiano;

d) a razão frutose/glicose em xaropes de açúcar invertido – obtidos quer pela ação da invertase sobre a sacarose quer pela hidrólise do amido com o uso sequencial da α-amilase e glicoamilase seguida da isomerização da glicose pela glicose isomerase – pode ser alterada no sentido do aumento da frutose de 42% para 60% pela adição do sistema GO-catalase. Após a remoção do ácido glicônico por cromatografia de troca iônica, o xarope resultante, enriquecido em frutose (60%), torna-se o adoçante ideal para produtos de confeitaria; e) a vida de prateleira da gordura animal pode ser aumentada em até 18 meses, depositando sobre a superfície da gordura uma solução aquosa de GO isenta de catalase, glicose e ácido ascórbico, antes da selagem do container; f) a manteiga pode ser protegida contra a oxidação pelo uso do sistema GO-catalase. A nata é pasteurizada, desodorizada, deaerada, resfriada (15 °C) e maturada por 25 min. As enzimas são misturadas à massa, e o conjunto é batido até se atingir a consistência desejada; g) a mudança de cor do camarão (de vermelho para amarelo) e a formação de rancidez são efeitos indesejáveis. Ambos os eventos podem ser reduzidos ou até mesmo eliminados mergulhando-se o crustáceo numa solução contendo o sistema GO-catalase antes da embalagem em presença de salmoura; h) para se evitar a inativação térmica da GO após 3 min, em temperatura acima de 80 °C – condição observada no empacotamento dos sucos de tomate e maçã –, propôs-se o uso do sistema GO-catalase desidratado na forma de pastilhas, que seriam recobertas com um filme inerte e insolúvel em água quente, mas permeável às enzimas após resfriamento. Dependendo do tipo de embalagem, as pastilhas seriam fixadas na face interna das paredes ou sob a tampa (caso de enlatado) ou na face interna da rolha (caso de engarrafamento); i) o sistema GO-catalase pode ser usado em enologia, objetivando-se a redução do teor final de etanol do vinho (as enzimas seriam adicionadas ao mosto antes da fermentação) e a ação indesejável durante a fermentação das bactérias aceto-acéticas e ácido-lácticas; j) o sistema GO-catalase para fim antimicrobiano pode ser usado em suco de laranja recém-obtido e não pasteurizado, e na fabricação de queijo ralado (neste caso, as enzimas são adicionadas no queijo ralado tão logo este sai do ralador, seguindo-se a embalagem imediata) (Vitolo, 2021g).

#### *10.13.2.4.3 Higiene oral*

A GO pode ser usada como agente antimicrobiano em produtos para a higiene bucal (colutórios, cremes e dentifrícios). A cavidade bucal apresenta mais de 300 espécies de microrganismos, entre os quais destaca-se o *Streptococcus mutans*, extremamente danoso para a integridade dos dentes. Essa bactéria coloniza a superfície do dente, fixando-se por meio de um biofilme (a placa dentária), constituído por células da bactéria, resíduos celulares e produtos metabólicos (sobretudo polissacarídeos extracelulares). O metabolismo microbiano transforma os açúcares – sobretudo a sacarose proveniente de produtos de confeitaria – em ácidos orgânicos (ácido láctico, por exemplo), que reduz o pH da boca, causando desmineralização nas camadas profundas dos dentes. Embora a saliva possua agentes de proteção (lisozima e o sistema lactoperoxidase-tiocianato-$H_2O_2$), o excesso de mastigação de produtos com sacarose acaba por desiquilibrar o sistema salivar de defesa, propiciando o surgimento do biofilme e sua adesão à superfície dos dentes. A formação da placa dentária pode ser evitada a partir da escovação e do uso de dentifrício contendo GO e glicoamilase. O produto comercial Zendium®, da Unilever – constituído por GO, amiloglicosidase, lactoperoxidase, fluoreto de sódio, colostro, sílica hidratada e Steareth-30® –, atua como prebiótico fortalecedor do microbioma bucal. Como o Zendium® não tem em sua formulação o lauril sulfato de sódio (tensoativo de amplo uso), então, ele é compatível com a clorohexidina, aumentando o poder de assepsia da cavidade bucal (Vitolo, 2021g).

#### *10.13.2.4.4 Indústria têxtil*

Apesar de a manufatura de têxteis ser uma atividade milenar, ainda necessita de melhoramentos. Os processamentos envolvidos na produção de tecidos celulósicos são a degomagem, o polimento com hidróxido de sódio e branqueamento com água oxigenada em pH entre 10,0 e 11,0 e temperatura acima de 90 °C. Esses processos são poluentes e danosos à saúde humana, além de desestruturarem as fibras de celulose e requererem muita energia, água e reagentes. Frente a esse contexto, o uso da GO tem aumentado nesse setor porque ela catalisa a reação entre a glicose (gerada durante a degomagem das fibras com glicoamilase) e o oxigênio, dando água oxigenada e ácido glicônico (complexante de íons de metais pesados presentes no banho de degomagem). Ressalta-se que a água oxigenada necessária é gerada *in situ*, evitando-se sua adição proposital no processo de branqueamento. Descobriu-se que a GO pode ser recoberta com ciclodextrinas, tornando-a resistente à desativação provocada por tensoativos aniônicos (antiespumantes, solubilizantes e umectantes) adicionados no processo.

A eficiência da GO no branqueamento requer 800 mg/L de glicose no mínimo, implicando a condução da degomagem por 45 min em presença de glicoamilase a pH 4,1 e 65 °C. No entanto, a ação efetiva da água oxigenada para branquear requer pH e temperatura variando nos intervalos (10,5 – 10,8) e (90 °C – 120 °C), respectivamente. Essas condições são incompatíveis com a estabilidade da GO. Esse problema, pode ser contornado pela adição contínua da GO em pequenas doses durante o branqueamento ou pela adição de ativadores de branqueamento (tetracetiletilenediamina, por exemplo). O ativador converte a água oxigenada em ácido peracético (potente oxidante), permitindo que o branqueamento seja conduzido em pH neutro e a temperaturas mais baixas (65 °C – 75 °C). Observou-se que tecidos com índice de brancura maior poderiam ser obtidos usando GO imobilizada em alumina (Tzanov, 2002). Além disso, tecidos com fibras mais resistentes à tensão podem ser obtidos usando-se na degomagem o sistema enzimático formado por glicoamilase, GO e catalase (Spicka; Tavcer, 2011).

#### *10.13.2.4.5. Produção de ácido glicônico*

O ácido glicônico (AG) é um reagente multiuso amplamente utilizado na indústria (Figura 10.10). O AG é obtido tanto por via química (oxidação da glicose em presença de ouro imobilizado em carvão ativo ou com água de bromo) quanto fermentativa (*Gluconobacter suboxydans*) (Das Neves; Vitolo, 2020).

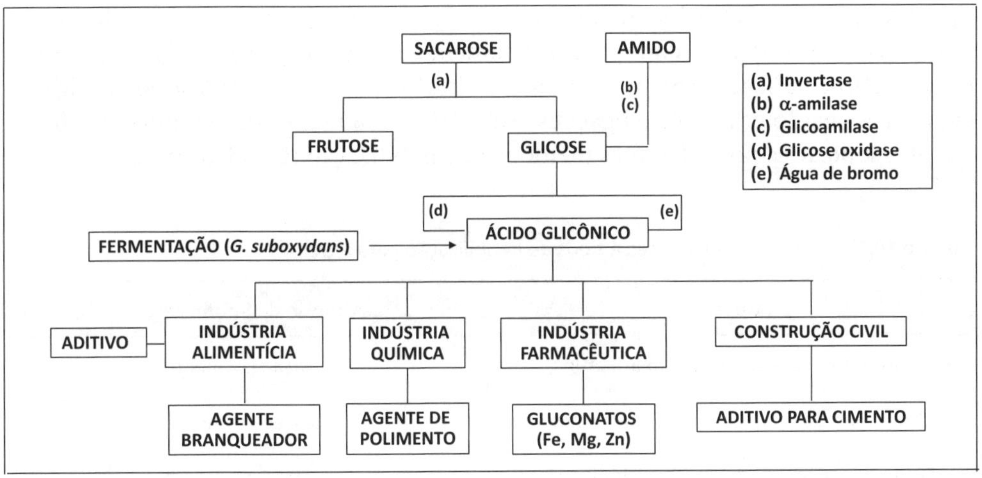


**Figura 10.10** – Produção e usos do ácido glicônico.

Apesar de a fermentação fornecer rendimento de 90% em AG e oferecer vantagens como geração de poucos produtos colaterais e um efluente menos poluidor, ela requer operações unitárias custosas (esterilização, meio de cultura e separação das células), uma planta específica e grande quantidade de água e energia. Frente a isso, tem sido preconizado o uso de sistema multienzimático formado por invertase, GO e catalase, cuja ação seguiria a seguinte sequência de reações (Das Neves; Vitolo, 2020):

$$\text{SACAROSE} + \text{I} \rightarrow \text{GLICOSE} + \text{FRUTOSE} + \text{I}$$

$$\text{GLICOSE} + \text{GO} \rightarrow \text{AG} + H_2O_2 + \text{GO}$$

$$H_2O_2 + \text{CAT} \rightarrow \tfrac{1}{2}\, O_2 + H_2O + \text{CAT}$$

Em que: (I) = invertase; (GO) = glicose oxidase; (CAT) = catalase.

O uso da catalase nesse sistema multienzimático é indispensável, porque ela evita a inibição da GO pela água oxigenada, contribui para a assepsia do processo (o oxigênio gerado elimina os microrganismos anaeróbicos), fornece oxigênio *in situ* para oxidar a glicose (redução de injeção de oxigênio ou de ar comprimido no reator) e reduz o consumo de energia para agitação do meio reacional (o oxigênio ao borbulhar facilita sua difusão no meio).

O uso de enzimas implica realizar a reação em reator operado em regime descontínuo ou contínuo. De qualquer forma a enzima deve estar na forma insolúvel para que possa ser recuperada no final do processo descontínuo ou ser usada por longos períodos se o processo for contínuo. O processo de obtenção de AG com GO pode ser inserido nesse contexto.

Como visto anteriormente, a imobilização é uma técnica na qual o biocatalisador é ligado a suporte inerte por meios físico, químico ou físico-químico. Ela pode ser do tipo retenção física (aprisionamento em matriz ou envolvimento com membrana semipermeável. Esta compreende o encapsulamento, microencapsulamento [lipossomos] e compartimentalização com membrana de ultrafiltração) ou imobilização por ligação (adsorção, ligação covalente e ligações cruzadas). A GO tem sido imobilizada em diferentes suportes e por diferentes métodos de imobilização (Quadro 10.1).

**Quadro 10.1** – Exemplos de suportes e tipos de imobilização para a GO

| Suporte | Método de imobilização |
|---|---|
| Vidro poroso recoberto com arilamina | Ligação covalente |
| Vidro poroso recoberto com alquilamina | Ligação covalente |
| Óxido de níquel recoberto com alquilamina | Ligação covalente |
| Hidroxiapatita recoberta com alquilamina | Ligação covalente |
| Alumina recoberta com alquilamina | Ligação covalente |
| Hidrazida de carboximetil celulose | Ligação covalente |
| Sepharose | Ligação covalente |
| Éter de carboximetil celulose | Ligação covalente |
| Celulose ativada com $TiCl_4$ | Ligação covalente |
| Quitina ativada com $TiCl_4$ | Ligação covalente |
| Ácido algínico ativado com $TiCl_4$ | Ligação covalente |
| Esferas de alginato de cálcio | Encapsulamento |
| Gel de poliacrilamida | Aprisionamento em matriz |
| Biorreator com membrana de ultrafiltração | Compartimentalização |

*Fonte:* Vitolo (2021g).

Para finalizar, lembra-se que, recentemente, foi descrito processo multienzimático para a conversão sacarose/AG, usando-se dois reatores com membrana acoplados em série e operados em regime contínuo (Figura 10.11). As condições operacionais que podem ser empregadas são: tempo de residência (1 h – 0,33 h), concentração inicial de sacarose (5,0 – 100 mM), pH (4,5 – 6,5), temperatura (30 °C – 50 °C) e concentração das enzimas [invertase (3,0 – 48 U/mL), GO (10 – 40 U/mL) e catalase (0 – 800 U/mL) (Das Neves; Vitolo, 2020).

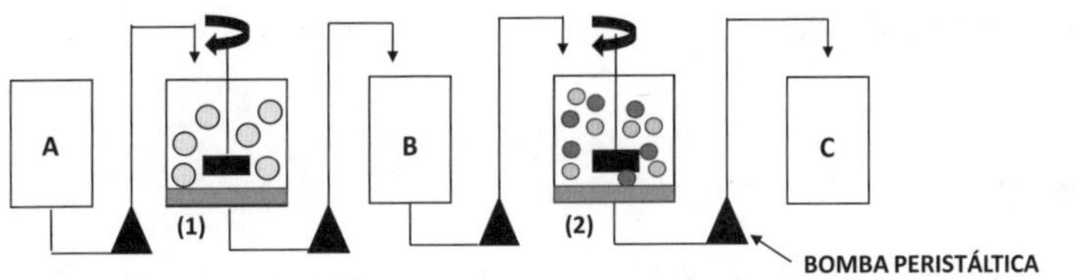


**RESERVATÓRIOS: (A) Sacarose; (B) Frutose e glicose; (C) Frutose e ácido glicônico.**
**ENZIMAS: (○) Invertase; (●) Catalase; (◎) Glicose oxidase.**
**REATORES COM MEMBRANA (▬): (1) Hidrólise da sacarose (tempo de residência 0,33 h; invertase 24 U/ml, 35 °C; pH 5,5; 100 rpm e sacarose 20 mM); (2) Oxidação da glicose (tempo de residência 0,33 h; GO 10 U/ml; catalase 400 U/ml; 100 rpm; 30 °C e pH 5,5).**

**Figura 10.11** – Conversão da sacarose em frutose e ácido glicônico usando-se dois reatores com membrana em série.

## 10.14 PERSPECTIVAS

O aprimoramento e a introdução de novas técnicas biotecnológicas modernas contribuirão para o barateamento e o aumento da disponibilidade das enzimas para emprego na tecnologia de alimentos. A maior disponibilidade de fitase afetará positivamente o setor pecuário em termos da melhora da nutrição animal, além de contribuir para a preservação do meio ambiente (minerais fosforados e nitrogenados seriam totalmente metabolizados pelos animais). A mirosinase poderá simplificar o processo de produção do molho de mostarda, assim como a rafinase, tanase, dextranase e glicose oxidase poderão, respectivamente, aumentar o rendimento da produção do açúcar da beterraba, reduzir o teor de sólidos totais de chás, reduzir o desgaste de equipamentos usados na produção do açúcar de cana e aumentar seu emprego como antioxidante e reagente analítico.

## 10.15 CONCLUSÃO

Do exposto, conclui-se que as enzimas têm papel de destaque para diversos usos na tecnologia de alimentos. Além dos usos tradicionais de enzimas em panificação, bebidas alcoólicas entre outros, há aquele específico para determinados produtos. Por exemplo, chá isento de resíduos sólidos pode ser obtido com a tanase, o molho de mostarda com mirosinase, aumento do rendimento do processo de açúcar de beterraba com rafinase, redução do desgaste dos equipamentos para produzir açúcar de cana com dextranase, remoção da gordura de ossos destinados à produção do colágeno com lipase e produção de óleo de oliva extravirgem com celulase e pectinase. Individualmente, as enzimas invertase e glicose oxidase merecem destaque na área de alimentos. Aquela, na área sucroalcooleira, e esta, em processos de grande escala (por exemplo, remoção da glicose em produtos desidratados, como ovo integral em pó para uso em pastifícios) e como reagente em biossensores e *kits* analíticos. O uso combinado dessas enzimas, também, apresenta interesse na conversão direta da sacarose em ácido glicônico.

## REFERÊNCIAS

BANKAR, S. B.; BULE, M. V.; SINGHAL, R. S. Glucose oxidase – An overview. *Biotechnology Advances*, Amsterdam, v. 27, p. 489-501, 2009.

BARZKAR, N.; BABICH, O.; DAS, R. *et al.* Marine bacterial dextranases: fundamentals and applications. *Molecules*, Toronto, v. 27, n. 17, p. 5533-5560, 2022.

CHEN, F.; HUANG, G.; HUANG, H. Preparation and application of dextran and its derivatives as carriers. *International Journal of Biology Macromolecule*, London, v. 145, p. 827-834, 2020.

CHEN, Y.; MENG, X. Z.; GIR, H. W. *et al.* A dual response biosensor for electrochemical and glucometer detection of DNA methyltransferase activity based on functionalized metal-organic framework amplification. *Biosensors and Bioelectronics*, Amsterdam, v. 134, p.117-122, 2019.

DI ADDEZIO, F.; YORIYAZ, E. J.; CANTARELLA, M.; VITOLO, M. Sucrose hydrolysis by invertase using a membrane reactor: effect of membrane cut-off on enzyme performance. *Brazilian Journal of Pharmaceutical Sciences*, São Paulo, v. 50, n. 2, p. 257-259, 2014.

DAS NEVES, L. C. M.; VITOLO, M. Continuous production of gluconic acid and fructose using membrane reactor. *World Journal of Pharmacy and Pharmaceutical Sciences*, Nagpur, v. 9, n. 10, p. 423-440, 2020.

DOMINGUES, A. L.; RODRIGUES, I. R.; LINIA, N. M.; TEIXEIRA, J. A. An overview of the recent development on fructooligosaccharides production and applications. *Food and Bioprocess Technology*, Berlin, v. 6, n. 12, p. 1-14, 2013.

EBAYA, M. M. A.; EL-MOWAFY, M.; EL-SOKKARY, M. M. A.; HASSAN, R. Purification, characterization, and biocatalytic and antibiofilm activity of novel dextranase from Talaromyces sp. *International Journal of Microbiology*, London, 2020. DOI: https://doi.org/10.1155/2020/9198048.

FOTOPOLOUS, V. Plant invertases: structure, function, and regulation of diverse enzyme family. *Journal of Biological Research*, Roma, v. 4, p. 127-137, 2005.

GODFREY, T.; WEST, S. *Industrial Enzymology*. 2. ed. New York: Stockton Press, 1996.

HARES JR., S. J.; RACT, J. R. N.; GIOIELLI, L. A.; VITOLO, M. Medium oleic sunflower oil hydrolysis by microbial lipase in a fed-batch reactor. *World Journal of Pharmacy and Pharmaceutical Sciences*, Nagpur, v. 8, n. 12, p. 94-108, 2019.

HU, X. Q.; XIA, B. B.; RU, W. J. *et al.* Research progress on structure and catalytic mechanism of dextranase. *eFood*, New York, v. 4, n. 1, 2023. DOI: https://doi.org/10.1002/efd2.60.

KARMALI, K.; KARMALI, A.; TEIXEIRA, A.; MARCELO, M. Assay for glucose oxidase from *A. niger e P. amagasakiense* by Fourier transform infrared spectroscopy. *Analytical Biochemistry*, Amsterdam, v. 333, p. 320-327, 2004.

KESTWAL, D. B.; KARVE, M. S.; KAKODE, B.; PILLAI, V. K. Invertase inhibition based electrochemical sensor for the detection of heavy metal ions in aqueous system: application of ultra-microelectrode to enhance sucrose biosensor's sensitivity. *Biosensors and Bioelectronics*, Amsterdam, v. 14, n. 4, p. 657-664, 2008.

KULSHRESTHA, S.; TYAGI, P.; SINDHI, V.; YADAVILLI, K. S. Invertase and its applications – a brief review. *Journal of Pharmacy Research*, Freienbach (Switzerland), v. 7, p. 792-797, 2013.

KURNIAIVAN, F. Polyaniline-invertase-gold nanoparticles modified gold electrode for sucrose detection. *Indonesia Journal Chemistry*, Gadjah Mada (Indonesia), v. 15, n. 3, p. 226-233, 2015.

MANOOCHEHRI, H.; HOSSEINI, N. F.; SAIODIGAM M. *et al.* A review on invertase: its potentials and applications. *Biocatalysis and Agricultural Biotechnology*, Amsterdam, 2020. DOI: https://doi.org/10.1016/j.bcab.2020.101599.

MARIN-NAVARRO, J.; PERALES, D. T.; POLAINA, J. One-pot production of fructooligosaccharides by *Saccharomyces cerevisiae* strain expressing an engineered invertase. *Applied Microbiology and Biotechnology*, Berlin, v. 99, p. 2549-2555, 2015.

OJHA, B.K.; SING, P. K.; SHRIVASTAVA, N. Enzymes in the animal feed industry. *In:* SHRIVASTAVA, N. (Coord.). *Enzymes in Food Biotechnology*. Boston: Academic Press, 2019. p. 93-109.

PESSOA JR., A.; VITOLO, M.; LONG, F. P. *Pharmaceutical Biotechnology: A focus on Industrial Application*. London: CRC, 2021.

PURI, M.; SHARMA, D.; BARROW, C. J. Enzyme-assisted extraction of bioactives from plants. *Trends in Biotechnology*, Amsterdam, v. 30, n. 1, p. 1-8, 2012.

ROCHA FILHO, J. A.; VITOLO, M. *Guia para aulas práticas de biotecnologia de enzimas e fermentação*. São Paulo: Blucher, 2017.

ROMANO, N.; KUSNAR, V. Phytase in animal feed. *In:* KUSNAR, V. (Coord.). *Enzymes in Human and Animal Nutrition*. Boston: Academic Press, 2018. p. 73-88.

SAVIC, S.; PETROVIC, S.; PETRONIJEVIC, Z. Activity and stability of dextranase from new *Penicillium funiculosum* TFZ91: optimization by response surface methods. *Iranian Journal of Science and Technology Transaction A: Science*, Teerã, v. 46, p. 747-760, 2022.

SCHWENDENWEIN, D.; FUIME, G.; WEBER, H. *et al.* Selective enzymatic transformation to aldehydes *in vivo* fungal carboxylate reductase from *Neurospora crassa. Advanced Synthesis and Catalysis*, Weinheim, v. 358, n. 21, p. 3414-3421, 2016.

SPICKA, N.; TAVCER, P. F. Glucose oxidases – potentials enzymes for bleaching textile fibres. *Tekstilec*, Praga, v. 54, n. 1, p. 16-23, 2011.

SUFIATE, B. L.; SOARES, F. E. F.; GOUVEIA, A. S. *et al.* Statistical tools application on dextranase production from *Pochonia chlamydosporia* (VC4) and its application on dextran removal from sugarcane juice. *Anais da Academia Brasileira de Ciências*, Rio de Janeiro, v. 90, n. 1, 2018. DOI: https://doi.org/10.1590/0001-3765201820160333.

TOMOTANI, E. J.; VITOLO, M. Immobilized glucose oxidase as a catalyst to the conversion of glucose into gluconic acid using a membrane reactor. *Enzyme Microbiology and Technology*, Amsterdam, v. 40, p. 1020-1025, 2007. DOI: https://doi.org/10.1016/j.enzmictec.2006.07.039.

TZANOV, T.; COSTA, S. A.; CAVACO-PAULO, A. Hydrogen peroxide Generation with immobilized glucose oxidase for textile bleaching. *Journal of Biotechnology*, Amsterdam, v. 93, p. 87-94, 2002.

VIRGEN-ORTIZ, J. J.; IBARRA-JUNQUEIRA, V.; ESCALANTE-MINAKATA, P. *et al.* Dextranase. *Journal of Molecular Catalysis B: Enzymatic*, Amsterdam, v. 122, n. 12, p. 80-86, 2015.

VITOLO, M. Entrapment of invertase and glucose oxidase in acrylamide matrix. World *Journal of Pharmaceutical Research*, Nagpur, v. 10, n. 4, p. 62-81, 2012.

VITOLO, M. Circumventing the glucose repression on invertase activity of Baker's yeast by using fed-batch fermentation. *World Journal of Pharmacy and Pharmaceutical Sciences*, Nagpur, v. 8, n. 4, p. 125-132, 2019.

VITOLO, M. Effect of freezing on invertase activity of *Saccharomyces cerevisiae* cells. *World Journal of Pharmaceutical Research*, Nagpur, v. 9, n. 6, p. 120-131, 2020.

VITOLO, M. Aplicações de enzimas na tecnologia de alimentos. *In:* Moraes, I.O. (Coord.). 2. ed. *Biotecnologia Industrial: Biotecnologia na produção de alimentos.* São Paulo: Blucher, 2021a. p. 441-481.

VITOLO, M. Some notes on the characteristics of water. *World Journal of Pharmacy and Pharmaceutical Sciences*, Nagpur, v. 10, n. 6, p. 109-133, 2021b.

VITOLO, M. Immobilization on chitin and polyethylene of invertase obtained from yeast grown by fed-batch process. *World Journal of Pharmacy and Pharmaceutical Sciences*, Nagpur, v. 10, n. 3, p. 232-251, 2021c.

VITOLO, M. Overview on invertase. *World Journal of Pharmacy and Pharmaceutical Sciences*, Nagpur, v. 10, n. 10, p. 49-73, 2021d.

VITOLO, M. Overview on immobilization. *World Journal of Pharmaceutical Research*, Nagpur, v. 10, n. 11, p. 2121-2145, 2021e.

VITOLO, M. Decomposition of hydrogen peroxide by catalase. *World Journal of Pharmacy and Pharmaceutical Sciences*, Nagpur, v. 10, n. 8, p. 47-56, 2021f.

VITOLO, M. Overview on glucose oxidase. *World Journal of Pharmaceutical Research*, Nagpur, v. 10, n. 14, p. 130-155, 2021g.

VITOLO, M. Impact and risks of industrial activity. *World Journal of Pharmaceutical Research*, Nagpur, v. 11, n. 10, p. 60-93, 2022.

WALSH, G.; HEADON, D. *Protein Biotechnology*. Chichester: John Wiley and Sons, 1994. p. 20.

ZHUANG, N.; MA, J.; YANG, L. *et al.* Rapid determination of sucrose and glucose in microbial fermentation and fruit juice samples using engineered multienzyme biosensing microchip. *Microchemical Journal*, Amsterdam, 2021; 164. DOI: https://doi.org/10.1016/j.microc.2021.106075.

ZOHRA, R. R.; AMAN, A.; ZOHRA, A.R. *et al.* Dextranase: hyper production of dextran degrading enzyme from newly isolated strain of *Bacillus licheniformis*. *Carbohydrate Polymers*, Amsterdam, v. 92, n. 2, p. 2149-2153, 2013. DOI: https://doi.org/10.1016/j.carbpol.2012.11.044.

**GRÁFICA PAYM**
Tel. [11] 4392-3344
paym@graficapaym.com.br